市政工程工程量清单计价

（第 2 版）

主　编　李　泉

编　者　陈冬梅　陈红秋　张晶晶　等

东南大学出版社

·南京·

内 容 提 要

　　本书系统地论述了市政工程工程量清单计价的基本知识、费用组成及计价原理,依据《建设工程工程量清单计价规范》(GB 50500—2013)、《市政工程工程量计算规范》(GB 50857—2013)、《江苏省市政工程计价定额》(2014 版),结合工程案例介绍了市政工程工程量清单、工程招标控制价及投标报价的编制方法,同时对工程量清单计价模式下如何进行成本要素管理及过程管理作了必要的阐述。

　　本书结合工程量清单计价方面及《江苏省市政工程计价定额》的最新内容,集理论与实务一体,体系完整,有较强的可操作性,不仅可作为从事工程估价的相关人员的实用工具书,作为我省造价员考试的参考用书,也可作为高等学校相关专业的教材和教学参考书籍。

图书在版编目(CIP)数据

市政工程工程量清单计价/李泉主编. —2 版. —南京:东南大学出版社,2016.1(2019.7重印)
　ISBN 978 - 7 - 5641 - 6337 - 2

　Ⅰ.①市… Ⅱ.①李… Ⅲ.①市政工程—工程造价 Ⅳ.①TU723.3

　中国版本图书馆 CIP 数据核字(2015)第 015110 号

书　　　名:市政工程工程量清单计价
主　　　编:李　泉
出版发行:东南大学出版社
社　　　址:南京市四牌楼 2 号　　　　邮　　编:210096
网　　　址:http://www.seupress.com
出 版 人:江建中
印　　　刷:兴化印刷有限责任公司
开　　　本:787 mm×1092 mm　1/16
印　　　张:22.25
字　　　数:552 千
版　　　次:2016 年 1 月第 1 版　　　2019 年 7 月第 2 次印刷
书　　　号:ISBN　978 - 7 - 5641 - 6337 - 2
册　　　数:3001—4000 册
定　　　价:39.00 元
经　　　销:全国各地新华书店
发行热线:025-83790519　83791830

《工程造价系列丛书》编委会

丛 书 主 编：刘钟莹　卜龙章

丛 书 副 主 编：（以姓氏笔画为序）

　　　　　　朱永恒　李　泉　余璠璟　赵庆华

丛 书 编 写 人 员：（以姓氏笔画为序）

　　　　　　卜龙章　卜宏马　王国云　朱永恒

　　　　　　仲玲钰　刘钟莹　孙子恒　严　斌

　　　　　　李　泉　李　俊　李婉润　李　蓉

　　　　　　余璠璟　张晶晶　陈冬梅　陈红秋

　　　　　　陈　艳　陈　萍　茅　剑　周　欣

　　　　　　孟家松　赵庆华　徐太朝　徐西宁

　　　　　　徐丽敏　郭仙君　陶运河　董荣伟

　　　　　　韩　苗

第 2 版前言

由中华人民共和国住房和城乡建设部、中华人民共和国国家质量监督检验检疫总局联合发布的《建设工程工程量清单计价规范》(GB 50500—2013)、《市政工程工程量计算规范》(GB 50857—2013)从 2013 年 7 月 1 日开始实施。该标准的颁布实施标志着我国建设工程计价模式又得到了进一步的发展和完善,它的实施将有利于促进我国工程造价管理职能的转变,有利于规范市场计价行为、规范建设市场秩序,同时对全面提高我国工程造价管理水平具有十分重要的意义。在新版规范的实施初期,工程计价人员对新规范的内容、特点、做法不甚了解。因此,如何让工程计价人员对新规范有个系统的认识,并能结合我省新颁的《江苏省市政工程计价定额》(2014 版),以尽快理解和应用新颁规范,成为编写本书的出发点。

为了实现上述目的,本书在上一版的基础上,针对新版规范的内容,系统论述了市政工程的工程量清单计价的基本知识、费用组成及计价原理,结合具体工程案例介绍了市政工程工程量清单、工程招标控制价及投标报价的编制方法,同时对工程量清单计价模式下如何进行成本要素管理、过程管理及工程计价中计算机的应用作了必要的阐述。

本书各章参编人员的具体分工是陈冬梅、陈红秋(第 2、4、6、7 章及附录),周欣、潘大伟(第 1、3 章),李攀登、郭仙君(第 5、8 章),张晶晶、韩苗(第 9、10 章)。本书由李泉总体策划、构思并负责统编定稿,同时参加了全书各章的编写。

由于《建设工程工程量清单计价规范》(GB 50500—2013)、《市政工程工程量计算规范》(GB 50857—2013)、《江苏省市政工程计价定额》(2014 版)刚颁布实施,有许多相配套的条件还不健全,有许多问题有待研究探讨和完善,加之作者水平所限,书中难免不妥之处,敬请读者批评指正。

编者
2015 年 7 月

目　　录

1 工程量清单计价概述

在工程项目的建设过程中,运用什么样的计价方式进行工程造价的计算,以便合理地确定和有效控制工程建设的成本,一直是参与项目建设的各方所共同关心和探讨的问题。由于建设项目特点的制约,导致在项目建设的不同阶段、不同的建设专业、不同的国家、不同的时期有不同的计价方式。而工程量清单计价,正是我国在一定的历史条件下,工程计价方式变革的结果。通过多年的工程量清单计价方式的应用,我国的工程量清单计价方式得到了一定的完善。但随着社会的发展,对造价管理又提出了新的要求,因此《建设工程工程量清单计价规范》(GB 50500—2013)得到了颁布实施。

1.1 我国工程造价管理的发展历史

人们对工程造价管理的认识和应用是随着社会经济体制及生产力的发展,随着市场经济的发展和现代科学管理的发展不断加深的。由于我国的经济建设经历了不同的发展阶段,因此,我国的工程造价管理也经历了艰难曲折的发展历程。

1.1.1 新中国成立初期

新中国成立初期是我国国民经济的恢复时期,此时,全国面临着大规模的恢复重建工作。为合理确定工程造价,用好有限的基本建设资金,引进了前苏联一套概预算定额管理制度,同时也为新组建的国营建筑施工企业建立了企业管理制度。

1.1.2 概预算制度的发展变化时期

为加强概预算的管理工作,国家综合管理部门先后成立预算组、标准定额处、标准定额局,1956 年单独成立建筑经济局。概预算制度的建立,有效地促进了建设资金的合理和节约使用,为国民经济恢复和第一个五年计划的顺利完成起到了积极的作用。但这个时期的造价管理只局限于建设项目的概预算管理。

1958 年—1966 年,概预算定额管理逐渐被削弱。各级基建管理机构的概算部门被精简,设计单位概预算人员减少,只算政治账,不讲经济账,概预算控制投资作用被削弱,投资大撒手之风逐渐滋长。尽管在短时期内也有过重整定额管理的迹象,但总的趋势并未改变。

1966 年—1976 年,概预算定额管理遭到严重破坏。概预算和定额管理机构被撤销,预算人员改行,大量基础资料被销毁。定额被说成是"管、卡、压"的工具。1967 年,建工部直属企业实行经常费制度。工程完工后向建设单位实报实销,从而使施工企业变成了行政事业单位。这一制度实行 6 年,于 1973 年 1 月 1 日被迫停止,恢复建设单位与施工单位施工图预算结算制度。

1977 年—1992 年,这一阶段是概预算制度的恢复和发展时期。1977 年,国家恢复重建造价管理机构。1978 年原国家计委、国家建委和财政部颁发《关于加强基本建设概、预、决算管理工作的几项规定》,强调了加强"三算"在基本建设管理中的作用和意义。1983 年国家计委、中国人民建设银行又颁发了《关于改进工程建设概预算工作的若干规定》。此外,《中华人民共和国经济合同法》明确了设计单位在施工设计阶段编制预算,也就是恢复了设计单位编制施工图预算。

1988 年原建设部成立标准定额司,各省市、各部委建立了定额管理站,全国颁布一系列推动概预算管理和定额管理发展的文件,以及大量的预算定额、概算定额、估算指标。20 世纪 80 年代后期,中国建设工程造价管理协会成立,全过程造价管理概念逐渐为广大造价管理人员所接受,对推动建筑业改革起到了促进作用。

1.1.3 市场经济条件下的造价管理

20 世纪 90 年代初,在前阶段工程造价改革转换过渡到工程概预算机制的基础上,随着我国改革开放力度不断加大,国内经济模式加速向有中国特色的社会主义市场经济转变。从 1992 年全国工程建设标准定额工作会议至 1997 年全国工程建设标准定额工作会议期间,是我国推进工程造价管理机制深化改革的阶段。除了坚持"控制过程和动态管理"的思路继续深化之外,还使建筑产品在"计量定价"方面能够按照价值原则与规律,把宏观调控与市场调节相结合,提出了"量价分离"的改革方针与原则,即"控制量、指导价、竞争费"九个字的改革设想和实施办法,在合同价格结算方面规定可以采用政府主管部门公布的"指导价"。建设部 1999 年 1 月发布的《建设工程施工发包与承包价格管理暂行规定》(简称暂行规定),是以发承包价格为管理对象的规范性文件。规定的发布,对规范建筑工程发承包价格活动,对加强整个工程造价计价依据和计价方法的改革起到了推波助澜的作用,为我国工程造价改革开始向质的方面转化做了较为充分的舆论准备。暂行规定不仅指出了应用范围、规定索赔程序和多样的工程价格定价方式,以及可以采取多种类别价格合同,如固定价格、可调价格、工程成本加酬金确定的合同价格,还在第十一条中明文规定在采用工料单价法之外,也可以采用综合单价单位估价法,即分部分项工程量的单价是全部费用单价,既包括按计价定额和预算价格计算的直接成本,也包括间接成本、利润(酬金)、税金等一切费用。并且规定各省、自治区、直辖市的工程造价管理机构应根据市场价格的变化对人工、材料和施工机械台班单价适时发布价格信息,以适应工程价格计算和价差调整的需要。对于行之有效的新结构、新材料、新设备、新工艺的定额缺项,工程造价管理机构应及时补充,并将发布的补充定额报送建设部标准定额司备案。暂行规定还要求加强企业定额工作,施工企业应当依据企业自身技术和管理情况,在国家定额的指导下制定本企业定额,以适应投标报价、增强市场竞争能力的要求。各级工程造价管理机构要注意收集整理有重复使用价值的工程造价资料,分析较常发生的施工措施费、安全措施费和索赔费用的计算方法,研究提出计算标准,供有关单位参考。这意味着国家明文规定根据业主意愿可以采用工程量清单计价方式招标,为深化工程造价改革提出了新的思路和途径,为全面推广工程量清单计价做了充分的准备。

1.1.4 工程量清单计价模式的建立与发展

我国加入 WTO 之后,全球经济一体化的趋势将使我国的经济更多地融入世界经济中,我国必须进一步改革开放。从工程建筑市场来观察,更多的国际资本将进入我国的工程建筑市场,从而使我国的工程建筑市场的竞争更加激烈。我国的建筑企业也必然更多地走向世界,在世界建筑市场的激烈竞争中占据我们应有的份额。在这种形势下,我国的工程造价管理制度,不仅要适应社会主义市场经济的需求,还必须与国际惯例接轨。

针对这种形势,我国的工程造价计算方法应该适应社会主义市场经济和全球经济一体化的需求,需要进行重大的改革。但如何改革才能适应这种形势的需要呢?对此,原建设部根据国际的习惯做法并结合我国的实际情况,从 2000 年起,在我国的广东、吉林、天津等地进行了工程量清单计价的试点工作,通过试点的实践,使招投标活动的透明度增加,在充分竞争的基础上降低了造价,提高了投资效益,取得了很好的效果。因此,一场国家取消定价,把定价权交还给企业和市场,实行量价分离,由市场形成价格的造价改革在不断推向深入。最后,在 2003 年 1 月,原建设部标准定额司根据《中华人民共和国招标投标法》、原建设部令107 号《建筑工程施工发包与承包计价管理办法》,按照我国工程造价管理改革的要求,本着国家宏观调控、市场竞争形成价格的原则,总结了我国建设工程工程量清单计价试点工作的经验,借鉴了国外工程量清单计价的做法,并广泛征求有关施工单位、建设单位、工程造价咨询机构和工程造价、招标投标管理部门意见,在此基础上颁布了中华人民共和国国家标准《建设工程工程量清单计价规范》,并要求从 2003 年 7 月 1 日起全面施行。

工程量清单计价自 2003 年 7 月 1 日实施以来,不仅体现了这种计价方式与传统计价方式在形式上的区别,而且表现出了工程量清单计价模式是一种与市场经济相适应的、允许承包单位自主报价的、通过市场竞争确定价格的计价模式。通过 5 年应用,在 2008 进行了第一次修改和完善。然而通过近 5 年的应用,社会对工程量清单计价方式又提出了新的要求,为了更好地适应社会经济建设和体制的发展,新版《建设工程工程量清单计价规范》(GB 50500—2013)和《市政工程工程量计算规范》(GB 50857—2013)从 2013 年 7 月 1 日开始实施。

1.2　我国工程造价管理综述

工程造价管理就是指遵循工程造价的客观规律和特点,运用科学、技术原理和经济、法律等管理手段,解决工程建设活动中的造价确定与控制、技术与经济、经营与管理等实际问题,力求合理使用人力、物力和财力,达到提高投资效益和经济效益的全部业务行为和组织活动。

1.2.1　工程造价管理的含义

工程造价管理包括两个层面。一是站在投资者或业主的角度,关注工程建设总投资,称为工程建设投资管理,即在拟定的规划、设计方案条件下预测、计算、确定和监控工程造价及其变动的系统活动。工程建设投资管理又分为宏观投资管理和微观投资管理。宏观投资管理的任务是合理地确定投资的规模和方向,提高宏观投资的经济效益;微观投资管理包含国家对投资项目的管理和投资者对自己投资的管理两个方面。国家对企事业单位及个人的投资,通过产业政策和经济杠杆,将分散的资金引导到符合社会需要的建设项目中,投资者对自己投资的项目应做好计划、组织和监督工作。二是对建筑市场建设产品交易价格的管理，称为工程价格管理，属于价格管理范畴，包括宏观和微观两个层次。在宏观层次上，政府根据社会经济发展的要求，利用法律、经济、行政等手段，建立并规范市场主体的价格行为；在微观层次上，市场交易主体各方在遵守交易规则的前提下，对建设产品的价格进行能动地计划、预测、监控和调整，并接受价格对生产的调节。

建设投资管理和工程价格管理既有联系又有区别。在建设投资管理中，投资者进行项目决策和项目实施时，完善项目功能，提高工程质量，降低投资费，按期或提前交付使用，是投资者始终关注的问题，降低工程造价是投资者始终如一的追求。工程价格管理是投资者或业主与承包商双方共同关注的问题，投资者希望质量好、成本低、工期短，承包商追求的是尽可能高的利润。

1.2.2　工程造价管理的作用

（1）从宏观上对国家的固定资产投资进行调控。
（2）规范建筑市场，为建筑市场的公平竞争提供保证。
（3）维护当事人和国家及社会公共利益。
（4）为建设项目的正确决策提供依据。
（5）通过合理确定和有效控制提高投资的经济效益。
（6）规范和约束市场主体行为，提高投资的利用率。
（7）促进承包商加强管理，降低工程成本。
（8）促进工程造价工作的健康发展。

1.2.3　我国工程造价管理的层次

1）政府对工程造价的管理

政府在工程造价管理中既是宏观管理主体，也是政府投资项目的微观管理主体。从宏观管理的角度来看，政府对工程造价的管理有一个严密的组织系统，设置了多层管理机构，规定了管理权限和职责范围。国家建设部标准定额司是归口领导机构，各专业部如交通部、水利部等也设置了相应的造价管理机构。建设部标准定额司负责制定工程造价管理的法规制度，制定全国统一计价规范和部管行业经济定额，负责咨询单位资质管理和工程造价专业人员的执业资格管理。各省、市、自治区和行业主管部门在其管辖范围内行使管理职能，省辖市和地区的造价管理部门在所辖区内行使管理职能。地方造价管理机构的职责和国家建设部的工程造价管理机构相对应。

2）建设工程造价管理协会

中国建设工程造价管理协会成立于 1990 年 7 月，它的前身是 1985 年成立的"中国工程建设概预算委员会"。协会的性质是由从事工程造价管理与工程造价咨询服务的单位及具有造价工程师注册资格和资深的专家、学者自愿组成的具有社会团体法人资格的全国性社会团体，是对外代表造价工程师和工程造价咨询服务机构的行业性组织，经建设部同意，民政部核准登记，协会属非营利性社会组织。

3）工程造价微观管理

设计单位和工程造价咨询单位，按照业主或委托方的意图，在可行性研究和规划设计阶段合理确定和有效控制建设项目的工程造价,通过限额设计等手段实现设定的造价管理目标;在招标阶段编制标底,参加评标、议标;在项目实施阶段,通过对设计变更、工期、索赔和结算等项目管理进行造价控制。设计单位和造价咨询单位,通过在全过程造价管理中的业绩,赢得自己的信誉,提高市场竞争力。承包商的工程造价管理是管理中的重要组成部分,设有专门的职能机构进行企业的投标决策,并通过对市场的调查研究,利用过去积累的经验,科学估价,研究报价策略,提出报价;在施工过程中,进行工程造价的动态管理,注意各种调价因素的发生和工程价款的结算,避免收益的流失,以促进企业盈利目标的实现。承包商在加强工程造价管理的同时,还要加强企业内部的各项管理,特别要加强成本控制,才能切实保证企业有较高的利润水平。

1.2.4 工程造价管理的内容

1) 政府部门进行造价管理的内容

政府部门的造价管理主要是通过对我国国民经济发展规划及我国经济政策、经济形势的分析研究,制定出健全、完善的法律法规体系,利用政策条例及强制性的标准来监督、引导、调控和规范市场行为,并对不良行为进行惩处,从而保证市场竞争有序,维护建设市场各方的正当权益。具体表现在以下几个方面:

(1) 制定和完善相关法律、法规。

(2) 改革造价管理体制。

(3) 改革计价方式。

(4) 制定相关的管理条例。

(5) 加强对造价工作的监督和审计。

2) 行业协会进行造价管理的内容

(1) 注重对造价管理的应用研究。

(2) 利用协会的人才优势,积极配合政府部门做好相关的基础工作。

(3) 通过资料、信息的整理、收集及发布,为造价做好服务工作。

(4) 配合政府主管部门,做好人才培训工作。

(5) 加强自身建设,更好地发挥作用。

3) 其他方进行造价管理的内容

其他方包括业主方、承包商、造价咨询单位等,他们进行造价管理的内容主要是根据宏观的计价政策,并结合自身的业务内容进行具体的造价编制、控制等工作。

1.3 建设工程工程量清单计价规范

1.3.1 《建设工程工程量清单计价规范》的含义

《建设工程工程量清单计价规范》(GB 50500—2013)(简称计价规范)是由中华人民共和国住房和城乡建设部及中华人民共和国国家质量监督检验检疫总局联合发布的,是一个用以指导我国建设工程计价做法,约束计价市场行为的规范性文件。计价规范颁布的目的是规范建设工程发承包及实施阶段的计价活动,统一建设工程计价文件的编制原则和计价方法。

计价规范具有以下特点：

1）强制性

强制性主要表现在两个方面。

第一是由建设主管部门按照强制性国家要求批准颁布，规定使用国有资金投资的建设工程发承包，必须采用工程量清单计价。国有投资的资金包括国家融资资金、国有资金为主的投资资金。

（1）国有资金投资的工程建设项目包括：

① 使用各级财政预算资金的项目；

② 使用纳入财政管理的各种政府性专项建设资金的项目；

③ 使用国有企事业单位自有资金，并且国有资产投资者实际拥有控制权的项目。

（2）国有融资资金投资的工程建设项目包括：

① 使用国家发行债券所筹资金的项目；

② 使用国家对外借款或者担保所筹资金的项目；

③ 使用国家政策性贷款的项目；

④ 国家授权投资主体融资的项目；

⑤ 国家特许的融资项目。

（3）国有资金为主的工程建设项目是指国有资金占投资总额 50%以上，或虽不足 50%但国有投资者实质上拥有控股权的工程建设项目，或国有资金投资为主体的大中型建设工程应按计价规范执行。

第二是明确工程量清单是招标文件的组成部分，并规定了招标人在编制工程量清单时必须载明项目编码、项目名称、项目特征、计量单位和工程量。

2）全面性

计价规范从一般规定、工程量清单编制、投标报价、工程计量，直至工程计价表格等都作了全面规定。

3）竞争性

竞争性的表现：一是计价规范中的措施项目，在工程量清单中列"措施项目"一栏，具体采用措施，如模板、脚手架、临时设施、施工排水等详细内容由投标人根据企业的施工组织设计，视具体情况报价，因为这些项目在各个企业间各有不同，是企业竞争项目，是留给企业竞争的空间；二是计价规范中人工、材料和施工机械没有具体的消耗量，投标企业可以依据企业定额和市场价格信息，也可以参照建设行政主管部门发布的社会平均消耗量定额进行报价，计价规范将报价权交给了企业。

4）专业性

专业性表现在计价规范仅对建设工程计价作了规定，而对于工程量计算则区分不同专业，进行了工程量计算规则的划分。

1.3.2 计价规范编制的指导思想和原则

计价规范是根据原建设部令第 107 号《建筑工程施工发包与承包计价管理办法》，结合我国工程造价管理现状，总结有关省市工程量清单试点的经验，参照国际上有关工程量清单计价通行的做法编制的。编制中遵循的指导思想是按照政府宏观调控、市场竞争形成价格的要求,创造公平、公正、公开竞争的环境,以建立全国统一的、有序的建筑市场,既要与国际惯例接轨,又要考虑我国的实际。

编制工作除了遵循上述指导思想外,还坚持了以下原则。

1) 政府宏观调控、企业自主报价,市场竞争形成价格

按照政府宏观调控、市场竞争形成价格的指导思想,为规范发包方与承包方计价行为,确定了工程量清单计价的原则、方法和必须遵守的规则,包括统一项目编码、项目名称、计量单位、工程量计算规则等。留给企业自主报价、参与市场竞争的空间,将属于企业性质的施工方法、施工措施和人工、材料、机械的消耗量水平、取费等由企业来确定,给企业充分选择的权利,以促进生产力的发展。

2) 与现行计价定额有机结合的原则

计价规范在编制过程中,仅对工程量清单编制的原则、内容,费用构成,招标控制价、投标报价的编制,合同价款约定、调整、价款期中支付,竣工结算与支付,合同解除的价款结算与支付、合同价款争议的解决,工程计价表格等作了规定,并没有规定相关子目的具体消耗量及相关的人、材、机的价格,而在具体的清单项目组价时,则是与各地的计价定额衔接。原因主要是预算定额是我国经过几十年实践的总结,这些内容具有一定的科学性和实用性。与工程预算定额有所区别的主要原因是:预算定额是按照计划经济的要求制定、发布、贯彻、执行的,其中有许多不适应计价规范编制的指导思想,主要表现在:①定额项目是国家规定以工序为划分项目的原则。②施工工艺、施工方法是根据大多数企业的施工方法综合取定的。③工料机消耗量是根据"社会平均水平"综合测定的。④取费标准是根据不同地区平均测算的。因此企业报价就会表现为平均主义,企业不能结合项目具体情况、自身技术管理水平自主报价,不能充分调动企业加强管理的积极性。

3) 既考虑我国工程造价管理的现状,又尽可能与国际惯例接轨的原则

计价规范是根据我国当前工程建设市场发展的形势,逐步解决定额计价中与当前工程建设市场不相适应的因素,适应我国社会主义市场经济发展的需要,适应与国际接轨的需要,积极稳妥地推行工程量清单计价。因此,在编制中,既借鉴了世界银行、菲迪克(FDIC)、英联邦国家以及我国香港地区的一些做法,同时,也结合了我国现阶段的具体情况。如:实体项目的设置方面,就结合了当前按专业设置的一些情况;有关名词尽量沿用国内习惯,如措施项目就是国内的习惯叫法,国外叫开办项目;措施项目的内容就借鉴了部分国外的做法。

1.3.3　计价规范的主要内容

1) 总体组成

计价规范总体包括 16 部分,具体包括总则、术语、一般规定、工程量清单编制、招标控制价、投标报价、合同价款约定、工程计量、合同价款调整、合同价款期中支付、竣工结算与支付、合同解除的价款结算与支付、合同价款争议的解决、工程造价鉴定、工程计价资料与档案、工程计价表格及 11 项附录。

2) 主要章节

计价规范共有 16 部分内容,这里选部分主要内容作适当介绍,其他详细内容读者可结合计价规范阅读。

（1）总则

总则部分介绍了计价规范的编制依据，规定其适用于建设工程发承包及实施阶段的计价活动，表明建设工程发承包及实施阶段的工程造价应由分部分项工程费、措施项目费、其他项目费及规费和税金组成，建设工程发承包及实施阶段的计价活动，除应符合计价规范外，尚应符合国家现行有关标准的规定。

（2）术语

该部分内容对计价规范涉及的术语作了明确的定义。

① 工程量清单：载明建设工程分部分项工程项目、措施项目、其他项目的名称和相应数量以及规费、税金项目等内容的明细清单。

② 分部分项工程：分部工程是单项或单位工程的组成部分，是按结构部位、路段长度及施工特点或施工任务将单项或单位工程划分为若干分部的工程；分项工程是分部工程的组成部分，是按不同施工方法、材料、工序及路段长度等将分部工程划分为若干个分项或项目的工程。

③ 措施项目：为完成工程项目施工，发生于该工程施工。

④ 综合单价：是指完成一个规定清单项目所需的人工费、材料费和工程设备费、施工机械使用费和企业管理费、利润以及一定范围内的风险费用。

⑤ 单价合同：发承包双方约定以工程量清单及其综合单价进行合同价款计算、调整和确认的建设工程施工合同。

⑥ 工程变更：合同工程实施过程中由发包人提出或由承包人提出经发包人批准的合同工程任何一项工作的增、减、取消或施工工艺、顺序、时间的改变；设计图纸的修改；施工条件的改变；招标工程量清单的错、漏从而引起合同条件的改变或工程量的增减变化。

⑦ 暂列金额：招标人在工程量清单中暂定并包括在合同价款中的一笔款项。用于工程合同签订时尚未确定或者不可预见的所需材料、工程设备、服务的采购，施工中可能发生的工程变更、合同约定调整因素出现时的合同价款调整以及发生的索赔、现场签证确认等的费用。

⑧ 暂估价：招标人在工程量清单中提供的用于支付必然发生但暂时不能确定价格的材料、工程设备的单价以及专业工程的金额。

⑨ 工程设备：指构成或计划构成永久工程一部分的机电设备、金属结构设备、仪器装置及其他类似的设备和装置。

⑩ 竣工结算价：发承包双方依据国家有关法律、法规和标准规定，按照合同约定确定的，包括在履行合同过程中按合同约定进行的合同价款调整，是承包人按合同约定完成了全部承包工作后，发包人应付给承包人的合同总金额。

（3）一般规定

该部分主要是对计价方式、发包人提供材料和工程设备、承包人提供材料和工程设备、计价风险问题作了规定。具体规定包括：

① 使用国有资金投资的建设工程发承包，必须采用工程量清单计价。工程量清单应采用综合单价计价。措施项目中的安全文明施工费必须按国家或省级、行业建设主管部门的规定计算，不得作为竞争性费用。规费和税金必须按国家或省级、行业建设主管部门的规定计算，不得作为竞争性费用。

② 承包人投标时，甲供材料单价应计入相应项目的综合单价中。签约后，发包人应按

合同约定扣除甲供材料款,不予支付。发包人提供的甲供材料如规格、数量或质量不符合合同要求,或由于发包人原因发生交货日期延误、交货地点及交货方式变更等情况的,发包人应承担由此增加的费用和(或)工期延误,并应向承包人支付合理利润。

③ 除合同约定的发包人提供的甲供材料外,合同工程所需的材料和工程设备应由承包人提供,承包人提供的材料和工程设备均应由承包人负责采购、运输和保管。对承包人提供的材料和工程设备经检测不符合合同约定的质量标准,发包人应立即要求承包人更换,由此增加的费用和(或)工期延误应由承包人承担。对发包人要求检测承包人已具有合格证明的材料、工程设备,但经检测证明该项材料、工程设备符合合同约定的质量标准,发包人应承担由此增加的费用和(或)工期延误,并向承包人支付合理利润。

④ 建设工程发承包,必须在招标文件、合同中明确计价中的风险内容及其范围,不得采用无限风险、所有风险或类似语句规定计价中的风险内容及范围。由于国家法律、法规、规章和政策发生变化,以及省级或行业建设主管部门发布的人工费调整,但承包人对人工费或人工单价的报价高于发布的除外,由政府定价或政府指导价管理的原材料等价格进行了调整等因素影响合同价款调整,应由发包人承担。

(4) 工程量清单编制

招标工程量清单应由具有编制能力的招标人或受其委托、具有相应资质的工程造价咨询人编制。招标工程量清单必须作为招标文件的组成部分,其准确性和完整性由招标人负责。招标工程量清单应以单位(项)工程为单位编制,应由分部分项工程量项目清单、措施项目清单、其他项目清单、规费和税金项目清单组成。

(5) 招标控制价、投标报价、合同价款约定

① 国有资金投资的建设工程招标,招标人必须编制招标控制价。

② 招标人应在发布招标文件时公布招标控制价,同时应将招标控制价及有关资料报送工程所在地或有该工程管辖权的行业管理部门工程造价管理机构备查。

③ 招标控制价应根据一定的依据来进行编制与复核;综合单价中应包括招标文件中划分的应由投标人承担的风险范围及其费用。招标文件中没有明确的,如是工程造价咨询人编制,应提请招标人明确;如是招标人编制,应予明确。

④ 投标人经复核认为招标人公布的招标控制价未按照本规范的规定进行编制的,应在招标控制价公布后 5 天内向招投标监督机构和工程造价管理机构投诉。招标人根据招标控制价复查结论需要重新公布招标控制价的,其最终公布的时间至招标文件要求提交投标文件截止时间不足 15 天的,应相应延长投标文件的截止时间。

⑤ 投标报价不得低于工程成本。投标人必须按招标工程量清单填报价格。项目编码、项目名称、项目特征、计量单位、工程量必须与招标工程量清单一致。招标工程量清单与计价表中列明的所有需要填写的单价和合价的项目,投标人均应填写且只允许有一个报价。未填写单价和合价的项目,可视为此项费用已包含在已标价工程量清单中其他项目的单价和合价之中。竣工结算时,此项目不得重新组价予以调整。

⑥ 实行招标的工程合同价款应在中标通知书发出之日起 30 日内,由发承包双方依据招标文件和中标人的投标文件在书面合同中约定。

合同约定不得违背招标、投标文件中关于工期、造价、质量等方面的实质性内容。招标文件与中标人投标文件不一致的地方,以投标文件为准。

⑦ 发承包双方应在合同条款中对预付工程款的数额、支付时间及抵扣方式,安全文明施工措施的支付计划,使用要求等,工程计量与支付工程进度款的方式、数额及时间,工程价款的调整因素、方法、程序、支付及时间,施工索赔与现场签证的程序、金额确认与支付时间,承担计价风险的内容、范围以及超出约定内容、范围的调整办法,工程竣工价款结算编制与核对、支付及时间,工程质量保证金的数额、预留方式及时间,违约责任以及发生合同价款争议的解决方法及时间,与履行合同、支付价款有关的其他事项等进行约定。

(6) 工程计量

工程量必须按照相关工程现行国家计量规范规定的工程量计算规则计算。单价合同的工程量必须以承包人完成合同工程应予计量的工程量确定。采用经审定批准的施工图纸及其预算方式发包形成的总价合同,除按照工程变更规定的工程量增减外,总价合同各项目的工程量应为承包人用于结算的最终工程量。

(7) 合同价款调整

计价规范对合同价款的调整作了比较全面的规定,具体内容包括:

① 发生(但不限于)法律法规变化,工程变更,项目特征不符,工程量清单缺项,工程量偏差,计日工,物价变化,暂估价,不可抗力,提前竣工(赶工补偿),误期赔偿,索赔,现场签证,暂列金额,发承包双方约定的其他调整事项等事项时,发承包双方应当按照合同约定调整合同价款。

② 招标工程以投标截止日前 28 天,非招标工程以合同签订前 28 天为基准日,其后国家的法律、法规、规章和政策发生变化引起工程造价增减变化的,发承包双方应按照省级或行业建设主管部门或其授权的工程造价管理机构据此发布的规定调整合同价款。

③ 发包人在招标工程量清单中对项目特征的描述,应被认为是准确的和全面的,并且与实际施工要求相符合。承包人应按照发包人提供的招标工程量清单,根据项目特征描述的内容及有关要求实施合同工程,直到项目被改变为止。

④ 承包人采购材料和工程设备的,应在合同中约定主要材料、工程设备价格变化的范围或幅度;当没有约定,且材料、工程设备单价变化超过 5% 时,超过部分的价格应按照本规范附录 A 的方法计算调整材料、工程设备费。

⑤ 因不可抗力事件导致的人员伤亡、财产损失及其费用增加,发承包双方应按下列原则分别承担并调整工程价款和工期:合同工程本身的损害、因工程损害导致第三方人员伤亡和财产损失以及运至施工场地用于施工的材料和待安装的设备的损害,应由发包人承担;发包人、承包人人员伤亡应由其所在单位负责,并承担相应费用;承包人的施工机械设备损坏及停工损失,应由承包人承担;停工期间,承包人应发包人要求留在施工场地的必要的管理人员及保卫人员的费用应由发包人承担;工程所需清理、修复费用,应由发包人承担。

⑥ 招标人应依据相关工程的工期定额合理计算工期,压缩的工期天数不得超过定额工期的 20%,超过者,应在招标文件中明示增加赶工费用。

⑦ 承包人应发包人要求完成合同以外的零星项目、非承包人责任事件等工作的,发包人应及时以书面形式向承包人发出指令,并应提供所需的相关资料;承包人在收到指令后,应及时向发包人提出现场签证要求。

(8) 合同价款期中支付

合同价款期中支付的内容包括预付款、安全文明施工费、进度款,具体规定有:

① 包工包料工程的预付款支付比例不得低于签约合同价(扣除暂列金额)的 10%,不宜高于签约合同价(扣除暂列金额)的 30%。预付款应从每一支付期应支付给承包人的工程进度款中扣回,直到扣回的金额达到合同约定的预付款金额为止。承包人的预付款保函的担保金额根据预付款扣回的数额相应递减,但在预付款全部扣回之前一直保持有效。发包人应在预付款扣完后的 14 天内将预付款保函退还给承包人。

② 发包人没有按时支付安全文明施工费的,承包人可催告发包人支付;发包人在付款期满后的 7 天内仍未支付的,若发生安全事故,发包人应承担相应责任。承包人应对安全文明施工费专款专用,在财务账目中单独列项备查,不得挪作他用,否则发包人有权要求其限期改正;逾期未改正的,造成的损失和(或)延误的工期由承包人承担。

③ 发承包双方应按照合同约定的时间、程序和方法,根据工程计量结果,办理期中价款结算,支付进度款。承包人现场签证和得到发包人确认的索赔金额应列入本周期应增加的金额中。发现已签发的任何支付证书有错、漏或重复的数额,发包人有权予以修正,承包人也有权提出修正申请。经发承包双方复核同意修正的,应在本次到期的进度款中支付或扣除。

(9) 竣工结算与支付、合同解除的价款结算与支付

① 工程完工后,发承包双方必须在合同约定时间内办理工程竣工结算。竣工结算办理完毕,发包人应将竣工结算文件报送工程所在地或有该工程管辖权的行业管理部门的工程造价管理机构备案,竣工结算文件应作为工程竣工验收备案、交付使用的必备文件。

② 工程竣工结算应根据本规范,工程合同,发承包双方实施过程中已确认的工程量及其结算的合同价款,发承包双方实施过程中已确认调整后追加(减)的合同价款,建设工程设计文件及相关资料,投标文件,其他等依据进行编制和复核。

③ 合同工程完工后,承包人应在经发承包双方确认的合同工程期中价款结算的基础上,汇总编制完成竣工结算文件,应在提交竣工验收申请的同时向发包人提交竣工结算文件。

承包人未在合同约定的时间内提交竣工结算文件,经发包人催告后 14 天内仍未提交或没有明确答复的,发包人有权根据已有资料编制竣工结算文件,作为办理竣工结算和支付结算款的依据,承包人应予以认可。

④ 缺陷责任期终止后,承包人应按照合同约定向发包人提交最终结清支付申请。发包人对最终结清支付申请有异议的,有权要求承包人进行修正和提供补充资料。承包人修正后,应再次向发包人提交修正后的最终结清支付申请。

⑤ 发承包双方协商一致解除合同的,应按照达成的协议办理结算和支付合同价款。由于不可抗力致使合同无法履行解除合同的、因承包人违约解除合同的、因发包人违约解除合同的,规范有相应的规定。

(10) 合同价款争议的解决

计价规范对合同价款争议的解决提出了五种处理方法,以供选用,一是监理或造价工程师暂定;二是管理机构的解释认定;三是协商和解;四是调解;五是仲裁、诉讼。

(11) 工程造价鉴定

① 在工程合同价款纠纷案件处理中,需作工程造价司法鉴定的,应委托具有相应资质的工程造价咨询人进行。工程造价咨询人接受委托时提供工程造价司法鉴定服务,应按仲

裁、诉讼程序和要求进行,并应符合国家关于司法鉴定的规定。工程造价咨询人进行工程造价司法鉴定时,应指派专业对口、经验丰富的注册造价工程师承担鉴定工作。

② 工程造价咨询人进行工程造价鉴定工作时,应自行收集必要的鉴定资料,工程造价咨询人在鉴定过程中要求鉴定项目当事人对缺陷资料进行补充的,应征得鉴定项目委托人同意,或者协调鉴定项目各方当事人共同签认。

③ 工程造价咨询人在鉴定项目合同有效的情况下应根据合同约定进行鉴定,不得任意改变双方合法的合意。工程造价咨询人在鉴定项目合同无效或合同条款约定不明确的情况下应根据法律法规、相关国家标准和本规范的规定,选择相应专业工程的计价依据和方法进行鉴定。

(12) 工程计价资料与档案

① 发承包双方应当在合同中约定各自在合同工程中现场管理人员的职责范围,双方现场管理人员在职责范围内的签字确认的书面文件是工程计价的有效凭证,但如有其他有效证据或经实证证明其是虚假的除外。

发承包双方不论在何种场合对与工程计价有关的事项所给予的批准、证明、同意、指令、商定、确定、确认、通知和请求,或表示同意、否定、提出要求和意见等,均应采用书面形式,口头指令不得作为计价凭证。

发承包双方分别向对方发出的任何书面文件,均应将其抄送现场管理人员,如系复印件应加盖合同工程管理机构印章,证明与原件相同。双方现场管理人员向对方所发任何书面文件,亦应将其复印件发送给发承包双方,复印件应加盖合同工程管理机构印章,证明与原件相同。

② 发承包双方以及工程造价咨询人对具有保存价值的各种载体的计价文件,均应收集齐全,整理立卷后归档。工程造价咨询人归档的计价文件,保存期不宜少于5年。归档的工程计价成果文件应包括纸质原件和电子文件,其他归档文件及依据可为纸质原件、复印件或电子文件。

(13) 工程计价表格

计价规范规定工程计价表宜采用统一格式。各省、自治区、直辖市建设行政主管部门和行业建设主管部门可根据本地区、本行业的实际情况,在计价规范附录 B 至附录 L 计价表格的基础上补充完善。

(14) 附录

附录部分包括如下内容:

附录 A"物价变化合同价款调整方法",附录 B"工程计价文件封面",附录 C"工程计价文件扉页",附录 D"工程计价总说明",附录 E"工程计价汇总表",附录 F"分部分项工程和措施项目计价表",附录 G"其他项目计价表",附录 H"规费、税金项目计价表",附录 J"工程计量申请(核准)表",附录 K"合同价款支付申请(核准)表",附录 L"主要材料、工程设备一览表"。

1.4 市政工程工程量计算规范

1.4.1 《市政工程工程量计算规范》的含义

《市政工程工程量计算规范》(GB 50857—2013,简称计算规范)是由中华人民共和国住房和城乡建设部及中华人民共和国国家质量监督检验检疫总局联合发布的国家标准,是为规范市政工程造价计量行为,统一市政工程工程量计算规则、工程量清单编制方法制定的标准。

1.4.2　实行《市政工程工程量计算规范》的目的、意义

实行《市政工程工程量计算规范》其目的是为规范市政工程造价计量行为,统一市政工程工程量计算规则、工程量清单编制方法,其意义是提高工程量清单的编制效率,减少计量矛盾。

1.4.3　《市政工程工程量计算规范》的主要内容

《市政工程工程量计算规范》总体包括总则、术语、工程计量、工程量清单编制、附录五个部分,其各部分主要内容叙述如下,详细内容可依据规范阅读。

1) 总则

制定计算规范是为规范市政工程造价计量行为,统一市政工程工程量计算规则、工程量清单编制方法。该规范适用于市政工程发承包及实施阶段计价活动中的工程计量和工程量清单编制。市政工程计价,必须按该规范规定的工程量计算规则进行工程计量。市政工程计量活动,除应遵守计算规范外,尚应符合国家现行有关标准的规定。

2) 术语

(1) 工程量计算:指建设工程项目以工程设计图纸、施工组织设计或施工方案及有关技术经济文件为依据,按照相关工程国家标准的计算规则、计量单位等规定,进行工程数量的计算活动,在工程建设中简称工程计量。

(2) 市政工程:指市政道路、桥梁、广(停车)场、隧道、管网、污水处理、生活垃圾处理、路灯等公用事业工程。

3) 工程计量

(1) 工程量计算的依据除执行计算规范的各项规定外,尚应依据经审定通过的施工设计图纸及其说明、经审定通过的施工组织设计或施工方案、经审定通过的其他有关技术经济文件。

(2) 计算规范附录中有两个或两个以上计量单位的,应结合拟建工程项目的实际情况,同一工程项目,选择其中一个确定。

(3) 工程计量时每一项目汇总的有效位数应遵守下列规定:

① 以"t"为单位,应保留小数点后三位数字,第四位小数四舍五入;

② 以"m"、"m²"、"m³"、"kg"为单位,应保留小数点后两位数字,第三位小数四舍五入;

③ 以"个"、"件"、"根"、"组"、"系统"为单位,应取整数。

(4) 市政工程涉及房屋建筑和装饰装修工程的项目,按照国家标准《房屋建筑与装饰工程工程量计算规范》的相应项目执行;涉及电气、给排水、消防等安装工程的项目,按照国家标准《通用安装工程工程量计算规范》的相应项目执行;涉及园林绿化工程的项目,按照国家标准《园林绿化工程工程量计算规范》的相应项目执行;采用爆破法施工的石方工程按照国家标准《爆破工程工程量计算规范》的相应项目执行。具体划分界限的确定详见相应规范

规定。

(5) 由水源地取水点至厂区或市、镇第一个储水点之间距离 10 km 以上的输水管道,按计算规范附录 E"管网工程"相应项目执行。

4) 工程量清单编制

(1) 工程量清单的编制依据

① 《市政工程工程量计算规范》和《建设工程工程量清单计价规范》;

② 国家或省级、行业建设主管部门颁发的计价依据和办法;

③ 建设工程设计文件;

④ 与建设工程项目有关的标准、规范、技术资料;

⑤ 拟定的招标文件;

⑥ 施工现场情况、工程特点及常规施工方案;

⑦ 其他相关资料。

(2) 其他项目、规费和税金项目清单应按照国家标准《建设工程工程量清单计价规范》的相关规定编制。

(3) 分部分项工程工程量清单应根据附录规定的项目编码、项目名称、项目特征、计量单位和工程量计算规则进行编制。

(4) 分部分项工程工程量清单的项目编码,应采用十二位阿拉伯数字表示,一至九位应按附录的规定设置,十至十二位应根据拟建工程的工程量清单项目名称和项目特征设置,同一招标工程的项目编码不得有重码。

(5) 分部分项工程工程量清单的项目名称应按附录的项目名称结合拟建工程的实际确定。工程量清单项目特征应按附录中规定的项目特征,结合拟建工程项目的实际予以描述。工程量清单中所列工程量应按附录中规定的工程量计算规则计算。工程量清单的计量单位应按附录中规定的计量单位确定。

(6) 措施项目中列出了项目编码、项目名称、项目特征、计量单位、工程量计算规则的项目,编制工程量清单时,应按照计算规范 4.2 分部分项工程的规定执行。措施项目中仅列出项目编码、项目名称,未列出项目特征、计量单位和工程量计算规则的项目,编制工程量清单时,应按计算规范附录 L"措施项目"规定的项目编码、项目名称确定。

5) 附录

附录共包括附录 A"土石方工程"、附录 B"道路工程"、附录 C"桥涵工程"、附录 D"隧道工程"、附录 E"管网工程"、附录 F"水处理工程"、附录 G"生活垃圾处理工程"、附录 H"路灯工程"、附录 J"钢筋工程"、附录 K"拆除工程"、附录 L"措施项目"共 11 个部分。每个部分又包括必要的说明和项目表,项目表的格式如下,每个项目的具体内容请结合计算规范阅读。

项目编码	项目名称	项目特征	计量单位	工程量计算规则	工作内容

2　市政工程工程量清单计价的基础知识

工程造价是一门综合性学科,它涉及多方面的知识,要学会编制工程造价,除了掌握清单计价规范、工程计量规范及定额原理之外,还需掌握市政工程的有关产品分类、市政工程有关产品的基本组成、工程相关图纸的识读及施工过程方法等。这些知识对于工程技术人员来说是非常熟悉的,但对于从事工程造价方面工作的初学者来讲可能有些欠缺,所以本章将根据编制工程造价所需的有关基础知识作必要介绍。

2.1　市政工程有关产品的分类

市政工程广义来讲是指市政设施建设工程,是指为满足城市经济建设需要而修建的基础设施和城市居民生活所需的公共设施。市政工程有大市政和小市政之分。大市政是指城市道路、桥梁、给排水、煤气管道、电力通信、轨道交通、公园绿地等市政公用事业工程。小市政是指居民小区、厂区、校区等给排水及道路工程。《市政工程工程量计算规范》中的市政工程是指市政道路、桥梁、广(停车)场、隧道、管网、污水处理、生活垃圾处理、路灯等公用事业工程。

2.1.1　按市政工程产品的用途分

根据《市政工程工程量计算规范》、《江苏省市政工程计价定额》,从其产品的用途来分,市政工程可分为道路工程、桥涵工程、隧道工程、给水工程、排水工程、燃气与集中供热工程、路灯工程、水处理工程、生活垃圾处理工程。按照建设性质分,可分为新建、扩建及大中修市政工程,小修保养工程。

2.1.2　道路的分类

1) 按道路的用途分

根据道路所在位置、交通性质及其使用特点,道路可分为公路、城市道路、厂矿道路及乡村道路等。所谓城市道路是指城市内的道路,城市道路按道路在道路网中的地位、交通功能以及对沿线的服务功能等,分为快速路、主干路、次干路和支路四个等级。

(1) 快速路:快速路相向车道之间应设置中间分隔带,快速路与高速公路及主干路交叉时,必须采用立体交叉;与次干路相交叉,当交通量仍可维持平面交叉时,也可设平交,但需保留立体交叉的可用地,与支路一般不能相交。要控制出入、控制出入口间距及形式,实现交通连续通行,单向设置不应少于两条车道,并应设有配套的交通安全与管理设施。快速路两侧不应设置吸引大量车流、人流的公共建筑物的出入口。

（2）主干路：应连接城市各主要分区，应以交通运输为主。主干路两侧不宜设置吸引大量车流、人流的公共建筑物的出入口。在非机动车多的主干路上宜采用分流形式，即设置两侧分隔带，横断面布置为三幅道。平面交叉口间隔以 800～1 200 m 为宜。

（3）次干路：次干路是城市的一般交通道路，兼有服务性功能，它配合主干路共同组成道路网。次干路两侧可设置公共建筑物的出入口，但相邻出入口的间距不宜小于 80 m，且该出入口位置应在临近交叉口的功能区之外。

（4）支路：连接次干路与居住区、工业区等内部道路，解决城市地区交通，以服务功能为主。支路两侧公共建筑物的出入口位置宜布置在临近交叉口的功能区之外。

道路交通量达到饱和状态时的道路设计年限为：快速路、主干路应为 20 年，次干路应为 15 年，支路宜为 10～15 年。

2）按路面用的材料分

按路面力学特性分类，路面可分为柔性路面、刚性路面两大类。

（1）柔性路面

柔性路面是由具有黏性、弹塑性的混合材料，在一定的工艺条件下压实成型的路面。其力学特性是：在荷载作用下所产生的弯沉变形较大，路面结构本身抗弯拉强度较低，车轮荷载通过由强到弱的各层次逐渐传到土基，使土基受到较大压力，土基强度和稳定性对路面结构整体强度有较大影响。柔性路面一般包括铺筑在非刚性基层上的各种沥青路面、碎（砾）石路面及用有机结合料加固的路面等。

（2）刚性路面

刚性路面是由整体强度高的水泥混凝土板或条石直接铺筑在均匀土基层上的路面。其力学特性是：在荷载作用下起板体作用，具有较高的抗弯拉强度和较小的变形，荷载通过水泥混凝土或条石板体扩散分布，因而它能减轻土基所受的应力；刚性路面的强度取决于板体的抗弯拉强度和土基的强度。水泥混凝土路面及各种石、块石路面均属于刚性路面。

用石灰或水泥稳定土和用石灰或水泥处治碎（砾）石，以及用各种含有水硬性结合料的工业废渣做成的基层，在前期具有柔性路面的特征，随着时间的增长，到后期则逐渐向刚性路面转化，但它最终的抗弯拉强度和弹性模量还较刚性路面为低。这种路面结构一般用于高级路面基层，也可单独列为一类，称为半刚性路面。

3）按路面的等级分

按面层的使用品质、材料组成和结构强度不同，路面可以分为四个等级。

（1）高级路面：特点是结构强度高，使用寿命长，适应较大的交通量，平整无尘，能保证高速行车，养护费用少，运输成本低。但基建投资大，施工技术与机械设备要求高，需要质量高的材料来修筑。

（2）次高级路面：特点是强度较高，寿命较长，能适应较大交通量。比高级路面投资少，但需定期维修，养护费用和运输成本较高。

（3）中级路面：特点是强度低，使用期限短，平整度差，易扬尘，仅能适应较小的交通量，行车速度也低。它需要经常维修才能延长使用期限。它的造价虽低，但养护工作量大，运输成本很高。

（4）低级路面：特点是强度很低，使用期限较短，平整度较差，极易扬尘，仅能适应很小的交通量，行车速度很低。但它的造价低，对材料的要求不高，一般用做简易路面或临时道路。

2.1.3 桥梁的分类

1) 根据桥梁主跨结构所用材料分

(1) 木桥;

(2) 圬工桥(包括砖、石、混凝土桥,钢筋混凝土桥,预应力钢筋混凝土桥);

(3) 钢桥等。

2) 根据桥梁所跨越的障碍物分

(1) 跨河桥;

(2) 跨海峡桥;

(3) 立交桥(包括跨线桥);

(4) 高架桥等。

3) 根据桥梁的用途分

(1) 公路桥;

(2) 铁路桥;

(3) 公铁两用桥;

(4) 人行桥;

(5) 水运桥;

(6) 管道桥等。

4) 以桥梁的多孔跨径总长分

(1) 小桥,总长小于或等于 30 m 的桥梁;

(2) 中桥,总长 30~100 m 的桥梁;

(3) 大桥,总长 100~1 000 m 的桥梁;

(4) 特大桥,总长大于 1 000 m 的桥梁。

5) 根据桥面在桥跨结构中的位置分

(1) 上承式桥:路面布置在桥跨结构上面的桥梁,它的优点是构造简单、施工方便,在公路上一般多采用上承式桥;

(2) 中承式桥:考虑地形、标高等限制,把路面布置在桥跨结构中间的桥梁;

(3) 下承式桥:路面布置在桥跨结构下面的桥梁。这种构筑,主要是为了使桥面减薄,既要保证桥下净空,又要考虑桥面不升高以减少桥梁坡度。

6) 根据桥梁的结构形式分

(1) 梁式桥;

(2) 拱桥;

(3) 刚架桥;

(4) 悬索桥;

(5) 组合式桥。

2.1.4 给排水管道的分类

1) 按用途分

(1) 给水管道;

（2）排水管道。排水管道有雨水管道、污水管道、雨污合流管道。

2）按给排水工程所选用的管材分

（1）金属管材

金属管材有无缝钢管、有缝钢管（焊接钢管）、铸铁管、铜管、不锈钢管等。

（2）非金属管材

非金属管材分为塑料管、玻璃钢管、混凝土管、钢筋混凝土管、陶土管等。

总之，市政工程产品根据研究的需要，可从产品的用途（功能）、建设规模、投资性质、材料、结构形式、施工方法等方面进行分类，此处不再一一阐述。

2.2 市政工程有关产品的基本组成

市政工程产品从用途上分往往是按大类，而从造价计算角度来讲需对产品的组成进行拆分。组成掌握越细，对产品理解越充分，对造价确定越准确。所以要准确计算工程造价，就必须掌握产品的组成。

2.2.1 道路的组成

道路是设置在大地表面供各种车辆和行人行驶的一种带状构筑物，道路的组成主要分线形组成和结构组成。

1）线形组成

道路线形是指道路中线的空间几何形状和尺寸，这一空间线形投影到平、纵、横三个方向而分别绘制成反映其形状、位置和尺寸的图形，就是道路的平面图、纵断面图和横断面图。城市道路横断面可分为单幅路、两幅路、三幅路、四幅路及特殊形式的断面。城市道路横断面由机动车道、非机动车道、人行道、分隔带、绿化带等组成，特殊断面还可包括应急车道、路肩和排水沟等，如图2.2.1所示。

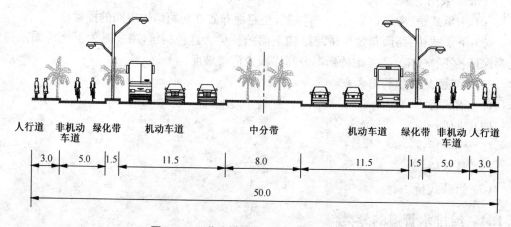

人行道	非机动车道	绿化带	机动车道	中分带	机动车道	绿化带	非机动车道	人行道
3.0	5.0	1.5	11.5	8.0	11.5	1.5	5.0	3.0

50.0

图 2.2.1 道路横断面图（路幅宽度 50 m）

（1）车行道：供各类车辆行驶的为车行道。其中供机动车行驶的称为机动车道，又叫快车道。供非机动车行驶的称非机动车道或慢车道。

(2) 人行道：供行人步行交通的人行道和禁止车辆通行的步行专用道路。

(3) 绿化带：又叫绿岛,沿线种植绿化和行道树。

(4) 组织交通、保证交通安全的辅助性交通设施,如交通信号、交通标志、分车带、导向岛、护栏,以及临时停车用的停车场和公共交通车辆站台。设施带宽度应包括设置护栏、照明灯柱、标志牌、信号灯、城市公共服务设施等的要求,各种设施布局应综合考虑。设施带可与绿化带结合设置,但应避免各种设施与树木间的干扰。

(5) 应急车道。当快速路单向机动车道数小于 3 条时,应设不小于 3.0 m 的应急车道。当连续设置有困难时,应设置应急停车港湾,间距不应大于 500 m,宽度不应小于3.0 m。

(6) 保护性路肩。采用边沟排水的道路应在路面外侧设置保护性路肩,中间设置排水沟的道路应设置左侧保护性路肩。保护性路肩宽度自路缘带外侧算起,快速路不应小于0.75 m;其他道路不应小于 0.50 m;当有少量行人时,不应小于 1.50 m。

(7) 从城市道路体系来看还有:沿街的地上设备,如照明灯柱、架空电线杆、给水消防栓、邮筒、清洁卫生箱等,沿街的地下管线,如自来水管、污水管、雨水管、煤气管等管道及各种电缆。

(8) 道路排水设施。如明沟、雨水口、地下管道构筑物及各种检查井等。

2) 结构组成

道路工程结构组成一般分为土路基、垫层、基层和面层四个部分。高级道路的结构由土路基、垫层、底基层、基层、联结层和面层等六部分组成。

(1) 面层:面层直接承受行车荷载及自然因素的影响,并且将车轮荷载压力传布扩散到基层。面层主要采用水泥混凝土、沥青混凝土等强度较高的材料铺筑。

(2) 基层:基层设在面层(或联结层)之下,它是路面的主要承重层。一方面支承面层传来的荷载,另一方面把荷载传布扩散到下面层次。当基层分为两层时,分别为基层和底基层。

(3) 垫层:在水文地质条件不良的路段,常在土基与基层之间加设垫层。目的是为稳定土基、阻止水分上下移动、减轻土基不均匀冻胀、改善路面工作状态。

(4) 土路基:分为天然地基和换土垫层地基。

2.2.2　桥梁的组成

桥梁是供行人、道路、铁路、渠道、管线等跨越河流、山谷或其他交通线路等各种障碍物时所使用的承载结构物,主要由上部结构和下部结构两部分组成(见图 2.2.2)。

1) 上部结构(也称桥跨结构)

上部结构是指桥梁结构中直接承受车辆和其他荷载,并跨越各种障碍物的结构部分,是主要承重结构。它的作用是承担上部结构所受的全部荷载并传给支座,由主要承重结构、桥面系和桥梁支座组成。

2) 下部结构

下部结构是指桥梁结构中设置在地基上用以支承桥跨结构,将其荷载传递至地基的结构部分,一般包括桥墩、桥台及墩台基础。

（1）桥墩。桥墩是多跨桥梁中处于相邻桥跨之间并支承上部结构的构造物。

（2）桥台。桥台是位于桥梁两端与路基相连并支承上部结构的构造物。

（3）墩台基础。墩台基础是桥梁墩台底部与地基相接触的结构部分。

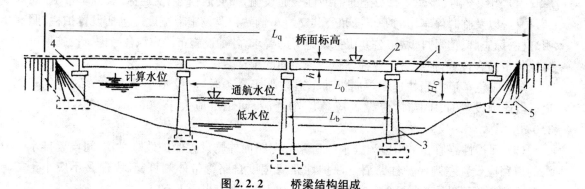

图 2.2.2　桥梁结构组成

1—上部结构；2—桥面；3—桥墩；4—桥台；5—锥体填方
L_b—桥梁跨径；L_0—净跨径；H_0—通航高度；h—上部结构厚度；L_q—桥长

2.2.3　排水管道的组成

1）垫层

常见的有：

（1）碎石垫层；

（2）砂垫层；

（3）砂砾垫层。

2）基础

管道基础一般由地基、基础和管座 3 个部分组成。

（1）混凝土基础（90°、120°、135°、180°）；

（2）钢筋混凝土基础（90°、120°、135°、180°）。

3）管道铺设

管道工程是市政工程不可缺少的组成部分。各种用途的管道都是由管子和管道附件组成的。

4）接口

混凝土管和钢筋混凝土管的接口形式有刚性和柔性两种。

（1）水泥砂浆抹带接口：水泥砂浆抹带接口是一种常用的刚性接口，一般在地基较好、管径较小时采用。

（2）钢丝网水泥砂浆抹带接口：钢丝网水泥砂浆抹带接口由于在抹带层内埋置 20 号 10 mm×10 mm 方格的钢丝网，因此接口强度高于水泥砂浆抹带接口。

（3）套环接口：套环接口的刚度好，常用于污水管道的接口，分为现浇套环接口和预制套环接口两种。

（4）承插管水泥浆接口、沥青麻布柔性接口

① 承插管水泥砂浆接口，一般适合小口径雨水管道施工。

② 沥青麻布(玻璃布)柔性接口适用于无地下水、地基不均匀、沉降不严重的平口或企口排水管道。

(5)沥青砂浆柔性接口

这种接口的使用条件与沥青麻布柔性接口相同,但不用麻布,成本降低。

(6)承插管沥青油膏柔性接口

这是利用一种粘结力强、高温不流淌、低温不脆裂的防水油膏,进行承插管接口,施工较为方便。沥青油膏有成品,也可自配。这种接口适用小口径承插口污水管道。

2.2.4　隧道工程的组成

隧道包括主体建筑物和附属建筑物两大部分。隧道主体包括洞门和洞身,隧道附属建筑物包括避车(人)洞、防水排水系统、照明设施、辅助坑道等。

2.3　市政工程有关产品的施工过程

2.3.1　土石方工程

土方工程有永久性和临时性两种。修筑路基、堤防等属于永久性的土方工程,开挖沟槽基坑则属于临时性的土方工程。

土方工程按施工方法可分为人工土方和机械土方。人工土方是采用镐、锄、铲等工具或小型机具施工的土方,适用于量小、运输近、缺乏土方机械或不宜机械施工的土方。机械土方目前主要采用推土机、挖掘机、铲运机、压路机、平地机等机械施工的土方。

机械的选型应根据现场施工条件、土质、土方量大小、机械性能和企业机械装备情况综合确定。

在建筑工程中,常见的土石方工程包括:

1)场地平整

场地平整前必须确定场地设计标高,计算挖方和填方的工程量,确定挖方、填方的平衡调配,选择土方施工机械,拟定施工方案。

2)基坑(槽)开挖

一般开挖深度在5 m以内的称为浅基坑(槽),开挖深度大于或等于5 m的称为深基坑(槽)。应根据建筑物、构筑物的基础形式,坑(槽)底标高及边坡坡度要求开挖基坑(槽)。

3)基坑(槽)回填

为了确保填方的强度和稳定性,必须正确选择填方土料与填筑方法。填土必须具有一定的密实度,以避免建筑物产生不均匀沉陷。填方应分层进行,并尽量采用同类土填筑。

4)地下工程大型土石方开挖

对人防工程、大型建筑物的地下室、深基础施工等进行的地下大型土石方开挖涉及降水、排水、边坡稳定与支护、地面沉降与位移等问题。

5) 路基修筑

建设工程所在地的场内外道路,以及公路、铁路专用线,均需修筑路基,路基挖方称为路堑,填方称为路堤。路基施工涉及面广,影响因素多,是施工中的重点与难点。

2.3.2 道路工程

1) 路基施工

(1) 一般路基土方施工

路基土方作业的工作内容由开挖、运输、填土、压实和整修五个环节构成。然而,随着路基填挖高(深)度、地形和运距的不同,这五个环节在整个工程所占的比重及相互关系不尽相同。

① 路堤的填筑

为保证路堤的强度和稳定性,在填筑路堤时,要处理好基底,选择良好的填料,保证必需的压实度及正确选择填筑方案。

a. 基底的处理。路基基底是指土石填料与原地面的接触部分。为使两者紧密结合以保证填筑后的路堤不至于产生沿基底的滑动和过大变形,填筑路堤前,应根据基底的土质、水文、坡度、植被和填土高度采取一定措施对基底进行处理。

b. 填料的选择。路堤通常是利用沿线就近土石作为填筑材料。选择填料时应尽可能选择当地强度高、稳定性好并利于施工的土石作路堤填料。一般情况下,碎石、卵石、砾石、粗砂等具有良好透水性,且强度高、稳定性好,因此可优先采用。亚砂土、亚黏土等经压实后也具有足够的强度,故也可采用。粉性土水稳定性差,不宜作路堤填料。重黏土、黏性土、捣碎后的植物土等由于透水性差,作路堤填料时应慎重采用。

c. 填筑方法。路堤的填筑方法有水平分层填筑法、竖向填筑法和混合填筑法三种。

② 路堑的开挖

土质路堑的开挖方法有横挖法、纵挖法和混合法等。

a. 横挖法。对路堑整个横断面的宽度和深度,从一端或两端逐渐向前开挖的方法称为横挖法。该法适宜于短而深的路堑。

用人力按横挖法开挖路堑时,可在不同高度分几个台阶开挖,其深度视工作与安全而定,一般宜为 1.5~2.0 m。

b. 纵挖法。纵挖法有分层纵挖、通道纵挖法和分段纵挖法三种。

分层纵挖法是沿路堑全宽以深度不大的纵向分层挖掘前进。该法适用于较长的路堑开挖。

通道纵挖法是先沿路堑纵向挖一通道,继而将通道向两侧拓宽以扩大工作面,并利用该通道作为运土路线及场内排水的出路。该法适合于路堑较长、较深,两端地面纵坡较小的路堑开挖。

分段纵挖法是沿路堑纵向选择一个或几个适宜处,将较薄一侧路堑横向挖穿,使路堑分成两段或数段,各段再进行纵向开挖的方法。该法适用于路堑过长,弃土运距过长的傍山路堑,一侧堑壁不厚的路堑的开挖。

土质路堑纵向挖掘,多采用机械化施工。

c. 混合法。混合法是先沿路堑纵向开挖通道,然后沿横向开挖横向通道,再双通道沿纵横向同时掘进,每一坡面应设一个施工小组或一台机械作业。

(2)软土路基施工

软土一般指淤泥、泥炭土、流泥、沼泽土和湿陷性大的黄土、黑土等,通常含水量、承载力小,压缩性高,尤其是沼泽地,水分过多,强度很低。软土路基施工措施按照其原理不同,主要有如下几种方法:

① 垂直排水法(砂井、塑料排水板加固)

垂直排水法的原理是软土地基在路堤荷载作用下,水从空隙中慢慢排出,空隙比较小,地基发生固结变形,同时随着超静水压力逐渐扩散,土的有效应力增大,地基土强度逐步增大。垂直排水法是由排水系统和堆载系统两部分组成。排水系统可在天然地基中设置竖向排水体(如普通砂井、袋装砂井、塑料排水板等),其上铺设砂垫层。堆载系统为路堤填料的填筑,可以有欠载、等载、超载预压,也可以采用真空预压法用于软黏土地基,施工期间保证有足够的预压期。

② 稳定剂处置法。稳定剂处置法是利用生石灰、熟石灰、水泥等稳定材料,掺入软弱的表层黏土中,提高路堤填土稳定及压实效果。施工时应注意以下几点:

a. 工地存放的水泥、石灰不可太多,以一天使用量为宜,最长不宜超过三天的使用量,应做好防水、防潮措施。

b. 压实要达到规定压实度,用水泥和熟石灰稳定处理土应在最后一次拌和后立即压实;而用生石灰稳定土的压实,必须有拌和时的初碾压和生石灰消解结束后的再次碾压。

③ 开挖换填法

即在一定范围内,把软土挖除,用无侵蚀作用的低压缩散体材料置换,分层夯实。按软土层的分布形态与开挖部位分,有全面开挖换填和局部开挖换填两种。

④ 反压护道法

当在施工过程中填土将使土基产生的滑动破坏达不到要求时,在填方路堤两侧一定宽度范围内平衡反压填土,以谋求填土的稳定。缺点是占地面积大,征地费用高,不经济。这种方法大多是用在施工过程中已经明显出现不稳定的填方或发生了滑斜破坏填方时,作为应急措施和修复措施。

⑤ 振冲置换(或称砂桩、碎石桩加固)

利用能产生水平向振动的管桩机械在软弱黏土地基中钻孔,再在孔内分批填入碎石或矿渣,制成桩体,使桩体和周围的地基土构成复合地基,以提高地基承载力,并减少压缩性。

(3)路基石方施工

在山区或某些丘陵地区修筑路基时,常需挖掘岩石。目前石方工程多采用钻孔爆破,且药孔也逐渐由浅孔到深孔,并发展到综合爆破。随着机械化水平的提高,对于路堑或半路堑岩石地段多采用大孔径的深孔爆破和微差爆破法。

爆破作业的施工程序为:对爆破人员进行技术学习和安全教育→对爆破器材进行检查→试验→清除表土→选择炮位→凿孔→装药→堵塞→敷设起爆网路→设置警戒线→起爆→清方等。主要工序有炮位选择、凿孔、装药、分散药包、药壶药包、坑道药包、药孔的堵塞、起爆、清方。

2)路面结构层施工

路面施工包括备料、路床整形、道路基层施工、道路面层施工、路容整修、清理现场等。

（1）路面基层的施工

① 砾料类基层施工

a. 级配碎（砾）石基层施工

级配碎（砾）石基层施工方法有路拌法和厂拌法两种。

级配碎（砾）石路拌法施工的工艺流程：准备下承层→施工放样→运输和摊铺主要集料→洒水湿润→运输和摊铺石屑→拌和并补充洒水→整型→碾压。

级配碎（砾）石厂拌法的工艺流程：级配碎石混合料可以在中心站采用强制式拌和机、卧式双轴桨叶式拌和机、普通水泥混凝土拌和机等进行集中拌和，然后运输至现场进行摊铺、整型和碾压。

b. 填隙碎石基层施工

用石屑填满碎石间的孔隙，以增加密实度和稳定性，这种结构称为填隙碎石。

其施工的工艺流程：准备下承层→施工放样→运输和摊铺粗碎石→初压→撒布石屑→振动压实→第二次撒布石屑→振动压实→石屑扫匀→振动压实、填满孔隙→终压。

② 稳定土类基层施工

a. 水泥稳定土基层施工

水泥稳定土基层施工方法有路拌法和厂拌法。

路拌法施工其施工工艺流程：准备下承层→施工放样→粉碎土或运送、摊铺集料→洒水闷料→整平和轻压→摆放和摊铺水泥→拌和（干拌）→加水并湿拌→整型→碾压→接缝处理→养生。

高速公路和一级公路的稳定土基层应采用集中厂拌法施工。

厂拌法施工的工艺流程：准备下承层→施工放样→拌和与运输→摊铺→整型→碾压→接缝处理→养生。

b. 石灰稳定土基层施工

石灰稳定土路拌法施工的工艺流程：准备下承层→施工放样→粉碎土或运送、摊铺集料→洒水闷料→整平和轻压→摆放和摊铺石灰→拌和→加水并湿拌→整型→碾压→接缝处理→养生。

c. 工业废渣基层施工

石灰工业废渣材料可分为两大类，一类是石灰与粉煤灰类，另一类是石灰与其他废渣类，包括煤渣、高炉矿渣、钢渣（已经崩解稳定）、其他冶金矿渣、煤矸石等。石灰工业废渣基层的施工方法可分为路拌法和厂拌法两种，其施工工艺与石灰稳定土基层的施工基本相同。

d. 沥青稳定土基层施工

沥青稳定基层是指以沥青为结合料，将其与粉碎的土拌和均匀，摊铺平整，碾压密实成型的基层。

碾压时用轻型或中型的压路机，压一遍即可，否则会出现裂缝和推移。碾压后再过2～3天复压1～2遍效果最佳。

（2）路面面层施工

① 沥青路面面层施工

沥青路面面层施工按施工方法分为层铺法、路拌法和厂拌法。

a. 层铺法是用分层洒布沥青、分层铺撒矿料和碾压的方法修筑路面。该法施工工艺和设备简单、工效高、进度快、造价低,但路面成型期长。用此种方法修筑的沥青路面有层铺式沥青表面处治和沥青贯入式两种。

b. 路拌法即在施工现场以不同的方式(人工的或机械的)将冷料热油或冷油冷料拌和、摊铺和压实的办法。通过拌和,沥青分布比层铺法均匀,可以缩短路面成型期。但该法要求沥青稠度较低,故混合料强度较低。路拌法较有利于就地取材,乳化沥青碎石混合料和拌和式沥青表面处治即按此法施工。

c. 厂拌法即集中设置拌和基地,采用专门设备,将具有规定级配的矿料和沥青加热拌和,然后将混合料运至工地采用热铺热压或冷铺冷压的方法。当碾压终了温度降至常温即可开放交通。此法需用黏稠的沥青和精选的矿料,因此,混合料质量高,路面使用寿命长,但一次性投资的建筑费用也较高。采用厂拌法施工的沥青路面有沥青混凝土和厂拌沥青—碎石。

② 水泥混凝土路面施工

a. 水泥混凝土路面小型机具施工

水泥混凝土路面的小型机具施工是指由机器拌和,人工摊铺,辅助配备一些小型机具(如插入式振捣器、平板振动器、振动梁、真空吸水设备、切缝机等)进行混凝土路面施工的方式,其施工工艺流程如下:

基层检验与整修→测量放样→安装模板→设置传力杆、拉杆及其他钢筋,设置胀缝板→摊铺→振捣→表面修整→养生→切缝→填缝→开放交通。

在摊铺之前同时选择机具、准备拌和的材料→混合料配合比检查→拌和→运输→摊铺。

b. 水泥混凝土路面轨道摊铺机施工

高等级公路水泥混凝土路面的技术标准(如平整度)要求高,工程数量大,要保证施工进度和工程质量,应尽可能采用机械化施工。轨道式摊铺机铺筑混凝土板就是机械施工的一种方法,它利用主导机械(摊铺机、拌和机)和配套机械(运输车辆、振捣器等)的有效组合,完成铺筑混凝土板的全过程。其工艺流程及设备组合如下:

石子、黄砂、水泥、水→搅拌机→自卸车或搅拌车→摊铺机→拉毛、养护液喷洒机→切缝机→灌缝机→合格的混凝土路面。

在摊铺机工作之前同时完成基层修整→铺设轨道及模板的施工流程。

c. 水泥混凝土路面滑模式摊铺机施工

滑模式摊铺机是机械化施工中自动化程度很高的一种方法。它具有现代化的自控高速生产能力,与轨道式摊铺机械施工不同,滑模式摊铺机不需要人工设置模板,其模板就安装在机器上。机器在运转中将摊铺路面的各道工序,如铺料、振捣、挤压、抹平、设传力杆等一气呵成,机械经过之后,即形成一条规则成型的水泥混凝土路面,可达到较高的路面平整度要求,特别是整段路的总体平整度更是其他施工方式所无法达到的效果。

2.3.3　桥梁工程

1) 桥梁下部结构施工

(1) 桥梁墩台施工

桥梁墩台按其施工方法分为整体式墩台和装配式墩台两大类,相应的施工方法也分为两大类:一是整体式墩台的现场就地浇筑与砌筑,二是装配式墩台的拼装预制类施工。

① 整体式墩台施工

a. 石砌墩台

石砌墩台应采用石质均匀、不易风化、无裂缝的石料,其强度不得低于设计要求。

砌石时所采用的施工脚手架应环绕墩台搭设,主要用以堆放材料。轻型脚手架有适用于6 m以下墩台的固定式轻型脚手架、适用于25 m以下墩台的简易活动脚手架。较高的墩台可用悬吊脚手架。

b. 混凝土墩台

混凝土墩台的施工与混凝土构件施工方法相似,对混凝土结构模板的要求也与其他钢筋混凝土构件模板的要求相同。

② 装配式墩台施工

装配式墩台适用于山谷架桥、跨越平缓无漂流物的河沟、河滩等的桥梁,特别是在工地干扰多、施工场地狭窄、缺水与砂石供应困难地区,其效果更为显著。装配式墩台有砌块式、柱式和管节式或环圈式墩台等。

a. 砌块式墩台施工

砌块式墩台的施工大体上与石砌墩台相同,只是预制砌块的形式因墩台形状不同而有很多变化。

b. 柱式墩施工

装配式柱式墩系将桥墩分解成若干轻型部件,在工厂或工地集中预制,再运送到现场装配,其形式有双柱式、排架式、板凳式和刚架式等。施工工序为预制构件、安装连接与混凝土填缝养护等。常用的拼装接头有泵插式接头、钢筋锚固接头、焊接接头、扣环式接头、法兰接头等几种。

(2)墩台基础施工

① 明挖扩大基础施工

扩大基础的施工方法通常是采用明挖方式进行的,施工的主要内容包括基础的定位放样、基坑开挖、基坑排水、基底处理以及砌筑(浇筑)基础结构物等。

② 桩与管柱基础施工

沉入桩常用的施工方法有锤击沉桩、射水沉桩、振动沉桩、静力压桩、水中沉桩等。

③ 沉井基础施工

沉井基础施工的主要内容包括沉井制造、下沉、基底清理、封底、填充及灌注顶盖板等。沉井下沉分为一次下沉或分节下沉。当沉井深度不大时,采用一次下沉。通常采用分节制作、分节下沉的做法,每节制作高度的选定,应保证其稳定性,并有适当的重量使其顺利下沉。

沉井下沉的基本施工方法,是不排水而在水中挖土使其下沉。但土方量不大、地下水量不多时可采用排水法下沉。

如果是土方量大的沉井,宜采用机械挖土,常用的机械有抓斗和水力冲土。当沉井基底土面全部挖至设计标高,经检查符合要求后,方可灌注封底混凝土。

2）桥梁上部结构施工

（1）桥梁承载结构的施工方法

桥梁承载结构的施工方法很多，常用的有：

① 支架现浇法

支架现浇法是指在桥跨间设置支架，在支架上安装模板、绑扎钢筋、现浇混凝土，达到要求的强度后拆除模板。

② 预制安装法

预制安装法是指在预制工厂或在运输方便的桥址附近设置预制场地进行板、梁的预制，然后运输到施工现场，再采用一定的架设方法进行安装的方法。

预制产品安装的方法有很多种，常用的有自行式吊车安装、跨墩龙门架安装、架桥机安装、扒杆安装、浮吊安装等。应根据施工的实际情况和现有的机械设备，合理选择安装方法。

③ 悬臂施工法

悬臂施工法是大跨径连续梁桥常用的施工方法，属于一种自架设方式。悬臂施工法是从桥臂开始，两侧对称进行现浇梁段或将预制节段对称进行拼装。

悬臂浇筑法是利用挂篮在桥两头对称浇筑箱梁节段，待已浇节段混凝土强度达到要求的张拉强度后进行预应力张拉，然后移动挂篮进行下一节段施工，直至全桥合龙。

悬臂拼装是指在预制场预制梁节段，然后进行逐节对称拼装。拼装方法主要有扒杆吊装法、缆索吊装法、提升法等。

④ 转体施工法

转体施工是将桥梁构件先在桥位处岸边（或路边及适当位置）进行预制，待混凝土达到设计强度后旋转构件就位的施工方法。

⑤ 顶推施工法

顶推施工法是指在沿桥纵轴方向的台后设置预制场地，分节段预制，并用纵向预应力筋将预制节段与施工完成的梁体连成整体，然后通过水平千斤顶顶力，将梁体向前顶推出预制场地。接着继续在预制场地进行下一节段梁的预制，这样循环操作直至施工完成。

⑥ 移动模架逐孔施工法

逐孔施工是中等跨径预应力混凝土连续梁中的一种施工方法，使用一套设备从桥梁的一端逐孔施工，直到对岸。

⑦ 横移施工法

横移施工是指在待安装结构的位置附近预制该结构物，并横向移运该结构物，将它安置在规定的位置上。横移施工多采用卷扬机、液压装置并配以千斤顶进行。横移法施工常在钢桥上使用。

⑧ 提升与浮运施工

提升施工是在将要安装结构物之下的地面上预制该结构并把它提升就位。浮运施工是将桥梁在岸上预制，通过大型浮船移运至桥位，利用船的上下起落安装就位的方法。

（2）梁式桥施工

① 简支梁（板）桥。通常采用支架现浇法和预制安装法。

② 等截面连续梁（板）桥。在中小跨径中这种桥梁应用较多。

a. 逐孔现浇法。又分为在支架上逐孔现浇法和移动模架逐孔现浇。

b. 先简支后连续法。这种施工方法与简支架预制安装施工方法相似。

c. 顶推法。

③ 预应力混凝土变截面连续梁桥。

变截面连续梁桥主要用于大中跨径连续梁桥。常用施工方法有支架现浇法及悬臂施工法。

④ 预应力混凝土连续刚构桥。

预应力混凝土连续刚构桥通常用在较大跨径的梁式桥梁上,一般采用悬臂浇筑法施工。

⑤ 钢梁桥。

钢梁桥包括简支或连续体系的钢板梁和钢桁梁桥。钢梁桥一般为工厂加工,现场架设施工。钢梁桥架设方法很多,主要有整孔吊装法、支架拼装法、缆索吊拼装法、转体法、顶推法、拖拉法和悬臂拼装法。拖拉法与悬臂法使用较多。

（3）拱式桥施工

① 石拱桥主拱圈施工

对于石拱桥砌筑结构,一般采用拱架法施工。拱架形式有满堂式、撑架式等。

② 系杆拱桥施工

系杆拱桥属于无外部推力体系,拱圈所产生的推力由系杆承担,而系杆所受拉力是随着拱圈和桥道梁的形成而逐渐形成的,所以,其施工工艺较为复杂。

对钢筋混凝土系杆拱桥,最简便的施工方法是支架法。

对于大跨径单孔系杆拱桥,一般先利用缆索吊装或转体架设钢管拱圈,待拱形成后,再浇筑管内混凝土和吊装桥道梁。与此同时,同步施加相应的系杆拉力。

③ 整体型上承式拱桥施工

整体型上承式拱桥包括桁架拱桥、刚架桥。对普通中小跨径桁架拱桥可采用支架安装、无支架吊装、转体和悬臂安装等;对于大跨径桁式组合拱桥,通常采用悬臂安装施工。

④ 普通型钢筋混凝土拱桥施

a. 有支架施工。

b. 无支架施工。

c. 转体施工。

d. 悬臂施工。

（4）悬索桥施工

悬索桥施工包括锚碇施工、索塔施工、主缆(吊杆)施工和加劲梁施工几个主要部分。

锚碇分重力式锚和隧道锚两种。锚碇(特别是重力式锚)一般均系大体积混凝土结构,施工按常规的方法进行。

混凝土索塔通常采用滑模、爬模、翻模并配以塔吊或泵送浇筑,钢索塔一般为吊装施工。

主缆架设主要有空中纺丝法(AS法)和预制平行索股法(PPWS法)两种。

加劲梁施工可分为以下几种:对桁架式加劲梁可采用单根杆件、桁架片或桁架段(节段)架设法;对箱形加劲梁或混凝土箱(板)加劲梁(对小跨悬索桥)则采用节段预制吊装法。加劲梁架设顺序有两种,即从主塔开始向两侧推进及从中跨跨中和边跨桥墩(台)开始向主塔推进。

（5）斜拉桥

斜拉桥施工包括墩塔施工、主梁施工、斜拉索制作与安装三大部分。

斜拉桥主梁施工一般可采用支架法、顶推法、转体法、悬臂浇筑和悬臂拼装方法来进行。

悬臂浇筑法是在塔柱两侧用挂篮对称逐段浇筑主梁混凝土直至合龙。

悬臂拼装法是利用适宜的起吊设备从塔柱两侧逐节对称拼装梁体直至合龙。

2.3.4　管道工程

管道工程的施工工艺流程：沟槽挖土→沟底夯实→管道垫层→管道基础→管道铺设→管道接口→闭水试验→管道回填夯实。

1）排水管道的安装方法

管道铺设时首先应稳管，排水管道的安装常用坡度板法和边线法控制管道中心与高程，边线法控制管道中心和高程比坡度板法速度快，但准确度不如坡度板法。

（1）坡度板法：用坡度板法控制安装管道的中心与高程时，坡度板埋设必须牢固，而且要方便安装管道过程中的使用。

（2）边线法。

2）排水管道铺设的常用方法

（1）"四合一"施工法：排水管道施工，将混凝土平基、稳管、管座形成、抹带四道工艺合在一起施工的做法，称"四合一"施工法，这种方法速度快、质量好，是 DN 600 mm 管道普遍采用的方法。其施工程序为：验槽→支模→下管→排管→四合一施工→养护。

（2）垫块法：排水管道施工中，把在预制混凝土垫块上安管（稳管），然后再浇筑混凝土基础和接口的施工方法，称为垫块法。垫块法施工程序为：预制垫块→安垫块→下管→在垫块上安管→支模→浇筑混凝土基础→接口→养护。

（3）平基法：指在排水管道施工中，首先浇筑平基混凝土，待平基达到一定强度再下管、安管（稳管）、浇筑管座及抹带接口的施工方法。这种方法常用于雨水管道，尤其适合于地基不良或雨期施工的场合。平基法施工程序：支平基模板→浇筑平基混凝土→下管→安管（稳管）→支管座模板→浇筑管座混凝土→抹带接口→养护。

不同类的市政工程产品有许多不同的施工方法，此处不再阐述，读者可根据工程实践进行掌握。

2.4　市政工程相关图纸的识读

2.4.1　市政工程相关图纸的组成

1）土方工程

土方工程相关图纸主要由以下内容组成：

（1）图纸封面；

（2）目录；

（3）说明；

（4）平面图；

（5）纵断面图；

（6）横断面图；

（7）土石方数量表；

（8）工程量数量汇总表等。

2）道路工程

道路工程相关图纸主要由以下内容组成：

（1）图纸封面；

（2）目录；

（3）说明；

（4）道路平面图；

（5）道路纵断面图；

（6）道路横断面图；

（7）路基横断面设计图；

（8）土石方数量表；

（9）河塘处理设计图；

（10）道路结构图；

（11）侧、平石大样图；

（12）交叉口设计图；

（13）港湾式公交停靠站平面构造图；

（14）路基、路面搭接设计图；

（15）工程量数量汇总表等。

3）桥梁工程

桥梁工程相关图纸主要由以下内容组成：

（1）图纸封面；

（2）目录；

（3）说明；

（4）桥位平面布置图；

（5）桥型总体布置图；

（6）板、梁、拱圈等一般构造图；

（7）板、梁、拱圈等钢筋构造图；

（8）板、梁铰缝及锚栓钢筋构造图；

（9）桥台（桥墩）一般构造图；

（10）桥台（桥墩）盖梁钢筋构造图；

（11）桥台背墙钢筋构造图；

（12）桥台耳墙钢筋构造图；

（13）桥台（桥墩）桩基钢筋构造图；

（14）桥台（桥墩）挡块钢筋构造图；

（15）支座预埋钢板构造图；

（16）支座及垫石钢筋构造图；

（17）桥面铺装钢筋构造图；

（18）桥面排水构造图；

（19）伸缩缝构造图；

（20）栏杆构造图；

（21）桥头搭板一般构造图；

（22）桥头锥坡构造图；

（23）挡土墙构造图等。

4）排水管道工程

排水管道工程相关图纸主要由以下内容组成：

（1）图纸封面；

（2）目录；

（3）说明；

（4）排水系统图；

（5）排水管线定位图；

（6）排水管线平面布置图；

（7）雨（污）管线纵断面图；

（8）沟槽回填示意图；

（9）管道进出井加强图、混凝土基础布置图；

（10）井圈加固大样图；

（11）检查井数据表；

（12）主要材料统计表等。

2.4.2　市政工程不同产品图纸的内容

1）道路工程

道路工程的一般图纸见图 2.4.1～图 2.4.7。

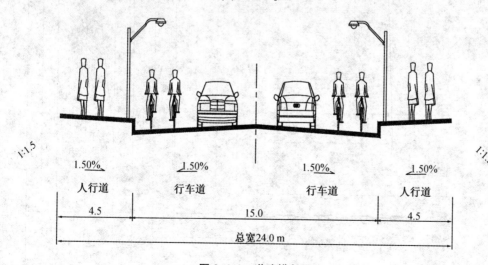

图 2.4.1　道路横断面

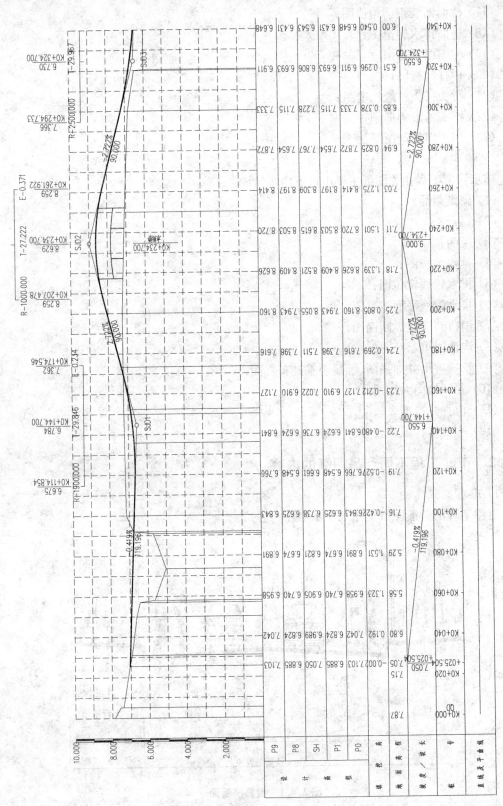

图 2.4.2　道路纵断面图

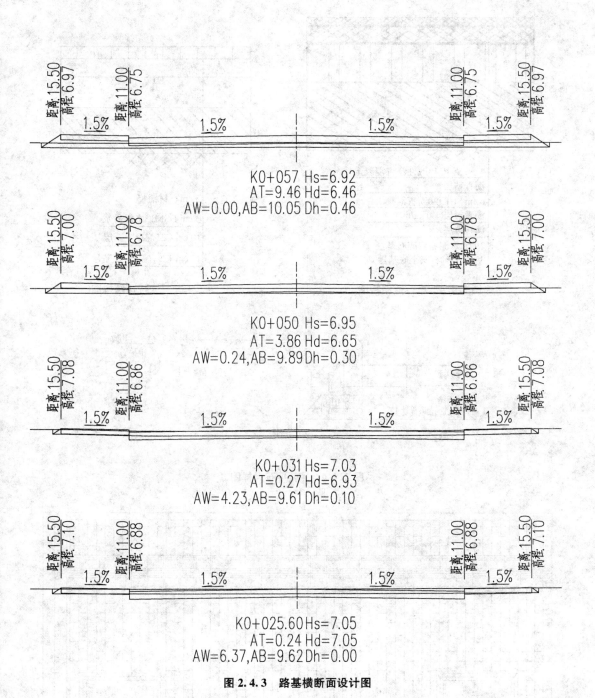

K0+057 Hs=6.92
AT=9.46 Hd=6.46
AW=0.00,AB=10.05 Dh=0.46

K0+050 Hs=6.95
AT=3.86 Hd=6.65
AW=0.24,AB=9.89 Dh=0.30

K0+031 Hs=7.03
AT=0.27 Hd=6.93
AW=4.23,AB=9.61 Dh=0.10

K0+025.60 Hs=7.05
AT=0.24 Hd=7.05
AW=6.37,AB=9.62 Dh=0.00

图 2.4.3 路基横断面设计图

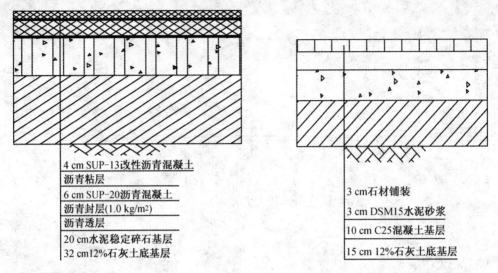

4 cm SUP-13改性沥青混凝土
沥青粘层
6 cm SUP-20沥青混凝土
沥青封层(1.0 kg/m²)
沥青透层
20 cm水泥稳定碎石基层
32 cm12%石灰土底基层

图 2.4.4　车行道结构图

3 cm石材铺装
3 cm DSM15水泥砂浆
10 cm C25混凝土基层
15 cm 12%石灰土底基层

图 2.4.5　人行道结构图

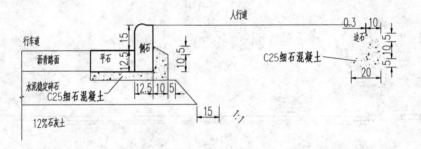

图 2.4.6　侧、平石大样图

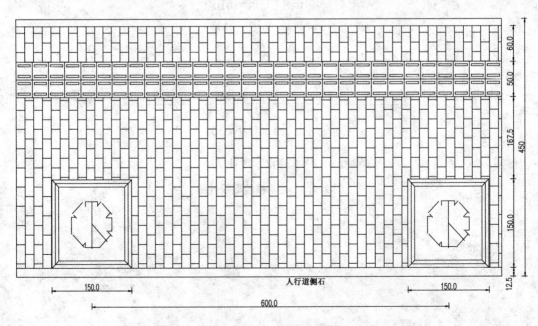

图 2.4.7　人行道平面布置图

2) 桥梁工程

桥梁工程的一般图纸见图 2.4.8～图 2.4.15。

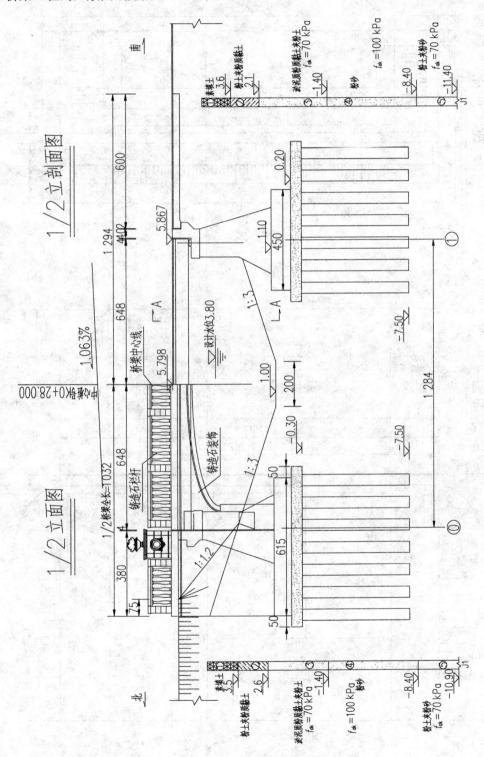

图 2.4.8 桥型总体布置图(一)

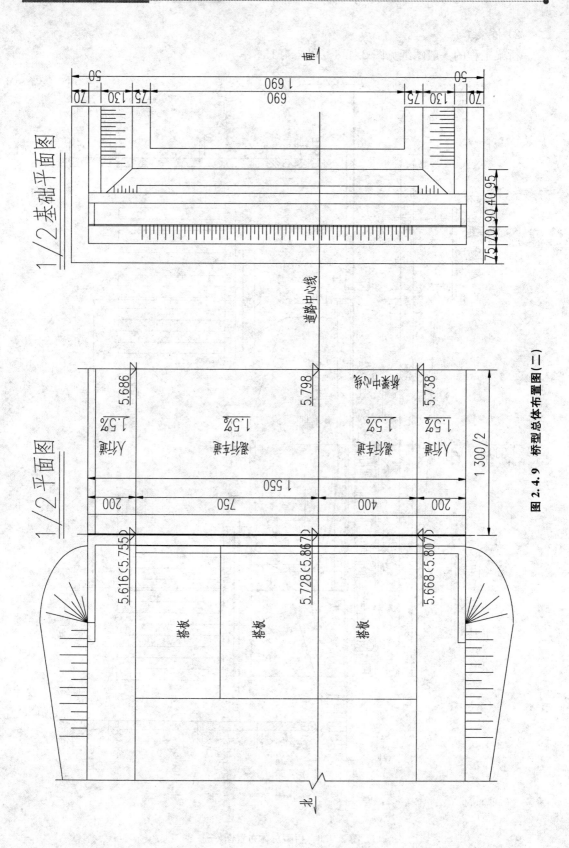

图 2.4.9 桥型总体布置图（二）

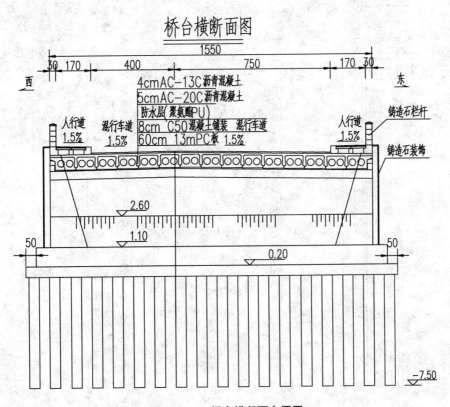

图 2.4.10　桥台横断面布置图

说明：1. 上部结构采用单跨 13 m 的预应力混凝土板梁。
　　　　下部结构采用重力式桥台扩大基础，采用搅拌桩处理地基。
　　　2. 括号外数据为 0# 台桥面标高，括号内数据为 1# 台桥面标高。

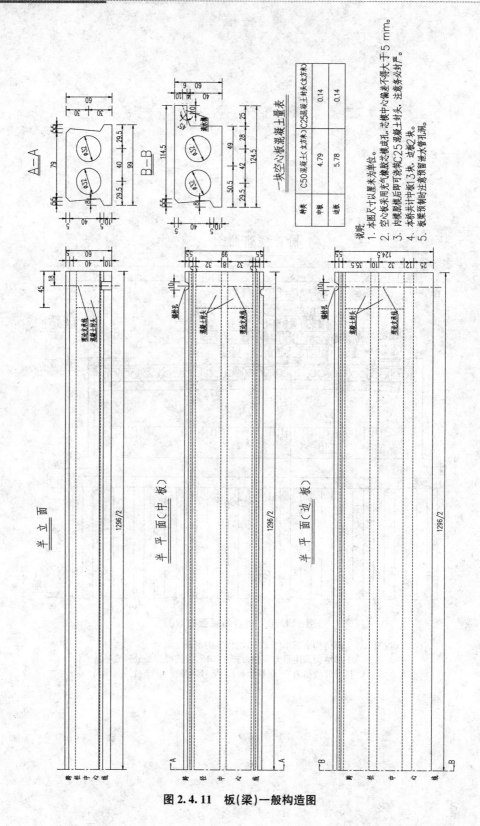

图 2.4.11　板(梁)一般构造图

3）排水管道工程

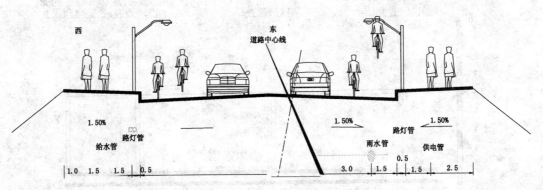

图 2.4.12　管线综合横断面定位图

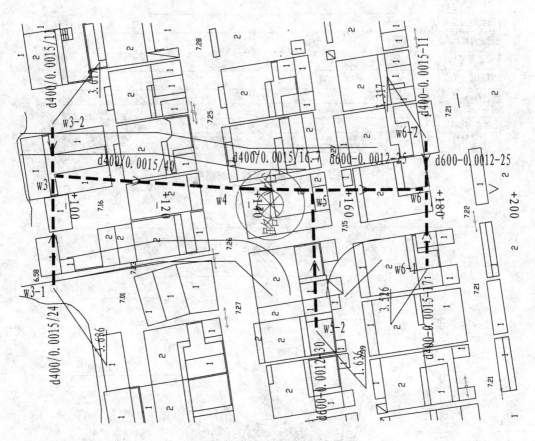

图 2.4.13　排水管线平面布置图

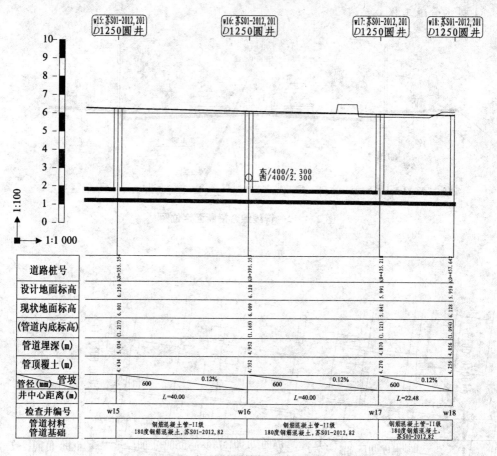

图 2.4.14　排水管线纵断面图

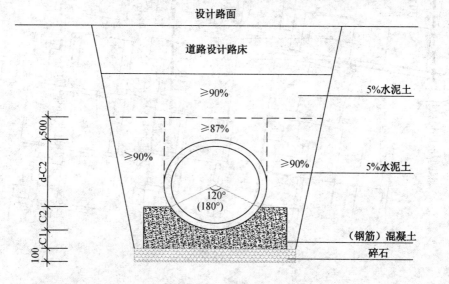

图 2.4.15　钢筋混凝土管沟槽回填示意图

2.4.3 市政工程相关图纸的识读方法

1) 土方工程

从纵断面图上看桩号位置、原地面高程、设计地面高程,从而看出该桩号处是填方还是挖方,填挖高度是多少。

从路基横断面设计图上看,可以看出每个桩号处的横断面的填挖高度,挖、填方面积。从而可以计算每相邻两个桩号之间的填、挖方量。计算结果详见路基土方数量表。

2) 道路工程

道路工程我们首先要看目录,大概了解一下主要内容,然后仔细阅读道路施工设计总说明。将总说明的概况对照道路平面图,确认道路施工的范围、起始点的桩号位置。

查看道路结构图,确认道路的具体做法,材料品种、规格、尺寸以及混凝土和砂浆的强度、标号。

查看路基是否要处理,如何处理以及沿线是否有河塘,河塘的大小、水深。

查看人行道是否有树池以及树池的做法。

3) 桥梁工程

桥梁工程我们首先要看目录,大概了解一下主要内容,然后仔细阅读桥梁施工图设计说明。首先看该桥梁是正交还是斜交。如果是斜交,要注意角度问题影响工程量的大小。从桥型总体布置图看出桥的大致情况,是几跨,每跨的长度是多少,是扩大基础还是桩基,是现浇还是预制梁板,桥面铺装层的做法是什么都能反映出来。从板、梁、拱圈等一般构造图上可以计算板、梁、拱圈等工程量及模板数量;从板、梁、拱圈等钢筋构造图上可以计算钢筋用量;桥台(桥墩)一般构造图可以计算灌注桩的有关工程量以及桥台及模板工程量;同样可以计算盖梁、背墙、耳墙工程量、钢筋用量和模板工程量;桥台(桥墩)桩基钢筋构造图可以计算出灌注桩的钢筋用量等。

4) 排水管道工程

排水管道工程我们首先要看目录,大概了解一下主要内容,然后仔细阅读排水施工设计说明。从排水管线定位图上看出管道的布置位置。平面布置图和雨(污)管线纵断面图对照看,从而统计排水管道的长度,检查井的数量以及沟槽的挖土深度和检查井的深度。从雨(污)管线纵断面图和沟槽回填示意图确认管道的具体做法,从而正确地计算工程数量,合理套用定额子目,计算工程造价。

3　工程造价构成

我们通常所讲的工程造价一般有两种含义。第一种含义是指完成一个工程建设项目所需费用的总和,包括建筑安装工程费、设备及家器具购置费以及项目建设的其他相关费用,这实质是指建设项目的建设成本,也就是建设项目的总投资。第二种含义是指建筑市场上发包建筑安装工程的承包价格。发包的内容有建筑、安装、道路、桥梁、绿化等工程。因此,讨论价格构成应首先分清不同的含义。

3.1　建设项目总价的构成

建设项目总价是指完成一个建设项目所需的各项费用的总和,它包括建筑安装工程费用,设备、工器具及生产家具购置费,工程项目建设其他费用三部分。

3.1.1　建筑安装工程费用

该部分费用即是我们建筑市场上发包建筑安装工程的承包价格,关于它的详细构成与计算在 3.2 节、3.3 节阐述。

3.1.2　设备、工器具及生产家具购置费

该部分费用是指由业主自行购置的,在包工包料的建筑安装工程费用之外的那一部分。它包括为将来项目生产运营配套的设备、工器具及办公家具等的购置费用,该部分费用的计算一般包括设备原价及其对应的运杂费。

3.1.3　工程项目建设其他费用

工程建设其他费用,按其内容又可分为四类:第一类为土地转让费,由于工程项目固定于一定地点,与地面相连接,必须占用一定量的土地,也就必然要发生为获得建设用地而支付的费用;第二类是与项目建设有关的费用;第三类是业主费用;第四类为预备费,包括基本预备费和工程造价调整预备费等。

1)土地使用费

土地使用费是指建设项目通过划拨或土地使用权出让方式取得土地使用权所需的土地征用及迁移的补偿费或土地使用权出让金。

(1)土地征用及迁移补偿费

土地征用及迁移补偿费,指建设项目通过划拨方式取得无限期的土地使用权,依照《中华人民共和国土地管理法》等所支付的费用。其总和一般不得超过被征土地年产值的 20

倍。土地年产值按该地被征日前3年的平均产量和国家规定的价格计算,内容包括土地补偿费、青苗补偿费和被征用土地上的房屋、水井、树木等附着物补偿费,安置补助费,缴纳的耕地占用税或城镇土地使用税、土地登记费及征地管理费,征地动迁费,水利水电工程水库淹没处理补偿费。

(2) 土地使用权出让金

土地使用权出让金是指建设项目通过土地使用权出让方式取得有限期的土地使用权,依照《中华人民共和国城镇国有土地使用权出让和转让暂行条例》规定支付的土地使用权出让金。城市土地的出让和转让可采用协议、招标、公开拍卖等方式。

2) 与项目建设有关的其他费用

(1) 建设单位管理费

建设单位管理费指建设项目从立项、筹建、建设、联合试运转到竣工验收交付使用及评估等全过程所需的费用。内容包括:

① 建设单位开办费。指新建项目为保证筹建和建设工作正常进行所需办公设备、生活家具、用具、交通工具等的购置费用。

② 建设单位经费。包括工作人员的基本工资、工资性津贴、职工福利费、劳动保护费、劳动保险费、办公费、差旅交通费、工会经费、职工教育经费、固定资产使用费、工具用具使用费、技术图书资料费、生产人员招募费、工程招标费、合同契约公证费、工程质量监督检测费、工程咨询费、法律顾问费、审计费、业务招待费、排污费、竣工交付使用清理及竣工验收费、后评估等费用。

(2) 勘察设计费

勘察设计费指为本建设项目提供项目建议书、可行性报告、设计文件等所需的费用。内容包括:

① 编制项目建议书、可行性报告及投资估算、工程咨询、评价以及为编制上述文件所进行的勘察、设计、研究试验等所需费用。

② 委托勘察、设计单位进行初步设计、施工图设计、概预算编制等所需的费用。

③ 在规定范围内由建设单位自行完成的勘察、设计工作所需的费用。

(3) 研究试验费

研究试验费是指为本建设项目提供或验证设计参数、数据资料等进行必要的研究试验以及设计规定在施工中必须进行的试验、验证所需的费用。

(4) 临时设施费

临时设施包括临时宿舍、文化福利及公用事业房屋与构筑物、仓库、办公室、加工场以及规定范围内的道路、水、电、管线等临时设施和小型临时设施。

(5) 工程监理费

工程监理费是指委托工程监理单位对工程实施监理工作所需的费用。

(6) 工程保险费

工程保险费是指建设项目在建设期间根据需要实施工程保险所需的费用,包括建筑工程一切险、安装工程一切险,以及机器损坏保险等。

(7) 供电贴费

供电贴费是指建设项目按照国家规定应交付的供电工程贴费、施工临时用电贴费。

（8）施工机构迁移费

施工机构迁移费是指施工机构根据建设任务的需要，经有关部门决定，承建之地由原驻地迁移到另一个地区的一次性迁移费用。费用内容包括职工及随同家属的差旅费，调迁期间的工资和施工机械、设备、工具、用具、周转性材料的搬运费。

（9）引进技术和进口设备其他费

① 引进技术和进口设备其他费包括为引进技术和进口设备派出人员进行设计、联络、设备材料监检、培训等的差旅费、置装费、生活费用等；

② 国外工程技术人员来华的差旅费、生活费和接待费用等；

③ 国外设计及技术资料费、专利和专有技术费、延期或分期付款利息；

④ 引进设备检验及商检费。

（10）财务费用

财务费用是指为筹措建设项目资金而发生的各项费用，包括建设期间投资贷款利息、企业债券发生费、国外借款手续费和承诺费、汇兑净损失、金融机构手续费以及其他财务费用等。

3）与未来企业生产有关的费用

（1）联合试运转费

联合试运转费是指新建企业或新增加生产工艺过程的扩建企业在竣工验收前，按照设计规定的工程质量标准，进行整个车间的负荷或无负荷联合试运转发生的费用支出大于试运转收入的亏损部分。不包括应由设备安装工程费项目开支的单台设备调试费及试车费用。

（2）生产准备费

生产准备费是指新建企业或新增生产能力的企业，为保证竣工交付使用进行必要的生产准备所发生的费用。费用内容包括：

① 生产人员培训费，自行培训，委托其他单位培训人员的工资、工资性补贴、职工福利费、差旅交通费、学习资料费、学习费、劳动保护费；

② 生产单位提前进厂参加施工、设备安装、调试以及熟悉工艺流程与设备性能等人员的工资、工资性补贴、职工福利费、差旅交通费、劳动保护费等。

（3）办公和生活家具购置费

办公和生活家具购置费是指为保证新建、改建、扩建项目初期正常生产、使用和管理所必须购置的办公和生活家具、用具的费用。改、扩建项目所需的办公和生活用具购置费，应低于新建项目。

（4）经营项目铺底流动资金

经营项目铺底流动资金指经营性建设项目为保证生产和经营正常进行，按规定应列入建设项目总资金的铺底流动资金。

4）预备费

（1）基本预备费

基本预备费是指在初步设计及概算内难以预料的工程费用。费用内容包括：

① 在批准的初步设计范围内，技术设计、施工图设计及施工过程中所增加的工程费用，设计变更、局部地基处理等增加的费用。

② 一般自然灾害造成的损失和预防自然灾害所采取的措施费用。实行工程保险的工程项目费用应适当降低。

③ 竣工验收时为鉴定工程质量对隐蔽工程进行必要的挖掘和修复的费用。

（2）工程造价调整预备费

工程造价调整预备费是指建设项目在建设期间由于价格等变化引起工程造价变化的预测、预留费用。费用内容包括人工、设备、材料、施工机械价差，建筑安装工程费及工程建设其他费用调整，利率、汇率调整等。

3.2 建筑安装工程费用项目组成

由住房城乡建设部、财政部印发的《建筑安装工程费用项目组成》建标〔2013〕44号文，自2013年7月1日起施行，原建设部、财政部《关于印发〈建筑安装工程费用项目组成〉的通知》（建标〔2003〕206号）同时废止。该文明确了现行条件下的建筑安装工程费用项目组成。

3.2.1 建筑安装工程费用项目组成（按费用构成要素划分）

建筑安装工程费按照费用构成要素划分，由人工费、材料（包含工程设备，下同）费、施工机具使用费、企业管理费、利润、规费和税金组成。其中人工费、材料费、施工机具使用费、企业管理费和利润包含在分部分项工程费、措施项目费、其他项目费中（见图3.2.1）。

1）人工费

人工费是指按工资总额构成规定，支付给从事建筑安装工程施工的生产工人和附属生产单位工人的各项费用。内容包括：

（1）计时工资或计件工资：是指按计时工资标准和工作时间或对已做工作按计件单价支付给个人的劳动报酬。

（2）奖金：是指对超额劳动和增收节支支付给个人的劳动报酬。如节约奖、劳动竞赛奖等。

（3）津贴、补贴：是指为了补偿职工特殊或额外的劳动消耗和因其他特殊原因支付给个人的津贴，以及为了保证职工工资水平不受物价影响支付给个人的物价补贴。如流动施工津贴、特殊地区施工津贴、高温（寒）作业临时津贴、高空津贴等。

（4）加班加点工资：是指按规定支付的在法定节假日工作的加班工资和在法定日工作时间外延时工作的加点工资。

（5）特殊情况下支付的工资：是指根据国家法律、法规和政策规定，因病、工伤、产假、计划生育假、婚丧假、事假、探亲假、定期休假、停工学习、执行国家或社会义务等原因按计时工资标准或计时工资标准的一定比例支付的工资。

2）材料费

材料费是指施工过程中耗费的原材料、辅助材料、构配件、零件、半成品或成品、工程设备的费用。内容包括：

（1）材料原价：是指材料、工程设备的出厂价格或商家供应价格。

（2）运杂费：是指材料、工程设备自来源地运至工地仓库或指定堆放地点所发生的全部费用。

（3）运输损耗费：是指材料在运输装卸过程中不可避免的损耗。

（4）采购及保管费：是指为组织采购、供应和保管材料、工程设备的过程中所需要的各项费用。包括采购费、仓储费、工地保管费、仓储损耗。

工程设备是指构成或计划构成永久工程一部分的机电设备、金属结构设备、仪器装置及其他类似的设备和装置。

3）施工机具使用费

施工机具使用费是指施工作业所发生的施工机械、仪器仪表使用费或其租赁费。

施工机械使用费：以施工机械台班耗用量乘以施工机械台班单价表示，施工机械台班单价应由下列七项费用组成：

（1）折旧费：指施工机械在规定的使用年限内，陆续收回其原值的费用。

（2）大修理费：指施工机械按规定的大修理间隔台班进行必要的大修理，以恢复其正常功能所需的费用。

（3）经常修理费：指施工机械除大修理以外的各级保养和临时故障排除所需的费用。包括为保障机械正常运转所需替换设备与随机配备工具附具的摊销和维护费用，机械运转中日常保养所需润滑与擦拭的材料费用及机械停滞期间的维护和保养费用等。

（4）安拆费及场外运费：安拆费指施工机械（大型机械除外）在现场进行安装与拆卸所需的人工、材料、机械和试运转费用以及机械辅助设施的折旧、搭设、拆除等费用；场外运费指施工机械整体或分体自停放地点运至施工现场或由一施工地点运至另一施工地点的运输、装卸、辅助材料及架线等费用。

（5）人工费：指机上司机（司炉）和其他操作人员的人工费。

（6）燃料动力费：指施工机械在运转作业中所消耗的各种燃料及水、电等。

（7）税费：指施工机械按照国家规定应缴纳的车船使用税、保险费及年检费等。

仪器仪表使用费：是指工程施工所需使用的仪器仪表的摊销及维修费用。

4）企业管理费

企业管理费是指建筑安装企业组织施工生产和经营管理所需的费用。内容包括：

（1）管理人员工资：是指按规定支付给管理人员的计时工资、奖金、津贴补贴、加班加点工资及特殊情况下支付的工资等。

（2）办公费：是指企业管理办公用的文具、纸张、账表、印刷、邮电、书报、办公软件、现场监控、会议、水电、烧水和集体取暖降温（包括现场临时宿舍取暖降温）等费用。

（3）差旅交通费：是指职工因公出差、调动工作的差旅费、住勤补助费，市内交通费和误餐补助费，职工探亲路费，劳动力招募费，职工退休、退职一次性路费，工伤人员就医路费，工地转移费以及管理部门使用的交通工具的油料、燃料等费用。

（4）固定资产使用费：是指管理和试验部门及附属生产单位使用的属于固定资产的房屋、设备、仪器等的折旧、大修、维修或租赁费。

（5）工具用具使用费：是指企业施工生产和管理使用的不属于固定资产的工具、器具、家具、交通工具和检验、试验、测绘、消防用具等的购置、维修和摊销费。

（6）劳动保险和职工福利费：是指由企业支付的职工退职金、按规定支付给离休干部的经费,集体福利费、夏季防暑降温、冬季取暖补贴、上下班交通补贴等。

(7) 劳动保护费:是企业按规定发放的劳动保护用品的支出。如工作服、手套、防暑降温饮料以及在有碍身体健康的环境中施工的保健费用等。

(8) 检验试验费:是指施工企业按照有关标准规定,对建筑以及材料、构件和建筑安装物进行一般鉴定、检查所发生的费用,包括自设试验室进行试验所耗用的材料等费用。不包括新结构、新材料的试验费,对构件做破坏性试验及其他特殊要求检验试验的费用和建设单位委托检测机构进行检测的费用,对此类检测发生的费用,由建设单位在工程建设其他费用中列支。但对施工企业提供的具有合格证明的材料进行检测不合格的,该检测费用由施工企业支付。

(9) 工会经费:是指企业按《工会法》规定的全部职工工资总额比例计提的工会经费。

(10) 职工教育经费:是指按职工工资总额的规定比例计提,企业为职工进行专业技术和职业技能培训,专业技术人员继续教育、职工职业技能鉴定、职业资格认定以及根据需要对职工进行各类文化教育所发生的费用。

(11) 财产保险费:是指施工管理用财产、车辆等的保险费用。

(12) 财务费:是指企业为施工生产筹集资金或提供预付款担保、履约担保、职工工资支付担保等所发生的各种费用。

(13) 税金:是指企业按规定缴纳的房产税、车船使用税、土地使用税、印花税等。

(14) 其他:包括技术转让费、技术开发费、投标费、业务招待费、绿化费、广告费、公证费、法律顾问费、审计费、咨询费、保险费等。

5) 利润

利润是指施工企业完成所承包工程获得的盈利。

6) 规费

规费是指按国家法律、法规规定,由省级政府和省级有关权力部门规定必须缴纳或计取的费用。包括:

(1) 社会保险费

① 养老保险费:是指企业按照规定标准为职工缴纳的基本养老保险费。

② 失业保险费:是指企业按照规定标准为职工缴纳的失业保险费。

③ 医疗保险费:是指企业按照规定标准为职工缴纳的基本医疗保险费。

④ 生育保险费:是指企业按照规定标准为职工缴纳的生育保险费。

⑤ 工伤保险费:是指企业按照规定标准为职工缴纳的工伤保险费。

(2) 住房公积金:是指企业按规定标准为职工缴纳的住房公积金。

(3) 工程排污费:是指按规定缴纳的施工现场工程排污费。

其他应列而未列入的规费,按实际发生计取。

7) 税金

税金是指国家税法规定的应计入建筑安装工程造价内的营业税、城市维护建设税、教育费附加以及地方教育附加。

建筑安装工程费用项目组成(按费用构成要素划分)如图 3.2.1。

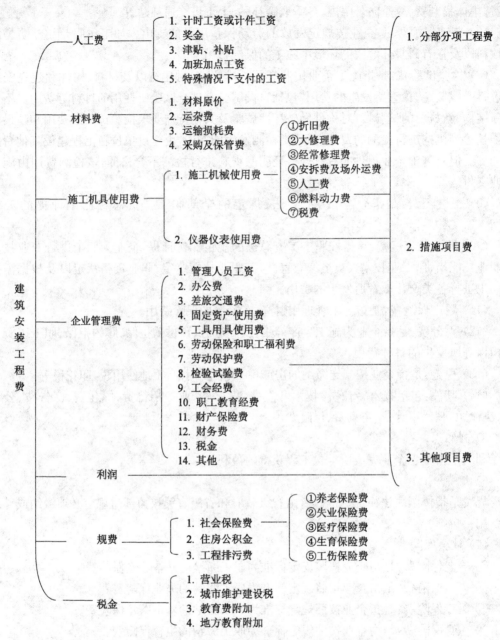

图 3.2.1　建筑安装工程费用项目组成（按费用构成要素划分）

3.2.2　建筑安装工程费用项目组成（按造价形成划分）

建筑安装工程费按照工程造价形成由分部分项工程费、措施项目费、其他项目费、规费、税金组成，分部分项工程费、措施项目费、其他项目费包含人工费、材料费、施工机具使用费、企业管理费和利润（见图 3.2.2）。

1）分部分项工程费

分部分项工程费是指各专业工程的分部分项工程应予列支的各项费用。

(1) 专业工程：是指按现行国家计量规范划分的房屋建筑与装饰工程、仿古建筑工程、通用安装工程、市政工程、园林绿化工程、矿山工程、构筑物工程、城市轨道交通工程、爆破工程等各类工程。

(2) 分部分项工程：指按现行国家计量规范对各专业工程划分的项目。如房屋建筑与装饰工程划分的土石方工程、地基处理与桩基工程、砌筑工程、钢筋及钢筋混凝土工程等。

各类专业工程的分部分项工程划分见现行国家或行业计量规范。

2) 措施项目费

措施项目费是指为完成建设工程施工，发生于该工程施工前和施工过程中的技术、生活、安全、环境保护等方面的费用。内容包括：

(1) 安全文明施工费

① 环境保护费：是指施工现场为达到环保部门要求所需要的各项费用。

② 文明施工费：是指施工现场文明施工所需要的各项费用。

③ 安全施工费：是指施工现场安全施工所需要的各项费用。

④ 临时设施费：是指施工企业为进行建设工程施工所必须搭设的生活和生产用的临时建筑物、构筑物和其他临时设施费用。包括临时设施的搭设、维修、拆除、清理费或摊销费等。

(2) 夜间施工增加费：是指因夜间施工所发生的夜班补助费、夜间施工降效、夜间施工照明设备摊销及照明用电等费用。

(3) 二次搬运费：是指因施工场地条件限制而发生的材料、构配件、半成品等一次运输不能到达堆放地点，必须进行二次或多次搬运所发生的费用。

(4) 冬雨季施工增加费：是指在冬季或雨季施工需增加的临时设施、防滑、排除雨雪，人工及施工机械效率降低等费用。

(5) 已完工程及设备保护费：是指竣工验收前，对已完工程及设备采取的必要保护措施所发生的费用。

(6) 工程定位复测费：是指工程施工过程中进行全部施工测量放线和复测工作的费用。

(7) 特殊地区施工增加费：是指工程在沙漠或其边缘地区、高海拔、高寒、原始森林等特殊地区施工增加的费用。

(8) 大型机械设备进出场及安拆费：是指机械整体或分体自停放场地运至施工现场或由一个施工地点运至另一个施工地点，所发生的机械进出场运输及转移费用，以及机械在施工现场进行安装、拆卸所需的人工费、材料费、机械费、试运转费和安装所需的辅助设施的费用。

(9) 脚手架工程费：是指施工需要的各种脚手架搭、拆、运输费用以及脚手架购置费的摊销（或租赁）费用。

措施项目及其包含的内容详见各类专业工程的现行国家或行业计量规范。

3) 其他项目费

(1) 暂列金额：是指建设单位在工程量清单中暂定并包括在工程合同价款中的一笔款项。用于施工合同签订时尚未确定或者不可预见的所需材料、工程设备、服务的采购，施工中可能发生的工程变更、合同约定调整因素出现时的工程价款调整以及发生的索赔、现场签证确认等的费用。

(2) 计日工：是指在施工过程中，施工企业完成建设单位提出的施工图纸以外的零星项目或工作所需的费用。

（3）总承包服务费：是指总承包人为配合、协调建设单位进行的专业工程发包，对建设单位自行采购的材料、工程设备等进行保管以及施工现场管理、竣工资料汇总整理等服务所需的费用。

4）规费

定义同 3.2.1 中的表述。

5）税金

定义同 3.2.1 中的表述。

图 3.2.2 中费用构成内容的解释与 3.2.3～3.2.4 中解释相同，部分有变化的内容解释如下：

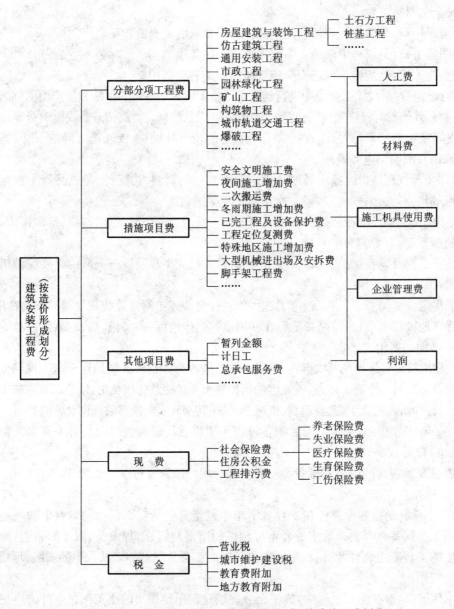

图 3.2.2 建筑安装工程费用项目组成（按造价形成划分）

（1）利润不再单列，而是分别计入分部分项工程费和措施项目费中。

（2）把原有的其他直接费项目取消，而改设为措施项目费。

（3）把原来的间接费项目部分分解到分部分项工程费中，部分纳入到其他项目费及规费中。

（4）增设了预留金、零星工作项目费等内容。

3.2.3 清单计价模式下的费用构成

清单计价模式下的费用构成见图 3.2.3。

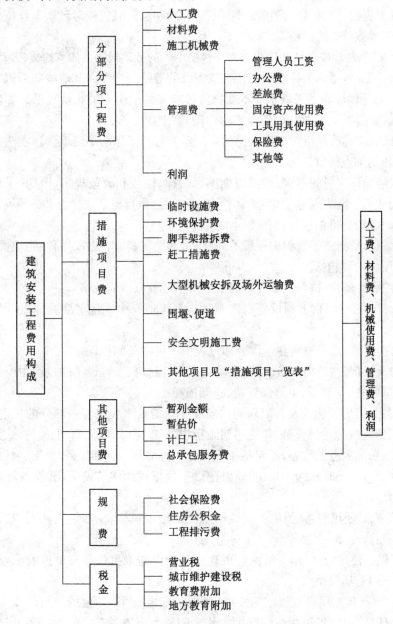

图 3.2.3 清单计价模式下的费用构成

3.2.4 《江苏省建设工程费用定额》中建设工程费用的组成

建设工程费用由分部分项工程费、措施项目费、其他项目费、规费和税金组成。

1) 分部分项工程费

分部分项工程费是指各专业工程的分部分项工程应予列支的各项费用,由人工费、材料费、施工机具使用费、企业管理费和利润构成。

(1) 人工费:是指按工资总额构成规定,支付给从事建筑安装工程施工的生产工人和附属生产单位工人的各项费用。内容包括:

① 计时工资或计件工资:是指按计时工资标准和工作时间或对已做工作按计件单价支付给个人的劳动报酬。

② 奖金:是指对超额劳动和增收节支支付给个人的劳动报酬。如节约奖、劳动竞赛奖等。

③ 津贴补贴:是指为了补偿职工特殊或额外的劳动消耗和因其他特殊原因支付给个人的津贴,以及为了保证职工工资水平不受物价影响支付给个人的物价补贴。如流动施工津贴、特殊地区施工津贴、高温(寒)作业临时津贴、高空津贴等。

④ 加班加点工资:是指按规定支付的在法定节假日工作的加班工资和在法定日工作时间外延时工作的加点工资。

⑤ 特殊情况下支付的工资:是指根据国家法律、法规和政策规定,因病、工伤、产假、计划生育假、婚丧假、事假、探亲假、定期休假、停工学习、执行国家或社会义务等原因按计时工资标准或计时工资标准的一定比例支付的工资。

(2) 材料费:是指施工过程中耗费的原材料、辅助材料、构配件、零件、半成品或成品、工程设备的费用。内容包括:

① 材料原价:是指材料、工程设备的出厂价格或商家供应价格。

② 运杂费:是指材料、工程设备自来源地运至工地仓库或指定堆放地点所发生的全部费用。

③ 运输损耗费:是指材料在运输装卸过程中不可避免的损耗。

④ 采购及保管费:是指为组织采购、供应和保管材料、工程设备的过程中所需要的各项费用。包括采购费、仓储费、工地保管费、仓储损耗。

工程设备是指房屋建筑及其配套的构成或计划构成永久工程一部分的机电设备、金属结构设备、仪器装置等建筑设备,包括附属工程中电气、采暖、通风空调、给排水、通信及建筑智能等为房屋功能服务的设备,不包括工艺设备。具体划分标准见《建设工程计价设备材料划分标准》(GB/T 50531—2009)。明确由建设单位提供的建筑设备,其设备费用不作为计取税金的基数。

(3) 施工机具使用费:是指施工作业所发生的施工机械、仪器仪表使用费或其租赁费。包含以下内容:

① 施工机械使用费:以施工机械台班耗用量乘以施工机械台班单价表示,施工机械台班单价应由下列七项费用组成。

a. 折旧费:指施工机械在规定的使用年限内,陆续收回其原值的费用。

b. 大修理费:指施工机械按规定的大修理间隔台班进行必要的大修理,以恢复其正常功能所需的费用。

c. 经常修理费:指施工机械除大修理以外的各级保养和临时故障排除所需的费用。包括为保障机械正常运转所需替换设备与随机配备工具附具的摊销和维护费用,机械运转中日常保养所需润滑与擦拭的材料费用及机械停滞期间的维护和保养费用等。

d. 安拆费及场外运费:安拆费指施工机械(大型机械除外)在现场进行安装与拆卸所需的人工、材料、机械和试运转费用以及机械辅助设施的折旧、搭设、拆除等费用;场外运费指施工机械整体或分体自停放地点运至施工现场或由一施工地点运至另一施工地点的运输、装卸、辅助材料及架线等费用。

e. 人工费:指机上司机(司炉)和其他操作人员的人工费。

f. 燃料动力费:指施工机械在运转作业中所消耗的各种燃料及水、电等。

g. 税费:指施工机械按照国家规定应缴纳的车船使用税、保险费及年检费等。

② 仪器仪表使用费:是指工程施工所需使用的仪器仪表的摊销及维修费用。

(4) 企业管理费:是指施工企业组织施工生产和经营管理所需的费用。内容包括:

① 管理人员工资:是指按规定支付给管理人员的计时工资、奖金、津贴补贴、加班加点工资及特殊情况下支付的工资等。

② 办公费:是指企业管理办公用的文具、纸张、账表、印刷、邮电、书报、办公软件、监控、会议、水电、燃气、采暖、降温等费用。

③ 差旅交通费:是指职工因公出差、调动工作的差旅费、住勤补助费,市内交通费和误餐补助费,职工探亲路费,劳动力招募费,职工退休、退职一次性路费,工伤人员就医路费,工地转移费以及管理部门使用的交通工具的油料、燃料等费用。

④ 固定资产使用费:指企业及其附属单位使用的属于固定资产的房屋、设备、仪器等的折旧、大修、维修或租赁费。

⑤ 工具用具使用费:是指企业施工生产和管理使用的不属于固定资产的工具、器具、家具、交通工具和检验、试验、测绘、消防用具等的购置、维修和摊销费,以及支付给工人自备工具的补贴费。

⑥ 劳动保险和职工福利费:是指由企业支付的职工退职金、按规定支付给离休干部的经费,集体福利费、夏季防暑降温、冬季取暖补贴、上下班交通补贴等。

⑦ 劳动保护费:是企业按规定发放的劳动保护用品的支出。如工作服、手套、防暑降温饮料、高危险工作工种施工作业防护补贴以及在有碍身体健康的环境中施工的保健费用等。

⑧ 工会经费:是指企业按《工会法》规定的全部职工工资总额比例计提的工会经费。

⑨ 职工教育经费:是指按职工工资总额的规定比例计提,企业为职工进行专业技术和职业技能培训,专业技术人员继续教育、职工职业技能鉴定、职业资格认定以及根据需要对职工进行各类文化教育所发生的费用。

⑩ 财产保险费:指企业管理用财产、车辆的保险费用。

⑪ 财务费:是指企业为施工生产筹集资金或提供预付款担保、履约担保、职工工资支付担保等所发生的各种费用。

⑫ 税金:指企业按规定缴纳的房产税、车船使用税、土地使用税、印花税等。

⑬ 意外伤害保险费:企业为从事危险作业的建筑安装施工人员支付的意外伤害保险费。

⑭ 工程定位复测费:是指工程施工过程中进行全部施工测量放线和复测工作的费用。

建筑物沉降观测由建设单位直接委托有资质的检测机构完成,费用由建设单位承担,不包含在工程定位复测费中。

⑮ 检验试验费:是施工企业按规定进行建筑材料、构配件等试样的制作、封样、送达和其他为保证工程质量进行的材料检验试验工作所发生的费用。

不包括新结构、新材料的试验费,对构件(如幕墙、预制桩、门窗)做破坏性试验所发生的试样费用和根据国家标准和施工验收规范要求对材料、构配件和建筑物工程质量检测检验发生的第三方检测费用,对此类检测发生的费用,由建设单位承担,在工程建设其他费用中列支。但对施工企业提供的具有合格证明的材料进行检测不合格的,该检测费用由施工企业支付。

⑯ 非建设单位所为四小时以内的临时停水停电费用。

⑰ 企业技术研发费:建筑企业为转型升级、提高管理水平所进行的技术转让、科技研发,信息化建设等费用。

⑱ 其他:业务招待费、远地施工增加费、劳务培训费、绿化费、广告费、公证费、法律顾问费、审计费、咨询费、投标费、保险费、联防费、施工现场生活用水电费等。

(5)利润:是指施工企业完成所承包工程获得的盈利。

2)措施项目费

措施项目费是指为完成建设工程施工,发生于该工程施工前和施工过程中的技术、生活、安全、环境保护等方面的费用。

根据现行工程量清单计算规范,措施项目费分为单价措施项目与总价措施项目。

(1)单价措施项目是指在现行工程量清单计算规范中有对应工程量计算规则,按人工费、材料费、施工机具使用费、管理费和利润形式组成综合单价的措施项目。单价措施项目根据专业不同有不同的划分,其中市政工程包括项目为脚手架工程,混凝土模板及支架,围堰,便道及便桥,洞内临时设施,大型机械设备进出场及安拆,施工排水、降水,地下交叉管线处理、监测、监控。

单价措施项目中各措施项目的工程量清单项目设置、项目特征、计量单位、工程量计算规则及工作内容均按现行工程量清单计算规范执行。

(2)总价措施项目是指在现行工程量清单计算规范中无工程量计算规则,以总价(或计算基础乘费率)计算的措施项目。其中各专业都可能发生的通用的总价措施项目如下:

① 安全文明施工:为满足施工安全,文明、绿色施工以及环境保护、职工健康生活所需要的各项费用。本项为不可竞争费用。具体包括如下内容。

a. 环境保护包含范围:现场施工机械设备降低噪音、防扰民措施费用;水泥和其他易飞扬细颗粒建筑材料密闭存放或采取覆盖措施等费用;工程防扬尘洒水费用;土石方、建渣外运车辆冲洗、防洒漏等费用;现场污染源的控制、生活垃圾清理外运、场地排水排污措施的费用;其他环境保护措施费用。

b. 文明施工包含范围:"五牌一图"的费用;现场围挡的墙面美化(包括内外粉刷、刷白、标语等)、压顶装饰费用;现场厕所便槽刷白、贴面砖,水泥砂浆地面或地砖费用,建筑物内临时便溺设施费用;其他施工现场临时设施的装饰装修、美化措施费用;现场生活卫生设施费用;符合卫生要求的饮水设备、淋浴、消毒等设施费用;生活用洁净燃料费用;防煤气中毒、防蚊虫叮咬等措施费用;施工现场操作场地的硬化费用;现场绿化费用、治安综合治理费用、现场电子监控设备费用;现场配备医药保健器材、物品费用和急救人员培训费用;用于现场工人的防暑降温费、电风扇、空调等设备及用电费用;其他文明施工措施费用。

c. 安全施工包含范围:安全资料、特殊作业专项方案的编制,安全施工标志的购置及安全宣传的费用;"三宝"(安全帽、安全带、安全网),"四口"(楼梯口、电梯井口、通道口、预留洞口),"五临边"(阳台围边、楼板围边、屋面围边、槽坑围边、卸料平台两侧),水平防护架、垂直防护架、外架封闭等防护的费用;施工安全用电的费用,包括配电箱三级配电、两级保护装置要求、外电防护措施;起重机、塔吊等起重设备(含井架、门架)及外用电梯的安全防护措施(含警示标志)费用及卸料平台的临边防护、层间安全门、防护棚等设施费用;建筑工地起重机械的检验检测费用;施工机具防护棚及其围栏的安全保护设施费用;施工安全防护通道的费用;工人的安全防护用品、用具购置费用;消防设施与消防器材的配置费用;电气保护、安全照明设施费;其他安全防护措施费用。

d. 绿色施工包含范围:建筑垃圾分类收集及回收利用费用;夜间焊接作业及大型照明灯具的挡光措施费用;施工现场办公区、生活区使用节水器具及节能灯具增加费用;施工现场基坑降水储存使用、雨水收集系统、冲洗设备用水回收利用设施增加费用;施工现场生活区厕所化粪池、厨房隔油池设置及清理费用;从事有毒、有害、有刺激性气味和强光、噪音施工人员的防护器具;现场危险设备、地段、有毒物品存放地安全标志和防护措施;厕所、卫生设施、排水沟、阴暗潮湿地带定期消毒费用;保障现场施工人员劳动强度和工作时间符合国家标准《体力劳动强度分级》GB 3869 的增加费用等。

② 夜间施工:规范、规程要求正常作业而发生的夜班补助、夜间施工降效、夜间照明设施的安拆、摊销、照明用电以及夜间施工现场交通标志、安全标牌、警示灯安拆等费用。

③ 二次搬运:由于施工场地限制而发生的材料、成品、半成品等一次运输不能到达堆放地点,必须进行的二次或多次搬运费用。

④ 冬雨季施工:在冬雨季施工期间所增加的费用。包括冬季作业、临时取暖、建筑物门窗洞口封闭及防雨措施、排水、工效降低、防冻等费用。不包括设计要求混凝土内添加防冻剂的费用。

⑤ 地上、地下设施、建筑物的临时保护设施:在工程施工过程中,对已建成的地上、地下设施和建筑物进行的遮盖、封闭、隔离等必要保护措施。在园林绿化工程中,还包括对已有植物的保护。

⑥ 已完工程及设备保护费:对已完工程及设备采取的覆盖、包裹、封闭、隔离等必要保护措施所发生的费用。

⑦ 临时设施费:施工企业为进行工程施工所必需的生活和生产用的临时建筑物、构筑物和其他临时设施的搭设、使用、拆除等费用。临时设施包括临时宿舍、文化福利及公用事业房屋与构筑物、仓库、办公室、加工场等。市政工程施工现场在定额基本运距范围内的临时给水、排水、供电、供热线路(不包括变压器、锅炉等设备)、临时道路。不包括交通疏解分流通道、现场与公路(市政道路)的连接道路、道路工程的护栏(围挡),也不包括单独的管道工程或单独的驳岸工程施工需要的沿线简易道路。

建设单位同意在施工就近地点临时修建混凝土构件预制场所发生的费用,应向建设单位结算。

⑧ 赶工措施费:施工合同工期比江苏省现行工期定额提前,施工企业为缩短工期所发

生的费用。

如施工过程中，发包人要求实际工期比合同工期提前时，由发承包双方另行约定。

⑨ 工程按质论价：施工合同约定质量标准超过国家规定，施工企业完成工程质量达到经有权部门鉴定或评定为优质工程所必须增加的施工成本费。

⑩ 特殊条件下施工增加费：地下不明障碍物、铁路、航空、航运等交通干扰而发生的施工降效费用。

总价措施项目中，除通用措施项目外，各专业措施项目又有不同，其中市政工程包括行车、行人干扰，即由于施工受行车、行人的干扰导致的人工、机械降效以及为了行车、行人安全而现场增设的维护交通与疏导人员费用。

3）其他项目费

（1）暂列金额：建设单位在工程量清单中暂定并包括在工程合同价款中的一笔款项。用于施工合同签订时尚未确定或者不可预见的所需材料、工程设备、服务的采购，施工中可能发生的工程变更、合同约定调整因素出现时的工程价款调整以及发生的索赔、现场签证确认等的费用。由建设单位根据工程特点，按有关计价规定估算；施工过程中由建设单位掌握使用，扣除合同价款调整后如有余额，归建设单位。

（2）暂估价：建设单位在工程量清单中提供的用于支付必然发生但暂时不能确定价格的材料的单价以及专业工程的金额。包括材料暂估价和专业工程暂估价。材料暂估价在清单综合单价中考虑，不计入暂估价汇总。

（3）计日工：是指在施工过程中，施工企业完成建设单位提出的施工图纸以外的零星项目或工作所需的费用。

（4）总承包服务费：是指总承包人为配合、协调建设单位进行的专业工程发包，对建设单位自行采购的材料、工程设备等进行保管以及施工现场管理、竣工资料汇总整理等服务所需的费用。总包服务范围由建设单位在招标文件中明示，并且发承包双方在施工合同中约定。

4）规费

规费是指有权部门规定必须缴纳的费用。

（1）工程排污费：包括废气、污水、固体及危险废物和噪声超标排污费等内容。

（2）社会保险费：企业应为职工缴纳的养老保险、医疗保险、失业保险、工伤保险和生育保险等五项社会保障方面的费用。为确保施工企业各类从业人员社会保障权益落到实处，省、市有关部门可根据实际情况制定管理办法。

（3）住房公积金：企业应为职工缴纳的住房公积金。

5）税金

税金是指国家税法规定的应计入建筑安装工程造价内的营业税、城市维护建设税、教育费附加及地方教育附加。

（1）营业税：是指以产品销售或劳务取得的营业额为对象的税种。

（2）城市建设维护税：是为加强城市公共事业和公共设施的维护建设而开征的税，它以附加形式依附于营业税。

（3）教育费附加及地方教育附加：是为发展地方教育事业，扩大教育经费来源而征收的税种。它以营业税的税额为计征基数。

3.3 市政工程费用计算

前面3.2节叙述了建筑安装工程费用项目的构成,但这些费用如何计算,才是工程计价的本质。从实行清单计价的出发点来讲,上述费用构成中除规费、税金、有权部门规定的其他不可竞争费之外,都应由企业根据市场及自身情况来决定。但为了统一计价程序,各地建设行政主管部门根据住房和城乡建设部《建设工程工程量清单计价规范》(GB 50500—2013)及其计算规范、《建筑安装工程费用项目组成》(建标〔2013〕44号),编制了各地的建设工程费用定额,下面主要介绍《江苏省建设工程费用定额》(2014年)中有关费用计算的规定。

3.3.1 市政工程类别划分

1) 市政工程类别划分(见表3.3.1)

表3.3.1 市政工程类别划分

项 目		单位	一类工程	二类工程	三类工程
(1) 道路工程	结构层厚度	cm	≥65	≥55	<55
	路幅宽度	m	≥60	≥40	<40
(2) 桥梁工程	单跨长度	m	≥40	≥20	<20
	桥梁总长	m	≥200	≥100	<100
(3) 排水工程	雨水管道直径	mm	≥1 500	≥1 000	<1 000
	污水管道直径	mm	≥1 000	≥600	<600
(4) 水工构筑物(设计能力)	泵站(地下部分)	万 t/日	≥20	≥10	<10
	污水处理厂(池类)	万 t/日	≥10	≥5	<5
	自来水厂(池类)	万 t/日	≥20	≥10	<10
(5) 防洪堤挡土墙	实浇(砌)体积	m³	≥3 500	≥2 500	<2 500
	高度	m	≥4	≥3	<3
(6) 给水工程	主管直径	mm	≥1 000	≥800	<800
(7) 燃气与集中供热工程	主管直径	mm	≥500	≥300	<300
(8) 大型土石方	挖或填土(石)方容量	m³	≥5 000		

2) 工程类别划分说明

(1) 工程类别划分是根据不同的标段内的单位工程的施工难易程度等,结合市政工程实际情况划分确定的。

(2) 工程类别划分以标段内的单位工程为准,一个单项工程中如有几个不同类别的单位工程组成,其工程类别分别确定。

(3) 单位工程的类别划分按主体工程确定,附属工程按主体工程类别取定。

(4) 通用项目的类别划分按主体工程确定。

(5) 凡工程类别标准中,道路工程、防洪堤防、挡土墙、桥梁工程有两个指标控制的必须同时满足两个指标确定工程类别。

（6）道路路幅宽度为包含绿岛及人行道宽度即总宽度，结构层厚度指设计标准横断面厚度。

（7）道路改造工程按改造后的道路路幅宽度标准确定工程类别。

（8）桥梁的总长度是指两个桥台结构最外边线之间的长度。

（9）排水管道工程按主干管的管径确定工程类别。主干管是指标段内单位工程中长度最长的干管。

（10）箱涵、方涵套用桥梁工程三类标准。

（11）市政隧道工程套用桥梁工程二类标准。

（12）10 000平方米以上广场为道路二类，以下为道路三类。

（13）土石方工程量包含弹软土基处理、坑槽内实体结构以上路基部位（不包括道路结构层部分）的多合土、砂、碎石回填工程量。大型土石方应按标段内的单位工程进行划分。

（14）上表中未包括的市政工程，其工程类别由当地工程造价管理机构根据实际情况予以核定，并报上级工程造价管理机构备案。

3.3.2 工程费用取费标准及有关规定

1）企业管理费、利润取费标准及规定

（1）企业管理费、利润计算基础按本定额规定执行。

（2）包工不包料、点工的管理费和利润包含在工资单价中。

（3）市政工程的企业管理费、利润标准见表3.3.2。

表3.3.2 市政工程企业管理费和利润费率标准

序号	项目名称	计算基础	管理费费率（%）			利润率（%）
			一类工程	二类工程	三类工程	
一	通用项目、道路、排水工程	人工费＋施工机具使用费	25	22	19	10
二	桥梁、水工构筑物	人工费＋施工机具使用费	33	30	27	10
三	给水、燃气与集中供热	人工费	44	40	36	13
四	路灯及交通设施工程	人工费		42		13
五	大型土石方工程	人工费＋施工机具使用费		6		4

2）措施项目取费标准及规定

（1）单价措施项目以清单工程量乘以综合单价计算。综合单价按照各专业计价定额中的规定，依据设计图纸和经建设方认可的施工方案进行组价。

（2）总价措施项目中部分以费率计算的措施项目费率标准见表3.3.3和表3.3.4，其计费基础为：分部分项工程费－工程设备费＋单价措施项目费；其他总价措施项目，按项计取，综合单价按实际或可能发生的费用进行计算。

3）其他项目取费标准及规定

（1）暂列金额、暂估价按发包人给定的标准计取。

（2）计日工：由发承包双方在合同中约定。

（3）总承包服务费：应根据招标文件列出的内容和向总承包人提出的要求，参照下列标准计算：

表 3.3.3　措施项目费费率标准

项目	计算基础	各专业工程费率（%）							
		建筑工程	单独装饰	安装工程	市政工程	修缮土建（修缮安装）	仿古（园林）	城市轨道交通	
								土建轨道	安装
夜间施工	分部分项工程费＋单价措施项目费－工程设备费	0～0.1	0～0.1	0～0.1	0.05～0.15	0～0.1	0～0.1	0～0.15	
非夜间施工照明		0.2	0.2	0.3	—	0.2(0.3)	0.3	—	
冬雨季施工		0.05～0.2	0.05～0.1	0.05～0.1	0.1～0.3	0.05～0.2	0.05～0.2	0～0.1	
已完工程及设备保护		0～0.05	0～0.1	0～0.05	0～0.02	0～0.05	0～0.1	0～0.02	0～0.05
临时设施		1～2.2	0.3～1.2	0.6～1.5	1～2	1～2(0.6～1.5)	1.5～2.5(0.3～0.7)	0.5～1.5	
赶工措施		0.5～2	0.5～2	0.5～2	0.5～2	0.5～2	0.5～2	0.4～1.2	
按质论价		1～3	1～3	1～3	0.8～2.5	1～2	1～2.5	0.5～1.2	
住宅分户验收		0.4	0.1	0.1					

注：1. 在计取非夜间施工照明费时，建筑工程、仿古工程、修缮土建部分仅地下室（地宫）部分可计取；单独装饰、安装工程、园林绿化工程、修缮安装部分仅特殊施工部位内施工项目可计取。

　　2. 在计取住宅分户验收时，大型土石方工程、桩基工程和地下室部分不计入计费基础。

表 3.3.4　安全文明施工措施费取费标准表

序号	工程名称		计算基础	基本费率（%）	省级标化增加费（%）
一	建筑工程	建筑工程	分部分项工程费＋单价措施项目费－工程设备费	3.0	0.7
		单独构件吊装		1.4	—
		打预制桩/制作兼打桩		1.3/1.8	0.3/0.4
二	单独装饰工程			1.6	0.4
三	安装工程			1.4	0.3
四	市政工程	通用项目、道路、排水工程		1.4	0.4
		桥涵、隧道、水工构筑物		2.1	0.5
		给水、燃气与集中供热		1.1	0.3
		路灯及交通设施工程		1.1	0.3
五	仿古建筑工程			2.5	0.5
六	园林绿化工程			0.9	—
七	修缮工程			1.4	0.4
八	城市轨道交通工程	土建工程		1.8	0.4
		轨道工程		1.1	0.2
		安装工程		1.3	0.3
九	大型土石方工程			1.4	—

注：1. 对于开展市级建筑安全文明施工标准化示范工地创建活动的地区，市级标化增加费按照省级费率乘以系数 0.7 执行。

　　2. 建筑工程中的钢结构工程，钢结构为施工企业成品购入或加工厂完成制作，到施工现场安装的，安全文明施工措施费率标准按单独发包的构件吊装工程执行。

　　3. 大型土石方工程适用各专业中达到大型土石方标准的单位工程。

① 建设单位仅要求对分包的专业工程进行总承包管理和协调时,按分包的专业工程估算造价的 1% 计算;

② 建设单位要求对分包的专业工程进行总承包管理和协调,并同时要求提供配合服务时,根据招标文件中列出的配合服务内容和提出的要求,按分包的专业工程估算造价的 2%~3% 计算。

4)规费取费标准及有关规定

(1)工程排污费:按工程所在地环境保护等部门规定的标准缴纳,按实计取列入。

(2)社会保险费及住房公积金按表 3.3.5 标准计取。

表 3.3.5　社会保险费及公积金取费标准表

序号	工程类别		计算基础	社会保障费率(%)	公积金费率(%)
1	建筑工程	建筑工程	分部分项工程费+措施项目费+其他项目费-工程设备费	3	0.5
		单独预制构件制作、单独构件吊装、打预制桩、制作兼打桩		1.2	0.22
		人工挖孔桩		2.8	0.5
2	单独装饰工程			2.2	0.38
3	安装工程			2.2	0.38
4	市政工程	通用项目、道路、排水工程		1.8	0.31
		桥涵、隧道、水工构筑物		2.5	0.44
		给水、燃气与集中供热、路灯及交通设施工程		1.9	0.34
5	仿古建筑与园林绿化工程			3	0.5
6	修缮工程			3.5	0.62
7	单独加固工程			3.1	0.55
8	城市轨道交通工程	土建工程		2.5	0.44
		隧道工程(盾构法)		1.8	0.30
		轨道工程		2.0	0.32
		安装工程		2.2	0.38
9	大型土石方工程			1.2	0.22

注:1. 社会保险费包括养老保险费、失业保险费、医疗保险费、工伤保险费、生育保险费。
　　2. 点工和包工不包料的社会保险费和公积金已经包含在人工工资单价中。
　　3. 大型土石方工程适用各专业中达到大型土石方标准的单位工程。
　　4. 社会保险费费率和公积金费率将随着社保部门要求和建设工程实际缴纳费率的提高,适时调整。

5)税金计算标准及有关规定

税金包括营业税、城市建设维护税、教育费附加,按有权部门规定计取。

3.3.3　工程造价计算程序

根据费用定额的规定,工程造价计算程序见表 3.3.6 和表 3.3.7。

表 3.3.6　工程量清单法计算程序(包工包料)

序号	费用名称		计算公式
一	分部分项工程费		清单工程量×综合单价
	其中	1. 人工费	人工消耗量×人工单价
		2. 材料费	材料消耗量×材料单价
		3. 施工机具使用费	机械消耗量×机械单价
		4. 管理费	(1+3)×费率或(1)×费率
		5. 利润	(1+3)×费率或(1)×费率
二	措施项目费		
	其中	单价措施项目费	清单工程量×综合单价
		总价措施项目费	(分部分项工程费+单价措施项目费-工程设备费)×费率或以项计费
三	其他项目费用		
四	规费		
	其中	1. 工程排污费	(一+二+三-工程设备费)×费率
		2. 社会保险费	
		3. 住房公积金	
五	税金		(一+二+三+四-按规定不计税的工程设备金额)×费率
六	工程造价		一+二+三+四+五

表 3.3.7　工程量清单法计算程序(包工不包料)

序号	费用名称		计算公式
一	分部分项工程费中人工费		清单人工消耗量×人工单价
二	措施项目费中人工费		
	其中	单价措施项目中人工费	清单人工消耗量×人工单价
三	其他项目费用		
四	规费		
	其中	工程排污费	(一+二+三)×费率
五	税金		(一+二+三+四)×费率
六	工程造价		一+二+三+四+五

4 工 程 计 量

4.1 工程计量的基础知识

4.1.1 工程计量的概念

工程计量是指运用一定的划分方法和计算规则进行计算，并以物理计量单位或自然计量单位来表示分部分项工程或项目总体实体数量的工作。工程计量随建设项目所处的阶段及设计深度的不同其对应的计量单位、计量方法及精确程度也不同。

4.1.2 工程计量对象的划分

在进行工程估价时，实物工程量的计量单位可根据计量对象来决定。编制投资估算时，计量单位的对象取得较大，可能是单项工程或单位工程，甚至是建设项目，即可能以整幢建筑物为计量单位，这时得到的工程估价也就较粗。编制设计概算时，计量单位的对象可以取到单位工程或扩大分部分项工程。编制施工图预算时，则是以分项工程作为计量单位的基本对象，此时工程分解的基本子项数目会远远超过投资估算或设计概算的基本子项数目，得到的工程估价也就较细较准确。计量单位的对象取得越小，说明工程分解结构的层次越多，得到的工程估价也就越准确。所以根据项目所处的建设阶段的不同，人们对拟建工程资料掌握的程度不同，在估价时会把建设项目划分为不同的计量对象。

1）按建设项目由大到小的组成来划分

按建设项目由大到小的组成分为建设项目、单项工程、单位工程、分部工程、分项工程。此划分方法是最基本的分部分项工程组合估价的基础。

2）按建设项目的用途来分

按建设项目的用途分为工业生产项目（化工厂、火电厂、机械制造厂等）、水利项目（坝、闸、水利枢纽等）、民用项目（学校、综合楼、商场、体育馆等）、市政项目（路、桥、广场等）。

在按估价指标法进行投资估算时一般根据这种划分方法。

3）按施工时的工作性质划分

按施工时的工作性质分为土建工程、给排水工程、暖通工程、设备安装工程、装饰工程等。

4）按工程的部位划分

按工程的部位分为路基、基层、面层、隔离护栏等。

5)按施工方法及工料消耗的不同划分

按施工方法及工料消耗的不同分为混凝土工程、模板工程、钢筋工程、抹灰工程、拆除工程等。

4.1.3　与工程计量相关的因素

为了对建设项目进行有效的计量,首先应搞清与工程计量相关的因素。

1) 计量对象的划分

从上述内容可知,工程计量对象有多种划分,对照不同的划分有不同的计量方法,所以,计量对象的划分是工程计量的前提。

2) 计量单位

工程计量时采用的计量单位不同,则计算结果也不同,如墙体工程可以用平方米也可以用立方米作计量单位,水泥砂浆找平层可用平方米也可用立方米作计量单位等,所以计量前必须明确计量单位。

3) 设计深度

由于设计深度的不同,图纸提供的计量尺寸不明确,因而会有不同的计量结果。如初步设计阶段只能以总建筑面积或单项工程的建筑面积来反映,技术设计阶段除用建筑面积计量外,还可根据工艺设计反映出设备的类型及需要量等,只有到施工图设计阶段才可准确计算出各种实体工程的工程量,如混凝土基础多少立方米,砖砌体多少立方米,门窗多少平方米等。

4) 施工方案

在工程计量时,对于图纸尺寸相同的构件,往往会因施工方案的不同而导致实际完成工程量的不同。如对于图示尺寸相同的基础工程,因采用放坡挖土或挡板下挖土则会导致挖土工程量的不同,对于钢筋工程是采用绑扎还是焊接,则会导致实际使用长度的不同等。

5) 计价方式

计价时采用综合单价还是子项单价,是全费用单价还是部分费用单价,将会影响工程量的计算方式和结果。

由于工程计量受多因素的制约,所以,往往同一工程由不同的人来计算时会有不同的结果,这样就会影响估价结果。因此,为了保证计量工作的统一性、可比性,一般需制定统一的工程量计算规则。

4.2　工程量计算原理与方法

4.2.1　工程量计算依据

为了保证工程量计算结果的统一性和可比性以及防止结算时出现不必要的纠纷,在工程量计算时应严格按照一定的依据来进行,具体包括:

(1) 工程量计算规则;

(2) 工程设计图纸及说明;

（3）经审定的施工组织设计及施工技术方案；

（4）招标文件中的有关补充说明及合同条件。

4.2.2 工程量计算原理

工程量计算的一般原理是按照工程量计算规则规定，依据图纸尺寸，运用一定的计算方法，采用一定的计量单位算出对应项目的工程量。

4.2.3 工程量计算方法

工程量的计算从实际操作来讲，不管运用什么方法，只要根据工程量计算原理把工程量不重不漏地准确地算出来即可。但从理论上讲，为了保证工程量计算的快速、准确，仍有一些经过实践总结出来的实用方法值得介绍和应用。

1）统筹法（也称组合计算法）

工程量计算要求及时、准确，而在计算过程中数据繁多、内容复杂、计算量大，那么如何来解决这个矛盾呢？工程造价人员经过实践的分析与总结发现，每个分项工程量计算虽有着各自的特点，但都离不开计算"长"、"宽"、"厚"之类的基数，人们在整个工程量计算中常常要反复多次使用。因此根据这个特性，估价人员对每个分项工程的工程量进行分析，然后依据计算过程的内在联系，按先主后次，统筹安排计算程序，从而简化了繁琐的计算，也就形成了统筹计算工程量的计算方法。具体包括：

（1）统筹程序、合理安排。

（2）利用基数，连续计算。

（3）一次计量，多次使用等。

2）重复计算法

计算工程量时，常常会发现一些分项工程的工程量是相同的或者是相似的，则可采用重复计算法，该方法即是把某个计算式重复利用，如计算道路工程时的路基、垫层、面层等。

3）列表法

在计算工程量时，为了使计算清晰，防止遗漏，便于检查，可通过列表法来计算有关工程量，如统计有关井的数量时。

4.2.4 工程量计算注意事项

1）要依据对应的工程量计算规则来进行计算，其中包括项目编码的一致、计量单位的一致及项目名称的一致。

2）注意熟悉设计图纸和设计说明，能作出准确的项目描述，对图中的错漏、尺寸不符、用料及做法不清等问题及时请设计单位解决，计算时应以图纸注明尺寸为依据，不能任意加大或缩小构件尺寸。

3）注意计算中的整体性、相关性。在工程量计算时，应有这样的理念：一个市政工程是一个整体，计算时应从整体出发。例如排水工程，开始计算时不论有无各类井，先按整个路长计算，然后在计算各类井的工程量时，再在原排水的相关工程量中扣除。

4）注意计算列式的规范性与完整性。计算时最好采用统一格式的工程量计算纸，书写时必须标清部位、编号，以便核对。

5) 注意计算过程中的顺序性：工程量计算时为了避免发生遗漏、重复等现象，一般可按一定的计算顺序进行计算。

6) 计算过程中应注意切实性。工程量计算前应了解工程的现场情况、拟用的施工方案、施工方法等，从而使工程量更切合实际。当然有些规则规定计算工程量时，只考虑图示尺寸，不考虑实际发生的量，这时两者的差异应在报价时考虑。

7) 注意对计算结果的自检和他检。工程量计算完毕后，计算者自己应进行粗略的检查，如指标检查（某种结构类型的工程正常每平方米耗用的实物工程量指标）、对比检查（同以往类似工程的数字进行比较）等，也可请经验比较丰富、水平比较高的造价工程师来检查。

4.3 工程量清单计价规范下的工程量计算规则

4.3.1 工程量的分类

工程量是以物理计量单位或自然计量单位来表示各个具体工程的结构构件、配件、装饰、安装等各部分实体的数量或非实体项目的数量。由于工程所处的设计阶段不同，工程施工所采用的施工工艺、施工组织方法的不同，在反映工程造价时会有不同类型的工程量，具体可以划分为以下几类：

1) 设计工程量

设计工程量是指可行性研究阶段或初步设计阶段为编制设计概算而根据初步设计图纸计算出的工程量。它一般由图纸工程量和设计阶段扩大工程量组成。其中图纸工程量是按设计图纸的几何轮廓尺寸算出的工程量。设计阶段扩大工程量是考虑设计工作的深度有限，有一定的误差，为留有余地而设置的工程量，它可根据分部分项工程的特点，以图纸工程量乘一定的系数求得。

2) 施工超挖工程量

在施工生产过程中，由于生产工艺及保证产品质量的需要，往往需要进行一定的超挖，如土方工程中的放坡开挖，水利工程中的地基处理等，其施工超挖量的多少与施工方法、施工技术、管理水平及地质条件等因素有关。

3) 施工附加量

施工附加量是指为完成本项工程而必须增加的工程量。例如：小断面圆形隧洞为满足交通需要扩挖下部而增加的工程量；隧洞工程为满足交通、放炮的需要设置洞内错车道、避炮洞所增中的工程量；为固定钢筋网而增加固定筋的工程量等。

4) 施工超填工程量

指由于施工超挖量、施工附加量相应增加的回填工程量。

5) 施工损失量

(1) 体积变化损失量。如土石方填筑工程中的施工期沉陷而增加的工程量，混凝土体积收缩而增加的工程量等。

(2) 运输及操作损耗量。如混凝土、土石方在运输、操作过程中的损耗。

(3) 其他损耗量。如土石方填筑工程阶梯形施工后，按设计边坡要求的削坡损失工程量，接缝削坡损失工程量，黏土心（斜）墙及土坝的雨后坝面清理损失工程量，混凝土防渗墙一、二期墙槽接头孔重复造孔及混凝土浇筑增加的工程量。

6) 质量检查工程量

(1) 基础处理工程检查工程量。基础处理工程大多采用钻一定数量检查孔的方法进行质量检查。

(2) 其他检查工程量。如土石方填筑工程通常采用挖试坑的方法来检查其填筑成品方的干密度。

7) 试验工程量

如：土石坝工程为取得石料场爆破参数和坝上碾压参数而进行的爆破试验、碾压试验而增加的工程量；为取得灌浆设计参数而专门进行的灌浆试验增加的工程量等。

阐述以上工程量的分类，主要是为理解工程量计算规则及准确报价服务的，因为在不同计算规则中有不同的规定，有些量在编制工程量清单时是不计算的，但在报价时应考虑这些量。

4.3.2　工程量计算规则概述

工程量是编制工程估价的基本要素之一，工程量计算的准确性是衡量工程估价质量好坏的重要目标之一，然而工程量有多种分类、多种理解，各人计算会有不同结果，对此则需作出统一的规定。

1) 工程量计算规则概念

工程量计算规则是指对工程量计算工作所作的统一的说明和规定，包括项目划分及编码、计量方法、计量单位、项目特征、工程内容描述等。

2) 工程量计算规则的作用

(1) 为准确计算工程量提供统一的计算口径。

(2) 为工程结算中的工程计量提供依据。

(3) 为投标报价提供公平的竞争规则。

(4) 为估价资料的积累与分析奠定基础。

3) 工程量计算规则的分类

(1) 按执行范围分为地方规定的、部门规定的、国家规定的、国际通用的。

(2) 按专业分为建筑工程的工程量计算规则、安装工程的工程量计算规则、水利工程的工程量计算规则、市政工程的工程量计算规则、修缮工程的工程量计算规则等。

4.3.3　土石方工程工程量计算规则及应用

1) 概况

(1) 工程量清单项目设置其项目编码是统一的，挖土方编码为 040101，挖石方编码为 040102，填方及土石方运输编码为 040103。

(2) 挖方应按天然密实度体积计算，填方应按压实后体积计算。

(3) 沟槽、基坑、一般土石方的划分应符合下列规定：

① 底宽 7 m 以内，底长大于底宽 3 倍以上应按沟槽计算；

② 底长小于底宽 3 倍以下，底面积在 150 m² 以内应按基坑计算；

③ 超过上述范围，应按一般土石方计算。

2) 工程量计算规则及应用举例

(1) 挖一般土(石)方，按设计图示尺寸以体积计算。

（2）挖沟槽土（石）方，按设计图示尺寸以基础垫层底面积乘以挖土（石）深度计算；江苏省明确按设计图示尺寸以体积计算，工作面和放坡增加的工程量，并入土（石）方工程量中。

（3）挖基坑土（石）方，按设计图示尺寸以基础垫层底面积乘以挖土深度计算；江苏省明确按设计图示尺寸以体积计算，工作面和放坡增加的工程量，并入土（石）方工程量中。

（4）暗挖土方按设计图示断面乘以长度以体积计算。

（5）挖淤泥、流砂按设计图示位置、界限以体积计算。

（6）填方：①按设计图示尺寸以体积计算；②按挖方清单项目工程量加原地面线至设计要求标高间的体积，减基础、构筑物等埋入体积计算。

（7）余方弃置，按挖方清单项目工程量减利用回填方体积（正数）计算。

（8）缺方内运，按挖方清单项目工程量减利用回填方体积（负数）计算。

回填方如需缺方内运，且填方材料品种为土方时，是否在综合单价中计入购买土方的费用，由投标人根据当地工程实际情况自行考虑决定报价。

【例 4.3.1】 某新建市政雨水管道工程，管道长度 150 m，采用 $\phi 400$ 钢筋混凝土管，基础为 120°混凝土（见表 4.3.1），接口为平接口水泥砂浆抹带。施工现场采用人工开挖及回填。沟槽土方开挖深度平均为 2 m，沟槽回填至原地面标高，素土回填，填方密实度为 95%。土方类别为三类土，余土外运。管道基础如图 4.3.1 所示。本题中暂不考虑检查井等所增加土方的因素，沟槽回填也暂不考虑检查井的外形体积。请根据以上条件及《建设工程工程量清单计价规范》（GB 50500—2013）、《市政工程工程量计算规范》（GB 50857—2013）和江苏省的具体规定列出该管道土方工程的分部分项工程量清单。

表 4.3.1 $\phi 400$ 钢筋混凝土管基础尺寸表

单位：mm

管径 D	管壁厚 t	管肩宽 a	管基宽 B	管基厚		基础混凝土 (m^3/m)
				C_1	C_2	
400	35	80	630	100	118	0.103 4

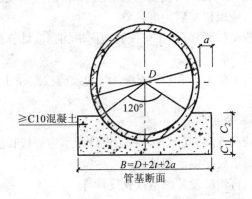

图 4.3.1 管道基础图

【解】

表 4.3.2　清单工程量计算表

工程名称:某新建市政雨水管道工程

序号	清单项目编码	清单项目名称	计算式	工程量合计	计量单位
1	040101002001	挖沟槽土方	$(0.63+0.5\times2+0.33\times2)\times2\times150$	687	m³
2	040103001001	回填方	$687-41.53$	645.47	m³
3	040103002001	余方弃置	$(0.103\ 4+3.141\ 6\times0.235\times0.235)\times150$	41.53	m³

表 4.3.3　分部分项工程和单价措施项目清单与计价表

工程名称:某新建市政雨水管道工程

序号	项目编码	项目名称	项目特征描述	计量单位	工程量	综合单价	合计
1	040101002001	挖沟槽土方	1. 土壤类别:三类土 2. 挖土深度:平均 2 m	m³	687		
2	040103001001	回填方	1. 密实度要求:95% 2. 填方材料品种:素土回填 3. 填方来源、运距:就地回填	m³	645.47		
3	040103002001	余方弃置	1. 废弃料种:土方 2. 运距:由投标单位自行考虑	m³	41.53		

4.3.4　道路工程工程量计算规则及应用

1) 概况

(1) 路基处理其编码为 040201,道路基层其编码为 040202,道路面层其编码为 040203,人行道及其他编码为 040204,交通管理设施其编码为 040205。

(2) 项目特征中的桩长应包括桩尖,空桩长度=孔深一桩长,孔深为自然地面至设计桩底的深度。

(3) 如采用碎石、粉煤灰、砂等作为路基处理的填方材料时,应按附录 A 土石方工程"回填方"项目编码列项。

(4) 排水沟、截水沟清单项目中,当侧墙为混凝土时,还应描述侧墙的混凝土强度等级。

(5) 道路工程厚度均应以压实后为准。

(6) 道路基层设计截面如为梯形时,应按其截面平均宽度计算面积,并在项目特征中对截面参数加以描述。

(7) 水泥混凝土路面中传力杆和拉杆的制作、安装应按附录 J 钢筋工程中相关项目编码列项。

2) 工程量计算规则及应用举例

(1) 安砖砌(平、缘)石、现浇侧(平、缘)石按设计图示中心线长度计算。

(2) 土工布按设计图示尺寸以面积计算。

(3) 排水沟、截水沟、盲沟按设计图示以长度计算。

(4) 各种道路基层按设计图示以面积计算,不扣除各种井所占面积。

(5) 各种道路面层按设计图示以面积计算,不扣除各种井所占面积,带平石的面层应扣除平石所占面积。

（6）人行道路块料铺设和现浇混凝土人行道及进口坡按设计图示尺寸以面积计算，不扣除各种井所占面积，但应扣除侧石、树池所占面积。

（7）电缆保护管铺设按设计图示以长度计算。

（8）管内配线按设计图示以长度计算。

（9）横道线、清除标线按设计图示尺寸以面积计算。

（10）值警亭安装按设计图示数量计算。

（11）隔离护栏安装按设计图示以长度计算。

（12）振冲桩（填料），江苏省规定以立方米计量，按设计桩截面乘以桩长以体积计算。

（13）砂石桩，江苏省规定以立方米计量，按设计桩截面乘以桩长（包括桩尖）以体积计算。

（14）地基注浆，江苏省规定以立方米计量，按设计图示尺寸以加固体积计算。

（15）褥垫层，江苏省规定以平方米计量，按设计图示尺寸以铺设面积计算。

（16）标线，江苏省规定以米计量，按设计图示以长度计算。

【例 4.3.2】 某市 4 号路 0＋000～0＋500 为混凝土路面结构，道路宽 15 m，道路两边铺砌侧缘石。道路结构如图 4.3.2 所示，沿线有检查井 14 座，雨水井 28 座，不考虑道路土方，求该道路工程的清单工程量。

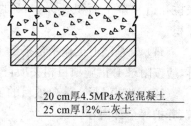

20 cm厚4.5MPa水泥混凝土
25 cm厚12%二灰土

图 4.3.2　道路结构图

【相关知识】

① 各种道路基层按设计图示以面积计算，不扣除各种井所占面积。

② 各种道路面层按设计图示以面积计算，不扣除各种井所占面积，带平石的面层应扣除平石所占面积。

③ 安砌侧（平、缘）石、现浇侧（平、缘）石按设计图示中心线长度计算。

【解】 ① 25 cm 二灰土基层面积　　$S_1＝500×15＝7\ 500(\mathrm{m}^2)$

② 20 cm 混凝土面积　　$S_2＝500×15＝7\ 500(\mathrm{m}^2)$

③ 侧缘石长度　　$L＝500×2＝1\ 000(\mathrm{m})$

4.3.5　桥涵护岸工程工程量计算规则及应用

1）概况

《市政工程工程量计算规范》（GB 50857—2013）中本章内容包括桩基、基坑与边坡支护、现浇混凝土构件、预制混凝土构件、砌筑、立交箱涵、钢结构、装饰、其他（包括金属栏杆、石质栏杆、混凝土栏杆、桥梁支座、桥梁伸缩装置、隔音屏障、泄水管、防水层等零星项目）等几大部分。其中桩基编码为 040301，基坑与边坡支护编码为 040302，现浇混凝土构件编码为 040303，预制混凝土构件编码为 040304，砌筑编码为 040305，立交箱涵编码为 040306，钢结构编码为 040307，装饰编码为 040308，其他编码为 040309。

2）需要说明的问题

（1）各类混凝土预制桩以成品桩考虑，应包括成品桩购置费，如果用现场预制，应包括现场预制桩的所有费用。

（2）项目特征中的桩长应包括桩尖,空桩长度＝孔深－桩长,孔深为自然地面至设计桩底的深度。

（3）泥浆护壁成孔灌注桩是指在泥浆护壁条件下成孔,采用水下灌注混凝土的桩。其成孔方法包括冲击钻成孔、冲抓锥成孔、回旋钻成孔、潜水钻成孔、泥浆护壁的旋挖成孔等。

（4）沉管灌注桩的沉管方法包括锤击沉管法、振动沉管法、振动冲击沉管法、内夯沉管法等。

（5）干作业成孔灌注桩是指不用泥浆护壁和套管护壁的情况下,用钻机成孔后,下钢筋笼,灌注混凝土的桩,适用于地下水位以上的土层使用。其成孔方法包括螺旋钻成孔、螺旋钻成孔扩底、干作业的旋挖成孔等。

（6）混凝土灌注桩的钢筋笼制作、安装,按附录 J 钢筋工程中相关项目编码列项。

（7）台帽、台盖梁均应包括耳墙、背墙。

（8）干砌块料、浆砌块料和砖砌体应根据工程部位不同,分别设置清单编码。

（9）除箱涵顶进土方外,顶进工作坑等土方应按附录 A 土石方工程中相关项目编码列项。

（10）当以体积为计量单位计算混凝土工程量时,不扣除构件内钢筋、螺栓、预埋铁件、张拉孔道和单个面积≤0.3 m² 的孔洞所占体积,但应扣除型钢混凝土构件中型钢所占体积。

（11）桩基陆上工作平台搭拆工作内容包括在相应的清单项目中,若为水上工作平台搭拆,应按附录 L 措施项目相关项目单独编码列项。

（12）现浇混凝土清单项目的工程内容包括模板制作、安装、拆除、混凝土拌和、运输、浇筑、养护等全部内容。

（13）预制混凝土构件清单项目的工程内容包括模板制作、安装、拆除、混凝土拌和、运输、浇筑、养护、构件安装、接头灌缝、砂浆制作、运输。

（14）块料和砖砌体清单项目的工程内容包括砌筑、砌体勾缝、砌体抹面、泄水孔制作、安装、滤层铺设、沉降缝。

（15）护坡清单项目的工程内容包括修整边坡、砌筑、砌体勾缝、砌体抹面。

3）工程量计算规则及应用举例

（1）预制钢筋混凝土方桩、管桩江苏省明确以米计量,按设计图示尺寸以桩长(包括桩尖)计算。

（2）钢管桩江苏省明确以吨计量,按设计图示尺寸以质量计算。

（3）泥浆护壁成孔灌注桩、沉管灌注桩、干作业成孔灌注桩江苏省明确以米计量,按设计图示尺寸以桩长(包括桩尖)计算。

（4）人工挖孔灌注桩江苏省明确以立方米计量,按桩芯混凝土体积计算。

（5）钻孔压浆桩江苏省明确以米计量,按设计图示尺寸以桩长计算。

（6）截桩头江苏省明确以立方米计量,按设计桩截面乘以桩头长度以体积计算。

（7）声测管江苏省明确按设计图示尺寸以长度计算。

（8）圆木桩江苏省明确以米计量,按设计图示尺寸以桩长(包括桩尖)计算。

（9）预制钢筋混凝土板桩江苏省明确以立方米计量,按设计图示桩长(包括桩尖)乘以桩的断面积计算。

(10) 地下连续墙按设计图示墙中心线长乘以厚度乘以槽深,以体积计算。

(11) 咬合灌注桩江苏省明确以米计量,按设计图示尺寸以桩长计算。

(12) 锚杆(索)、土钉江苏省明确以米计量,按设计图示尺寸以钻孔深度计算。

(13) 型钢水泥土搅拌墙按设计图示尺寸以体积计算。

(14) 喷射混凝土按设计图示尺寸以面积计算。

(15) 现浇混凝土构件除了桥面铺装按设计图示尺寸以面积计算,混凝土防撞护栏按设计图示尺寸以长度计算外,其余部分均按设计图示尺寸以体积计算(现浇混凝土楼梯江苏省明确以立方米计量,按设计图示尺寸以体积计算)。

(16) 预制混凝土构件按设计图示尺寸以体积计算。

(17) 砌筑工程按设计图示尺寸以体积计算。

(18) 护坡按设计图示尺寸以面积计算。

(19) 立交箱涵的滑板、箱涵底板、箱涵侧墙和顶板均按设计图示尺寸以体积计算,箱涵顶进以 kt·m 计量,按设计图示尺寸以被顶箱涵的质量乘以箱涵的位移距离分节累计计算,位移距离不包括在场内的运输距离,以箱涵涵体进入的顶进距离计算。

(20) 箱涵接缝按照材质、工艺要求等按设计图示止水带长度计算。

(21) 钢箱梁、钢板梁、钢桁梁、钢拱、劲性钢结构、钢结构叠合梁及其他钢构件计算均按设计图示尺寸以质量计算。不扣除孔眼的质量,焊条、铆钉、螺栓等不另增加质量。

(22) 悬(斜拉)索、钢拉杆按设计图示尺寸以质量计算。

(23) 装饰工程按设计图示尺寸以面积计算。

(24) 其他工程基本包括了桥梁其他附属的设施和项目,其中各类支座按设计图示数量计算,桥梁伸缩装置以米计量,按设计图示尺寸以延长米计算,隔声屏障按设计图示尺寸以面积计算,桥面排(泄)水管按设计图示尺寸以长度计算,防水层按设计图示尺寸以面积计算,江苏省明确金属栏杆按设计图示尺寸以长度计算。

【例 4.3.3】 某单跨混凝土简支梁桥,桥宽 50 m,桥台基础采用双排 $\phi100$ 钻孔灌注桩基础(C30),土质为砂黏土层。桩基施工方案采用围堰抽水施工法,回旋钻机成孔。桩顶标高为 3.256 m,桩底标高为 -12.388 m。已知灌注桩 34 根/台。一个桥台灌注桩基础钢筋用量为 21.146t($\phi20$ 以内)。试计算该工程桥台钻孔灌注桩基础的清单工程量。

【相关知识】

泥浆护壁成孔灌注桩江苏省明确以米计量,按设计图示尺寸以桩长(包括桩尖)计算。

【解】

表 4.3.4 清单工程量计算表

工程名称:某单跨混凝土简支梁桥工程

序号	清单项目编码	清单项目名称	计算式	工程量合计	计量单位
1	040301004001	机械成孔灌注桩	15.644×34×2	1 063.79	m
2	040901004001	钢筋笼	21.146×2	42.292	t

表 4.3.5　分部分项工程和单价措施项目清单与计价表

工程名称：某单跨混凝土简支梁桥工程

序号	项目编码	项目名称	项目特征描述	计量单位	工程量	综合单价	合计
1	040301004001	机械成孔灌注桩	1. 地层情况：砂黏土层 2. 桩长：15.644 m 3. 桩径：ϕ100 4. 成孔方法：回旋钻机成孔 5. 混凝土种类、强度等级：C30 混凝土	m	1 063.79		
2	040901004001	钢筋笼	1. 钢筋种类：非预应力 2. 钢筋规格：ϕ20 以内	t	42.292		

4.3.6　隧道工程工程量计算规则及应用

1）概况

（1）隧道岩石开挖编码为 040401，岩石隧道衬砌编码为 040402，盾构掘进编码为 040403，管节顶升、旁通道编码为 040404，隧道沉井编码为 040405，混凝土结构编码为 040406，沉管隧道编码为 040407。

（2）隧道岩石开挖其工作内容包括爆破或机械开挖、施工面排水、出碴、弃碴场内堆放、运输、弃碴外运。弃碴运距在清单中可以不描述，但应注明由投标人根据施工现场实际情况自行考虑决定报价。

（3）衬砌壁后压浆清单项目在编制工程量清单时，其工程数量可为暂估量，结算时按现场签证数量计算。

（4）盾构基座系指常用的钢结构，如果是钢筋混凝土结构，应按规范附录 D.7 沉管隧道中相关项目进行列项。

（5）钢筋混凝土管片按成品编制项目，购置费用应计入综合单价中。

（6）垫层、基础应按规范附录 C 桥涵工程相关清单项目编码列项。

2）工程量计算规则及应用举例

（1）隧道岩石开挖中平洞开挖、斜井开挖、竖井开挖、地沟开挖均按设计图示结构断面尺寸乘以长度以体积计算。

（2）小导管、管棚按设计图示尺寸以长度计算。

（3）注浆按设计注浆量以体积计算。

（4）混凝土仰拱衬砌、混凝土顶拱衬砌、混凝土边墙衬砌、混凝土竖井衬砌、混凝土沟道按设计图示尺寸以体积计算。

（5）拱部喷射混凝土、边墙喷射混凝土按设计图示尺寸以面积计算。

（6）拱圈砌筑、边墙砌筑、砌筑沟道、洞门砌筑按设计图示尺寸以体积计算。

（7）锚杆按设计图示尺寸以质量计算。

（8）充填压浆、仰拱填充按设计图示回填尺寸以体积计算。

（9）透水管、沟道盖板、变形缝、施工缝按设计图示尺寸以长度计算。

（10）柔性防水层按设计图示尺寸以面积计算。

（11）盾构吊装及吊拆、盾构机调头、盾构机转场运输均按设计图示数量计算，用台·次表示。

（12）盾构掘进按设计图示掘进长度计算。

（13）衬砌壁后压浆按管片外径和盾构壳体外径所形成的充填体积计算。

（14）预制钢筋混凝土管片按设计图示尺寸以体积计算。

（15）管片嵌缝、管片设置密封条按设计图示数量计算，用环表示。

（16）隧道洞口柔性接缝环按设计图示以隧道管片外径周长计算。

（17）盾构基座按设计图示尺寸以质量计算。

（18）钢筋混凝土顶升管节按设计图示尺寸以体积计算。

（19）垂直顶升设备安装、拆除按设计图示数量以套计算。

（20）管节垂直顶升按设计图示以顶升长度计算。

（21）安装止水框、连系梁按设计图示尺寸以质量计算。

（22）阴极保护装置，安装取、排水按设计图示数量计算。

（23）隧道内旁通道开挖、旁通道结构混凝土按设计图示尺寸以体积计算。

（24）隧道内集水井、防爆门按设计图示数量计算。

（25）钢筋混凝土复合管片按设计图示尺寸以体积计算。

（26）钢管片按设计图示以质量计算。

（27）钢封门按设计图示尺寸以质量计算。

（28）沉井井壁混凝土按设计尺寸以外围井筒混凝土体积计算。

（29）沉井下沉按设计图示井壁外围面积乘以下沉深度以体积计算。

（30）沉井混凝土封底、沉井混凝土底板、沉井填心、沉井混凝土隔墙均按设计图示尺寸以体积计算。

（31）混凝土梁、板、柱、墙等结构均按设计图示尺寸以体积计算。

（32）沉管管节浮运按设计图示尺寸和要求以沉管管节质量和浮运距离的复合单位计算，用 kt·m 表示。

（33）沉管接缝处理按设计图示数量以条计算。

（34）沉管底部压浆固封充填按设计图示尺寸以体积计算。

4.3.7 市政管网工程工程量计算规则及应用

1）概况

规范中的市政管网工程包括了给水工程、排水工程、燃气及集中供热工程中的相关内容。

其中管道铺设编码为 040501，管件、阀门及附件安装编码为 040502，支架制作及安装编码为 040503，管道附属构筑物编码为 040504。

本章的工程量计算规则与计价定额下的工程量计算规则基本一致，只是排水管道稍有区别。计价定额工程量计算时要扣除井内壁间的长度，而管道铺设的清单工程量计算规则是不扣除附属构筑物、管件及阀门等所占长度。

2）需要说明的问题

（1）管道铺设项目设置中没有明确区分是排水、给水、燃气还是供热管道，它适用于市政管网管道工程。在列工程量清单时可冠以排水、给水、燃气、供热的专业名称以示区别。

（2）管道铺设项目中的做法如为标准设计,也可在项目特征中标注标准图集号。

（3）管道附属构筑物为标准定型附属构筑物时,在项目特征中应标注标准图集编号及页码。

（4）管道检验及试验要求应按各专业的施工验收规范及设计要求,对已完管道工程进行的管道吹扫、冲洗消毒、强度试验、严密性试验、闭水试验等内容进行描述。

（5）高压管道及管件、阀门安装,不锈钢管及管件、阀门安装,管道焊缝无损探伤应按现行国家标准《通用安装工程工程量计算规范》GB 50856 附录 H 工业管道中相关项目编码列项。

（6）阀门电动机需单独安装,应按现行国家标准《通用安装工程工程量计算规范》GB 50856附录 K 给排水、采暖、燃气工程中相关项目编码列项。

（7）刷油、防腐、保温工程、阴极保护及牺牲阳极应按现行国家标准《通用安装工程工程量计算规范》GB 50856 附录 M 刷油、防腐蚀、绝热工程中相关项目编码列项。

（8）管道铺设除管沟挖填方外,包括从垫层起至基础养护,模板制作、安装、拆除、管道防腐、铺设、接口、保温、检验试验、冲洗消毒或吹扫等全部内容。

3）工程量计算规则

（1）混凝土管、钢管、铸铁管、塑料管、直埋式预制保温管按设计图示中心线长度以延长米计算。不扣除附属构筑物、管件及阀门等所占长度。

（2）管道架空跨越按设计图示中心线长度以延长米计算。不扣除管件及阀门等所占长度。

（3）隧道（沟、管）内管道按设计图示中心线长度以延长米计算。不扣除附属构筑物、管件及阀门等所占长度。

（4）水平导向钻进、夯管按设计图示长度以延长米计算。扣除附属构筑物（检查井）所占的长度。

（5）顶（夯）管工作坑、预制混凝土工作坑按设计图示数量计算。

（6）顶管按设计图示长度以延长米计算。扣除附属构筑物（检查井）所占的长度。其工作内容包括管道顶进,管道接口,中继间、工具管及附属设备安装拆除,管内挖、运土及土方提升,机械顶管设备调向,纠偏、监测,触变泥浆制作、注浆,洞口止水,管道检测及试验,集中防腐运输和泥浆、土方外运。

（7）土壤加固江苏省明确按设计图示加固段体积以立方米计算。

（8）新旧管连接按设计图示数量计算。

（9）临时放水管线按放水管线长度以延长米计算,不扣除管件、阀门所占长度。

（10）砌筑方沟、混凝土方沟、砌筑渠道、混凝土渠道按设计图示尺寸以延长米计算。

（11）警示（示踪）带铺设按铺设长度以延长米计算。

（12）各类管件安装均按照图示数量以个或组为单位计算,钢支架制作安装按照图示尺寸以质量计算。

（13）砌筑检查井、混凝土检查井、雨水进水井、出水口等均按照设计图示数量计算。

【例 4.3.4】 某道路新建排水工程,平面图、纵断面图如图 4.3.3 所示,道路宽 8 m。雨

水主管采用 $\phi600$ 钢筋混凝土管,管道中心线距道路边线为 1 m,雨水支管采用 $\phi250$ HDPE 双壁波纹管。检查井采用 $\phi1\,000$ 砖砌雨水检查井,Y5 为石砌八字出水口,雨水口为单算式雨水井。试求该排水管道工程的清单工程量。(不考虑土方工程量)

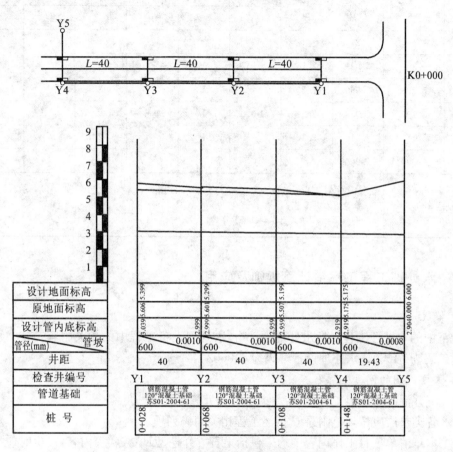

图 4.3.3　平面图(局部)及纵断面图

【解】　① 管道铺设及基础

表 4.3.6　管道铺设及基础

管段井号	管径(mm)	管道铺设长度 (井中至井中)(m)	支管基础及铺设	
			管径(mm)	管道铺设长度 (井中至井中)(m)
起 1			$\phi250$	9
2	$\phi600$	40	$\phi250$	9
3	$\phi600$	40	$\phi250$	9
4	$\phi600$	40	$\phi250$	9
止 5	$\phi600$	19.43		
合　计		139.43		36

②检查井、进水井、出水口数量

表4.3.7 检查井、进水井、出水口数量

井号	检查井设计井面标高(m)	井底标高(m)	井深(m)	雨水检查井		雨水井		出水口	
				规格	数量	规格	数量	规格	数量
	1	2	3=1-2						
起1	5.399	3.039	2.36		1		2		
2	5.299	2.999	2.30				2		
3	5.199	2.959	2.24	φ1 000	1	单算	2	石砌八字式	
4	5.175	2.919	2.26		1		2		
5	6.000	2.904							1
小 计	1. φ1 000砖砌雨水检查井4座,平均井深2.29 m; 2. 单算雨水井8座; 3. φ600石砌八字式出水口1座。								

4.3.8 水处理工程工程量计算规则及应用

1)概况

规范中的水处理工程包括水处理构筑物、水处理设备工程中的相关内容。其中水处理构筑物编码为040601,水处理设备编码为040602。

2)需要说明的问题

(1)沉井混凝土地梁工程量,应并入底板内计算。

(2)各类垫层应按规范附录C桥涵工程相关编码列项。

(3)本章清单项目工作内容中均未包括土石方开挖、回填夯实等内容,发生时应按附录A土石方工程中相关项目编码列项。

(4)本章设备安装工程只列了水处理工程专用设备的项目,各类仪表、泵、阀门等标准、定型设备应按现行国家标准《通用安装工程工程量计算规范》GB 50856中相关项目编码列项。

3)工程量计算规则及举例

(1)现浇混凝土沉井井壁及隔墙按设计图示尺寸以体积计算,其工作内容包括垫木铺设,模板制作、安装、拆除,混凝土拌和、运输、浇筑,养护,预留孔封口。

(2)沉井下沉按自然面标高至设计垫层底标高间的高度乘以沉井外壁最大断面面积以体积计算,其工作内容包括垫木拆除、挖土、沉井下沉、填充减阻材料、余方弃置。

(3)沉井混凝土底板,沉井内地下混凝土结构,沉井混凝土顶板,现浇混凝土池底,现浇混凝土池壁(隔墙),现浇混凝土池柱,现浇混凝土池梁,现浇混凝土池盖板,现浇混凝土板,混凝土导流壁、筒,其他现浇混凝土构件按设计图示尺寸以体积计算,其工作内容包括模板制作、安装、拆除,混凝土拌和、运输、浇筑、养护。

(4)池槽按设计图示尺寸以长度计算。

（5）砌筑导流壁、筒按设计图示尺寸以体积计算。

（6）混凝土楼梯江苏省明确以立方米计量，按设计图示尺寸以体积计算，其工作内容包括模板制作、安装、拆除，混凝土拌和、运输、浇筑或预制，养护，楼梯安装。

（7）金属扶梯、栏杆江苏省明确以米计量，按设计图示尺寸以长度计算，其工作内容包括制作、安装，除锈、防腐、刷油。

（8）预制混凝土板、预制混凝土槽、预制混凝土支墩、其他预制混凝土构件按设计图示尺寸以体积计算，其工作内容包括模板制作、安装、拆除，混凝土拌和、运输、浇筑，养护，构件安装，接头灌浆，砂浆制作，运输。

（9）滤板、折板、壁板、尼龙网板、刚性防水、柔性防水按设计图示尺寸以面积计算。

（10）滤料铺设按设计图示尺寸以体积计算。

（11）沉降（施工）缝按设计图示尺寸以长度计算。

（12）井、池渗漏试验按设计图示储水尺寸以体积计算。

（13）格栅江苏省明确以套计量，按设计图示数量计算，其工作内容包括制作、防腐、安装。

（14）格栅除污机、滤网清污机、压榨机、刮砂机、吸砂机、刮泥机、吸泥机、刮吸泥机、撇渣机、砂（泥）水分离器、曝气机、曝气器、滗水器、生物转盘、搅拌机、推进器、加药设备、加氯机、氯吸收装置、水射器、管式混合器、冲洗装置、带式压滤机、污泥脱水机、污泥浓缩机、污泥浓缩脱水一体机、污泥输送机、污泥切割机按设计图示数量计算。

（15）布气管按设计图示尺寸以长度计算。

（16）闸门、旋转门、堰门、拍门江苏省明确以座计量，按设计图示数量计算，其工作内容包括安装、操纵装置安装、调试。

（17）启闭机、升杆式铸铁泥阀、平底盖闸按设计图示数量计算。

（18）集水槽、堰板、斜板按设计图示尺寸以面积计算。

（19）斜管按设计图示尺寸以长度计算。

（20）紫外线消毒设备、臭氧消毒设备、除臭设备、膜处理设备、在线水质检测设备按设计图示数量计算，其工作内容包括安装、无负荷试运转。

4.3.9 生活垃圾处理工程工程量计算规则及应用

1）概况

规范中的生活垃圾处理工程包括垃圾卫生填埋、垃圾焚烧工程中的相关内容。其中垃圾卫生填埋编码为 040701，垃圾焚烧编码为 040702。

2）需要说明的问题

（1）边坡处理应按附录 C 桥涵工程中相关项目编码列项。

（2）填埋场渗沥液处理系统应按附录 F 水处理工程中相关项目编码列项。

（3）垃圾处理工程中的建筑物、园林绿化等应按相关专业计量规范中清单项目编码列项。

（4）本章清单项目工作内容中均未包括土石方开挖、回填夯实等，应按附录 A 土石方工程中相关项目编码列项。

（5）本章设备安装工程只列了垃圾处理工程专用设备的项目，其余如除尘装置、除渣设备、烟气净化设备、飞灰固化设备、发电设备及各类风机、仪表、泵、阀门等标准、定型设备等应按现行国家标准《通用安装工程工程量计算规范》GB 50856 中相关项目编码列项。

3）工程量计算规则及举例

(1) 场地平整按设计图示尺寸以面积计算。

(2) 垃圾坝按设计图示尺寸以体积计算。

(3) 压实黏土防渗层、高密度聚乙烯(HDPD)膜、钠基膨润土防水毯(GCL)、土工合成材料、袋装土保护层、浮动覆盖膜、堆体整形处理、覆盖植被层、防风网均按设计图示尺寸以面积计算。

(4) 帷幕灌浆垂直防渗按设计图示尺寸以长度计算,其工作内容包括钻孔、清孔、压力注浆。

(5) 碎(卵)石导流层按设计图示尺寸以体积计算。

(6) 穿孔管铺设、无孔管铺设、盲沟均按设计图示尺寸以长度计算,其工作内容包括铺设、连接、管件安装。

(7) 导气石笼江苏省明确以米计量,按设计图示尺寸以长度计算,其工作内容包括外层材料包裹、导气管铺设、石料填充。

(8) 燃烧火炬装置、监测井按设计图示数量计算。

(9) 垃圾压缩设备按设计图示数量计算,其工作内容包括安装、调试。

(10) 汽车衡、自动感应洗车装置、破碎机、垃圾抓斗起重机、焚烧炉体按设计图示数量计算。

(11) 垃圾卸料门按设计图示尺寸以面积计算。

4.3.10 路灯工程工程量计算规则及应用

1）概况

规范中的路灯工程包括变配电设备工程,10 kV 以下架空线路工程,电缆工程,配管、配线工程,照明器具安装工程,防雷接地装置工程,电气调整试验工程中的相关内容。其中变配电设备工程编码为 040801,10 kV 以下架空线路工程编码为 040802,电缆工程编码为 040803,配管、配线工程编码为 040804,照明器具安装工程编码为 040805,防雷接地装置工程编码为 040806,电气调整试验工程编码为 040807。

2）需要说明的问题

(1) 小电器包括按钮、测量表计、继电器、电磁锁、屏上辅助设备、辅助电压互感器、小型安全变压器等。

(2) 其他电器安装必须根据电器实际名称确定项目名称,明确描述项目特征、计量单位、工程量计算规则、工作内容。

(3) 铁构件制作、安装适用于路灯工程的各种支架、铁构件的制作、安装。

(4) 设备安装未包括地脚螺栓安装、浇筑(二次灌浆、抹面),如需安装应按现行国家标准《房屋建筑与装饰工程工程量计算规范》GB 50854 中相关项目编码列项。

(5) 盘、箱、柜的外部进出线预留长度见表 4.3.8。

表 4.3.8 盘、箱、柜的外部进出电线预留长度

序号	项目	预留长度(m/根)	说明
1	各种箱、柜、盘、板、盒	高＋宽	盘面尺寸
2	单独安装的铁壳开关、自动开关、刀开关、启动器、箱式电阻器、变阻器	0.5	从安装对象中心算起
3	继电器、控制开关、信号灯、按钮、熔断器等小电器	0.3	
4	分支接头	0.2	分支线预留

(6) 导线架设预留长度见表 4.3.9。

(7) 电缆穿刺线夹按电缆中间头编码列项。

(8) 电缆保护管敷设方式清单项目特征描述时应区分直埋保护管、过路保护管。

(9) 电缆井应按本规范附录 E.4 管道附属构筑物中相关项目编码列项,如有防盗要求的应在项目特征中描述。

(10) 电缆敷设预留量及附加长度见表 4.3.10。

(11) 配管安装不扣除管路中间的接线箱(盒)、灯头盒、开关盒所占长度。

(12) 配管名称指电线管、钢管、塑料管等。

(13) 配管配置形式指明、暗配,钢结构支架,钢索配管,埋地敷设,水下敷设,砌筑沟内敷设等。

表 4.3.9 架空导线预留长度表

项目		预留长度(m/根)
高压	转角	2.5
	分支、终端	2.0
低压	分支、终端	0.5
	交叉跳线转角	1.5
	与设备连线	0.5
	进户线	2.5

表 4.3.10 电缆敷设预留量及附加长度

序号	项目	预留(附加)长度(m)	说明
1	电缆敷设弛度、波形弯度、交叉	2.5%	按电缆全长计算
2	电缆进入建筑物	2.0	规范规定最小值
3	电缆进入沟内或吊架时引上(下)预留	1.5	规范规定最小值
4	变电所进线、出线	1.5	规范规定最小值
5	电力电缆终端头	1.5	检修余量最小值
6	电缆中间接头盒	两端各留2.0	检修余量最小值

续表 4.3.10

序号	项目	预留(附加)长度(m)	说明
7	电缆进控制、保护屏及模拟盘等	高+宽	按盘面尺寸
8	高压开关柜及低压配电盘、箱	2.0	盘下进出线
9	电缆至电动机	0.5	从电动机接线盒算起
10	厂用变压器	3.0	从地坪算起
11	电缆绕过梁柱等增加长度	按实计算	按被绕物的断面情况计算增加长度

(14) 配线名称指管内穿线、塑料护套配线等。

(15) 配线形式指照明线路、木结构、砖、混凝土结构、沿钢索等。

(16) 配线进入箱、柜、板的预留长度见表 4.3.11,母线配置安装的预留长度见表 4.3.12。

(17) 常规照明灯是指安装在高度≤15 m 的灯杆上的照明器具。

(18) 中杆照明灯是指安装在高度≤19 m 的灯杆上的照明器具。

(19) 高杆照明灯是指安装在高度>19 m 的灯杆上的照明器具。

(20) 景观照明灯是指利用不同的造型、相异的光色与亮度来造景的照明器具。

(21) 接地母线、引下线附加长度见表 4.3.12。

(22) 本章清单项目工作内容中均未包括除锈、刷漆(补刷漆除外),发生时应按现行国家标准《通用安装工程工程量计算规范》GB 50856 中相关项目编码列项。

(23) 本章清单项目工作内容包含补漆的工序,可不进行特征描述,由投标人根据相关规范标准自行考虑报价。

表 4.3.11　配线进入箱、柜、板的预留长度(每一根线)

序号	项目	预留长度(m)	说明
1	各种开关、柜、板	高+宽	盘面尺寸
2	单独安装(无箱、盘)的铁壳开关、闸刀开关、启动器、线槽进出线盒等	0.3	从安装对象中心算起
3	由地面管子出口引至动力接线箱	1.0	从管口计算
4	电源与管内导线连接(管内穿线与软、硬母线接点)	1.5	从管口计算

表 4.3.12　母线配置安装预留长度

序号	项目	预留长度(m)	说明
1	带形母线终端	0.3	从最后一个支持点算起
2	带形母线与分支线连接	0.5	分支线预留
3	带形母线与设备连接	0.5	从设备端子接口算起
4	接地母线、引下线附加长度	3.9%	按接地母线、引下线全长计算

3）工程量计算规则及举例

（1）杆上变压器、地上变压器、组合型成套箱式变电站、高压成套配电柜、低压成套控制柜、落地式控制箱、杆上控制箱、杆上配电箱、悬挂嵌入式配电箱、落地式配电箱、控制屏、继电、信号屏、低压开关柜(配电屏)、弱电控制返回屏、控制台、电力电容器、跌落式熔断器、避雷器、低压熔断器、隔离开关、负荷开关、真空断路器、限位开关、控制器、接触器、磁力启动器、分流器、小电器、照明开关、插座、线缆断线报警装置、其他电器均按设计图示数量计算。

（2）铁构件制作、安装按设计图示尺寸以质量计算。

（3）电杆组立、横担组装均按设计图示数量计算。

（4）导线架设、配线、带形母线均按设计图示尺寸另加预留量以单线长度计算。

（5）电缆按设计图示尺寸另加预留及附加量以长度计算。

（6）电缆保护管、电缆排管、管道包封、配管均按设计图示尺寸以长度计算。

（7）电缆终端头、电缆中间头、接线箱、接线盒均按设计图示数量计算。

（8）铺砂、盖保护板(砖)按设计图示尺寸以长度计算。

（9）常规照明灯、中杆照明灯、高杆照明灯均按设计图示数量计算，其中常规照明灯、中杆照明灯的工作内容为垫层铺筑，基础制作、安装，立灯杆，杆座制作、安装，灯架制作、安装，灯具附件安装，焊、压接线端子，接线，补刷(喷)油漆，灯杆编号，接地，试灯。高杆照明灯的工作内容为垫层铺筑，基础制作、安装，立灯杆，杆座制作、安装，灯架制作、安装，灯具附件安装，焊、压接线端子，接线，补刷(喷)油漆，灯杆编号，升降机构接线调试，接地，试灯。

（10）景观照明灯江苏省明确以套计量，按设计图示数量计算。

（11）桥栏杆照明灯、地道涵洞照明灯均按设计图示数量计算。

（12）接地极、避雷针按设计图示数量计算。

（13）接地母线、避雷引下线均按设计图示尺寸另加附加量以长度计算。

（14）降阻剂按设计图示数量以质量计算。

（15）变压器系统调试、供电系统调试、接地装置调试、电缆试验均按设计图示数量计算。

4.3.11 钢筋工程工程量计算规则及应用

1）概况

计价规范中本章不分节，共设立 10 个项目，分别为现浇构件钢筋、预制构件钢筋、钢筋网片、钢筋笼、先张法预应力钢筋(钢丝、钢绞线)、后张法预应力钢筋(钢丝束、钢绞线)、型钢、植筋、预埋铁件和高强螺栓。钢筋工程编码为 040901。

2）需要说明的问题

（1）现浇构件中伸出构件的锚固钢筋、预制构件的吊钩和固定位置的支撑钢筋等，应并入钢筋工程量内。除设计标明的搭接外，其他施工搭接不计算工程量，由投标人在报价中综合考虑。

（2）钢筋工程所列"型钢"是指劲性骨架的型钢部分。

（3）凡型钢与钢筋组合(除预埋铁件外)的钢格栅，应分别列项。

（4）先张法预应力钢筋项目的工程内容包括张拉台座制作、安装、拆除，预应力筋制作、张拉。

（5）后张法预应力钢筋项目的工程内容包括预应力筋孔道制作、安装，锚具安装，预应力筋制作、张拉，安装压浆管道，孔道压浆。

3）工程量计算规则及举例

（1）现浇构件钢筋、预制构件钢筋、钢筋网片、钢筋笼、先张法预应力钢筋（钢丝、钢绞线）、后张法预应力钢筋（钢丝束、钢绞线）、型钢均按设计图示尺寸以质量计算。

（2）植筋按设计图示尺寸以数量计算。

（3）预埋铁件按设计图示尺寸以质量计算。

（4）高强螺栓江苏省明确按设计图示尺寸以数量计算。

4.3.12 拆除工程工程量计算规则及应用

1）概况

计价规范中，本章不分节，共设立8个项目，适用于市政拆除工程。拆除工程编码为041001。

2）需要说明的问题

（1）拆除路面、人行道及管道清单项目的工作内容中均不包括基础及垫层拆除，发生时按本章相应清单项目编码列项。

（2）伐树、挖树蔸，应按现行国家标准《园林绿化工程工程量计算规范》GB 50858 中相应清单项目编码列项。

3）工程量计算规则及举例

（1）拆除路面、拆除人行道、拆除基层、铣刨路面均按拆除部位以面积计算。

（2）拆除侧、平（缘）石、拆除管道按拆除部位以延长米计算。

（3）拆除砖石结构、拆除混凝土结构按拆除部位以体积计算。

（4）拆除井、拆除电杆、拆除管片按拆除部位以数量计算。

4.4 市政工程计价定额下的工程量计算规则

4.4.1 通用项目计算规则及应用要点

1）概况

（1）《通用项目》（以下简称本定额）包括土石方工程、打拔工具桩、围堰工程、支撑工程、拆除工程、脚手架及其他工程、护坡挡土墙及防洪工程、临时工程及地基加固，共八章。

（2）本定额项目通用于《江苏省市政工程计价定额》（2014 年）其他专业分册（专业分册中指明不适用本定额的除外）。

（3）本定额中的大型机械是按全国统一施工机械台班费用定额中机械的种类、型号、功率等分别考虑的，在执行中应根据企业的机械组合情况及施工组织设计方案分别套定额。

（4）定额子目表中的施工机械是按合理的机械进行配备，在执行中不得因机械型号不同而调整。

2）工程量计算规则及举例

（1）土石方工程

① 土石方工程定额的土、石方体积均以天然密实体积（自然方）计算，回填土按碾压后的体积（实方）计算。土方体积换算见表 4.4.1。

表 4.4.1　土方体积换算表

虚方体积	天然密实体积	夯实后体积	松填体积
1.00	0.77	0.67	0.83
1.30	1.00	0.87	1.08
1.50	1.15	1.00	1.25
1.20	0.92	0.80	1.00

② 土方工程量按图纸尺寸计算,修建机械上下坡的便道土方量并入土方工程量内。石方工程量按图纸尺寸加允许超挖量。开挖坡面每侧允许超挖量:极软岩、软岩为 20 cm;较软岩、硬质岩为 15 cm。

③ 清理土堤基础按设计规定以水平投影面积计算。

④ 人工挖土堤台阶工程量,按挖前的堤坡斜面积计算,运土应另行计算。

⑤ 人工铺草皮工程量以实际铺设的面积计算,花格铺草皮中的空格部分不扣除。花格铺草皮,设计草皮面积与定额不符时可以调整草皮数量,人工按草皮增加比例增加,其余不调整。

⑥ 管道接口作业坑和沿线各种井室所需增加开挖的土石方工程量按沟槽全部土石方量的 2.5% 计算。管沟回填土应扣除管径在 200 mm 以上的管道、基础、垫层和各种构筑物所占的体积。

⑦ 挖土放坡和坑、槽底加宽应按设计文件的数据或图纸尺寸计算,设计文件未明确的按施工组织设计的数据或图纸尺寸计算,设计文件未明确也无施工组织设计的可按表 4.4.2、表 4.4.3 计算。

挖土交叉处产生的重复工程量不扣除;原槽、坑做基础垫层时,放坡自垫层上表面开始计算。如在同一断面内遇有数类土壤,其放坡系数可按各类土占全部深度的百分比加权计算。

管道结构宽:无管座的按管道外径计算,有管座的按管道基础外缘计算,构筑物按基础外缘计算,如设挡土板则每侧增加 15 cm。

表 4.4.2　放坡系数

土壤类别	放坡起点(m)	人工挖土	机械开挖		
			在沟槽、坑内作业	在沟槽侧、坑边上作业	顺沟槽方向坑上作业
一、二类土	1.20	1:0.50	1:0.33	1:0.75	1:0.50
三类土	1.50	1:0.33	1:0.25	1:0.67	1:0.33
四类土	2.00	1:0.25	1:0.10	1:0.33	1:0.25

表 4.4.3　管沟底部每侧工作面宽度(cm)

管道结构宽度	混凝土管道基础(90℃)	混凝土管道基础(>90℃)	金属管道	化学建材管道	构筑物	
					无防潮层	有防潮层
50 以内	40	40	30	30	40	60
100 以内	50	50	40	40		
250 以内	60	50	40	40		
250 以上	70	60	50	50		

⑧ 土石方运距应以挖土重心至填土重心或弃土重心最近距离计算,挖土重心、填土重心、弃土重心按施工组织设计确定。如遇下列情况应增加运距:

a. 人力及人力车运土、石方上坡坡度在 15% 以上,推土机、铲运机重车上坡坡度大于 5%,斜道运距按斜道长度乘以表 4.4.4 中的系数。

表 4.4.4　斜道运距系数

项目	推土机、铲运机				人力及人力车
坡度(%)	5~10	15 以内	20 以内	25 以内	15 以上
系数	1.75	2	2.25	2.5	5

b. 采用人力垂直运输土、石方,垂直深度每米折合水平运距 7 m 计算。

c. 拖式铲运机 3 m³ 加 27 m 转向距离,其余型号铲运机加 45 m 转向距离。

⑨ 沟槽、基坑、平整场地和一般土石方的划分:底宽 7 m 以内,底长大于底宽 3 倍以上按沟槽计算;底长小于底宽 3 倍以内按基坑计算,其中基坑底面积在 150 m² 以内的执行基坑定额。厚度在 30 cm 以内就地挖、填土,按平整场地计算。超过上述范围的土、石方,按挖一般土方和一般石方计算。

⑩ 机械挖土方中如需人工辅助开挖(包括切边、修整底边和修整沟槽底坡度),机械挖土按实挖土方量的 90% 计算,人工挖土土方量按实挖土方量的 10% 套相应定额乘以系数 1.5。

⑪ 抓斗式挖泥船的挖深按下式计算:

$$挖深 = 施工中的平均水位 - 挖槽底设计标高 + 设计超深值 - 1/2 \times 平均泥层厚度$$

⑫ 土壤分类见《土壤分类表》,岩石分类见《岩石分类表》。

⑬ 河道疏浚土分级详见《河道疏浚工程土(砂)分级表》。

【例 4.4.1】 某市政工程场地方格网见图 4.4.1,方格边长 $a = 20$ m,括号内为设计标高,其余为地面实测标高,单位为 m,计算土方量。

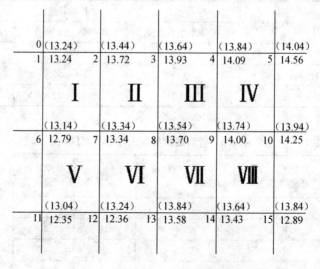

图 4.4.1　场地方格网坐标图

【解】 ① 求施工高程,见图 4.4.2,施工高程＝地面实测标高一设计标高。

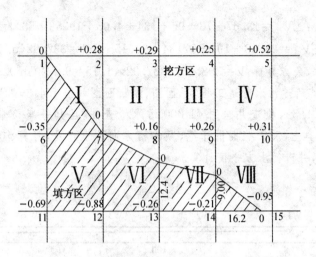

图 4.4.2 施工高程计算图

② 求零线:据图可知 1 和 7 为零点,8~13 线上的零点为:

$$x_1 = ah_1/(h_1+h_2) = (20 \times 0.16)/(0.16+0.26) = 7.6(\text{m}),$$

另一段为

$$a - x_1 = 20 - 7.6 = 12.4(\text{m}).$$

同理可得求:9~14 线上零点为 $x_2 = 11$ m

14~15 线上零点为 $x_3 = 16.2$ m

求出零点后,连接各零点即为零线。

③ 计算土方工程量

方格网 I 底面为两个三角形

三角形 127:$V_{\text{I挖}} = (0.28/6) \times 20 \times 20 = 18.67(\text{m}^3)$

三角形 167:$V_{\text{I填}} = (0.35/6) \times 20 \times 20 = 23.33(\text{m}^3)$

方格网 II、III、IV、V 底面为正方形

正方形 2378:$V_{\text{II挖}} = (20 \times 20/4) \times (0.28+0.29+0.16+0) = 73(\text{m}^3)$

正方形 3489:$V_{\text{III挖}} = (20 \times 20/4) \times (0.29+0.25+0.26+0.16) = 96(\text{m}^3)$

正方形 45910:$V_{\text{IV挖}} = (20 \times 20/4) \times (0.25+0.52+0.31+0.26) = 134(\text{m}^3)$

正方形 671112:$V_{\text{V填}} = (20 \times 20/4) \times (0.35+0+0.88+0.69) = 192(\text{m}^3)$

方格网 VI 底面为一个三角形、一个梯形

三角形 780:$V_{\text{VI挖}} = (0.16/6) \times (7.6 \times 20) = 4.05(\text{m}^3)$

梯形 712130:$V_{\text{VI填}} = (20+12.4)/8 \times 20 \times (0.88+0.26) = 92.34(\text{m}^3)$

方格网 VII 底面为两个梯形

梯形 8900:$V_{\text{VII挖}} = (7.6+11)/8 \times 20 \times (0.26+0.16) = 19.53(\text{m}^3)$

梯形 013140:$V_{\text{VII填}} = (12.4+9)/8 \times 20 \times (0.21+0.26) = 25.15(\text{m}^3)$

方格网 VIII 底面为三角形和五边形

三角形 0140:$V_{\text{VIII填}} = (0.21/6) \times 9 \times 16.2 = 5.1(\text{m}^3)$

五边形 9001510:$V_{\text{Ⅷ挖}} = (20 \times 20)/6 \times (2 \times 0.26 + 0.31 + 2 \times 0.05 - 0.21) + 5.1 = 53.1$ (m³)

④ 全部挖方量:$\sum V_{挖} = 18.67 + 73 + 96 + 134 + 4.05 + 19.53 + 53.1 = 398.35$(m³)

全部填方量:$\sum V_{填} = 23.33 + 192 + 92.34 + 25.15 + 5.1 = 337.92$(m³)

⑤ 土方平衡后,余方弃置:$V = 398.35 - 337.92 \times 1.15 = 9.742$(m³)

【例 4.4.2】 某新建污水管道工程,平面图、纵断面图如图 4.4.3,采用 120°混凝土基础(见图 4.4.4、表 4.4.5),检查井采用 φ1 000 污水检查井(已知每座检查井的外形体积为 5.8 m³),土质为二类土,反铲挖掘机开挖,顺沟槽方向坑上作业,计算沟槽挖土、沟槽回填的计价定额工程量,并进行土方平衡计算。

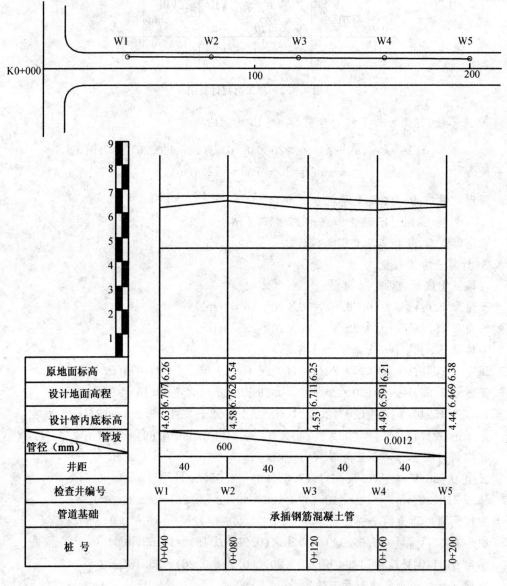

图 4.4.3 排水管道平面图、纵断面图

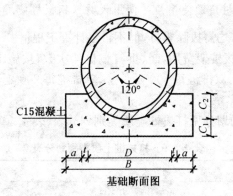

基础断面图

图 4.4.4 基础断面图

表 4.4.5 钢筋混凝土管 120°混凝土基础尺寸及每米工程量

管内径 D(mm)	管壁厚 t(mm)	管基尺寸(mm)				基础混凝土量 (m³/m)
		a	B	C_1	C_2	
600	60	100	920	100	180	0.178
700	70	105	1 050	105	210	0.222
800	80	120	1 200	120	240	0.290

【解】 ① 挖沟槽土方(二类土,2 m 内):

W1~W2, $H_{挖深1}=6.4-4.605+0.06+0.1=1.955(m)$

$V_1=40\times(0.92+0.5\times2+1.955\times0.5)\times1.955\times1.025=232.25(m^3)$

W2~W3, $H_{挖深2}=6.395-4.555+0.06+0.1=2.00(m)$

$V_2=40\times(0.92+0.5\times2+2\times0.5)\times2\times1.025=239.44(m^3)$

W3~W4, $H_{挖深3}=6.23-4.51+0.06+0.1=1.88(m)$

$V_3=40\times(0.92+0.5\times2+1.88\times0.5)\times1.88\times1.025=220.45(m^3)$

W4~W5, $H_{挖深4}=6.295-4.465+0.06+0.1=1.99(m)$

$V_4=40\times(0.92+0.5\times2+1.99\times0.5)\times1.99\times1.025=237.83(m^3)$

$V_{总挖}=232.25+239.44+220.45+237.83=929.97（m^3）$

② 沟槽回填:

管道铺设长度 $L=40\times4-4\times0.7=157.20(m)$

$V_{回填}=929.97-157.2\times0.178-157.2\times3.14\times0.36\times0.36-4\times5.8=814.82(m^3)$

③ 缺方内运 $V=814.82\times1.15-929.97=7.073(m^3)$

(2) 打拔工具桩

① 圆木桩:按设计桩长 L(检尺长)和圆木桩小头直径 D(检尺径)查《木材、立木材积速算表》计算圆木桩体积。

② 钢板桩:以吨为单位计算。

钢板桩使用费＝钢板桩定额使用量×使用天数×钢板桩使用费标准[元/(吨·天)]

③ 凡打断、打弯的桩,均需拔除重打,但不重复计算工程量。

④ 如需计算竖、拆打拔桩架费用,竖、拆打拔桩架次数,按施工组织设计规定计算。无规定时按打桩的进行方向:双排桩每100延长米、单排桩每200延长米计算一次,不足一次者均各计算一次。

⑤ 打拔桩土质类别的划分见打拔桩土质类别划分表(表4.4.6)。

表 4.4.6　打拔桩土质类别划分表

土壤级别	鉴别方法								每10m纯平均沉桩时间(min)	说明
	砂夹层情况			土壤物理、力学性能						
	砂层连续厚度(m)	砂粒种类	砂层中卵石含量(%)	孔隙比	天然含水量(%)	压缩系数	静力触探值	动力触击数		
甲级土				>0.8	>30	>0.03	<30	<7	15以内	桩经机械作用易沉入的土
乙级土	<2	粉细砂		0.6~0.8	25~30	0.02~0.03	30~60	7~15	25以内	土壤中夹有较薄的细砂层,桩经机械作用易沉入的土
丙级土	>2	中粗砂	>15	<0.6		<0.02	>60	>15	25以外	土壤中夹有较厚的粗砂层或卵石层,桩经机械作用较难沉入的土

注:定额中仅列甲、乙级土,丙级土按乙级土的人工及机械乘以系数1.43。

(3)围堰工程

① 围堰工程分别采用立方米和延长米计量。

② 用立方米计算的围堰工程,按围堰的施工断面乘以围堰中心线的长度。

③ 以延长米计算的围堰工程,按围堰中心线的长度计算。

④ 围堰高度按施工期内的最高临水面加0.5m计算。

⑤ 挂竹篱片及土工布按设计面积计算。

(4)支撑工程

支撑工程按施工组织设计确定的支撑面积以平方米计算。

【例4.4.3】 某工程在排水管道施工中,由于沟槽两侧有其他市政管网,不能大开挖,需采用支撑防护,拟采用横板、竖撑,该段沟槽长50m,槽宽3.6m,槽深2.8m,上层1.0m,下层1.8m采用支撑,求支撑面积。

【相关知识】

① $S_{支撑}$＝槽深×槽长×两侧(当槽宽<4.1m时)。

② 当槽坑宽度>4.1m时,两侧均按一侧支撑土板考虑,按槽坑一侧挡土板面积计算时,工日数乘以1.33,除挡土板外,其他材料乘系数2.0。

③ 放坡开挖不得计算挡土板,如遇上层放坡,下层支撑则按实际面积计算。

④ 采用井字支撑时,按支撑乘系数0.61。

⑤ 定额中均按横板、竖撑计算,如采用竖板、横撑,其人工工日乘系数1.2。

【解】 支撑面积为：

$$S_{支撑} = 1.8 \times 50 \times 2 = 180 (m^2)$$

(5) 拆除工程

① 拆除旧路及人行道按实际拆除面积以平方米计算。

② 拆除侧缘石及各类管道按长度以米计算。

③ 拆除构筑物及障碍物按体积以立方米计算。

④ 伐树、挖树蔸按实挖数以棵计算。

⑤ 路面凿毛、路面铣刨按施工组织设计的面积以平方米计算。铣刨路面厚度>5 cm须分层铣刨。

(6) 脚手架及其他工程

① 脚手架工程量按墙面水平边线长度乘以墙面砌筑高度以平方米计算。柱形砌体按图示柱结构外围周长另加 3.6 m 乘以砌筑高度以平方米计算。浇混凝土用仓面脚手按仓面的水平面积以平方米计算。

② 轻型井点 50 根为一套；喷射井点 30 根为一套。井点使用定额单位为"套天"，累计根数不足一套者作一套计算。井管的安装、拆除以"根"计算。

【例 4.4.4】 某大门门柱两个（见图 4.4.5），每根柱柱长×柱宽为 1.0 m×1.0 m，柱高 4.0 m，试求脚手架工程量。

【相关知识】

① 砌筑高度超过 1.2 m，可计算脚手架搭拆费用。

② 如砌体为墙体：$S_{脚手架}$＝墙面水平边线长度×墙面砌筑高度。

③ 如砌体为柱形：$S_{脚手架}$＝（图示柱结构外围周长＋3.6 m）×砌筑高度。

④ 浇混凝土用仓面脚手架：$S_{脚手架}$＝仓面的水平面积。

【解】 脚手架工程量

$$S_{脚手架} = (1.0 \times 4 + 3.6) \times 4.0 \times 2 = 60.8 (m^2)$$

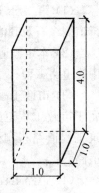

图 4.4.5 门柱尺寸

(7) 护坡、挡土墙及防洪工程

① 块石护底、护坡以不同平面厚度按立方米计算。

② 浆砌料石、预制块的体积按设计断面以立方米计算。

③ 浆砌台阶以设计断面的实砌体积计算。

④ 砂石滤沟按设计尺寸以立方米计算。

⑤ 现浇混凝土压顶、挡土墙按实体积计算工程量，模板按设计接触面积计算工程量。

⑥ 料石面加工按加工面展开面积计算。

⑦ 浆砌镶面石按砌筑面积计算。

⑧ 浆砌硅酸盐块墙按实际砌筑体积计算。

⑨ 伸缩缝工程量按堤防设计断面的面积以平方米计算。防洪墙的墙身钢筋按墙钢筋制作、安装子目计算，墙身下部基底放大部分按基础钢筋安装制作子目计算。

⑩ 堤防闸门均按设计图规定的重量以吨计算，定额内已包括电焊条和螺栓的重量。

⑪ 砌筑或浇筑防洪墙采用双排脚手架。砌筑或浇筑截渗墙自然地面以上采用单排脚手架，自然地面以下不计算脚手架费用。

⑫ 垫层均按设计要求压实后的断面以立方米计算。

⑬ 砌筑墙体双面勾缝或混凝土墙体双面装饰等如需双面搭脚手架时，一面利用砌筑或浇混凝土墙脚手架，另一面按单排脚手架计算。

⑭ 砌筑或浇筑墙体均按设计实体积计算工程量。

⑮ 现浇混凝土闸墩脚手架按闸墩每边垂直高度乘以长度加 1.5 m 计算脚手架面积，套用单排脚手架定额。

⑯ 混凝土防洪墙的厚度均以平均厚度计算，指墙的基底放大部分以上或八字角上端以上的平均厚度（压顶扩大部分除外）。

（8）临时工程及地基加固

① 临时便桥搭、拆按桥面面积计算；装配式钢桥按桥长计算。

② 震动打桩和打粉煤灰桩：按设计桩长（包括桩尖，不扣除桩尖虚体积）另加 250 mm 乘以桩管标准外径截面积以立方米计算。

4.4.2　道路工程计算规则及应用要点

1）概况

（1）第二册《道路工程》（以下简称本定额）包括路床（槽）整形、道路基层、道路面层、人行道侧缘石及其他和道路交通管理设施工程。

（2）本定额适用于城镇范围以内按市政工程规范和标准设计和验收的新建、扩建和大、中修道路工程。

（3）市政工程道路与建筑工程道路的划分：按《城市道路工程设计规范》设计的道路属于市政工程道路。厂区、小区内幢与幢之间按《建筑工程标准图集》设计的道路属建筑工程道路；厂区、小区内按《城市道路工程设计规范》设计的道路仍属于市政工程道路。

（4）道路工程中的排水项目，可按排水工程分册的有关项目执行。

（5）本定额中的工序、人工、机械、材料等均系综合取定。除另有规定者外，均不得调整。

（6）本定额凡使用石灰的子目，均不包括消解石灰的工作内容。编制预算中，应先计算出石灰总用量，然后套用消解石灰子目。

2）工程量计算规则及举例

（1）路床（槽）整形

① 道路工程路床（槽）碾压宽度应与路基底层宽度相同。若设计图纸另有要求，则按设计要求计算路床（槽）碾压宽度。

② 粉喷桩工程量按设计桩长增加 0.5 m 乘以设计横断面面积计算。

【例 4.4.5】　某沥青路面工程长 500 m，宽 14 m，铺设甲型路牙沿，由于该路段局部地质条件较差，较差路段地基处理采用 20 cm 厚 8％的灰土加固，处理地基面积共达 800 m²，求路床整平面积和 8％灰土加固体积。

【相关知识】

① 道路工程路床(槽)碾压宽度应算至路牙外侧 15 cm。

② 弹软地基处理(不管是人工还是机械操作)均包含挖土、拌和、回填及(夯实)碾压等内容。

【解】 ① 路床整平的面积

$$S = 500 \times (14 + 0.125 \times 2 + 0.15 \times 2) = 500 \times 14.55 = 7\ 275(\text{m}^2)$$

② 8%灰土加固的体积：$V = 800 \times 0.20 = 160(\text{m}^3)$

【例4.4.6】 某道路桩号为 0+000～1+180，路幅宽度为 30.8 m，两侧为甲型路牙，高出路面 15 cm，两侧人行道宽各为 5 m，土路肩各为 0.4 m，边坡坡比 1:1.5，道路车行道横坡为 2%(双面)，人行道横坡为 1.5%，如图 4.4.6 所示，试计算人行道整形及整理路肩的面积。

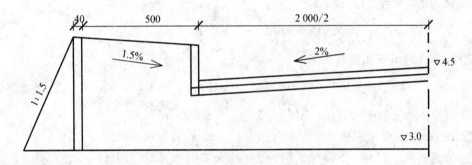

图 4.4.6　道路横断面图

【相关知识】

① 人行道整形宽度放宽至边缘外 15 cm，但本题因人行道外侧有路肩，因此宽度不增加。

② 整理路肩含理顺边线，横坡，人工夯实。

③ 整修边坡分单修与夯修两种，面积计算相同。

【解】 ① 整理人行道　$S_1 = 1\ 180 \times (5 - 0.125) \times 2 = 11\ 505(\text{m}^2)$

② 整理路肩　$S_2 = 1\ 180 \times 0.40 \times 2 = 944(\text{m}^2)$

(2) 道路基层

① 道路工程路基应算至路牙外侧 15 cm。若设计图纸已标明各结构层的宽度，则按设计图纸尺寸计算各结构层的数量。

② 道路工程石灰土、多合土养生面积计算，按设计基层顶层的面积计算。

③ 道路基层计算不扣除各种井位所占的面积，道路基层设计截面如为梯形时，应按其截面平均宽度计算面积。

【例4.4.7】 某混凝土道路工程长 460 m，混合车行道宽 15 m，两侧人行道宽各为 3 m，路面结构见图 4.4.7 所示，甲型路牙，全线雨、污水检查井 24 座，试计算混合车行道基层和底基层、人行道基层和垫层工程量。

【解】 ① 12%二灰土(20 cm)的面积(机拌 12:35:53)

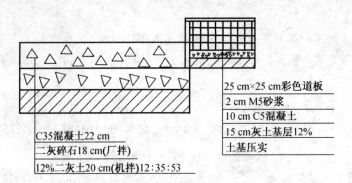

25 cm×25 cm彩色道板
2 cm M5砂浆
10 cm C5混凝土
15 cm灰土基层12%
土基压实

C35混凝土22 cm
二灰碎石18 cm(厂拌)
12%二灰20 cm(机拌)12:35:53

图 4.4.7 道路结构图(车行道、人行道)

$$S_1 = 460 \times (15 + 0.125 \times 2 + 0.15 \times 2) = 7\ 153(\text{m}^2)$$

② 18 cm 二灰碎石(厂拌)面积

$$S_2 = 460 \times (15 + 0.125 \times 2 + 0.15 \times 2) = 7\ 153(\text{m}^2)$$

③ 12% 15 cm 灰土基层面积

$$S_3 = 460 \times (3 - 0.125 + 0.15) \times 2 = 2\ 783(\text{m}^2)$$

④ 顶层多合土养生 $S_4 = 7\ 153 + 2\ 783 = 9\ 936(\text{m}^2)$

⑤ 10 cm C15 混凝土垫层 $V = 460 \times (3 - 0.125) \times 0.10 \times 2 = 264.5(\text{m}^3)$

⑥ 消解石灰 $G = 71.53 \times 3.54 + 27.83 \times 3.06 = 338.376(\text{t})$

附注:因为二灰碎石为厂拌,其成本价中含消解石灰的费用,因此消解石灰中不含二灰碎石里的石灰含量。

【例 4.4.8】 某道路改造工程,原路面面层为混凝土,由于年限已久,表面多处龟裂。现决定对破坏严重地段采取翻挖后再恢复混凝土面层,然后在全线范围内铺玻璃纤维格栅,上铺 15 cm 厚二灰碎石,最后用沥青混凝土面层加封,该道路长 500 m,宽 11 m,改造后路幅宽度不变,采用甲型路牙沿,试求侧缘石、玻璃纤维格栅及二灰碎石(厂拌)的工程量。

【相关知识】

① 侧缘石以延长米计算,包括各转弯处的弧形长度。

② 基层养生面积按基层面积计算。

③ 铺玻璃纤维格栅按平方米计算,内容包括放样、裁料、铺设、涂贴料等。

【解】 ① 侧缘石基础长度 $L_1 = 500 \times 2 = 1\ 000(\text{m})$

② 铺设侧石(路牙)长度 $L_2 = 500 \times 2 = 1\ 000(\text{m})$

③ 铺设缘石(路沿)长度 $L_3 = 500 \times 2 = 1\ 000(\text{m})$

④ 玻璃纤维格栅面积 $S_1 = 500 \times 11 = 5\ 500(\text{m}^2)$

⑤ 二灰碎石基层面积(厂拌) $S_2 = 500 \times (11 + 0.125 \times 2 + 0.15 \times 2) = 5\ 775(\text{m}^2)$

⑥ 多合土养生 $S_3 = 5\ 775\ \text{m}^2$

【例 4.4.9】 某道路工程,地基土质较差,设计采用粉喷桩处理。粉喷桩直径为50 cm,每根长度为 8 m,共 3 600 根,试计算本工程粉喷桩的定额工程量。

【相关知识】

粉喷桩工程量按设计桩长增加 0.5 m 乘以设计横断面面积计算。

【解】 粉喷桩的定额工程量 $V = 3\,600 \times (8+0.5) \times 3.14 \times 0.25 \times 0.25$
$$= 3\,600 \times 8.5 \times 0.19\,625$$
$$= 6\,005.25(\mathrm{m}^3)$$

(3) 道路面层

① 水泥混凝土路面以平口为准,如设计为企口时,其用工量按本定额相应项目乘以系数 1.01。木材摊销量按本定额相应项目摊销量乘以系数 1.051。

② 道路路面工程量为"设计长×设计宽－两侧路沿面积",不扣除各类井所占面积,单位以平方米计算。

③ 伸缩缝以面积为计量单位。此面积为缝的断面积,即"设计宽×设计厚"。

【例 4.4.10】 某泥结碎石路面因机动车辆过多行驶,路面现已凹凸不平,对坑塘部位用碎石填满后,路幅范围内用 2 cm 厚的泥结石屑做磨耗层,该路长 320 m,宽 8 m,求磨耗层工程量。

【解】 磨耗层的面积

$$S = 320 \times 8 = 2\,560(\mathrm{m}^2)$$

【例 4.4.11】 某沥青混凝土道路工程,面层采用 3 cm 细粒式沥青混凝土,4 cm 中粒式沥青混凝土,5 cm 粗粒式沥青混凝土(见图 4.4.8),沥青混凝土层与层之间浇粘层油,最底层沥青混凝土实施前浇 1 cm 厚沥青封层。该路段起点桩号为 K0＋030,终点桩号为 K0＋530。道路宽 15 m,两侧设甲型路牙沿,雨、污检查井共 27 座,求沥青面层工程量。

图 4.4.8 道路结构图

【相关知识】

设计长×设计宽－两侧路沿面积,不扣除各类井所占面积,单位以平方米计算。

【解】 ①浇粘层油面积

$$S_1 = (530-30) \times (15-0.3 \times 2) \times 2 = 7\,200 \times 2 = 14\,400(\mathrm{m}^2)$$

②沥青封层面积

$$S_2 = (530-30) \times (15-0.3 \times 2) = 7\,200(\mathrm{m}^2)$$

③3 cm 细粒式沥青混凝土面积

$$S_3 = (530 - 30) \times (15 - 0.3 \times 2) = 7\ 200(\text{m}^2)$$

④ 4 cm 中粒式沥青混凝土面积

$$S_4 = (530 - 30) \times (15 - 0.3 \times 2) = 7\ 200(\text{m}^2)$$

⑤ 5 cm 粗粒式沥青混凝土面积

$$S_5 = (530 - 30) \times (15 - 0.3 \times 2) = 7\ 200(\text{m}^2)$$

【例 4.4.12】 某混凝土路面长 250 m,8 m 宽,采用C35混凝土22 cm 厚,甲型路牙,路面结构及辅助结构如图 4.4.9～图 4.4.14 及表 4.4.7 所示,横向分 2 块板带浇筑施工,各板块宽均为 400 cm,沿纵向每 5 m 板长设一伸缩缝,板角边缘设补强钢筋,横向板带间设拉杆,施工缝处设传力杆。(本工程施工缝拟为一道),试计算混凝土路面工程量。

说明:① 图中尺寸除钢筋直径以毫米计外,其余均以厘米计。

② 接缝设置:缩缝采用假缝形式,每板长设置一道。

纵缝采用假缝带拉杆形式。

施工缝视施工实际情况设置,全线不设胀缝。

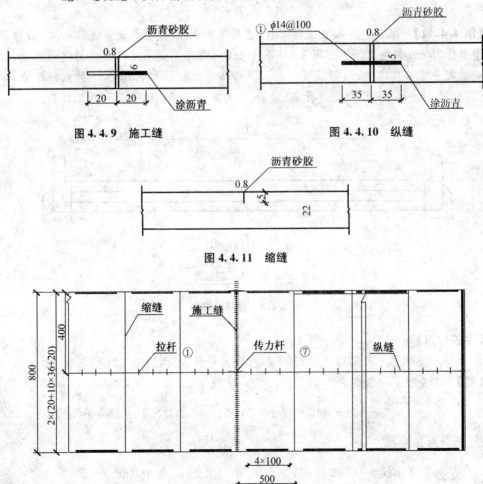

图 4.4.9　施工缝　　　　　图 4.4.10　纵缝

图 4.4.11　缩缝

图 4.4.12　钢筋布置图

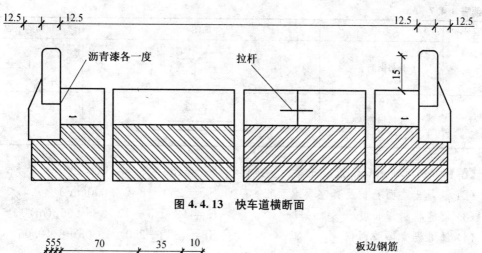

图 4.4.13 快车道横断面

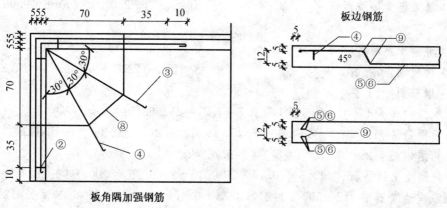

图 4.4.14 角隅钢筋、板边钢筋构造图

表 4.4.7 钢筋分布一览表

编号	名称	简图	每角隅根数
①	纵缝拉杆 φ14	70	10
②	角隅钢筋 φ12	130	1
③	角隅钢筋 φ12	130 / 130	1
④	角隅支架钢筋 φ6	14 [15] 14	6
⑤	纵向边缘钢筋 φ12	40 17 372 17 40	2
⑥	横向边缘钢筋 φ12	40 17 247 17 40	2
⑦	传力杆 φ25	40	30

续表 4.4.7

编号	名称	简图	每角隅根数
⑧	分布钢筋 $\phi6$	132	1
⑨	连接钢筋 $\phi6$	12	50

【解】 (1) 22 cm C35 混凝土路面浇筑面积　$S_1 = 250 \times 8 = 2\,000(\text{m}^2)$

(2) 混凝土路面养护及真空吸水面积　$S_2 = 250 \times 8 = 2\,000(\text{m}^2)$

(3) 锯缝机锯缝长度　$L = (250/5 - 1) \times 8 = 392(\text{m})$

(4) 缝灌沥青砂胶面积　$S_3 = (392 + 250) \times 0.05 + 8 \times 0.06$
$$= 32.58(\text{m}^2)$$

(5) 混凝土熟料运输　$V = 20 \times 22.44 = 448.80(\text{m}^3)$

(6) 模板制作、安装　$S_4 = 250 \times 0.22 \times 3 + 8 \times 0.22 \times 3 = 170.28(\text{m}^2)$

(7) 钢筋制作、安装

① 纵缝拉杆 $\phi14$　　$(250 + 1) \times 0.7 \times 1.21 = 212.60(\text{kg})$

② 角隅钢筋 $\phi12$　　$4 \times (1.30 + 6.25 \times 0.012) \times 2 \times 1 \times 0.888 = 9.768(\text{kg})$

③ 角隅钢筋 $\phi12$　　同②号钢筋，为 9.768 kg

④ 角隅支架钢筋 $\phi6$　$4 \times 6 \times (0.14 \times 2 + 0.15 + 2 \times 6.25 \times 0.006) \times 0.222 = 2.69(\text{kg})$

⑤ 纵向边缘钢筋 $\phi12$　$50 \times 2 \times 2 \times (3.72 + 0.17 \times 2 + 0.4 \times 2 + 6.25 \times 0.012 \times 2) \times$
$$0.888 = 889.78(\text{kg})$$

⑥ 横向边缘钢筋 $\phi12$　$4 \times 2 \times (2.47 + 0.17 \times 2 + 0.4 \times 2 + 2 \times 6.25 \times 0.012) \times 0.888 =$
$$26.71(\text{kg})$$

⑦ 传力杆 $\phi25$　　$(27 + 1) \times 0.4 \times 3.86 = 43.23(\text{kg})$

⑧ 分布钢筋 $\phi6$　　$4 \times 1 \times (1.32 + 2 \times 6.25 \times 0.006) \times 0.222 = 1.24(\text{kg})$

⑨ 连接钢筋 $\phi6$　　$(50 \times 2 \times 11 \times 0.12 + 4 \times 8 \times 0.12) \times 0.222 = 30.16(\text{kg})$

【例 4.4.13】 某道路交叉口为斜交，斜交角为 65°（见图 4.4.15），试计算指定里程桩号范围内的交叉口路面面积。

【相关知识】

斜交交叉口转角处的面积为 $R \times R \times [\tan(\alpha/2) - 0.008\,73 \times \alpha]$，注意转弯半径 R 与转角 α 的对应关系。

【解】 交叉口路面面积工程量计算如下：

假设交叉口直线段面积为 S_1，交叉口路口转角面积为 S_2。

交叉口直线段面积　　$S_1 = 200 \times 60 + (200 - 60/\cos 25°) \times 40 = 17\,351.88(\text{m}^2)$

交叉口路口转角面积　$S_2 = 2 \times 60 \times 60 \times [\tan(65°/2) - 0.008\,73 \times 65]$
$$+ 2 \times 20 \times 20 \times [\tan(115°/2) - 0.008\,73 \times 115]$$
$$= 7\,200 \times 0.069\,62 + 800 \times 0.565\,74 = 953.86(\text{m}^2)$$

交叉口面积　　$S = S_1 + S_2 = 17\,351.88 + 953.86 = 18\,305.74(\text{m}^2)$

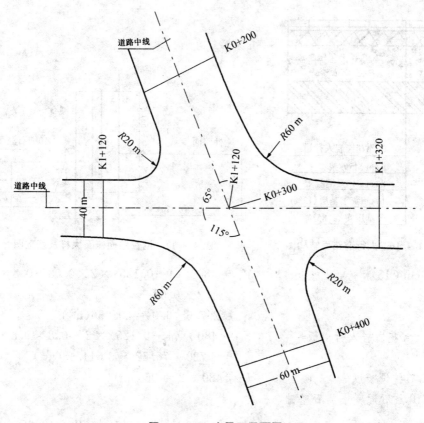

图 4.4.15 交叉口平面图

(4) 人行道侧缘石及其他

① 人行道板、异型彩色花砖安砌面积计算按实铺面积计算。

② 道路工程的侧缘(平)石、树池等项目以延长米计算,包括各转弯处的弧形长度。

【例 4.4.14】 某道路改造工程车行道为混凝土路面,现将原有道路两侧的人行道、侧石拆除后重建,新建的人行道结构为 10 cm 12％灰土基层(带犁耙的拖拉机拌和),8 cm C15 素混凝土,2 cm M5 砂浆,3 cm 花岗岩人行道板,甲型路牙及基础,如图 4.4.16、图 4.4.17 所示,该路段长 480 m,两侧人行道各为 4 m,其中人行道每侧有 0.8 m×0.8 m 树池 59 个,试求人行道基层、面层的工程量,侧石的长度以及侧石基础工程量。

【相关知识】

① 人行道板安砌面积按实铺面积计算。

② 人行道基层宽度放宽至人行道外侧 15 cm。

③ 侧石按长度以米计算。

【解】 ① 人行道整形碾压 $S_1 = 480 \times (4 - 0.125 + 0.15) \times 2 = 3\ 864(\text{m}^2)$

② 人行道基层(10 cm 12％灰土基层) $S_2 = 480 \times (4 - 0.125 + 0.15) \times 2 = 3\ 864(\text{m}^2)$

③ 消解石灰 $G = 38.64 \times (3.06 - 0.21 \times 5) = 77.67(\text{t})$

④ 顶层多合土养生 $S_3 = 480 \times (4 - 0.125 + 0.15) \times 2 = 3\ 864(\text{m}^2)$

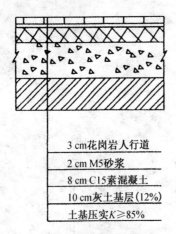

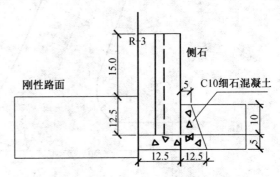

图 4.4.16　人行道路面结构图　　　图 4.4.17　刚性路面侧石大样及基础图

⑤ 8 cm C15 素混凝土垫层

$$V_1 = 480 \times (4-0.125) \times 2 \times 0.08 - 0.8 \times 0.8 \times 59 \times 2 \times 0.08$$
$$= 297.6 - 6.04 = 291.56 (\text{m}^3)$$

⑥ 3 cm 花岗岩人行道板

$$S_4 = 480 \times (4-0.125) \times 2 - 0.8 \times 0.8 \times 59 \times 2$$
$$= 3\ 720 - 75.52 = 3\ 644.48 (\text{m}^2)$$

⑦ 侧石铺设长度

$$L = 480 \times 2 = 960 (\text{m})$$

⑧ C10 细石混凝土侧石基础

$$V_2 = 480 \times [0.05 \times 0.125 + (0.05 + 0.125)/2 \times 0.15] \times 2 = 18.6 (\text{m}^3)$$

⑨ 基础模板

$$S_5 = 480 \times \sqrt{0.15^2 + 0.075^2} \times 2 = 161 (\text{m}^2)$$

(5) 道路交通管理设施工程

① 标杆安装按规格以"直径×长度"表示，以套计算；反光柱安装以根计算；交通信号灯安装以套计算。

② 减速板安装以块计算；视线诱导器安装以只计算。

③ 圆形、三角形标志板安装，按作方面积套用定额，以块计算。

④ 实线按设计长度计算；横道线按实漆面积计算。

⑤ 分界虚线按规格以"线段长度×间隔长度"表示，工程量按虚线总长计算；管内穿线长度按内长度与余留长度之和计算；环线检测线敷设长度按实埋长度与余留长度之和计算。

⑥ 停止线、黄格线、导流线、减让线参照横道线定额按实漆面积计算，减让线按横道线定额人工及机械台班数量乘以系数 1.05。

⑦ 文字标记按每个文字的整体外围作方高度计算。

⑧ 车行道中心隔离护栏（活动式）底座数量按实计算；机非隔离护栏分隔墩数量按实计算。

⑨ 机非隔离护栏的安装长度按整段护栏首尾两只分隔墩的外侧面之间的长度计算。

⑩ 人行道隔离护栏的安装长度按整段护栏首尾之间的长度计算。

⑪ 塑料管铺排长度按井中至井中以延长米计算。邮电井、电力井的长度扣除。

【例 4.4.15】 某道路新建工程,供电管道设施随路建设,已知供电管道为 6 孔 ϕ100PVC 管,全线总长 530 m,其中 4 m 长砖砌电缆井 1 座,6 m 长砖砌电缆井 9 座,管内穿线的余留长度共为 24 m(见图 4.4.18～图 4.4.21,表 4.4.8),工程竣工后,车行道中间的一道隔离护栏(活动式)也委托该工程中标施工单位负责安装,试求 6 孔 ϕ100PVC 邮电塑料穿线管的铺排长度,管内穿线长度以及隔离护栏长度。

【解】 ① 6 孔 ϕ100PVC 供电塑料管铺排长度　　$L_1 = 530 - 4 \times 1 - 6 \times 9 = 472(\text{m})$

② 供电管内穿线长度　　$L_2 = 530 \times 6 + 24 = 3\ 204(\text{m})$

③ 车行道隔离护栏的长度　　$L_3 = 530\ \text{m}$

附注:车行道中心隔离护栏(活动式)底座数量按实计算。在套用(活动式)护栏长度的定额子目中未计。

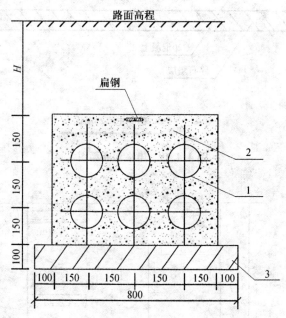

图 4.4.18　6 孔 ϕ100PVC 管道断面图

说明:1. 排管之间空隙处用细石混凝土填实。

　　　2. 采用何种管材由路径图确定,覆土层厚度 H 不低于 600 mm。

　　　3. 适用于 5 孔、6 孔 ϕ100 排管断面。

表 4.4.8　材 料 表

序号	名称	规格	数量	单位	备注
1	PVC 管	ϕ100(内径)	6	根	壁厚 4 mm
2	混凝土	C15	0.223	m³/m	
3	垫 层	碎石灌 M2.5 砂浆	0.08	m³/m	

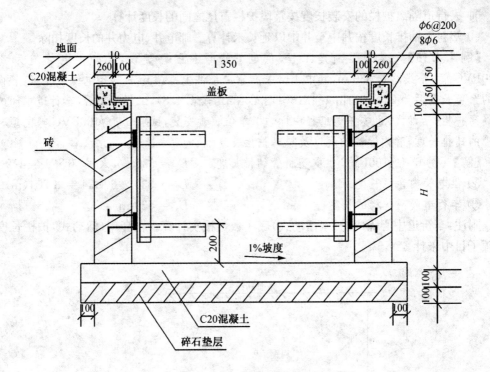

砖砌电缆沟断面

图 4.4.19 电缆沟断面图

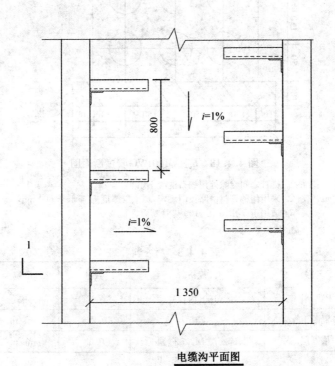

电缆沟平面图

图 4.4.20 电缆沟平面图

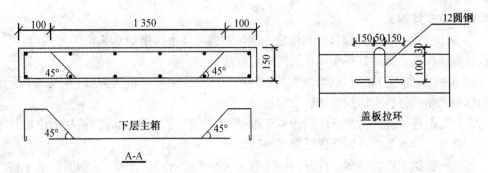

图 4.4.21　电缆沟盖板配筋图

4.4.3　桥涵工程计算规则及应用要点

1）概况

（1）第三册《桥涵工程》（以下简称本定额），包括打桩工程、钻孔灌注桩工程、砌筑工程、钢筋工程、现浇混凝土工程、预制混凝土工程、立交箱涵工程、安装工程、临时工程、装饰工程及构件运输项目。

（2）本定额适用范围：

① 单跨 100 m 以内的城镇桥梁工程。

② 单跨 5 m 以内的各种板涵、拱涵工程（圆管涵套用第六册《排水工程》定额，其中管道铺设及基础项目人工、机械费乘以系数 1.25）。

③ 穿越城市道路及铁路的立交箱涵工程。

（3）预制混凝土及钢筋混凝土构件均属现场预制，不适用于独立核算、执行产品出厂价格的构件厂所生产的构配件。

（4）本定额现浇混凝土均按现场拌制考虑。如需采用商品混凝土，按定额总说明中的有关办法计算。

（5）本定额中提升高度按原地面标高至梁底标高 8 m 为界，若超过 8 m，超过部分其定额人工和机械台班数量乘以系数 1.25；本册定额河道水深取定为 3 m，若水深超过 3 m 时，超过部分其定额人工和机械台班数量乘以系数 1.25。

（6）过水涵定额的作用：如过水涵顶板直接作为桥面板，则过水涵套用本册相应子目计价，否则套用第六册《排水工程》相应子目计价。

（7）本定额场内水平运距，除各章、节另有规定外，均按 150 m 运距计算。

（8）本定额中均未包括各类操作脚手架，发生时套用第一册《通用项目》有关项目。

2）工程量计算规则及举例

（1）打桩工程

① 钢筋混凝土方桩、板桩按桩长度（包括桩尖长度）乘以桩横断面面积计算，不扣除桩尖虚体积。

② 钢筋混凝土管桩按桩长度（包括桩尖长度）乘以桩横断面面积计算，减去空心部分体积。

③ 钢管桩按成品桩考虑，以"t"计算。

④ 送桩 1：陆上打桩时，以原地面平均标高增加 1 m 为界线，界线以下至设计桩顶标高

之间的打桩实体积为送桩工程量。

⑤ 送桩2：支架上打桩时，以当地施工期间的最高潮水位增加0.5 m为界线，界线以下至设计桩顶标高之间的打桩实体积为送桩工程量。

⑥ 送桩3：船上打桩时，以当地施工期间的平均水位增加1 m为界线，界线以下至设计桩顶标高之间的打桩实体积为送桩工程量。

在计算上述三种具体情况下的送桩工程量时应当注意对平均标高、最高水位以及平均水位的理解。对现场以及设计图纸要理解透彻。

如某一桥梁工程，基础部分需打入24根30 cm×30 cm×1 600 cm钢筋混凝土桩。根据工程量计算规则，求得打桩工程量为：24×30 cm×30 cm×1 600 cm＝34.56 m³。

（2）钻孔灌注桩

在计算钻孔灌注桩工程量时，我们需要注意对钻孔灌注桩施工工序的了解，并且熟悉与之对应的计价定额子目。

① 灌注桩成孔工程量按入土深度计算。定额中的孔深 H 指护筒顶至桩底的深度。成孔定额中同一孔内的不同土质，不论其所在的深度如何，均执行总孔深定额。

② 人工挖桩孔土方工程量按护壁外缘包围的面积乘以深度计算。

③ 灌注桩水下混凝土工程量按设计桩长加上桩顶设计超灌高度乘以设计横断面面积计算。桩顶超灌高度无设计要求的则按1 m计算。

④ 灌注桩工作平台按本册第9章有关项目计算。

⑤ 钻孔灌注桩钢筋笼按设计图纸计算，套用本册第4章钢筋工程有关项目。

⑥ 钻孔灌注桩需使用预埋铁件时，套用本册第4章钢筋工程有关项目。

⑦ 制备泥浆的数量按钻机所钻孔体积的3倍以10 m³计算。

⑧ 泥浆外运工程量按钻孔体积(m³)计算。

⑨ 截除余桩拆除工程量按成桩截除体积计算。

这里我们要注意设计桩长和设计入土深度的区别。

比如说，某桥梁灌注桩工程，设计桩径 $DN1 000$，设计桩长根据设计桩顶标高－3.4 m与桩尖标高－25.4 m的差值为22 m，而实际河床断面线的标高为－10.6 m，那么设计入土深度(孔深)就应该为14.8 m加上组织设计中要求的护筒外露高度。

另外灌注桩水下混凝土工程量按设计桩长增加1.0 m乘以设计横断面面积计算。如上例，水下灌注桩混凝土工作量为 $\pi \times (1/2)^2 \times (22+1) = 18.06(m^3)$。

（3）砌筑工程

① 砌筑工程量按设计砌体尺寸以体积(m³)计算，嵌入砌体中的钢管、沉降缝、伸缩缝以及单孔面积0.3 m²以内的预留孔所占体积不予扣除。

② 拱圈底模工程量按模板接触砌体的面积计算。

例如：某驳岸工程，设计总长度250 m，设计顶宽0.5 m，设计底宽1.8 m，设计平均高度1.6 m，混凝土压顶厚0.2 m，基础混凝土宽2.0 m，厚0.4 m，每30 m设一道沉降缝，缝宽4 cm，求该驳岸砌筑工程量。根据工程量计算规则为(0.5＋1.8)×1.6×1/2×250＝460(m³)。

（4）钢筋工程

① 钢筋按设计数量套用相应定额计算(损耗已包括在定额中)。设计未包括的施工用

钢筋经建设单位签证后可另计。

② T 形梁连接钢板项目按设计图纸以"t"为单位计算。

③ 锚具工程量按设计用量乘以下列系数计算：

锥形锚 1.02；OVM 锚 1.02；墩头锚 1.00。

④ 管道压浆不扣除预应力钢筋体积。

(5) 现浇混凝土工程

① 混凝土工程量按设计尺寸以实体积计算(不包括空心板、梁的空心体积)，不扣除钢筋、铁丝、铁件、预留压浆孔道和螺栓所占的体积。

② 模板工程量按模板接触混凝土的面积计算。内模套用木模板定额时，定额已考虑内模支撑及支架，不再另计内模支撑及支架。

③ 现浇混凝土墙、板上单孔面积在 0.3 m² 以内的孔洞体积不予扣除，洞侧壁模板面积亦不再计算；单孔面积在 0.3 m² 以上时，应予扣除，洞侧壁模板面积并入墙、板模板工程量之内计算。

计算现浇混凝土工作量时，应该注意到我们的施工组织设计，不光要考虑到模板，还要考虑可能发生的支架等工作量。

(6) 预制混凝土工程

① 混凝土工程量计算

预制桩工程量按桩长度(包括桩尖长度)乘以桩横断面面积计算；预制空心构件按设计图尺寸扣除空心体积，以实体积计算。空心板梁的堵头板体积不计入工程量内，其消耗量已在定额中考虑；预制空心板梁，凡采用橡胶囊做内模的，考虑其压缩变形因素，可增加混凝土数量，当梁长在 16 m 以内时，可按设计计算体积增加 7%，若梁长大于 16 m 时，则增加 9% 计算。如设计图已注明考虑橡胶囊变形，不得再增加计算；预应力混凝土构件的封锚混凝土数量并入构件混凝土工程量计算。

② 模板工程量计算

预制构件中预应力混凝土构件及 T 形梁、箱形梁、I 形梁、双曲拱、桁架拱等构件均按模板接触混凝土的面积(包括侧模、底模)计算；灯柱、端柱、栏杆等小型构件按平面投影面积计算；预制构件中非预应力构件按模板接触混凝土的面积计算，不包括胎、地模；空心板梁中空心部分，本定额均采用橡胶囊抽拔，其摊销量已包括在定额中，不再计算空心部分模板工程量；预制箱梁中空心部分，可按模板接触混凝土的面积计算工程量。

(7) 立交箱涵工程

① 箱涵滑板下的肋楞，其工程量并入滑板内计算。

② 箱涵混凝土工程量，不扣除单孔面积 0.3 m² 以下的预留孔洞体积。

③ 顶柱、中继间护套及挖土支架均属专用周转性金属构件，定额中已按摊销量计列，不得重复计算。

④ 箱涵顶进定额分空顶、无中继间实土顶和有中继间实土顶三类。

其工程量计算如下：空顶工程量按空顶的单节箱涵重量乘以箱涵位移距离计算；实土顶工程量按被顶箱涵的重量乘以箱涵位移距离分段累计计算。

⑤ 气垫只考虑在预制箱涵底板上使用，按箱涵底面积计算。气垫的使用天数由施工组

织设计确定。但采用气垫后在套用顶进定额时应乘以系数 0.7。

（8）安装工程

安装预制构件以立方米为计量单位的，均按构件混凝土实体积（不包括空心部分）计算。

（9）临时工程

本工程不构成工程实体，故称为临时工程。

① 搭拆打桩工作平台面积计算 1：

桥梁打桩 $\qquad F = N_1 \cdot F_1 + N_2 \cdot F_2$

每座桥台（桥墩） $\qquad F_1 = (5.5 + A + 2.5) \cdot (6.5 + D)$

每条通道 $\qquad F_2 = 6.5 \times [L - (6.5 + D)]$

② 搭拆打桩工作平台面积计算 2：

钻孔灌注桩 $\qquad F = N_1 \cdot F_1 + N_2 \cdot F_2$

每座桥台（桥墩） $\qquad F_1 = (A + 6.5) \cdot (6.5 + D)$

每条通道 $\qquad F_2 = 6.5 \times [L - (6.5 + D)]$

上列公式中：

F＝工作平台总面积；

F_1＝每座桥台（桥墩）工作平台面积；

F_2＝桥台至桥墩间或桥墩至桥墩间通道工作平台面积；

N_1＝桥台和桥墩总数量；

N_2＝通道总数量；

D＝最外侧二排桩之间距离(m)；

L＝桥梁跨径或护岸的第一根桩中心至最后一根桩中心之间的距离(m)；

A＝桥台（桥墩）每排桩的第一根桩中心至最后一根桩中心之间的距离(m)。

③ 凡台与墩或墩与墩之间不能连续施工时（如不能断航、断交通或拆迁工作不能配合），每个墩、台可计一次组装、拆卸柴油打桩架及设备运输费，但需扣除相应通道面积。

④ 桥涵拱盔、支架空间体积计算：

桥涵拱盔体积按起拱线以上弓形侧面积乘以（桥宽＋2 m）计算；桥涵支架体积为结构底至原地面（水上支架为水上支架平台顶面）平均标高乘以纵向距离再乘以（桥宽＋2 m）计算。

（10）装饰工程

本定额除金属面油漆以吨计算外，其余项目均按装饰面积计算。

（11）构件运输

运距按场内运输范围（150 m 内）构件堆放中心至起吊点的距离计算，超出该范围按场外运输计算。

【例 4.4.16】 某单跨混凝土简支梁桥，桥宽 43.5 m，桥台基础采用 ϕ100 钻孔灌注桩 C30 水下混凝土基础（见图 4.4.22），回旋钻机钻孔。地质为砂黏土层，桩基施工时采用围堰抽水施工。根据《江苏省市政工程计价定额》（2014 版）的有关规定，计算该桥梁工程一个桥台钻孔灌注桩计价定额工程量。

假设：① 承台与桥同宽，纵横向桩距相同，灌注桩 30 根/台，每根钢护筒埋设深度为 2.5 m。

　② 一个桥台灌注桩基础钢筋用量为 18.658 t。

　③ 竖拆桩架不考虑。图示单位：cm。

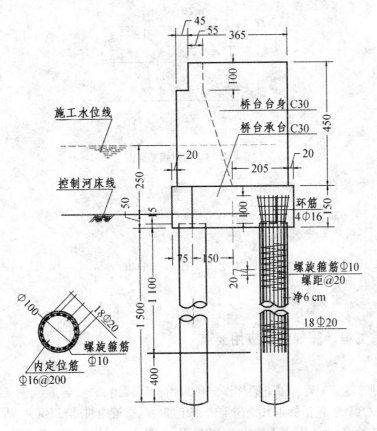

图 4.4.22　灌注桩钢筋图

【解】　工程量计算如下：根据施工的实际工序和工艺要求，以及正常的施工组织设计方案计算。

① 搭、拆桩基础陆上支架　　　　$(42+6.5)\times(6.5+3)=48.5\times9.5=460.75(\text{m}^3)$

② 埋设 $\phi\leqslant1\ 000$ 钢护筒　　　$2.5\times30=75(\text{m})$

③ 回旋钻机钻孔　　　　　　　$15.5\times30=465(\text{m})$

④ 泥浆制作　　　　　　　　　$3.14\times0.5\times0.5\times465\times3=1\ 095.08(\text{m}^3)$

⑤ 泥浆运输　　　　　　　　　$3.14\times0.5\times0.5\times465=365.03(\text{m}^3)$

⑥ C30 灌注桩混凝土　　　　　$3.14\times0.5\times0.5\times[(15.15+1)\times30]=380.33(\text{m}^3)$

⑦ 凿除桩顶混凝土　　　　　　$3.14\times0.5\times0.5\times(0.5\times1)\times30=11.78(\text{m}^3)$

⑧ 钢筋　　　　　　　　　　　18.658 t

⑨ 废料弃置：视施工组织设计要求的运距计算，量一般为拆除量。

【例 4.4.17】　某小型桥梁工程，上部结构为单跨先张法预应力 C50 混凝土空心板梁，梁长 9.96 m（板梁横断面见图 4.4.23，单位：cm）。已知空心板梁采用现场预制，橡胶囊做内模,构件场内机械运输250 m,不考虑机械设备安拆。根据已知条件及《江苏省市政工程计价定额》(2014 版),试计算该桥梁 15 片混凝土空心板梁定额工程量(单块板梁重 20 t 以内)。

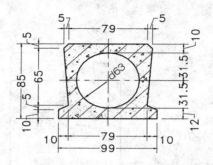

图 4.4.23　板梁横断面图

【解】　① 预制 C50 混凝土空心板梁的截面积

$A = 0.99 \times 0.85 - 3.14 \times 0.315^2 - 2 \times 0.7 \times 0.05 - 0.65 \times 0.05 - 0.05 \times 0.05 - 0.1 \times 0.05$
$= 0.419\ 9(\text{m}^2)$

　② 预制 C50 混凝土空心板梁的体积　$V_1 = 0.419\ 9 \times 9.96 \times 15 \times 1.07 = 67.12(\text{m}^3)$

　③ 场内机械运输 250 m　　　　　　$V_2 = 67.12\ \text{m}^3$

　④ C50 混凝土空心板梁安装　　　　$V_3 = 67.12\ \text{m}^3$

4.4.4　隧道工程计算规则及应用要点

1) 概况

(1) 第四册《隧道工程》(以下简称本定额),由土质隧道、岩石隧道(一～四章)、软土隧道(五～十一章)组成,包括隧道开挖与出碴、临时工程、隧道内衬、隧道沉井、盾构法掘进、垂直顶升、地下连续墙、地下混凝土结构、地基加固、监测及金属构件制作等。

(2) 隧道适用于城镇管辖范围内新建和扩建的各种车行隧道、人行隧道、给排水隧道及电缆(公用事业)等工程。

(3) 岩石隧道:次坚石岩石类别为Ⅶ至Ⅷ级,强度系数 $f = 4 \sim 8$;普坚石岩石类别为Ⅸ至Ⅹ级,$f = 8 \sim 12$;特坚石类别为Ⅺ至Ⅻ级,$f = 12 \sim 18$。土质隧道:$f = 0.5 \sim 4$。$f > 18$ 未编入本定额。软土隧道的围护土层指沿海地区细颗粒的软弱冲击土层,按土壤分类包括黏土、亚黏土、淤泥质亚黏土、淤泥质黏土、亚砂土、粉砂土和细砂。

(4) 本定额按现有的施工方法、机械化程度及合理的劳动组织进行编制。除各章节另有规定外,均不得因具体工程的施工方法与定额不同而调整变更。

(5) 隧道掘进下井人工费标准应在江苏省定额人工费标准的基础上增加 2 元/工日。

(6) 本定额中的现浇混凝土工程,岩石隧道采用现场拌制混凝土;软土隧道采用商品混凝土,预制混凝土构件采用厂拌混凝土。若实际采用混凝土与定额不同时,按定额总说明有关规定调整。

(7) 本定额中钢筋用量均不包括预埋铁件,预埋铁件按实另计。

(8) 岩石隧道洞内其他工程,采用其他分册或其他全国统一定额的项目,其人工、机械乘以系数1.2。

2) 工程量计算规则及说明

(1) 土质隧道

① 土质隧道是按平硐出土考虑的,隧道出土须通过竖井时,可依批准的施工组织设计工程量,加计隧道竖井出土子目。

② 土质隧道衬砌套用第四章相应子目。

③ 洞内材料须通过竖井运输时,可依据施工组织设计工程量加计竖井进料子目,超前小导管和超前大管棚已考虑材料运输,不得另计材料平硐及竖井进料运输费用。

④ 钻孔压降、预留孔、压浆指隧道开挖工作面周围加固压浆或衬砌背后压浆,衬砌背后压浆隧道衬砌及模筑衬砌之间压实注浆,当浆液和浆液配合比变化时,可按实调整。

⑤ 土质隧道临时工程套用第三章相应子目。

(2) 岩石隧道开挖与出碴

① 隧道的平硐、斜井和竖井开挖与出碴工程量,按设计图开挖断面尺寸,另加允许超挖量以立方米计算。本定额光面爆破允许超挖量:拱部为15 cm,边墙为10 cm。若采用一般爆破,其允许超挖量:拱部为20 cm,边墙为15 cm。

② 隧道内地沟的开挖和出碴工程量,按设计断面尺寸,以立方米计算,不得另行计算允许超挖量。

③ 平硐出碴的运距,按装碴重心至卸碴重心的直线距离计算,若平硐的轴线为曲线时,硐内段的运距按相应的轴线长度计算。

④ 斜井出碴的运距,按装碴重心至斜井口摘钩点的斜距离计算。斜井出碴定额中已包括平硐出碴的工作内容,不得再重复计算。

⑤ 竖井的提升运距,按装碴重心至井口吊斗摘钩点的垂直距离计算。竖井出碴定额中已包括平硐出碴的工作内容,不得再重复计算。

(3) 临时工程

① 粘胶布通风筒及铁风筒按每一洞口施工长度减30 m计算。

② 风、水钢管按硐长加100 m计算。

③ 照明线路按硐长计算,如施工组织设计规定需要安双排照明时,应按实际双线部分增加。

④ 动力线路按硐长加50 m计算。

⑤ 轻便轨道以施工组织设计所布置的起止点为准,定额为单线,如实际为双线应加倍计算,对所设置的道岔,每处按相应轨道折合30 m计算。

⑥ 硐长=主硐+支硐。(均以硐口断面为起止点,不含明槽)

(4) 岩石隧道内衬

① 隧道内衬现浇混凝土和石料衬砌的工程量,按施工图所示尺寸加允许超挖量(拱部为15 cm,边墙为10 cm)以立方米计算,混凝土部分不扣除0.3 m² 以内孔洞所占体积。

② 隧道衬砌边墙与拱部连接时,以拱部起拱点的连线为分界线,以下为边墙,以上为拱部。边墙底部的扩大部分工程量(含附壁水沟),应并入相应厚度边墙体积内计算。拱部两端支座,先拱后墙的扩大部分工程量,应并入拱部体积内计算。

③ 喷射混凝土数量及厚度按设计图计算,不另增加超挖、填平补齐的数量。

④ 混凝土初喷5 cm为基本层,每增5 cm按增加定额计算,不足5 cm按5 cm计算,若

作临时支护可按一个基本层计算。

⑤ 喷射混凝土定额已包括混合料 200 m 运输,超过 200 m 时,材料运费另计。运输吨位按初喷 5 cm 拱部 26 t/100 m²,边墙 23 t/100 m²;每增厚 5 cm 拱部 16 t/100 m²,边墙 14 t/100 m²。

⑥ 锚杆按 ϕ22 计算,若实际不同时,定额人工、机械应按表 4.4.9 所列系数调整,锚杆按净重计算不加损耗。

表 4.4.9　定额人工、机械调整系数表

锚杆直径	ϕ28	ϕ25	ϕ22	ϕ20	ϕ18	ϕ16
调整系数	0.62	0.78	1	1.21	1.49	1.89

⑦ 钢筋工程量按图示尺寸以吨计算。现浇混凝土中固定钢筋位置的支撑钢筋、双层钢筋用的架立筋(铁马),伸出构件的锚固钢筋均按钢筋计算,并入钢筋工程量内。钢筋的搭接用量:设计图纸已注明的钢筋接头,按图纸规定计算;设计图纸未注明的通长钢筋接头,ϕ25 以内的,每 8 m 计算 1 个接头,ϕ25 以上的,每 6 m 计算 1 个接头,搭接长度按规范计算。

⑧ 模板工程量按模板与混凝土的接触面积以平方米计算。

⑨ 喷射平台工程量,按实际搭设平台的最外立杆(或最外平杆)之间的水平投影面积以平方米计算。

(5)隧道沉井

① 沉井工程的井点布置及工程量,按批准的施工组织设计计算,套用《通用项目》册相应定额。

② 基坑开挖的底部尺寸,按沉井外壁每侧加宽 2.0 m 计算,套用《通用项目》册中的基坑挖土定额。

③ 沉井基坑砂垫层及刃脚基础垫层工程量,按批准的施工组织设计计算。

④ 刃脚的计算高度,从刃脚踏面至井壁外凸口计算,如沉井井壁没有外凸口,则从刃脚踏面至底板顶面为准。底板下的地梁并入底板计算。框架梁的工程量包括切入井壁部分的体积。井壁、隔墙或底板混凝土中,不扣除单孔面积 0.3 m² 以内的孔洞所占的体积。

⑤ 沉井制作的脚手架安、拆,不论分几次下沉,其工程量均按井壁中心线周长与隔墙长度之和乘以井高计算。

⑥ 沉井下沉的土方工程量,按沉井外壁所围的面积乘以下沉深度(预制时刃脚底面至下沉后设计刃脚底面的高度),并分别乘以土方回淤系数计算。回淤系数:排水下沉深度大于 10 m 为 1.05,不排水下沉深度大于 15 m 为 1.02。

⑦ 沉井触变泥浆的工程量,按刃脚外凸口的水平面积乘以高度计算。

⑧ 沉井砂石料填心、混凝土封底的工程量,按设计图纸或批准的施工组织设计计算。

⑨ 钢封门安、拆工程量,按施工图用量计算。钢封门制作费另计,拆除后应回收 70% 的主材原值。

(6)盾构法掘进

① 掘进过程中的施工阶段划分为以下几个:

a. 负环段掘进:从拼装后靠管片起至盾尾离开出洞井内壁止;

b. 出洞段掘进:从盾尾离开出洞井内壁至盾尾离开出洞井内壁 40 m 止;

c. 正常段掘进:从出洞段掘进结束至进洞段掘进开始的全段掘进;

d. 进洞段掘进:按盾构切口距进洞井外壁 5 倍盾构直径的长度计算。

② 掘进定额中盾构机按摊销考虑,若遇下列情况时,可将定额中盾构掘进机台班内的折旧费和大修理费扣除,保留其他费用作为盾构使用费台班进入定额,盾构掘进机费用按不同情况另行计算。如顶端封闭采用垂直顶升方法施工的给排水隧道、单位工程掘进长度≤800 m 的隧道、采用进口或其他类型盾构机掘进的隧道以及由建设单位提供盾构机掘进的隧道。

③ 衬砌压浆量根据盾尾间隙,由施工组织设计确定。

④ 柔性接缝环适合于盾构工作井洞门与圆隧道接缝处理,长度按管片中心圆周长计算。

⑤ 预制混凝土管片工程量按实体积加 1%损耗计算,管片试拼装以每 100 环管片拼装 1 组(3 环)计算。

(7) 垂直顶升

① 复合管片不分直径,管节不分大小,均执行本定额。

② 顶升车架及顶升设备的安拆,以每顶升一组出口为安拆一次计算。顶升车架制作费按顶升一组摊销 50%计算。

③ 顶升管节外壁如需压浆时,则套用分块压浆定额计算。

④ 垂直顶升管节试拼装工程量按所需顶升的管节数计算。

(8) 地下连续墙

① 地下连续墙成槽土方量按连续墙设计长度、宽度和槽深(加超深 0.5 m)计算。混凝土浇筑量同连续墙成槽土方量。

② 锁口管及清底置换以段为单位(段指槽壁单元槽段),锁口管吊拔按连续墙段数加 1 段计算,定额中已包括锁口管的摊销费用。

(9) 地下混凝土结构

① 现浇混凝土工程量按施工图计算,不扣除单孔面积 0.3 m² 以内的孔洞所占的体积。

② 有梁板的柱高,自柱基础顶面至梁、板顶面计算,梁高以设计高度为准。梁与柱交接,梁长算至柱侧面(即柱间净长)。

③ 结构定额中未列预埋件费用,可另行计算。

④ 隧道路面沉降缝、变形缝套用《道路工程》册相应定额,其人工、机械乘以系数 1.1。

(10) 地基加固、监测

① 地基注浆加固以孔为单位的子目,定额按全区域加固编制,若加固深度与定额不同时可内插计算;若采取局部区域加固,则人工和钻机台班不变,材料(注浆阀管除外)和其他机械台班按加固深度与定额深度同比例调减。

② 地基注浆加固以立方米为单位的子目,已按各种深度综合取定,工程量按加固土体的体积计算。

③ 监测点布置分为地表和地下两部分,其中地表测孔深度与定额不同时可内插计算。工程量由施工组织设计确定。

④ 监控测试以一个施工区域内监控三项或六项测定内容划分步距,以组日为计量单位,监测时间由施工组织设计确定。

(11) 金属构件制作

① 金属构件的工程量按设计图纸的主材(型钢、钢板、方、圆钢等)的重量以"吨"计算,

不扣除孔眼、缺角、切肢、切边的重量。圆形和多边形的钢板按"m^3"计算。

② 支撑由活络头、固定头和本体组成,本体按固定头单价计算。

4.4.5 给水工程计算规则及应用要点

1) 概况

给水工程一般由给水水源和取水构筑物、输水管道、给水处理厂和给水管网四个部分组成,分别起聚集和输送原水,改善原水水质和输送合格用水到用户的作用。在一般地形条件下,这个系统还包括必要的储水和抽升设施。

① 《给水工程》(以下简称本定额)包括管道安装、管道内防腐、管件安装、管道附属构筑物、取水工程等。

② 本定额适用于城镇范围内的新建、扩建市政给水工程。

③ 本定额管道、管件安装均按沟深 3 m 内考虑(钢筒混凝土管除外),超过 3 m 时另计。

④ 本定额均按无地下水考虑。

⑤ 给水管道沟槽和给水构筑物的土石方工程、打拔工具桩、围堰工程、支撑工程、脚手架工程、拆除工程、井点降水、临时便桥等,执行第一册《通用项目》有关定额。

⑥ 给水管过河工程及取水头工程中的打桩工程、桥管基础、承台、混凝土桩及钢筋的制作安装等,执行第三册《桥涵工程》有关定额。

⑦ 给水工程中的沉井工程、构筑物工程、顶管工程、给水专用机械设备安装,均执行第六册《排水工程》有关定额。

⑧ 钢板卷管安装、钢管件制作安装、法兰安装、阀门安装,均执行第七册《燃气与集中供热工程》有关定额。

⑨ 管道除锈、外防腐缺项,执行《全国统一安装工程预算定额》的有关定额。

⑩ 市政给水管道与安装给水管道的划分:建筑小区及厂区,以区内建筑物入口变径或闸门处为界。

2) 工程量计算规则及举例

(1) 管道安装

① 管道安装均按施工图中心线的长度计算(支管长度从主管中心开始计算到支管末端交接处的中心),管件、阀门所占长度已在管道施工损耗中综合考虑,计算工程量时均不扣除其所占长度。

② 管道安装均不包括管件(指三通、弯头、异径管)、阀门的安装。管件安装执行本册有关定额。

③ 遇有新旧管连接时,管道安装工程量计算到碰头的阀门处,但阀门及与阀门相连的承(插)盘短管、法兰盘的安装均包括在新旧管连接定额内,不再另计。

(2) 管道内防腐

管道内外防腐按施工图中心线长度计算,计算工程量时不扣除管件、阀门所占的长度,但管件、阀门的内防腐也不另行计算。

(3) 管件安装

管件、分水栓、马鞍卡子、二合三通、水表的安装按施工图数量以"个"或"组"为单位计算。

(4) 管道附属构筑物

① 各种井均按施工图数量,以"座"为单位。

② 管道支墩按施工图以实体积计算,不扣除钢筋、铁件所占的体积。

(5) 取水工程

大口井内套管、辐射井管安装按设计图中心线长度计算。

(6) 管道穿越工程及其他

① 穿越管段拖管过河的宽度,应根据设计或施工组织设计确定的穿越管段长度计算。

② 穿越管段的拖管重量,指管段总重量,包括管段本身重量及保护层重量。

【例 4.4.18】 某随路建设的给水管道工程采用 DN200 球墨铸铁管,管道长度为 800 m,胶圈接口。管道垫层采用 10 cm 中粗砂,球墨铸铁管出厂时厂家已做防腐处理。管道需消毒冲洗和水压试验。DN200 球墨铸铁管壁厚 6.4 mm。砖砌内径 1.2 m、深 1.5 m 的阀门井 9 座,井盖座采用 ϕ700 轻型铸铁井盖、井座。公称直径 DN200 mm、压力要求为 1.6 MPa 的明杆法兰闸阀 9 个。不考虑土方挖填费用和沟槽排水。请根据《建设工程工程量清单计价规范》(GB 50500—2013)、《江苏省市政工程计价定额》(2014 年)计算定额工程量。

【解】 垫层砂

$$V = 800 \times (0.2 + 0.006\ 4 \times 2 + 0.3 \times 2) \times 0.10 = 65.024(\text{m}^3)$$

球墨铸铁管安装(胶圈接口) 公称直径 200 mm 以内	800 m
管道试压 公称直径 200 mm 以内	800 m
管道消毒冲洗 公称直径 200 mm 以内	800 m
法兰阀门安装 公称直径 200 mm 以内	9 个
砖砌阀门井	9 座
混凝土基础垫层木模	$2 \times 3.14 \times 0.94 \times 0.2 \times 9 = 10.626(\text{m}^2)$
木制井字架 井深 2 m 以内	9 座

4.4.6 排水工程计算规则及应用要点

1) 概况

(1) 第六册《排水工程》(以下简称本定额),包括定型混凝土管道基础及铺设,定型井、非定型井、渠、管道基础及砌筑,管道顶进,给、排水构筑物,给排水机械设备安装,模板、钢筋(铁件)加工、井字架工程和江苏省的补充项目。采用新图籍的排水井套用第 3 章非定型井相应子目。

(2) 本定额适用于城镇范围内新建、扩建的市政排水管渠工程。

(3) 本定额与建筑、安装定额的界限划分及执行范围:

① 给排水构筑物工程中的泵站上部建筑工程以及本定额中未包括的建筑工程,均应执行各地的建筑工程预算定额。

② 给排水机械设备安装中的通用机械应执行安装定额有关项目。

③ 市政工程排水管道与其他专业工程排水管道按其设计标准及施工验收规范划分,按市政工程设计标准设计及施工的管道属市政工程管道。

（4）本定额与市政其他分册定额的关系：

① 本定额所涉及的土、石方挖、填、运输，脚手架，支撑，围堰，打、拔桩，降水，便桥，拆除等工程，除各章节另有说明外，均采用第一册《通用项目》相应项目。

② 管道接口、检查井、给排水构筑物需做防腐处理的，分别套用《江苏省建筑与装饰工程计价定额》和《江苏省安装工程计价定额》的相应项目。

（5）本定额需说明的有关事项：

① 本定额所称管径除另有说明外均指内径。

② 本定额中的混凝土均为现场拌和，各项目中的混凝土和砂浆标号与设计要求不同时，标号允许换算，但数量不变。

③ 本定额各章所需的模板、钢筋（铁件）加工、井字架均采用第 7 章的相应项目。

④ 本定额是按无地下水考虑的，如有地下水，需降水时采用第一册《通用项目》相应项目；需设排水盲沟时采用第二册《道路工程》相应项目；基础需铺设垫层时采用本册定额第 4 章的相应项目。

⑤ 本册各种江苏省补定型管道基础及井系数按 2004 年颁发的《给水排水图集》（苏S01—2004）编制。

2）工程量计算规则及举例

（1）定型混凝土管道基础及铺设

① 各种角度的混凝土基础、混凝土管、缸瓦管铺设按井中至井中的中心扣除检查井长度，以延长米计算工程量。每座检查井扣除长度按表 4.4.10 计算。

表 4.4.10　检查井扣除长度

检查井规格(mm)	扣除长度(m)	检查井规格	扣除长度(m)
ϕ700	0.4	各种矩形井	1.0
ϕ1 000	0.7	各种交汇井	1.20
ϕ1 250	0.95	各种扇形井	1.0
ϕ1 500	1.20	圆形跌水井	1.60
ϕ2 000	1.70	矩形跌水井	1.70
ϕ2 500	2.20	阶梯式跌水井	按实扣

② 管道接口区分管径和做法，以实际接口个数计算工程量。

③ 管道闭水试验，以实际闭水长度计算，不扣各种井所占长度。

④ 管道出水口区分型式、材质及管径，以"处"为单位计算。

【例 4.4.19】 某排水工程雨水主干管长 506 m，采用 ϕ600 混凝土管，135°混凝土基础（省标），规格为 ϕ1 250 的雨水检查井 10 座，单室雨水井 20 座，雨水口接入管采用 ϕ225UPVC 加筋管，共 10 道，每道 8 m；污水主干管 511 m，采用 ϕ400 玻璃钢管，规格为 ϕ1 000 的污水检查井 12 座，预留污水支管为 ϕ300UPVC 加筋管，共 6 道，每道 10 m。求各种管道的基础及铺设长度以及各种井的座数、闭水试验长度（玻璃钢管和 UPVC 加筋管管道基础为砂垫层，本题不计）。

【解】 ① ϕ600 混凝土管道基础（135°）及铺设　　$L_1 = 506 - 10 \times 0.95 = 496.50$(m)
② ϕ400 玻璃钢管铺设　　　　　　　　　　　　$L_2 = 511 - 12 \times 0.7 = 502.60$(m)

③ $\phi225$UPVC 加筋管铺设　　　　　　　$L_3 = 10 \times 8 - 10 \times 0.95/2 = 75.25(\mathrm{m})$

④ $\phi300$UPVC 加筋管铺设　　　　　　　$L_4 = 6 \times 10 - 6 \times 0.7/2 = 57.90(\mathrm{m})$

⑤ $\phi1\,250$ 雨水检查井 10 座

⑥ $\phi1\,000$ 污水检查井 12 座

⑦ 单室雨水井 20 座

⑧ $\phi400$ 以内管道闭水试验 511 m，$\phi600$ 以内管道闭水试验 506 m

（2）定型井

① 各种井按不同井深、井径以座为单位计算。

② 各类井的井深按井底基础以上至井盖顶计算。

【例 4.4.20】　某雨水管线纵断面如图 4.4.24 所示，图中地面线粗线表示设计地面线，细线表示现状地面线，地面线及相应标高均表示道路中线处的线型和标高，雨水检查井位于路中，均为 $\phi1\,000$ 检查井，其中 Y 2 井、Y 4 井和 Y 6 井为落底式检查井（落底 40 cm），雨水主管为 $\phi600$ 钢筋混凝土管 135° 混凝土基础，管道壁厚 6 cm，求雨水检查井的座数及井深。

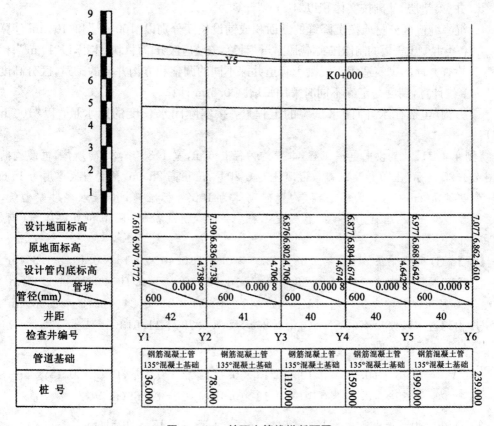

图 4.4.24　某雨水管线纵断面图

【相关知识】

① 各种井按不同井深、井径以座为单位计算。

② 各类井的井深按井底基础以上至井盖顶计算。

③ 落底深度为管底至井底基础以上距离。

【解】 ① 雨水检查井为 $\phi 1\,000$ 检查井,共 6 座(Y 1~Y 6)

② 雨水检查井的井深

平均设计地面标高 $h_1 = (7.610 + 7.190 + 6.876 + 6.877 + 6.977 + 7.077) \div 6 = 7.101(\text{m})$

平均设计管内底标高 $h_2 = (4.772 + 4.61) \div 2 = 4.691(\text{m})$

流槽式井深为 $h_1 - h_2 = 7.101 - 4.691 = 2.41(\text{m})$

落底式井深为 $2.41 + 0.4 = 2.81(\text{m})$

因为本题流槽式井与落底式井相等,都是 3 座

所以雨水检查井的平均井深为 $(2.41 + 2.81)/2 = 2.61(\text{m})$

(3) 非定型井、渠、管道基础及砌筑

① 本章所列各项目的工程量均以施工图为准计算,其中:

a. 砌筑按计算体积,以"10 m³"为单位计算。

b. 抹灰、勾缝以"100 m²"为单位计算。

c. 各种井的预制构件以实体积"m³"计算,安装以"套"为单位计算。

d. 井、渠垫层、基础按实体积以"10 m³"计算。

e. 沉降缝应区分材质按沉降缝的断面积或铺设长度分别以"100 m²"和"100 m"计算。

f. 各类混凝土盖板的制作按实体积以"m³"计算,安装应区分单件(块)体积,以"10 m³"计算。

② 检查井筒的砌筑适用于混凝土管道井深不同的调整和方沟井筒的砌筑,区分高度以"座"为单位计算,高度与定额不同时采用每增减 0.5 m 计算。

③ 方沟(包括存水井)闭水试验的工程量,按实际闭水长度的用水量,以"100 m³"计算。

【例 4.4.21】 某供电电缆工程,电缆沟内径长 6 m,宽 1.35 m,24 砖墙体,电缆沟断面如图 4.4.25 所示,压顶和预制盖板混凝土为 C 20 号,压顶高 25 cm,预制盖板厚度为 15 cm,每块盖板宽 50 cm。钢材为 I 级钢,沟壁砖砌体为 100 号标准砖,50 号水泥砂浆砌筑,内壁用避水砂浆粉面,求碎石垫层、混凝土基础、砖墙体积及粉刷、压顶和盖板体积(钢筋、铁件不计)。

【解】 ① 碎石垫层 $V_1 = 6.68 \times 2.03 \times 0.10 - 0.40 \times 0.15 \times 0.10 = 1.35(\text{m}^3)$

② C 20 混凝土基础 $V_2 = 6.68 \times 2.03 \times 0.10 - 0.40 \times 0.15 \times 0.10 = 1.35(\text{m}^3)$

③ 50 号水泥砂浆砌筑砖墙 $V_3 = (6.48 + 1.35) \times 2 \times 0.24 \times 0.79 = 2.969(\text{m}^3)$

④ 内墙避水砂浆粉刷 $S = (6 + 1.35) \times 2 \times 0.79 = 11.613(\text{m}^2)$

⑤ C 20 混凝土压顶

$$V_4 = 6.48 \times (0.24 \times 0.10 + 0.13 \times 0.15) \times 2 + 0.10 \times 0.13 \times 0.15 \times 4 + 1.35 \times (0.24 \times 0.10 + 0.13 \times 0.15) \times 2 = 0.689(\text{m}^3)$$

⑥ 预制 C 20 混凝土盖板 $V_5 = 13 \times 1.55 \times 0.5 \times 0.15 = 1.51(\text{m}^3)$

(4) 顶管工程

① 工作坑土方区分挖土深度,以挖方体积计算。

② 各种材质管道的顶管工程量,按实际顶进长度,以"延长米"计算。

③ 顶管接口应区分操作方法、接口材质分别以口的个数和管口断面积计算工程量。

④ 钢板内、外套环的制作,按套环重量以"吨"为单位计算。

⑤ 水平定向钻进敷设钻孔导向、扩孔工程量及回拖布管工程量按图示管道尺寸以"延长米"计算。

【例 4.4.22】 某污水管道工程,由于局部地段紧邻高层建筑,不适宜采用沟槽大开挖,设计人员通过现场勘察,并征得建设单位的同意,决定采用 $\phi 1\,000$ 钢筋混凝土顶管,钢筋混凝土顶管壁厚 10 cm,顶管总长 150 m,工作坑、接收坑暂不考虑,试求顶管有关工程量。

【解】 ① 顶进后座及坑内工作平台搭拆   1 坑

② 顶进设备安拆   1 坑

③ 中继间安拆   150 m

④ 套环安装   150/2=75 个口

⑤ 钢筋混凝土管顶进 $L=150$ m

⑥ 洞口止水处理   2 个

⑦ 余方弃置 $V = 3.14 \times 0.6^2 \times 150 = 169.56(\text{m}^3)$

(5) 给排水构筑物

① 沉井

a. 沉井垫木按刃脚中心线以"100 延长米"为单位。

b. 沉井井壁及隔墙的厚度不同,如上薄下厚时,可按平均厚度执行相应定额。

② 钢筋混凝土池

a. 钢筋混凝土各类构件均按图示尺寸,以混凝土实体积计算,不扣除 0.3 m^2 以内的孔洞体积。

b. 各类池盖中的进人孔、透气孔盖以及与盖相连接的结构,工程量合并在池盖中计算。

c. 平底池的池底体积,应包括池壁下的扩大部分;池底带有斜坡时,斜坡部分应按坡底计算;锥形底应算至壁基梁底面,无壁基梁者算至锥底坡的上口。

d. 池壁分别按不同厚度计算体积,如壁上薄下厚,以平均厚度计算。池壁高度应自池底板面算至池盖下面。

e. 无梁盖柱的柱高,应自池底上表面算至池盖的下表面,并包括柱座、柱帽的体积。

f. 无梁盖应包括与池壁相连的扩大部分的体积;肋形盖应包括主、次梁及盖部分的体积;球形盖应自池壁顶面以上,包括边侧梁的体积在内。

g. 沉淀池水槽,系指池壁上的环形溢水槽及纵横 U 形水槽,但不包括与水槽相连接的矩形梁,矩形梁可执行梁的相应项目。

③ 预制混凝土构件

a. 预制钢筋混凝土滤板按图示尺寸区分厚度以"10 m^3"计算,不扣除滤头套管所占体积。

b. 除钢筋混凝土滤板外其他预制混凝土构件均按图示尺寸以"m^3"计算,不扣除 0.3 m^2 以内孔洞所占体积。

④ 拆板、壁板制作安装

a. 折板安装区分材质均按图示尺寸以"m^2"计算。

b. 稳流板安装区分材质不分断面,均按图示长度以"延长米"计算。

⑤ 滤料铺设

各种滤料铺设均按设计要求的铺设平面乘以铺设厚度以"m^3"计算,锰砂、铁矿石滤料以"10 t"计算。

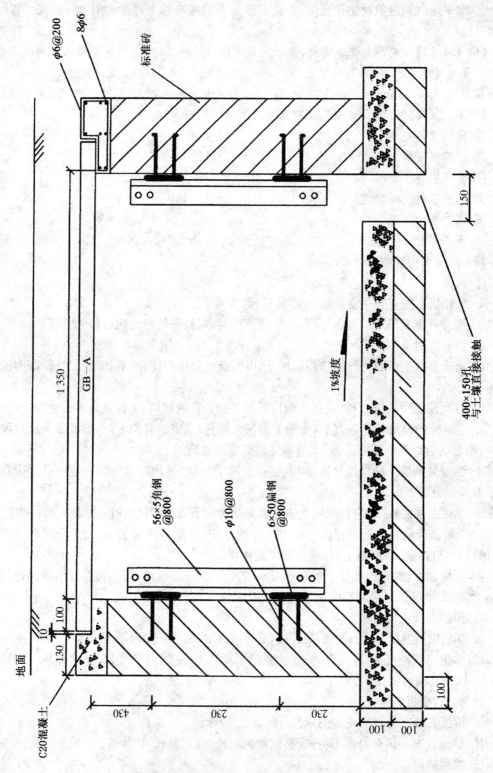

图 4.4.25　电缆沟断面图

⑥ 防水工程

a. 各种防水层按实铺面积,以"100 m²"计算,不扣除 0.3 m² 以内孔洞所占面积。

b. 平面与立面交接处的防水层,其上卷高度超过 500 mm 时,按立面防水层计算。

⑦ 施工缝

各种材质的施工缝填缝及盖缝均不分断面按设计缝长以"延长米"计算。

⑧ 井、池渗漏试验

井、池的渗漏试验区分井、池的容量范围,以"1 000 m³"水容量计算。

【例 4.4.23】 某顶管工程,工作井采用沉井如图 4.4.26～图 4.4.31 所示,试计算沉井工程量(钢筋除外)。

【相关知识】

① 沉井垫木按刃脚中心线以"100 延长米"为单位。

② 沉井井壁及底板混凝土按设计图示尺寸以体积计算。

③ 沉井施工程序如下:

筑岛→铺垫→拼装钢刃脚→安排架、支底模→立内模→绑扎钢筋→立外模→浇筑主体混凝土→抽垫→下沉→接高→基底处理→封底

【解】 ① 垫木 $L = 6.9 \times 2 + 4.6 \times 2 = 23(m)$

② C 25 混凝土井壁

$$
\begin{aligned}
V_1 &= 4.75 \times 0.6 \times 4.9 \times 2 + 1.05 \times 0.8 \times 4.9 \times 2 - 3.14 \times 0.6^2 \times 0.6 \times 2 \\
&\quad - (0.25 + 0.45)/2 \times 0.20 \times 4 \times 2 + 4.75 \times 0.45 \times 6 \times 2 + 1.05 \times 0.65 \\
&\quad \times 5.60 \times 2 - (0.25 + 0.45)/2 \times 0.20 \times 5.6 \times 2 \\
&= 27.93 + 8.232 - 1.356 - 0.56 + 25.65 + 7.644 - 0.784 \\
&= 66.76(m^3)
\end{aligned}
$$

③ C 25 混凝土刃脚

$$
\begin{aligned}
V_2 &= 4.9 \times (0.3 + 0.8)/2 \times 0.8 \times 2 + 5.6 \times (0.3 + 0.65)/2 \times 0.8 \times 2 \\
&= 8.568(m^3)
\end{aligned}
$$

④ 井壁模板

$$
\begin{aligned}
S_1 &= (6.6 - 0.8) \times 4.9 \times 2 + (6.6 - 0.8) \times 7.2 \times 2 + 4 \times 4.75 \times 2 + 6 \times 4.75 \times \\
&\quad 2 + (4 + 5.6) \times 2 \times (0.2 + 0.3 + 0.283 + 0.25 + 0.2 + 0.3) \\
&= 56.84 + 83.52 + 38 + 57 + 29.43 = 264.79(m^2)
\end{aligned}
$$

⑤ 刃脚模板

$$
\begin{aligned}
S_2 &= 4.9 \times (0.8 + 0.943 + 0.3) \times 2 + 5.6 \times (0.8 + 0.873 + 0.3) \times 2 \\
&= 42.12(m^2)
\end{aligned}
$$

⑥ 沉井下沉

$$
\begin{aligned}
V_3 &= (7.2 + 0.6 \times 2) \times (4.9 + 0.6 \times 2) \times 0.36 + 5.8 \times 6 \times 4 \\
&\quad - [(0.3 + 0.5)/2 \times 0.2 + 0.2 \times 0.3] \times 4 \times 2 \\
&\quad - [(0.3 + 0.5)/2 \times 0.2 + 0.2 \times 0.3] \times 6 \times 2 + 5.6 \times 3.6 \times 0.8 \\
&= 18.45 + 139.20 - 1.12 - 1.68 + 16.13 \\
&= 170.98(m^3)
\end{aligned}
$$

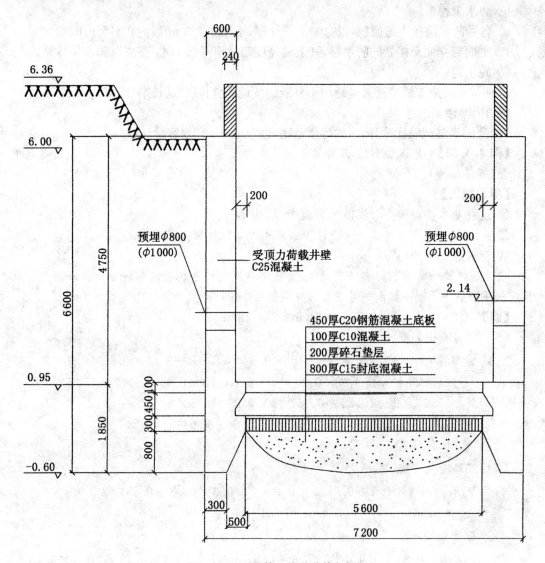

图 4.4.26　顶管工作井井体剖面

⑦ C 15 封底混凝土(近似以 0.8 m 算,实际施工底部为锅底形),C 20 钢筋混凝土底板

$$V_{(封底混凝土)} = 5.6 \times 3.6 \times 0.8 = 16.13(\text{m}^3)$$

$$V_{(混凝土底板)} = 6 \times 4 \times 0.25 + (5.6 \times 3.6 + 6 \times 4) / 2 \times 0.20 - 3.14 \times 0.25^2 \times 0.45$$
$$= 10.33(\text{m}^3)$$

⑧ 碎石垫层,C 10 混凝土垫层

$$V_{(碎石)} = 5.6 \times 3.6 \times 0.20 = 4.03(\text{m}^3)$$

$$V_{(混凝土)} = 5.6 \times 3.6 \times 0.10 = 2.02(\text{m}^3)$$

⑨ 余方弃置 $V = 170.98 \text{ m}^3$

⑩ 预留孔封口 2 处。

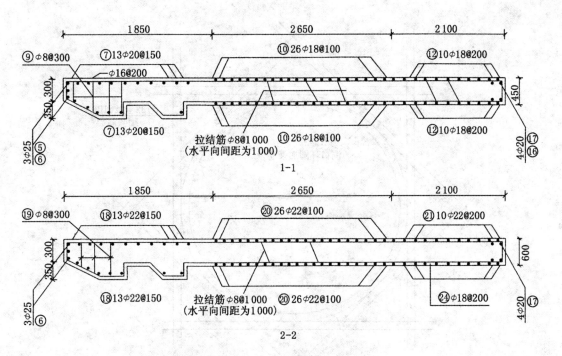

图 4. 4. 27 剖面图

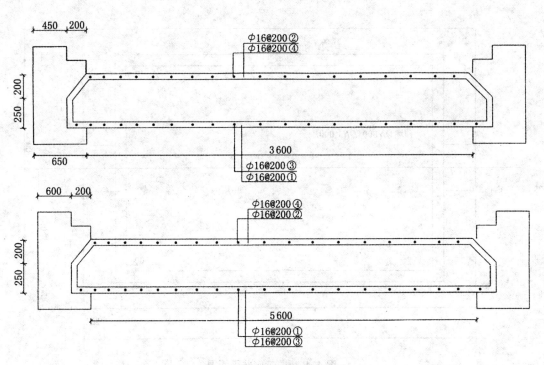

图 4. 4. 28 底板配筋剖面图

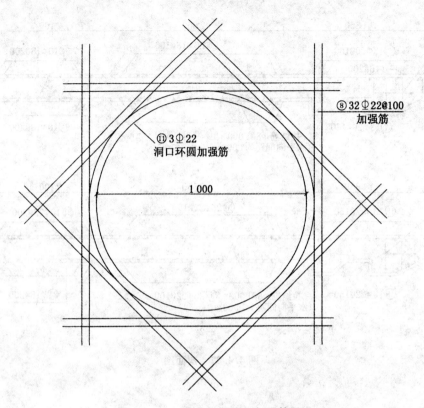

图 4.4.29 *DN*1 000 洞口加强筋图

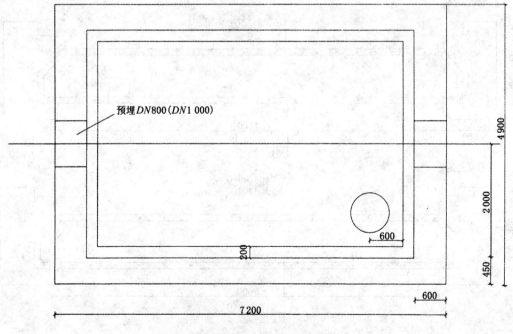

图 4.4.30 工作井平面图

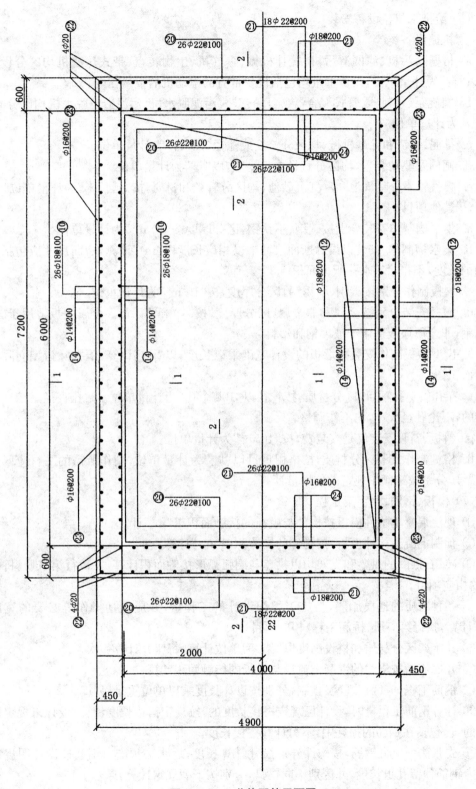

图 4.4.31　井体配筋平面图

（6）给排水机械设备安装

① 机械设备类

a. 格栅除污机、滤网清污机、搅拌机械、曝气机、生物转盘、带式压滤机均区分设备重量，以"台"为计量单位，设备重量均包括设备带有的电动机的重量在内。

b. 螺旋泵、水射器、管式混合器、辊压转鼓式污泥脱水机、污泥造粒脱水机均区分直径，以"台"为计量单位。

c. 排泥、撇渣和除砂机械，均区分跨度或池径，按"台"为计量单位。

d. 闸门及驱动装置，均区分直径或长×宽，以"座"为计量单位。

e. 曝气管不分曝气池和曝气沉砂池，均区分管径和材质，按"延长米"为计量单位。

② 其他项目

a. 集水槽制作安装分别按碳钢、不锈钢，区分厚度按"10 m²"为计量单位。

b. 集水槽制作、安装以设计断面尺寸乘以相应长度以"m²"计算，断面尺寸应包括需要折边的长度，不扣除出水孔所占面积。

c. 堰板制作分别按碳钢、不锈钢，区分厚度，按"10 m²"为计量单位。

d. 堰板安装分别按金属和非金属，区分厚度，按"10 m²"计量。金属堰板适用于碳钢、不锈钢，非金属堰板适用于玻璃钢和塑料。

e. 齿型堰板制作安装按堰板的设计宽度乘以长度，以"m²"计算，不扣除齿型间隔空隙所占面积。

f. 穿孔管钻孔项目，区分材质，按管径以"100 个孔"为计量单位。钻孔直径是综合考虑取定的，不论孔径大小，均不作调整。

g. 斜板、斜管安装仅是安装费，按"10 m²"为计量单位。

h. 格栅制作安装区分材质，按格栅重量以"吨"为计量单位，制作所需的主材应区分规格、型号，分别按定额中规定的使用量计算。

（7）模板、钢筋、井字架工程

① 现浇混凝土构件模板按构件与模板的接触面积以"m²"计算。

② 预制混凝土构件模板，按构件的实体积以"m³"计算。

③ 砖、石拱圈的拱盔和支架均以拱盔与圈弧弧形接触面积计算，并执行第三册《桥涵工程》的相应项目。

④ 各种材质的地模胎膜，按施工组织设计的工程量，并应包括操作等必要的宽度以"m²"计算，执行第三册《桥涵工程》相应项目。

⑤ 井字架区分材质和搭设高度以"架"为单位计算，每座井计算一次。

⑥ 井底流槽按浇注的混凝土流槽与模板的接触面积计算。

⑦ 钢筋工程，应区别现浇、预制，分别按设计长度乘以单位重量以"t"计算。

⑧ 计算钢筋工程量时，设计已规定搭接长度的，按规定搭接长度计算；设计未规定搭接长度的，已包括在钢筋的损耗中，不另计算搭接长度。

⑨ 先张法预应力钢筋，按构件外形尺寸计算长度，后张法预应力钢筋按设计图规定的预应力钢筋预留孔道长度，并区别不同锚具，分别按下列规定计算：

a. 钢筋两端采用螺杆锚具时，预应力的钢筋按预留孔道长度减 0.35 m，螺杆另计。

b. 钢筋一端采用镦头插片、另一端采用螺杆锚具时，预应力钢筋长度按预留孔道长度计算。

c. 钢筋一端采用镦头插片、另一端采用帮条锚具时，增加 0.15 m；如两端均采用帮条锚具，预应力钢筋共增加长度 0.3 m。

d. 采用后张混凝土自锚时，预应力钢筋共增加长度 0.35 m。

e. 钢筋混凝土构件预埋铁件，按设计图示尺寸以"t"为单位计算工程量。

【例 4.4.24】 某工程有非定型井 5 座，其中 1.3 m 深的井 2 座，每座有盖板 3 块；1.8 m 深的井 3 座，每座有盖板 5 块，盖板尺寸配筋如图 4.4.32 所示，试计算盖板模板、钢筋用量以及井字架工程量(盖板为预制，钢筋保护层 2 cm)。

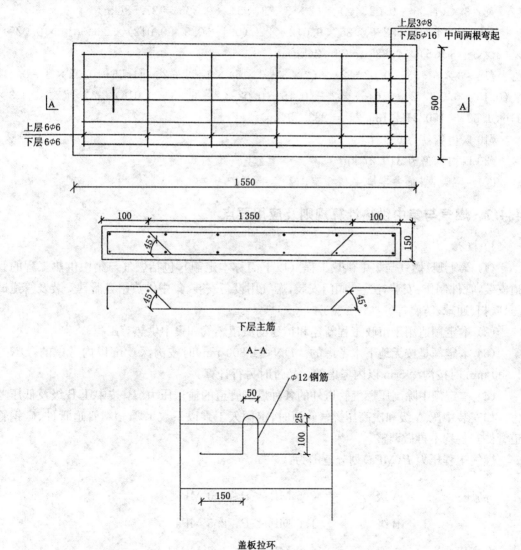

图 4.4.32　盖板钢筋布置图

【相关知识】

① 预制混凝土构件模板，按构件的实体积以"m³"计算。

② 钢筋工程，应区别现浇、预制，分别按设计长度乘以单位重量，以"t"计算。

③ 井字架区分材质和搭设高度以"架"为单位计算,每座井计算一次(深度 1.5 m 以内的井不予计算井字架)。

【解】

① 盖板模板

$$V = (2 \times 3 + 3 \times 5) \times 1.55 \times 0.5 \times 0.15 = 2.44 (\text{m}^3)$$

② 钢筋用量

$\phi 6$　$6 \times 2 \times (0.5 - 0.02 \times 2) \times (2 \times 3 + 3 \times 5) \times 0.222 = 25.73 (\text{kg})$

$\phi 8$　$3 \times (1.55 - 0.02 \times 2) \times (2 \times 3 + 3 \times 5) \times 0.395 = 37.58 (\text{kg})$

$\phi 12$　$2 \times [0.15 \times 2 + 6.25 \times 0.012 \times 2 + (0.1 - 0.5 \times 0.012) \times 2 + 3.14 \times 0.025)]$ $\times (2 \times 3 + 3 \times 5) \times 0.888 = 26.72 (\text{kg})$

$\phi 16$　$3 \times (1.55 - 0.02 \times 2) \times (2 \times 3 + 3 \times 5) \times 1.58 + 2 \times [1.55 - 0.02 \times 2 + 0.414$ $\times (0.15 - 0.02 \times 2 - 0.016) \times 2 + (0.15 - 0.02 \times 2 + 6.25 \times 0.016) \times 2] \times (2 \times 3 + 3 \times 5) \times 1.58 = 150.31 + 133.24 = 283.55 (\text{kg})$

$\phi 10$ 以内钢筋为 63.31 kg

$\phi 20$ 以内钢筋为 310.27 kg

③ 井字架:搭拆井字脚手架 3 架。

4.4.7　燃气与集中供热计算规则及应用要点

1) 概况

(1) 第七册《燃气与集中供热工程》(以下简称本定额),包括燃气与集中供热工程的管道安装,管件制作、安装,法兰、阀门安装,燃气用设备安装、集中供热用容器具安装及管道试压、吹扫、通球、防腐等。

(2) 本定额适用于市政工程新建和扩建的城镇燃气和集中供热等工程。

(3) 本定额是按无地下水考虑的。$DN \leqslant 1\ 800$ mm 时按沟深 3 m 以内考虑的,$DN >$ $1\ 800$ mm 时按沟深 5 m 以内考虑的。超过时另行计算。

(4) 本定额中除高压燃气管道外的各种燃气管道的输送压力(P)按中压 B 级及低压考虑。如安装中压 A 级和次高压燃气管道时,定额人工乘以系数 1.3,塑料管道管件、碳钢管道管件安装均不再做调整。

燃气工程压力 P(MPa)划分范围为:

高压	A 级	2.5 MPa$< P \leqslant$4.0 MPa
	B 级	1.6 MPa$< P \leqslant$2.5 MPa
次高压	A 级	0.8 MPa$< P \leqslant$1.6 MPa
	B 级	0.4 MPa$< P \leqslant$0.8 MPa
中压	A 级	0.2 MPa$< P \leqslant$0.4 MPa
	B 级	0.01 MPa$< P \leqslant$0.2 MPa

低压 $P\leqslant 0.01$ MPa

（5）本定额中集中供热工程压力 P（MPa）划分范围：

低压 $P\leqslant 1.6$ MPa

中压 1.6 MPa$<P\leqslant 2.5$ MPa

表 4.4.11 热力管道设计参数标准

介质名称	温度（℃）	压力（MPa）
蒸汽	$T\leqslant 350$	$P\leqslant 1.6$
热水	$T\leqslant 200$	$P\leqslant 2.5$

（6）市政管道与安装管道以两者碰头处为界。建筑小区及厂区燃气管以区内建筑物入口变径或阀门处为界,燃气管以引入管与室内管墙外碰通点为界。

2）工程量计算规则及举例

（1）管道安装

① 本章中各种管道的工程量均按延长米计算,管件、阀门、法兰所占长度已在管道施工损耗中综合考虑,计算工程量时均不扣除其所占长度。

② 埋地钢管使用套管时（不包括顶进的套管）,按套管管径套用同一安装项目。套管封堵的材料费可按实际耗用量另行计算。

③ 铸铁管安装按 N1 和 X 型接口计算,如采用 N 型和 SMJ 型人工乘以系数 1.05。

④ 管道安装总工程量不足 50 m 时,管径≤300 mm 时其人工和机械耗用量均乘以系数 1.67；管径>300 mm 时其人工和机械耗用量均乘以系数 2.00。

⑤ 塑料管安装中如铺设保护盖板,人工增加 10%。

（2）管件制作、安装

挖眼接管加强筋已综合考虑。

（3）法兰、阀门安装

① 阀门解体、检查和研磨,已包括一次试压,超过一次试压的,按实际发生的数量,套相应项目执行。

② 阀门压力试验介质是按水考虑的,如设计要求其他介质,可按实调整。

③ 定额内垫片均按橡胶石棉板考虑,如垫片材质与实际不符时,可按实调整。

④ 各种法兰、阀门安装,定额中只包括一个垫片,不包括螺栓使用量,螺栓用量参考表 4.4.12、表 4.4.13。

表 4.4.12 平焊法兰安装用螺栓用量表

外径×壁厚	规格	重量（kg）	外径×壁厚	规格	重量（kg）
57×4.0	M12×50	0.319	377×10.0	M20×75	3.906
76×4.0	M12×50	0.319	426×10.0	M20×80	5.420
89×4.0	M16×55	0.635	478×10.0	M20×80	5.420
108×5.0	M16×55	0.635	529×10.0	M20×85	5.840
133×5.0	M16×60	1.338	630×8.0	M22×85	8.890

续表 4.4.12

外径×壁厚	规格	重量(kg)	外径×壁厚	规格	重量(kg)
159×6.0	M16×60	1.338	720×10.0	M22×90	10.668
219×6.0	M16×65	1.404	820×10.0	M27×95	19.962
273×8.0	M16×70	2.208	920×10.0	M27×100	19.962
325×8.0	M20×70	3.747	1 020×10.0	M27×105	24.633

表 4.4.13 对焊法兰安装用螺栓用量表

外径×壁厚	规格	重量(kg)	外径×壁厚	规格	重量(kg)
57×3.5	M12×50	0.319	325×8.0	M20×75	3.906
76×4.0	M12×50	0.319	377×9.0	M20×75	3.906
89×4.0	M16×60	0.669	426×9.0	M20×75	5.208
108×4.0	M16×60	0.669	478×9.0	M20×75	5.208
133×4.5	M16×65	1.404	529×9.0	M20×80	5.420
159×5.0	M16×65	1.404	630×9.0	M22×80	8.250
219×6.0	M16×70	1.472	720×9.0	M22×80	9.900
273×8.0	M16×75	2.310	820×10.0	M27×85	18.804

⑤ 中压法兰、阀门安装套用低压相应项目,其人工乘以系数 1.2。

(4) 燃气用设备安装

① 凝水缸安装

碳钢凝水缸安装未包括缸体、套管、抽水管的刷油、防腐,应按不同设计要求另行套用其他定额相应项目计算。

② 各种调压器安装

a. 雷诺式调压器、T 型调压器(TMJ、TMZ)安装是指调压器成品安装,调压站内组装的各种管道、管件、各种阀门,根据不同设计要求,套用相应的定额项目另行计算。

b. 箱式调压器(用户调压器)安装是指调压器主体安装,定额已包括调压器的箱、托(支)架等安装用人工,材料未计。

c. 各类型调压器成品若不包括过滤器、萘油分离器(脱萘筒)、安全放散装置(包括水封),则可套用本定额相应项目另行计算。

d. 本定额过滤器、萘油分离器均按成品件考虑。

③ 检漏管安装是按在套管上钻眼攻丝安装考虑的,已包括小井砌筑。

④ 煤气调长器按焊接法兰考虑的,如采用直接对焊时,应减掉法兰安装用材料,其他不变。

⑤ 煤气调长器按三波考虑的,如安装三波以上者,其人工乘以系数 1.33,其他不变。

(5) 集中供热用容器具安装

① 碳钢波纹补偿器是按焊接法兰考虑的,如直接焊接时,应减掉法兰安装用材料,其他不变。

② 法兰用螺栓按表 4.4.12 和表 4.4.13 螺栓用量表选用。

（6）管道试压、吹扫

① 强度试验,气密性试验项目,分段试验合格后,如需总体试压和发生二次或二次以上试压时,应再套用本定额相应项目计算试压费用。

② 管线总长度未满 100 m 者,以 100 m 计,超过 100 m 者按实际长度计算。

③ 管道总试压按每 1 km 为一个打压次数,执行本定额一次项目,不足 0.5 km 按实计算,超过 0.5 km 计算一次。

④ 高压管道压力试验套用低中压相应定额,其人工乘以系数 1.3。

（7）其他项目

① 管道防腐长度按管道设计长度计算。

② 管道防腐保护层缠绕塑料布按外表面积计算,外表面积（m²）用量详见表 4.4.14：

表 4.4.14　缠绕塑料布用量换算表　　　　　　　　　　（单位：m²）

管　径（mm）	45	57	76	80	108	159	219	273
二油一布	0.17	0.21	0.27	0.31	0.37	0.53	0.72	0.89
三油二布	0.18	0.22	0.28	0.32	0.38	0.54	0.73	0.90
四油三布	0.20	0.23	0.29	0.33	0.39	0.55	0.74	0.91
管　径（mm）	325	426	529	630	720	820	920	1 020	1 220
二油一布	1.05	1.37	1.69	2.01	2.29	2.60	2.92	3.23	3.86
三油二布	1.06	1.38	1.70	2.02	2.30	2.61	2.93	3.24	3.87
四油三布	1.07	1.39	1.71	2.03	2.31	2.63	2.94	3.25	3.88

③ 各种管道的管件,阀件和设备上的人孔管口及凹凸部分均已综合考虑在定额内,不得另行计算。

④ 金属面刷油已综合考虑了手工除锈所需工料,不得另行计算。

⑤ 带气操作时增加的费用,按人工费的 10% 计算。

【例 4.4.25】　有两个煤气管道工程,一个是低压煤气管道,另一个是中压煤气管道。试根据图 4.4.33～图 4.4.34 中标示尺寸提取工程量和设备管件的数量。

【解】　A. 低压煤气管道工程工程量汇总见表 4.4.15。

表 4.4.15　低压煤气管道工程量

工程项目	规格型号	单位	数量
铸铁管	Dg200	m	223
凝水缸	Dg200	套	1
接轮	Dg200	个	3
曲管	200×90	个	1
丁字管	200×200	件	1

B. 中压煤气管道工程工程量汇总见表 4.4.16。

表 4.4.16 中压煤气管道工程量

工程项目	规格型号	单位	数量
铸铁管	Dg300	m	450
凝水缸	Dg300	套	3
接轮	Dg300	个	2
曲管	450×300	个	2
曲管	90×300	个	2

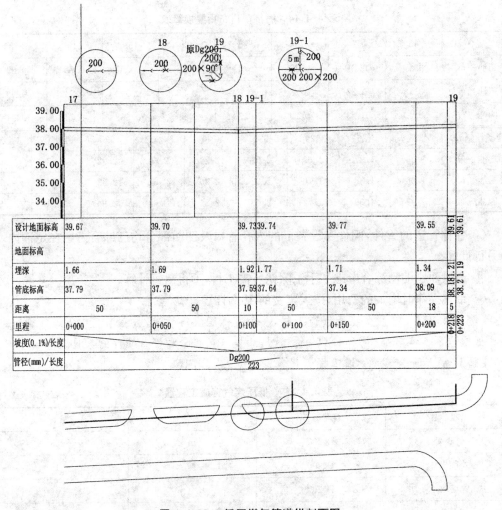

图 4.4.33 低压煤气管道纵剖面图

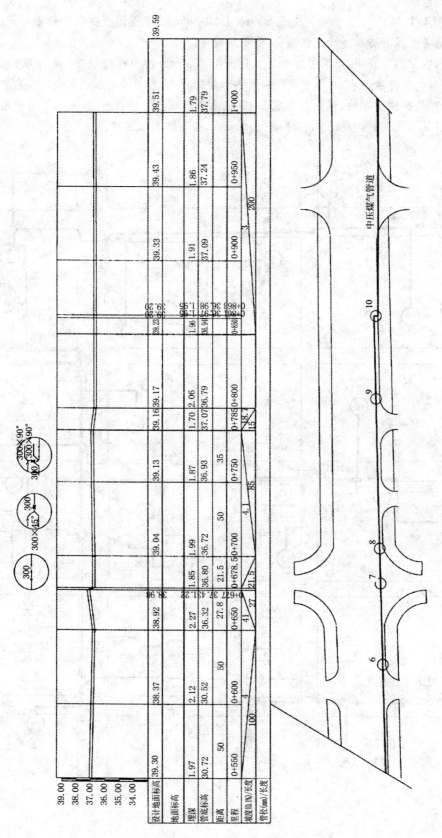

图 4.4.34　中压煤气管道纵剖面图

【例 4.4.26】 某供热管网工程如图 4.4.35 所示,试根据图纸提取工程量和阀门、设备等数量,并依据管道长度确定保温层、保护层数量。

注:在实例工程中,所采用的管道直径大于 425 mm 的为螺纹钢管,小于 425 mm 的为无缝钢管。管外径为 $\phi630$ 的管道所用弯头为焊制弯头,其他采用压制弯头。室内管道保温层采用矿渣棉保温瓦块,保温层厚度为 40 mm,用玻璃丝布做保护层;室外管道采用直埋方式,保温层采用聚氨酯现场喷涂,厚度为 40 mm,外用塑料布缠绕。

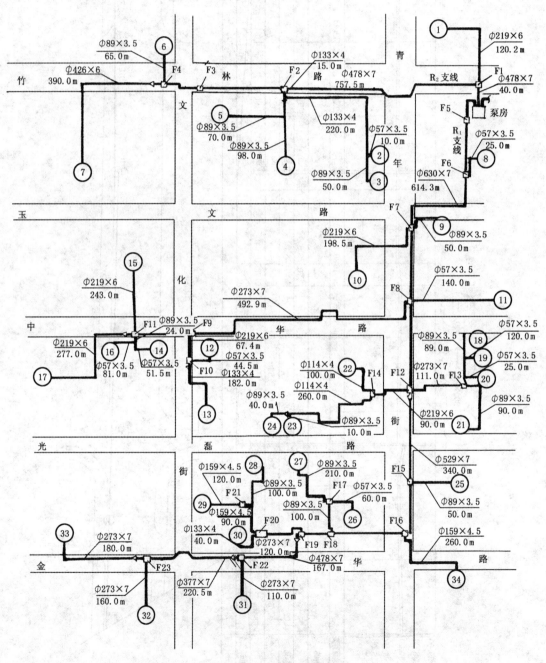

图 4.4.35 集中供热管网图

【解】 根据图纸算出的供热管网工程的工程量汇总见表 4.4.17,工程量计算见表 4.4.18。

表 4.4.17 热管网工程量汇总表

材料名称	规格型号	单位	数量
焊接螺纹钢管	φ630×7	m	614.3
焊接螺纹钢管	φ529×7	m	340.0
焊接螺纹钢管	φ478×7	m	964.5
焊接螺纹钢管	φ426×6	m	390.0
焊接无缝钢管	φ377×7	m	220.5
焊接无缝钢管	φ273×7	m	1 173.9
焊接无缝钢管	φ219×6	m	995.9
焊接无缝钢管	φ159×4.5	m	630.0
焊接无缝钢管	φ133×4	m	442.0
焊接无缝钢管	φ114×4	m	360.0
焊接无缝钢管	φ89×3.5	m	1 153.1
焊接无缝钢管	φ57×3.5	m	140.0
法兰阀门	Dg600	个	2
法兰阀门	Dg450	个	3
法兰阀门	Dg400	个	2
法兰阀门	Dg250	个	14
法兰阀门	Dg200	个	12
法兰阀门	Dg150	个	6
法兰阀门	Dg100	个	10
法兰阀门	Dg80	个	16
法兰阀门	Dg50	个	8
焊接弯头 90°	φ630×7	个	8
焊接弯头 90°	φ529×7	个	2
焊接弯头 90°	φ478×7	个	8
焊接弯头 90°	φ426×6	个	2
焊接弯头 45°	φ478×7	个	8
压制弯头	φ377×7	个	8
压制弯头	φ273×7	个	28
压制弯头	φ219×6	个	16
变径管	φ630×529×7	个	2

续表 4.4.17

材料名称	规格型号	单位	数量
变径管	$\phi630\times529\times7$	t	0.2
变径管	$\phi529\times478\times7$	个	2
变径管	$\phi529\times478\times7$	t	0.17
变径管	$\phi478\times377\times7$	个	2
变径管	$\phi478\times377\times7$	t	0.07
变径管	$\phi478\times426\times7$	个	2
变径管	$\phi478\times426\times7$	t	0.08
变径管	$\phi273\times219\times7$	个	2
变径管	$\phi273\times219\times7$	t	0.04
变径管	$\phi377\times273\times7$	个	2
变径管	$\phi377\times273\times7$	t	0.11
挖眼接管	$\phi273\times7$	处	10
挖眼接管	$\phi219\times6$	处	10
管道保温	$\delta=40\text{ mm}$	m³	266.44
塑料布保护		m²	8 635.42

表 4.4.18 工程量计算表

材料名称	规格型号	单位	数量
R_1 支线			
1. 主干线：			
焊接螺纹钢管	$\phi630\times7$	m	614.3
焊接螺纹钢管	$\phi529\times7$	m	340.0
焊接螺纹钢管	$\phi478\times7$	m	167.0
焊接无缝钢管	$\phi377\times7$	m	220.5
2. 各支线：			
⑧ 焊接无缝钢管	$\phi57\times3.5$	m	25
⑨ 焊接无缝钢管	$\phi89\times3.5$	m	50
⑩ 焊接无缝钢管	$\phi219\times6$	m	198.5
⑪～⑰ 焊接无缝钢管	$\phi273\times7$	m	492.9
焊接无缝钢管	$\phi219\times6$ $(67.4+243.0+277.0)$	m	587.4
焊接无缝钢管	$\phi89\times3.5$ $(44.6+51.5+84)$	m	180.1
焊接无缝钢管	$\phi133\times4$	m	182

续表 4.4.18

材料名称	规格型号	单位	数量
⑱～㉑焊接无缝钢管	$\phi273\times7$	m	111
焊接无缝钢管	$\phi89\times3.5$ $(89+90)$	m	179
焊接无缝钢管	$\phi57\times3.5$ $(20+25)$	m	45
㉒～㉔焊接无缝钢管	$\phi219\times6$	m	90
焊接无缝钢管	$\phi114\times4$ $(100+260)$	m	360
焊接无缝钢管	$\phi89\times3.5$ $(40+10)$	m	50
㉕ 焊接无缝钢管	$\phi159\times4.5$	m	160
㉕～㉚无缝钢管	$\phi57\times3.5$	m	60
无缝钢管	$\phi89\times3.5$ $(100+210+100)$	m	410
无缝钢管	$\phi133\times4$	m	40
无缝钢管	$\phi159\times4.5$ $(120+90)$	m	210
无缝钢管	$\phi273\times7$	m	120
㉛ 无缝钢管	$\phi273\times7$	m	110
㉜ 无缝钢管	$\phi273\times7$	m	160
㉝ 无缝钢管	$\phi273\times7$	m	180
㉞ 无缝钢管	$\phi159\times4.5$	m	260
R_1 支线			
干线			
焊接螺纹钢管	$\phi478\times7$ $(40.0+757.5)$	m	797.5
各支线			
① 无缝钢管	$\phi219\times6$	m	120
②～③ 无缝钢管	$\phi133\times4$	m	220
无缝钢管	$\phi89\times3.5$	m	50
无缝钢管	$\phi57\times3.5$	m	10
④～⑤ 无缝钢管	$\phi89\times3.5$ $(70+98)$	m	168
⑥ 无缝钢管	$\phi89\times3.5$	m	66
⑦ 无缝钢管	$\phi426\times6$	m	390

续表 4.4.18

材料名称	规格型号	单位	数量
R_1 支线			
阀门			
F5	Dg600	个	2
F6	Dg50	个	2
F7	Dg200	个	2
	Dg80	个	2
F8	Dg250	个	2
F9	Dg50	个	2
F10	Dg250	个	2
	Dg200	个	2
	Dg100	个	2
	Dg50	个	2
F11	Dg200	个	4
	Dg80	个	2
F12	Dg250	个	2
	Dg200	个	2
F13	Dg80	个	4
F14	Dg100	个	4
F15	Dg80	个	2
F16	Dg150	个	2
F17	Dg80	个	2
	Dg50	个	2
F18	Dg80	个	2
F19	Dg250	个	2
	Dg150	个	2
F20	Dg100	个	2
F21	Dg150	个	2
F22	Dg250	个	2
F23	Dg250	个	4
R_2 支线			
阀门			
F1	Dg450	个	2
	Dg200	个	2
F2	Dg100	个	2
F3	Dg450	个	1

续表 4.4.18

材料名称	规格型号	单位	数量
F4	Dg400	个	2
	Dg80	个	2
R_1 支线			
1. 干线管件：			
焊制弯头 90°	ϕ630×7	个	8
焊制弯头 90°	ϕ529×7	个	2
焊制弯头 90°	ϕ478×7	个	2
压制弯头 45°	ϕ377×7	个	8
变径管	ϕ630×529×7	个	2
变径管	ϕ529×478×7	个	2
变径管	ϕ478×377×7	个	2
变径管	ϕ377×273×7	个	2
2. 各支线管件：			
⑩ 挖眼接管	ϕ219×6	处	2
弯头 90°	ϕ219×6	个	6
⑫～⑰ 挖眼接管	ϕ273×7	处	2
挖眼接管	ϕ219×6	处	4
弯头 90°	ϕ273×7	个	16
弯头	ϕ219×6	个	4
变径管	ϕ273×219×7	个	2
⑱～㉑挖眼接管	ϕ273×7	处	2
弯头 90°	ϕ273×7	个	4
㉒～㉔挖眼接管	ϕ219×6	处	2
弯头	ϕ219×6	个	4
㉘～㉙挖眼接管	ϕ273×7	处	2
弯头	ϕ273×7	个	6
㉛ 挖眼接管	ϕ273×7	处	2
㉜ 挖眼接管	ϕ273×7	处	2
㉝ 弯头 90°	ϕ273×7	个	2
R_2 干线			
弯头 90°	ϕ478×7	个	6
弯头 45°	ϕ478×7	个	8
变径管	ϕ478×426×7	个	2

续表 4.4.18

材料名称		规格型号	单位	数量
各支线				
① 挖眼接管		$\phi219\times6$	处	2
弯头		$\phi219\times6$	个	2
⑦ 弯头		$\phi426\times6$	个	2
管道保温			m³	266.44
其中	$\phi630 \quad L=614.3$	$V=\pi(D+\delta+\delta\times3.3\%)\times1.033\delta L$ D——管外径 δ——保温层厚 L——管长 3.3%——绝热层厚度允许偏差数	m³	3.93
	$\phi529 \quad L=340.0$		m³	25.21
	$\phi478 \quad L=964.5$		m³	65.07
	$\phi426 \quad L=390.0$		m³	23.68
	$\phi377 \quad L=220.5$		m³	11.99
	$\phi273 \quad L=1\,173.9$		m³	47.97
	$\phi219 \quad L=995.9$		m³	33.57
	$\phi159 \quad L=630.0$		m³	16.41
	$\phi133 \quad L=442.0$		m³	10.02
	$\phi114 \quad L=360.0$		m³	7.27
	$\phi89 \quad L=1\,153.1$		m³	19.53
	$\phi57 \quad L=140.0$		m³	1.79
塑料布保护层			m²	8 635.42
其中	$\phi630 \quad L=614.3$	$S=\pi(D+2\delta+2\delta\times5\%)$ D——管外径 δ——保温层厚 5%——绝热层材料允许偏差系数	m²	1 377.24
	$\phi529 \quad L=340.0$		m²	654.44
	$\phi478 \quad L=964.5$		m²	1 702.03
	$\phi426 \quad L=390.0$		m²	624.55
	$\phi377 \quad L=220.5$		m²	319.18
	$\phi273 \quad L=1\,173.9$		m²	1 315.92
	$\phi219 \quad L=995.9$		m²	947.52
	$\phi159 \quad L=630.0$		m²	480.70
	$\phi133 \quad L=442.0$		m²	301.70
	$\phi114 \quad L=360.0$		m²	223.82
	$\phi89 \quad L=1\,153.1$		m²	626.34
	$\phi57 \quad L=140.0$		m²	61.98

【例 4.4.27】 某加压泵站工程的平面图、系统图、剖面图、系统轴侧图分别见图 4.4.36~图 4.4.39。该系统是由主供水管开始,沿水流方向至水泵入口,经供水泵加压后,沿供水干管至 R_1 支线与 R_2 支线,这一系统构成供水加压系统。其次由 R_1 支线、R_2 支线回水合流后至回水升压泵回到主回水管,构成回水加压系统。在回水干管与主供水干管之间有一混水管。在各设备的前后有连接管和旁通管等。试根据工程图纸及工程量计算规则计算相关工程量。

【解】 算得的工程量汇总如表 4.4.19 所示。

表 4.4.19　工程量汇总表

序号	工程名称	规格型号	单位	数量
1	水泵安装	S350-26、S350-44	台	6
2	焊接螺纹钢管	φ630×7	m	98.77
3	焊接螺纹钢管	φ529×7	m	3.3
4	焊接螺纹钢管	φ478×7	m	11.3
5	焊接无缝钢管	φ377×9	m	87.14
6	焊接无缝钢管	φ325×8	m	27.4
7	焊接无缝钢管	φ273×7	m	12.2
8	法兰闸阀	Dg600	个	7
9	法兰闸阀	Dg500	个	1
10	法兰闸阀	Dg450	个	7
11	法兰闸阀	Dg350	个	14
12	法兰闸阀	Dg300	个	6
13	法兰闸阀	Dg250	个	2
14	电动阀门	Dg450	个	1
15	自动阀门	Dg600	个	2
16	自动阀门	Dg300	个	1
17	手动调节阀	Dg300	个	3
18	旋启式逆止阀	Dg350	个	6
19	旋启式逆止阀	Dg250	个	4
20	重锤式安全阀	Dg50	个	4
21	弹簧压力表	Y-150	块	17
22	温度计	WNG0~100℃	只	3
23	焊制弯头	φ630	个	14
24	压制弯头	φ478	个	1
25	压制弯头	φ377	个	19
26	压制弯头	φ325	个	5
27	异径管	φ630×478	个	2
28	异径管	φ529×478	个	1
29	挖眼接管	φ478	处	4
30	挖眼接管	φ377	处	18
31	挖眼接管	φ325	处	10
32	挖眼接管	φ273	处	8
33	堵板	Dg600	个	6
34	流量孔板	Dg300	个	1
35	矿渣棉保温层	φ500 下 δ=40	m³	7.29
36	矿渣棉保温层	φ500 上 δ=40	m³	8.84
37	管道支架		kg	764.8
38	除污器安装		个	3

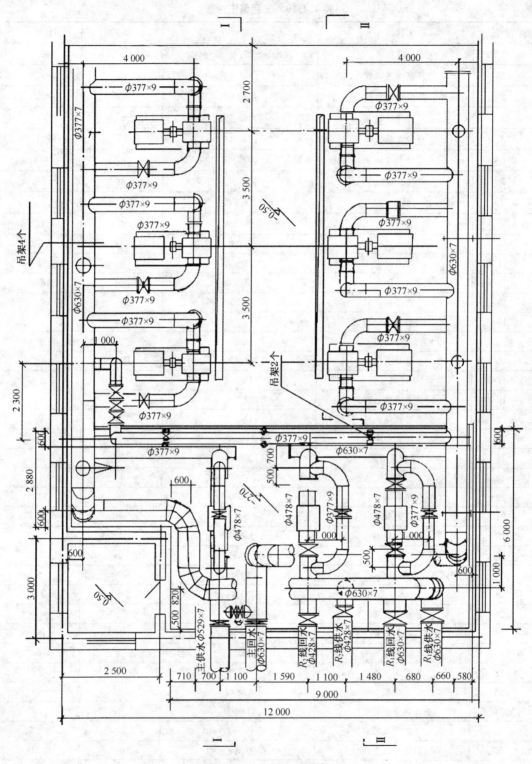

图 4.4.36　泵站平面图

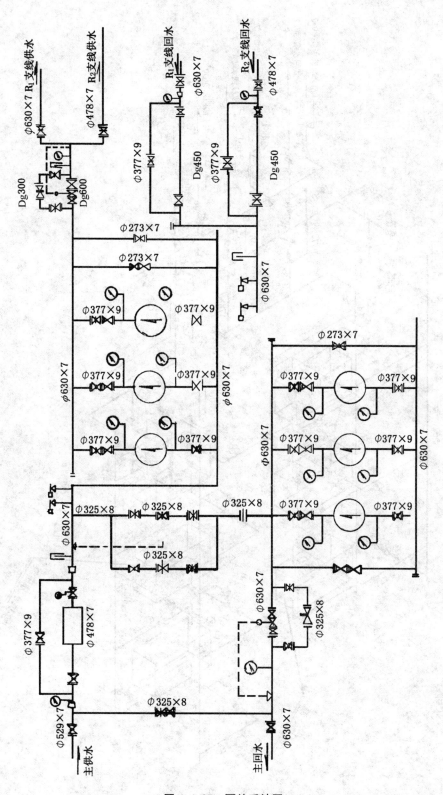

图 4.4.37 泵站系统图

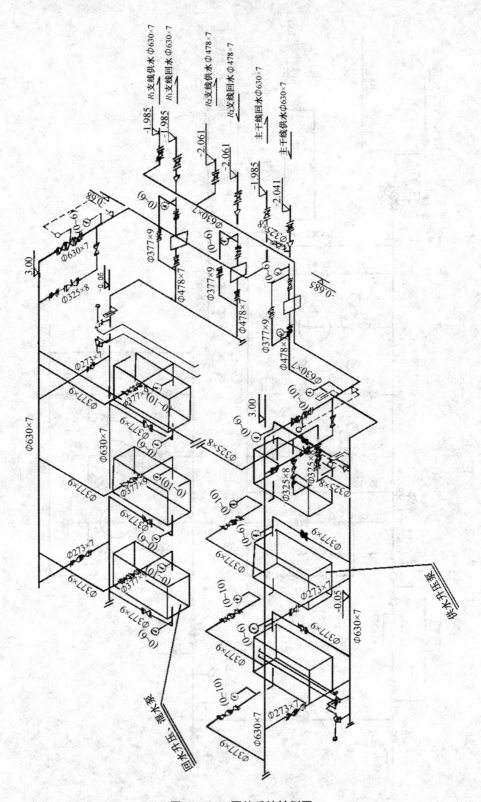

图 4.4.38　泵站系统轴侧图

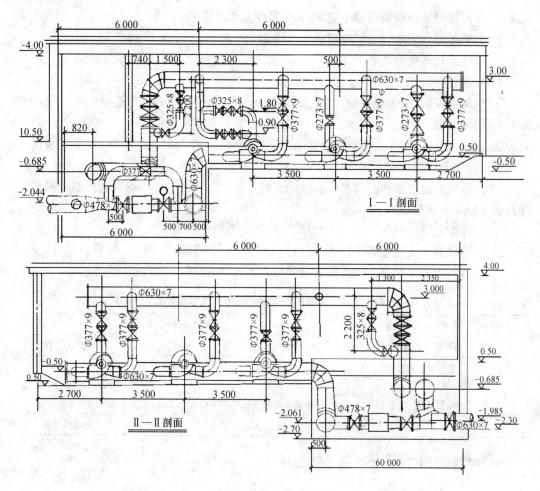

图 4.4.39 泵站剖面图

4.4.8 路灯工程计算规则及应用要点

1）概况

（1）第八册《路灯工程》（以下简称本定额），包括变配电设备、架空线路、电缆、配管配线、照明器具安装、防雷接地装置、路灯灯架制作安装、刷油防腐、电气调整试验等工程。

（2）本定额适用于新建、扩建的市政道路路灯安装工程、市政庭院艺术喷泉等电气安装工程的项目，不适用于拆除、改造、厂区、住宅小区的道路路灯安装工程、庭院艺术喷泉等电气设备安装工程。

（3）本定额与《全国统一安装工程预算定额》相关项目的界线划分，以路灯系统与城市供电系统相交为界，界线以内采用本定额，界线以外采用安装定额。

（4）本定额不包括线路参数的测定和运行工作。

（5）本定额适用于 10 kV 以下电压等级。

（6）下列情况可按系数计算增加费用：

① 安装与生产同时进行，人工费增加 10%。

② 在有害身体健康的环境中施工,人工费增加10%。

③ 如施工现场无水、电时,机械费相应增加2%及3%。

2)工程量计算规则及举例

(1)变配电设备工程

① 变压器安装,按不同容量以"台"为计量单位。一般情况下不需要变压器干燥,如确实需要干燥,可执行《江苏省安装工程计价定额》相应项目。

② 变压器油过滤,不论过滤多少次,直到过滤合格为止。以"吨"为单位计算工程量,变压器油的过滤量可按制造厂提供的油量计算。

③ 高压成套配电柜和组合箱式变电站安装,以"台"为计量单位,均未包括基础槽钢、母线及引下线的配置安装。

④ 各种配电箱、柜安装均按不同半周长以"套"为单位计算。

⑤ 铁构件制作安装按施工图示,以"100 kg"为单位计算。

⑥ 盘、箱、柜的外部进出电线预留长度按表4.4.20计算。

表4.4.20 盘、箱、柜的外部进出电线预留长度

序号	项目	预留长度(m/根)	说明
1	各种箱、柜、盘、板、盒	高+宽	盘面尺寸
2	单独安装的铁壳开关、自动开关、刀开关、启动器、箱式电阻器、变阻器	0.5	从安装对象中心算起
3	继电器、控制开关、信号灯、按钮、熔断器等小电器	0.3	
4	分支接头	0.2	分支线预留

⑦ 各种接线端子按不同导线截面积,以"10个"为单位计算。

(2)架空线路工程

① 底盘、卡盘、拉线盘,按设计用量,以"个"为单位计算。

② 各种电线杆组立,分材质与高度,按设计数量以"根"为单位计算。

③ 拉线制作安装,按施工图设计规定,分不同形式以"组"为单位计算。

④ 横担安装,按施工图设计规定,分不同线数以"组"为单位计算。

⑤ 导线架设,分导线类型与截面,按1 km/单线计算,导线预留长度规定如表4.4.21。

表4.4.21 架空导线预留长度表

项目名称		长度(m)
高压	转角	2.5
	分支、终端	2.0
低压	分支、终端	0.5
	交叉跳线转交	1.5
	与设备连接	0.5
	进户线	2.5

注:导线长度按线路总长加预留长度计算。

⑥ 导线跨越架设,指越线架的搭设、拆除和越线架的运输以及因跨越施工难度而增加

的工作量,以"处"为单位计算,每个跨越间距是按 50 m 以内考虑的,大于 50 m 且小于 100 m 时,按 2 处计算。

⑦ 路灯设施编号按"100 个"为单位计算;开关箱号不满 10 只按 10 只计算;路灯编号不满 15 只按 15 只计算;钉粘贴号牌不满 20 个按 20 个计算。

⑧ 混凝土基础制作以"m³"为单位计算。

⑨ 绝缘子安装以"10 个"为单位计算。

(3) 电缆工程

① 直埋电缆的挖、填土(石)方,除特殊要求外,可按表 4.4.22 计算土方量:

表 4.4.22 直埋电缆的挖、填土(石)方量

项目	电缆根数	
	1~2	每增一根
单位沟长挖方量(m³/m)	0.45	0.153

② 电缆沟盖板揭、盖定额,按每揭盖一次以"延长米"计算。如又揭又盖,则按两次计算。

③ 电缆保护管长度,除按设计规定长度计算外,遇有下列情况,应按以下规定增加保护管长度:

a. 横穿道路,按路基宽度两端各加 2 m。

b. 垂直敷设时管口离地面加 2 m。

c. 穿过建筑物外墙时,按基础外缘以外加 2 m。

d. 穿过排水沟,按沟壁外缘以外加 1 m。

④ 电缆保护管埋地敷设时,其土方量有施工图注明的,按施工图计算;无施工图的,一般按沟深 0.9 m,沟宽按最外边的保护管两侧边缘外各加 0.3 m 工作面计算。

⑤ 电缆敷设按单根"延长米"计算。

⑥ 电缆敷设长度应根据敷设路径的水平和垂直敷设长度,另加表 4.4.23 规定的附加长度:

表 4.4.23 电缆敷设附加长度

序号	项目	预留(附加)长度(m)	说明
1	电缆敷设弛度、波形弯度、交叉	2.5%	按电缆全长计算
2	电缆进入建筑物	2.0	规范规定最小值
3	电缆进入沟内或吊架时引上(下)预留	1.5	规范规定最小值
4	变电所进线、出线	1.5	规范规定最小值
5	电力电缆终端头	1.5	检修余量最小值
6	电缆中间接头盒	两端各留 2.0	检修余量最小值
7	电缆进控制、保护屏及模拟盘等	高+宽	按盘面尺寸
8	高压开关柜及低压配电盘、箱	2.0	盘下进出线
9	电缆至电动机	0.5	从电动机接线盒算起
10	电缆绕过梁柱等增加长度	按实计算	按被绕物的断面情况计算增加长度

注:电缆附加及预留长度是电缆敷设长度的组成部分,应计入电缆长度工程量之内。

⑦ 电缆终端头及中间头均以"个"为计量单位。一根电缆按两个终端头,中间头设计有图示的按图示确定,没有图示的按实际计算。

（4）配管配线工程

① 各种配管的工程量计算,应区别不同敷设方式、敷设位置、管材材质、规格,以"延长米"为计量单位。不扣除管路中间的接线箱（盒）、灯盒、开关盒所占长度。

② 定额中未包括钢索架设及拉紧装置、接线箱（盒）、支架的制作安装,其工程量另行计算;钢索架设工程量计算,应区分圆钢、钢索直径,按图示墙柱内缘距离,按延长米计算,不扣除拉紧装置所占长度;接线盒安装工程量计算,应区别安装形式,以及接线盒类型,以"10个"为单位计算。

③ 管内穿线定额工程量计算,应区别线路性质、导线材质、导线截面积,按单线延长米计算。线路的分支接头线的长度已综合考虑在定额中,不再计算接头长度。

④ 塑料护套线明敷设工程量计算,应区别导线截面积、导线芯数、敷设位置,按单线路"延长米"计算。

⑤ 母线拉紧装置及钢索拉紧装置制作安装工程量计算,应区别母线截面积、花篮螺栓以"10套"为单位计算;带形母线安装工程量计算,应区分母线材质、母线截面积、安装位置,按"延长米"计算。

⑥ 开关、插座、按钮等的预留线,已分别综合在相应定额内,不另计算。

⑦ 在镀锌钢管地埋敷设和硬塑管地埋敷设子目材料中,若在管内预置有穿电缆用的$8^{\#}\sim10^{\#}$引线,则该子目材料中应加入镀锌铁丝材料费,其每百米的重量为 12.5 kg。

⑧ 配线进入箱、柜、板的预留长度（每一根线）按表 4.4.24 计算:

表 4.4.24　配线进入箱、柜、板的预留长度

序号	项目	预留长度(m)	说明
1	各种开关、柜、板	高+宽	盘面尺寸
2	单独安装(无箱、盘)的铁壳开关、闸刀开关、启动器、线槽进出线盒等	0.3	从安装对象中心算起
3	由地面管子出口引至动力接线箱	1.0	从管口计算
4	电源与管内导线连接(管内穿线与软、硬母线接点)	1.5	从管口计算

⑨ 带形母线配制安装预留长度按表 4.4.25 计算:

表 4.4.25　带形母线配制安装预留长度

序号	项目	预留长度(m)	说明
1	带形母线终端	0.3	从最后一个支持点算起
2	带形母线与分支线连接	0.5	分支线预留
3	带形母线与设备连接	0.5	从设备端子接口算起

（5）照明器具安装工程

① 各种悬挑灯、广场灯、高杆灯灯架分别以"10套"或套"为单位计算。

② 各种灯具、照明器件安装分别以"10套"或套"为单位计算。

③ 灯杆座安装以"10只"为单位计算。

(6) 防雷接地装置工程

① 接地极制作安装以"根"为计量单位,其长度按设计长度计算,设计无规定时,按每根 2.5 m 计算,若设计有管帽时,管帽另按加工件计算。

② 接地母线敷设,按设计长度以"10 m"为计量单位计算。接地母线、避雷线敷设,均按 "延长米"计算,其长度按施工图设计水平和垂直规定长度另加 3.9% 的附加长度(包括转弯、上下波动、避绕障碍物、搭接头所占长度)。计算主材费时另加规定的损耗率。

③ 接地跨接线以"10 处"为计量单位计算。按规程规定凡需作接地跨接线的工作内容,每跨接一次按一处计算。

(7) 路灯灯架制作安装工程

① 路灯灯架制作安装按每组重量及灯架直径,以"吨"为单位计算。

② 型钢煨制胎具,按不同钢材、煨制直径以"个"为单位计算。

③ 焊缝无损探伤按被探件厚度不同,分别以"10 张"或"10 米"为单位计算。

(8) 刷油防腐工程

① 本定额不包括除微锈(标准氧化皮完全紧附,仅有少量锈点),发生时按轻锈定额的人工、材料、机械乘以系数 0.2。

② 因施工需要发生的二次除锈,其工程量另行计算。

③ 金属面刷油不包括除锈费用。

④ 本定额按安装地面刷油考虑,未考虑高空作业因素。

⑤ 油漆与实际不同时,可根据实际要求进行换算,但人工不变。

(9) 电气调整试验

① 各项调试定额均已包括本系统范围内所有设备的本体调试工作,一般不作调整,但由于控制技术发展很快,新的调试项目和调试内容不断增加,因此凡属于新增加的调试内容可以另行计算。

② 定额已包括调试用的消耗材料费和仪表使用费,两项费用合计按调试人工费的 100% 取费(其中仪表使用费平均为人工费的 95%,具体仪表费见各项定额)。本定额不包括更新换代仪表和特殊仪表使用费,新式仪表使用费可参照《全国统一安装工程预算定额》第十册《自动化控制仪表安装工程》定额的规定执行。

③ 定额不包括设备的烘干处理,电缆故障查找,以及由于设备元件缺陷造成的更换、修理和修改,也未考虑由于设备元件质量低劣对调试工效的影响,遇此情况可另行计算。

④ 本定额的调试范围只限于电气设备本身的调整试验。

⑤ 各项调试定额均包括熟悉资料、核对设备、填写试验记录和整理、编写调试报告等附属工作,但不包括试验仪表装置的转移费用。

⑥ 送配调试定额中的 1 kV 以下定额适用于所有低压供电回路。供电系统调试包括系统内的电缆试验、瓷瓶耐压等全套调试工作。供电回路中的断路器、母线分段断路器皆作为独立的系统计算。定额皆是按一个系统一侧配一台断路器考虑的,若两侧皆有断路器时,则按两个系统计算。

5　工程量清单计价模式下的计价原理

实行工程量清单计价后,计价的本质变革之一就是改变过去那种报价依赖国家颁布定额的状况,而改为由承包企业根据市场和企业定额自主报价,这样承包企业必须对单位工程成本、利润进行分析,统筹考虑、精心选择施工方案,并根据企业的定额合理确定人工、材料、施工机械等要素的投入与分配,优化组合,合理控制现场费用和施工技术措施费用来合理确定投标报价。因此,在工程量清单计价模式下,承包企业应认真做好施工过程中人、材、机、管理费、临时设施费等要素的测定,加强基础资料的积累,不断完善企业定额,使未来的投标报价更加切合企业实际,更能体现企业竞争力,同时不断加强企业的成本管理,以获得更多的利润。当然清单计价的本质应该这样,但由于目前许多条件还不够成熟,建筑市场真正的自主定价还没能放开,实际操作还得按清单计价规范和各地的计价定额来执行。

5.1　工程承包成本的构成要素

5.1.1　工程承包成本的含义

工程承包成本是指承包企业以施工项目作为成本核算对象的施工过程中所耗费的生产资料转移价值和劳动者的必要劳动所创造的价值的货币形式。即某施工项目在施工中所发生的全部生产费用的总和,包括所消耗的主、辅材料,构配件,周转材料的摊销费或租赁费,施工机械的台班费或租赁费,支付给生产工人的工资、奖金以及项目经理部(或分公司、工程处)一级为组织和管理工程施工所发生的全部费用支出。简单地说,就是承包企业为完成建设工程产品的施工所要付出的所有费用。这些成本可以分为两大类,即直接成本和间接成本。

5.1.2　直接成本

直接成本是指施工过程中直接耗费的构成工程实体或有助于工程实体形成的各项支出,包括人工费、材料费、机械使用费和部分措施费用。

5.1.3　间接成本

间接成本是指承包企业、项目经理部、各管理部门、环节,为施工准备、组织和管理施工生产所发生的全部管理费用及部分措施费用。

5.2 资源消耗量的测定

5.2.1 建设工程定额

1) 建设工程定额的概念

在社会生产中,为了生产某一合格产品或完成某一工作成果,都要消耗一定数量的人力、物力和财力。从个别的生产工作过程来考察,这种消耗数量,受各种生产工作条件的影响,是各不相同的。从总体的生产工作过程来考察,规定出社会平均必需的消耗数量标准,这种标准就称为定额。

不同的产品或工作成果有不同的质量要求,没有质量的规定也就没有数量的规定,因此,不能把定额看成是单纯的数量表现,而应看成是质和量的统一体。

在建筑安装工程施工生产过程中,为完成某项工程或某项结构构件,都必须消耗一定数量的劳动力、材料和机具。在社会平均生产条件下,用科学的方法和实践经验相结合,制定出生产质量合格的单位工程产品所必需的人工、材料、机械数量标准,就称为建筑安装工程定额,或简称为工程定额。

工程定额除了规定有数量消耗标准外,也要规定出它的工作内容、质量标准、生产方法、安全要求和适用的范围等。

综上所述,所谓建设工程定额,是指在一定的生产建设条件下,完成单位合格的建设工程产品所需资源消耗的数量标准。

2) 定额的地位和作用

定额是社会经济发展到一定历史阶段的产物,是为一定阶段的政治经济服务的。新中国成立后,我国于1957年由原国家建委颁发了第一部建筑安装工程定额《全国统一建筑工程预算定额》。我国的建筑安装工程定额是社会主义计划经济下的产物,长期以来,在我国计划经济体制中发挥了重要作用,实行工程量清单计价后,预算定额的作用将逐步退化。在以概预算定额计价的条件下,定额的作用体现在以下几方面。

(1) 建筑安装工程定额是完成规定计量单位分项工程计价所需的人工、材料、施工机械台班的社会平均消耗量标准。

由于经济实体受各自的生产条件包括企业的工人素质、技术装备、管理水平、经济实力的影响,其完成某项特定工程所消耗的人力、物力和财力资源存在着差别。企业技术装备低、工人素质弱、管理水平差的企业,在特定工程上消耗的活劳动(人力)和物化劳动(物力)就高,凝结在工程中的个别价值就高;反之,企业技术装备好、工人素质高、管理水平高的企业,在特定工程上消耗的活劳动和物化劳动就少,凝结在工程中的个别价值就低。综上所述,个别劳动之间存在着差异,所以有必要制定一个一般消耗量的标准,这就是定额。定额中人工、材料、施工机械台班的消耗量是在正常施工状态下的社会平均消耗量标准。这个标准有利于鞭策落后,鼓励先进,对社会经济发展具有推动作用。

(2) 定额是编制工程量计算规则、项目划分、计量单位的依据。

定额制定出以后,它的使用必须遵循一定的规则。在众多规则中,工程量计算规则是一项很重要的规则。而工程量计算规则的编制,必须依据定额进行。工程量计算规则的确定、项目划分、计量单位,以及计算方法都必须依据定额。

(3) 定额是编制建安工程地区计价定额的依据。

建安工程地区计价定额的编制过程就是根据定额规定消耗的各类资源(人、材、机)的消耗量乘以该地区基期资源价格,然后分类汇总的过程。所以计价定额实质上是"量"和"价"结合的一种定额。

(4) 定额是编制施工图预算、招标工程控制价,以及确定工程造价的依据。

定额的制定,其主要目的就是为了计价。在我国处于计划经济时代,施工图预算、招投标控制价及投标报价的编制,以及工程造价的确定,主要都是依据工程所在地的计价定额(定额的另一种形式)和行业定额来制定。

(5) 定额是编制投资估算指标的基础。

为一个拟建工程项目进行可行性研究的经济评价工作,其基础工作之一就是确定该项目的工程建设总投资和产品的建造成本。因此,正确地估算项目建设总投资是一个项目评价的关键。而建设项目投资估算的一种重要的方法就是利用估算指标来编制。

估算指标是一种比概算指标更为扩大的单位工程指标或单项工程指标。编制方法是采用有代表性的单位或单项工程的实际资料,采用现行的概、预算定额编制概、预算,或收集有关工程的施工图或结算资料,经过修正、调整,反复综合平衡,以单项工程(装置、车间)或工段(区域、单位工程)为扩大单位,来反映单位造价。如道路工程每千米多少钱,给排水工程每千米多少钱等。

(6) 定额是企业进行投标报价和进行成本核算的基础。

投标报价的过程是一个计价、分析、平衡的过程;成本核算是一个计价、对比、分析、查找原因、制定措施实施的过程。投标报价和进行成本核算的一项重要工作就是"计价",而计价的重要依据之一就是"定额",所以定额是企业进行投标报价和进行成本核算的基础。

在实行工程量清单计价后,建设工程定额的地位和作用将发生根本性的变化,其中用于计价的预算定额或地区计价定额将逐步淡化,进而由企业定额取代,各专业的资源消耗量标准仅作为编制控制价和评标的参考依据。但概算定额、估算指标需要进一步完善与加强,而且该项工作将由政府职能部门转为由行业协会来完成。

3) 建设工程定额的分类

建设工程定额的种类很多,可有不同的分类。现列举以下几种:

(1) 按生产要素来分有

① 劳动定额,也称工时定额或人工定额,是指在合理的劳动组织条件下,工人以社会平均熟练程度和劳动强度在单位时间内生产合格产品的数量。

建筑安装工程劳动定额是反映建筑产品生产中活劳动消耗量的标准数量,是指在正常的生产(施工)组织和生产(施工)技术条件下,为完成单位合格产品或完成一定量的工作所预先规定的必要劳动消耗量的标准数额。

劳动定额是建筑安装工程定额的主要组成部分,反映建筑安装工人劳动生产率的社会平均先进水平。

劳动定额有两种基本表示形式。

一是时间定额,是指在一定的生产技术和生产组织条件下,某工种、某种技术等级的工人小组或个人,完成单位合格产品所必需消耗的工作时间。定额工作时间包括工人的有效工作时间(准备与结束时间、基本工作时间、辅助工作时间)、必要的休息与生理需要时间和不可避免的中断时间。定额工作时间以工日为单位。其计算公式如下:

$$单位产品时间定额 = 1/ 每工日产量$$

二是产量定额,是指在一定的生产技术和生产组织条件下,某工种、某种技术等级的工人小组或个人,在单位时间内(工日)应完成合格产品的数量。其计算公式如下:

$$每工日产量 = 1/ 单位产品时间定额(工日)$$

② 材料消耗定额,是指在生产(施工)组织和生产(施工)技术条件正常,材料供应符合技术要求,合理使用材料的条件下,完成单位合格产品,所需一定品种规格的建筑或构、配件消耗量的标准数量。包括净用在产品中的数量和在施工过程中发生的自然和工艺性质的损耗量。

③ 机械使用台班定额,是指施工机械在正常的生产(施工)和合理的人机组合条件下,由熟悉机械性能、有熟练技术的工人或工人小组操纵机械时,该机械在单位时间内的生产效率或产品数量。也可以表述为该机械完成单位合格产品或某项工作所必需的工作时间。

机械台班定额有两种表现形式:

一是机械台班产量定额,是指在合理的劳动组织和一定的技术条件下,工人操作机械在一个工作台班内应完成合格产品的标准数量。

二是机械时间定额,是指在合理的劳动组织和一定的技术条件下,生产某一单位合格产品所必需消耗的机械台班数量。

劳动定额、材料消耗定额、机械使用台班定额反映了社会平均必需消耗的水平,它是制定各种实用性定额的基础,因此也称为基础定额。

(2) 按定额的测定对象和用途分

① 工序定额,以个别工序为测定对象,它是组成一切工程定额的基本元素,在施工中除了为计算个别工序的用工量外很少采用,但却是劳动定额成形的基础。

② 施工定额,以同一性质的施工过程为测定对象,表示某一施工过程中的人工、主要材料和机械消耗量。它以工序定额为基础综合而成,在施工企业中,用来编制班组作业计划,签发工程任务单,限额领料卡以及结算计件工资或超额奖励,材料节约奖等。施工定额是企业内部经济核算的依据,也是编制预算定额的基础。

施工定额中,只有劳动定额部分比较完整,目前还没有一套全国统一的包括人工、材料、机械的完整的施工定额。材料消耗定额和机械使用定额都是直接在预算定额中开始表现完整。

③ 预算定额,是以工程中的分项工程,即在施工图纸上和工程实体上都可以区分开的产品为测定对象,其内容包括人工、材料和机械台班使用量等三个部分。经过计价后,可编制单位估价表。它是编制施工图预算(设计预算)的依据,也是编制概算定额、概算指标的基础。

④ 概算定额,是预算定额的合并与归纳,用于在初步设计深度条件下,编制设计概算,控制设计项目总造价,评定投资效果和优化设计方案。

(3) 按定额的编制单位和执行分

① 全国统一定额,由国务院有关部门制定和颁发的定额。它不分地区,全国适用。

② 地方定额，是由各省、自治区、直辖市在国家统一指导下，结合本地区特点编制的定额，只在本地区范围内适用。

③ 行业定额，是由各行业结合本行业特点，在国家统一指导下编制的具有较强行业或专业特点的定额，一般只在本行业内部使用。

④ 企业定额，是由企业自行编制，只限于本企业内部使用的定额。

（4）按适用专业分

① 建筑工程定额。

② 安装工程定额。

③ 市政工程定额。

④ 水利工程定额等。

5.2.2 企业定额的编制

1）企业定额的性质及作用

（1）企业定额的性质

企业定额是施工企业根据本企业的施工技术和管理水平，以及有关工程造价资料制定的，供本企业使用的人工、材料和机械台班消耗量标准，是供企业内部进行经营管理、成本核算和投标报价的企业内部文件。

（2）企业定额的作用

企业定额是企业直接进行施工生产的工人在合理的施工组织和正常条件下，为完成单位合格产品或完成一定量的工作所耗用的人工、材料和机械台班使用量的标准数量。企业定额不仅能反映企业的劳动生产率和技术装备水平，同时也是衡量企业管理水平的标尺，是企业加强集约经营、精细管理的前提和主要手段，其主要作用有：

① 是编制施工组织设计和施工作业计划的依据。

② 是企业内部编制施工预算的统一标准，也是加强项目成本管理和主要经济指标考核的基础。

③ 是施工队和施工班组下达施工任务书和限额领料、计算施工工时和工人劳动报酬的依据。

④ 是企业加强工程成本管理，进行投标报价的主要依据。

2）企业定额的构成及表现形式

企业定额的编制应根据自身的特点，遵循简单、明了、准确、适用的原则。企业定额的构成及表现形式因企业的性质、取得资料的详细程度、编制的目的、编制的方法等内容的不同而不同，其构成及表现形式主要有以下几种：

（1）企业劳动定额。

（2）企业材料消耗定额。

（3）企业机械台班使用定额。

（4）企业施工定额。

（5）企业计价定额。

3）企业定额编制的程序

（1）明确企业定额编制的目的。因为编制目的决定了企业定额的适用性，同时也决定了企业定额的表现形式,例如,企业定额的编制目的如果是为了控制工耗和计算工人劳动报酬,应采取劳动定额的形式;如果是为了企业进行工程成本核算,以及为企业走向市场参与投标报价提供依据,则应采用施工定额或计价定额的形式。

(2) 确定企业定额的水平。企业定额水平的确定,是企业定额能否实现编制目的的关键。定额水平过高,背离企业现有水平,使定额在实施过程中,企业内多数施工队、班组、工人通过努力仍然达不到定额水平,不仅不利于定额在本企业内推行,还会挫伤管理者和劳动者双方的积极性;定额水平过低,起不到鼓励先进和督促落后的作用,而且对项目成本核算和企业参与市场竞争不利。

(3) 进行基础资料的收集。定额在编制时要收集大量的基础数据和各种法律、法规、标准、规程、规范文件、规定等,这些资料都是定额编制的依据。所以,在编制计划书中,要制定一份按门类划分的资料明细表。在明细表中,除一些必须采用的法律、法规、标准、规程、规范资料外,应根据企业自身的特点,选择一些能够取得适合本企业使用的基础性数据资料。

收集的资料包括:

① 现行定额,包括基础定额和预算定额;工程量计算规则。

② 国家现行的法律、法规、经济政策和劳动制度等与工程建设有关的各种文件。

③ 有关建筑安装工程的设计规范、施工及验收规范、工程质量检验评定标准和安全操作规程。

④ 现行的全国通用建筑标准设计图集、安装工程标准安装图集、定型设计图纸、具有代表性的设计图纸,地方建筑配件通用图集和地方结构构件通用图集,并根据上述资料计算工程量,作为编制定额的依据。

⑤ 有关建筑安装工程的科学实验、技术测定和经济分析数据。

⑥ 高新技术、新型结构、新研制的建筑材料和新的施工方法等。

⑦ 现行人工工资标准和地方材料预算价格。

⑧ 现行机械效率、寿命周期和价格;机械台班租赁价格行情。

⑨ 本企业近几年各工程项目的财务报表、公司账务总报表,以及历年收集的各类经济数据。

⑩ 本企业近几年各工程项目的施工组织设计、施工方案,以及工程结算资料。

⑪ 本企业近几年所采用的主要施工方法。

⑫ 本企业近几年发布的合理化建议和技术成果。

⑬ 本企业目前拥有的机械设备状况和材料库存状况。

⑭ 本企业目前工人技术素质、构成比例、家庭状况和收入水平。

(4) 对资料进行分析整理。资料收集后,要对上述资料进行分类整理、分析、对比、研究和综合测算,提取可供使用的各种技术数据。内容包括企业整体水平与定额水平的差异,现行法律、法规,以及规程规范对定额的影响,新材料、新技术对定额水平的影响等。

(5) 企业定额的形成。根据企业定额编制的目的,按照对应定额的形成,结合上述的整理数据,从而形成所需的企业定额。

(6) 企业定额的动态调整。企业定额不像国家定额,相对来说,它的稳定时间较短,应结合企业的具体情况及时进行动态调整,这样才具有竞争性与适用性。

5.2.3 人工消耗量的测定

1）技术测定法

该方法主要是利用时间测定的方法对某个施工过程的工作时间进行测定，进而得出完成单位产品所需劳动时间的消耗，其程序为：

首先，用时间测定的方法确定被选定的工作过程（施工定额标定对象）中各工序的基本工作时间和辅助工作时间，并相应地确定不可避免中断时间、准备与结束的工作时间以及休息时间占工作班延续时间的百分比。

由于基本工作和辅助工作均属于工序作业上的工作，而且其时间消耗在必需消耗的工作时间中占的比重最大。所以基本工作和辅助工作的基本时间消耗应根据观察测时资料来确定。

在确定不可避免中断时间时，必须注意区别两种不同的工作中断情况。一种是由于班组工人所担负的任务不均衡引起的中断，这种工作中断不应计入施工定额的时间消耗中，而应该通过改善班组人员编制、合理进行劳动分工来克服；另一种情况是由工艺特点所引起的不可避免中断，此项工作的时间消耗可以列入工作过程的时间定额。

不可避免中断时间根据测时资料通过整理分析获得。由于手动过程中不可避免中断发生较少，加之不易获得充足的资料，也可以根据经验数据，以占工作日的一定百分比确定此项工时消耗的时间定额。

休息时间是工人恢复体力所必需的时间，应列入工作过程时间定额。休息时间应根据工作班作息制度、经验资料、观察测时资料以及对工作的疲劳程度作全面分析来确定。应考虑尽可能利用不可避免中断时间作为休息时间。准备与结束工作时间的确定也应根据工作班的作息制度、经验资料、观察测时资料等作出全面分析来确定。

其次，计算各工序（包括基本工作和辅助工作）的标准时间消耗，并按该工作过程中各工序在工艺及组织上的逻辑关系进行综合，把各工序的标准时间综合成工作过程的标准时间消耗，该标准时间消耗即为该工作过程的定额时间。

2）比较类推法

这种方法是选用原有定额的项目来计算同类型其他相邻项目的定额的方法。例如，已知挖一类土地槽在不同槽深和槽宽的时间定额，根据各类土耗用工时的比例来推算挖二、三、四类土地槽的时间定额；又如，已知架设单排脚手架的时间定额，推算架设双排脚手架的时间定额。

比较类推的计算公式为

$$t = p \cdot t_0$$

式中，t——比较类推同类相邻定额项目的时间定额；

p——各同类相邻项目耗用工时的比例（以典型项目为1）；

t_0——典型项目的时间定额。

比较类推法计算简便而准确，但选择典型定额务必恰当而合理，类推计算结果有的需要作一定调整。这种方法适用于制定规格较多的同类型工作过程的劳动定额。

3）统计分析法

统计分析法是企业将以往施工中所积累的同类型工程项目的工时耗用量加以科学的分析、统计,并考虑施工技术与组织变化的因素,经分析研究后制定劳动定额的一种方法。

采用统计分析法需有准确的原始记录和统计工作基础,并且选择正常的及一般水平的施工班组,同时应结合施工现场的实际情况对统计数据作一定的修正。

4）经验估计法

经验估计法主要根据分析图纸、现场观察、分解施工工艺、组织条件和操作方法来估计。

采用经验估计法时,必须挑选有丰富经验的、秉公正派的工人和技术人员参加,并且要在充分调查和征求群众意见的基础上确定。在使用中要统计实耗工时,当与所制定的定额相比差异幅度较大时,说明所估计的定额不具有合理性,要及时修订。

5.2.4 材料消耗量的测定

1）材料消耗量的含义

材料消耗量是指在合理使用材料的条件下,完成单位合格施工作业过程(工作过程)的施工任务所需消耗一定品种、一定规格的建筑材料(包括半成品、燃料、配件、水、电等)的数量标准。

在工程项目建设的直接成本中,材料费平均占 65%～70%,材料消耗量的多少、消耗量是否合理,直接关系到企业定价的竞争力。工程施工中所消耗的材料,按其消耗的方式可以分成两种:一种是在施工中一次性消耗的、构成工程实体的材料,如砌筑砖墙用的标准砖、浇筑混凝土构件用的混凝土等,我们一般把这种材料称为实体性材料;另一种是在施工中周转使用,其价值是分批分次地转移到工程实体中去的,这种材料一般不构成工程实体,而是在工程实体形成过程中发挥辅助作用,它是为有助于工程实体的形成而使用并发生消耗的材料,如砌筑砖墙用的脚手架、浇筑混凝土构件用的模板等,我们一般把这种材料称为周转性材料。

2）实体性材料消耗量测定

施工中材料的消耗,一般可分为必需消耗的材料和损失的材料两类。其中必需消耗的材料是确定材料定额消耗量所必须考虑的消耗;对于损失的材料,由于它是属于施工生产中不合理的耗费,可以通过加强管理来避免这种损失,所以在确定材料定额消耗量时一般不考虑损失材料的因素。

所谓必需消耗的材料,是指在合理用料的条件下,完成单位合格施工作业过程(工作过程)的施工任务所必需消耗的材料。它包括直接用于工程(即直接构成工程实体或有助于工程形成)的材料、不可避免的施工废料和不可避免的材料损耗。其中,直接用于工程的材料数量称为材料净耗量,不可避免的施工废料和材料损耗数量称为材料合理损耗量。用公式表示如下:

$$材料消耗量 = 材料净耗量 + 材料合理损耗量$$

材料合理损耗量是不可避免的损耗,例如,在操作面上运输及堆放材料时在允许范围内不可避免的损耗,加工制作中的合理损耗及施工操作中的合理损耗等。常用的计算方法是

$$材料合理损耗量 = 材料净耗量 × 材料损耗率$$

材料的损耗率可结合企业的生产技术水平及组织管理水平,通过观测和统计来确定。

实体材料消耗量的确定方法有:

(1) 观测法

观测法亦称现场测定法,是在合理使用材料的条件下,在施工现场按一定程序对完成合格施工作业过程(工作过程)施工任务的材料耗用量进行测定,通过分析、整理,最后得出材料消耗定额的方法。

(2) 试验法

试验法是指在材料试验室中进行试验和测定数据。例如,以各种原材料为变量因素,求得不同强度等级混凝土的配合比,从而计算出每立方米混凝土的各种材料耗用量。

(3) 统计法

统计法是指通过对现场进料、用料的大量统计资料进行分析计算,获得材料消耗的数据。这种方法由于不能分清材料消耗的性质,因而不能作为确定材料净耗量和材料合理损耗量的精确依据。

(4) 理论计算法

理论计算法是根据施工图,运用一定的数学公式,直接计算材料耗用量。计算法只能计算出单位产品的材料净耗量,材料的合理损耗量仍要在现场通过实测取得。这是一般板块类材料计算常用的方法。

3) 周转性材料消耗量的测定

周转性材料是指在施工过程中能多次周转使用,经过修理、补充而逐渐消耗尽的材料,如模板、钢板桩、脚手架等,实际上它是作为一种施工工具和措施性的手段而被使用的。

周转性材料的定额消耗量是指每使用一次摊销的数量,按周转性材料在其使用过程中发生消耗的规律,其摊销量的计算公式如下:

$$摊销量 = 一次使用量 \times 损耗率 + 一次使用量 \times \frac{(1 - 回收折价率) \times (1 - 损耗率)}{周转次数}$$

上述公式反映了摊销量与一次使用量、损耗率、周转次数及回收折价率的数量关系。

(1) 一次使用量。一次使用量是指周转性材料一次使用的基本量,即一次投入量。周转性材料的一次使用量根据施工图计算,其用量与各分部分项工程部位、施工工艺和施工方法有关。

例如,现浇钢筋混凝土构件模板的一次使用量的计算,需先求构件混凝土与模板的接触面积,再乘以该构件每平方米模板接触面积所需要的材料数量。计算公式如下:

$$一次使用量 = 混凝土模板接触面积 \times 每平方米接触面积需模量 \times (1 + 制作损耗率)$$

混凝土模板接触面积应根据施工图计算,每平方米接触面积的需模量应根据不同材料的模板及模板的不同安装方式通过计算确定,制作损耗率也应根据不同材料的模板及模板的不同制作方式通过统计分析确定。

(2) 损耗率。损耗率是周转性材料每使用一次后的损失率。为了下一次的正常使用,必须用相同数量的周转性材料对上次的损失进行补充,用来补充损失的周转性材料的数量称为周转性材料的"补损量"。按一次使用量的百分数计算,该百分数即为损耗率。

周转性材料的损耗率应根据材料的不同材质、不同的施工方法及不同的现场管理水平通过统计工作来确定。

（3）周转次数。周转次数是指周转性材料从第一次使用起可重复使用的次数。它与不同的周转性材料、使用的工程部位、施工方法及操作技术有关。

周转次数的确定要经现场调查、观测及统计分析，取平均合理的水平。正确规定周转次数，对准确计算用料、加强周转性材料管理和经济核算起着重要作用。

（4）回收折价率。回收折价率是对退出周转的材料（周转回收量）作价收购的比率。其中，周转回收量指周转性材料在周转使用后除去损耗部分的剩余数量，即尚可以回收的数量；而回收折价率则应根据不同的材料及不同的市场情况来加以确定。

从上述计算周转性材料摊销量的公式可以看出，周转性材料的摊销量由两部分组成：一部分是一次周转使用后所损失的量，用一次使用量乘以相应的损耗率确定；另一部分是退出周转的材料（报废的材料）在每一次周转使用上的分摊，其数量用最后一次周转使用后除去损耗部分的剩余数量（再考虑一些折价回收的因素）除以相应的周转次数确定。

5.2.5　机械消耗量的测定

机械消耗定额是指在正常的生产条件下，完成单位合格施工作业过程（工作过程）的施工任务所需机械消耗的数量标准。其消耗量的测定可分为以下几个步骤：

1）拟定施工机械工作的正常条件

机械操作与人工操作相比，其劳动生产率在更大的程度上要受到施工条件的影响，编制机械消耗定额时更应重视确定出机械工作的正常条件。

首先，对工作地点的组织安排、对施工地点机械和材料的放置位置、工人从事操作的场所等，均应作出科学合理的平面布置和空间安排。

其次，应拟定合理的工人编制，根据施工机械的性能和设计能力、工人的专业分工和劳动工效，合理确定操纵机械的工人和直接参加机械化施工过程的工人人数，确定维护机械的工人人数及配合机械施工的工人人数。工人的编制往往要通过观察测时、理论计算和经验资料来合理确定，应保持机械的正常生产率和工人正常的劳动效率。

2）确定机械的基本时间消耗

机械基本时间消耗的确定，应采用时间研究的方法通过现场观察测时获得各工序的时间消耗数据，并按机械施工的工艺及组织要求将各工序的时间消耗进行综合，最终得到为完成一个计量单位施工作业过程（工作过程）的施工任务所需的基本时间消耗。机械的基本时间消耗，包括在满载和有根据地降低负荷下的工作时间、不可避免的无负荷工作时间等工序作业过程上的时间消耗。

3）确定施工机械的正常利用系数

考虑到不可避免的中断时间，在确定机械消耗定额时必须适当考虑机械在工作班中的正常利用系数。施工机械的正常利用系数指机械在工作班内对工作时间的利用率。机械的利用系数与机械在工作班内的工作状况有着密切的关系。

拟定机械工作班的正常状况，关键是保证合理利用工时。其原则是：必须注意尽量利用不可避免中断时间以及工作开始前与结束后的时间进行机械的维护保养，尽量利用不可避免中断时间作为工人休息时间，根据机械工作的特点对担负不同工作的工人规定不同的工作开始与结束时间，合理组织施工现场，排除由于施工管理不善造成机械停歇等。

施工机械的正常利用系数是指机械在一个工作班内有效工作时间与工作班延续时间的比值。计算公式如下：

$$机械正常利用系数 = \frac{机械在一个工作班内纯工作时间}{一个工作延续时间（8小时）}$$

4）确定机械定额消耗量

在获得完成一个计量单位施工作业过程（工作过程）的施工任务所需的基本时间消耗数据和机械正常利用系数之后，采用下列公式计算施工机械的消耗量：

$$机械消耗量 = \frac{机械基本时间消耗}{机械正常利用系数}$$

5.2.6 措施项目成本的测定

措施项目成本的编制，是通过对本企业在某类（以工程特性、规模、地域、自然环境等特征划分的工程类别）工程中所采用的措施项目及其实施效果进行对比分析，选择技术可行、经济效益好的措施方案，进行经济技术分析，确定其各类资源消耗量，作为本企业内部推广使用的措施项目成本。措施项目成本的编制方法一般采用方案测算法，即根据具体的施工方案，进行技术经济分析，将方案分解，对其每一步的施工过程所消耗的人、材、机等资源进行定性和定量分析，最后整理汇总编出消耗量。需要注意的是，每个工程都有自己的特点，发生的措施项目及其额度都不相同。所以，在计算措施项目费用时，应根据具体工程的特点进行计算。企业原先编制的措施项目费用成本仅作为新编工程项目措施项目费的参考。临时设施费的测定，首先应根据工程的现场情况、施工组织设计方案、有关的规范标准定出所需临时设施的种类、数量，包括工地加工场、工地仓库、工地运输、办公及福利设施、临时供水、供电等，然后根据工程的工期计划确定临时设施配置的方案标准、所用的时间，最后根据市场行情或建设标准定出对应的费用。

5.2.7 管理费的测定

管理费的测定一般采用方案测算法，其编制过程是选择企业先前完成的有代表性的工程，将工程中实际发生的各项管理费用支出金额进行核定，剔除其中不合理的开支项目后汇总，然后与工程生产工人实际消耗的工日数进行对比，从而可计算每个工日应支付的管理费用。当然，具体项目的管理费用测算，要考虑项目特点、本项目现实状况、管理人员配备、工资待遇标准、施工工期等众多因素来综合决定。

5.3 成本要素的管理

市场经济对于单个市场参与主体来说在本质上是一个竞争经济。建筑业企业作为一个市场参与主体，其企业生命力在于其市场竞争力，而企业的竞争力在于企业的竞争优势。而由开放竞争带来的竞争优势是动态的，在一个趋于同质化的产品市场上，价格是衡量产品竞争能力的一个标尺。价格一般由成本和利润两块组成，在一个由市场竞争所决定的产品最优价格的前提下,建筑业企业要想获得尽可能多的利润,最大限度地控制成本(在不损害质量、工期目标的前提下)是实现利润最大化的唯一途径。因此,项目成本是项目产品竞争能力的经济表现,它部分地决定了项目的竞争优势,间接反映了企业的盈利水平和能力。

5.3.1　成本要素管理的含义

成本要素管理是指在项目成本的形成过程中,对生产经营所消耗的人力资源、物质资源、管理费用等成本要素,进行指导、监督、调节和限制,及时纠正将要发生和已经发生的偏差,从而把各项费用控制在预测成本的范围内,以保证项目成本目标实现的过程。

5.3.2　成本要素控制的一般方法

(1) 以投标报价控制成本支出。
(2) 以计划成本控制人力资源和物质资源的消耗。
(3) 建立资源消耗台账,实行资源消耗的中间控制。
(4) 应用成本与进度同步跟踪的方法控制分部分项工程成本。
(5) 建立项目月度财务收支计划制度,以用款计划控制成本费用支出。
(6) 建立项目成本审核签证制度,控制成本费用支出。
(7) 加强质量管理,控制质量成本。
(8) 坚持现场管理标准化,堵塞浪费漏洞。
(9) 定期开展"三同步"检查,防止项目成本盈亏异常。

5.3.3　劳动力管理

劳动力管理一方面是通过对劳动力的优化配置,合理组织,利用行为科学调动职工的积极性,提高劳动效率;另一方面是加强劳动力的动态管理。劳动力的动态管理指的是根据生产任务和施工条件的变化对劳动力进行跟踪平衡、协调,以解决劳务失衡、劳务与生产要求脱节的动态过程,其目的是实现劳动力动态的优化组合。

5.3.4　施工项目材料管理

材料成本的管理主要抓好以下 3 个环节:

1) 把好供应关,节约采购成本

根据各企业的情况,企业可建立统一的供料机构,对工程所需的主要材料、大宗材料实行统一计划、统一采购、统一供应、统一调度,承担"一个漏斗,两个对接"的功能,即一个企业绝大部材料主要通过企业层次的材料机构进入企业,形成"漏斗";企业的材料机构既要与社会建材市场"对接",又要与本企业的项目管理层"对接"。这种做法可以克服企业多渠道供料、多层次采购的低效状态;可以把材料管理工作贯穿于施工项目管理的全过程,即投标报价、落实施工方案、组织项目班子、编制供料计划、组织项目材料核算、实施奖惩的全过程;有利于建立统一的企业材料管理体系,进行材料供应的动态配置和平衡协调;有利于服务各项目的材料需求,还可以使企业法人的材料供应地位既不能被社会材料市场所代替,又不能被众多的项目管理班子所肢解。同时,为满足施工项目材料的特殊需要,调动项目管理层的积极性,企业应给项目经理一定的材料采购权,负责采购供应特殊材料和零星材料,做到两层互补,不留缺口。对企业材料部门的采购,项目管理层也应有建议权。这样,施工项目经理部材料管理的主要任务便集中于提出需用量计划,控制材料使用,加强现场管理,设计材料节约措施,完工后组织材料结算与回收等。

2)抓好材料的现场管理

该部分的内容最为广泛,它又包括:

(1)材料计划管理。项目开工前,项目经理部向企业材料部门提出一次性计划,作为供应备料依据;在施工中,根据工程变更及调整的施工预算,及时向企业材料部门提出调整供料月计划,作为动态供料的依据;根据施工图纸、施工进度,在加工周期允许时间内提出加工制品计划,作为供应部门组织加工和向现场送货的依据;根据施工平面图对现场设施的设计,按使用期提出施工设施用料计划,报供应部门作为送料的依据;按月对材料计划的执行情况进行检查,不断改进材料供应。

(2)材料进场验收。为了把住质量和数量关,在材料进场时必须根据进料计划、送料凭证、质量保证书或产品合格证,进行材料的数量和质量验收;验收工作按质量验收规范和计量检测规定进行;验收内容包括品种、规格、型号、质量、数量、证件等;验收要做好记录,办理验收手续;对不符合计划要求或质量不合格的材料应拒绝验收。

(3)材料的储存与保管。进库的材料应验收入库,建立台账;现场的材料必须防火、防盗、防变质、防损坏;施工现场材料的放置要按平面布置图实施,做到位置正确、保管处置得当、合乎堆放保管制度;要日清、月结、定期盘点、账实相符。

(4)材料领发。凡有定额的工程用料,凭限额领料单领发材料;施工设施用料也实行定额发料制度,以设施用料计划进行总控制;超限额的用料,用料前应办理手续,填制限额领料单,注明超耗原因,经签发批准后实施;建立领发料台账,记录领发状况和节超状况。

(5)材料使用监督。现场材料管理责任者应对现场材料的使用进行分工监督。监督的内容包括是否按材料做法合理用料,是否严格执行配合比,是否认真执行领发料手续,是否做到随用随清、随清随用、工完料退场地清,是否按规定进行用料交底和工序交接,是否做到按平面图堆料,是否按要求保护材料等。检查是监督的手段,检查要做到情况有记录、原因有分析、责任有明确、处理有结果。

(6)材料回收。班组余料必须回收,及时办理退料,并在限额领料单中登记扣除。余料要造表上报,按供应部门的安排办理调拨和退料。设施用料、包装物及容器,在使用周期结束后组织回收。建立回收台账,处理好经济关系。

(7)周转材料的现场管理。按工程量、施工方案编报需用计划。各种周转材料均应按规格分别码放,阳面朝上,垛位见方;露天存放的周转材料应夯实场地,垫高30 cm,有排水措施,按规定限制高度,垛间留有通道;零配件要装入容器保管,按签单发放;按退库验收标准回收,做好记录;建立维修制度;按周转材料报废规定进行报废处理。

3)积极探索节约材料的新途径

(1)用A、B、C、D分类法,找出材料管理的重点。

(2)学习存储理论,用以指导节约库存费用。

(3)不但要研究材料节约的技术措施,更重要的是研究材料节约的组织措施。组织措施比技术措施见效快、效果大。因此要特别重视施工规划(施工组织设计)对材料节约技术措施的设计,特别重视月度技术组织措施计划的编制和贯彻。

（4）重视价值分析理论在材料管理中的应用。价值分析的目的是以尽可能少的费用支出,可靠地实现必要的功能。

（5）改进设计,研究材料代用。按价值分析理论,提高价值的最有效途径是改进设计和使用代用材料,它比改进工艺的效果要大得多。因此应大力进行科学研究,开发新技术以改进设计,寻找代用材料,使材料成本大幅度降低。

5.3.5 施工项目机械设备管理

机械设备管理主要应抓好以下 3 个环节:

1) 做好机械设备的供应决策

施工项目机械设备的供应一般有企业自有机械设备、从市场上租赁设备、企业为施工项目专购机械设备、分包机械施工任务等几种形式,企业应根据实际情况及项目特点考虑综合效益来进行合理决策。

2) 抓好机械设备的合理使用

（1）人机固定,实行机械使用、保养责任制,将机械设备的使用效益与个人经济利益联系起来。

（2）实行操作证制度。专机的专门操作人员必须经过培训和统一考试,确认合格,发给驾驶证。这是保证机械设备得到合理使用的必要条件。机械设备的例行保养,可以防止机件早期磨损,延长机械使用寿命和修理周期。

（3）实行单机或机组核算,根据考核的成绩实行奖惩,这也是一项提高机械设备管理水平的重要措施。

（4）合理组织机械设备施工。必须加强维修管理,提高机械设备的完好率和单机效率,并合理地组织机械的调配,搞好施工的计划工作。

（5）搞好机械设备的综合利用。机械设备的综合利用是指现场安装的施工机械尽量做到一机多用。尤其是垂直运输机械,必须综合利用,使其效率充分发挥。它负责垂直运输各种构件材料,同时作回转范围内的水平运输、装卸车等。因此要按小时安排好机械的工作,充分利用时间,大力提高其利用率。

（6）要努力组织好机械设备的流水施工。当施工的推进主要靠机械而不是人力的时候,划分施工段的大小必须考虑机械的服务能力,把机段作为分段的决定因素。要使机械连续作业,不停歇,必要时"歇人不歇马",使机械三班作业。一个施工项目有多个单位工程时,应使机械在单位工程之间流水作业,减少进出场次数和装卸费用。

（7）机械设备安全作业。项目经理部在机械作业前应向操作人员进行安全操作交底,使操作人员对施工要求、场地环境、气候等安全生产要素有清楚的了解。项目经理部按机械设备的安全操作要求安排工作和进行指挥,不得要求操作人员违章作业,也不得强令机械带病操作,更不得指挥和允许操作人员野蛮施工。

（8）为机械设备的施工创造良好条件。现场环境、施工平面图布置应适合机械作业要求,交通道路畅通无障碍,夜间施工安排好照明,协助机械部门落实机械标准化。

3) 搞好机械设备的保养与维修

机械设备保养的目的是为了保持机械设备的良好技术状态,提高设备运转的可靠性和安全性,减少零件的磨损,延长使用寿命,降低消耗,提高机械施工的经济效益。机械设备的修理,是对机械设备的自然损耗进行修复,排除机械运行的故障,对损坏的零部件进行更换、修复。对机械设备的预检和修理,可以保证机械的使用效率,延长使用寿命。通过这些环节以保证机械有良好的技术状态,延长机械使用寿命,进而降低机械设备的使用成本,提高经济效益。

5.3.6 成本要素的资料管理

成本要素的管理除了对成本消耗的控制以外,还应加强对成本要素的消耗资料的统计、分析与考核,应建立健全成本的统计、分析与考核制度,加强各类基础资料的收集与分析,建立必要的数据资料库,从而为企业定额的完善,为投标报价提供必要依据。

5.4 施工资源价格管理

在工程量清单计价模式下,要对建设工程做出合理的估价,就必须掌握为获取并使用人工、材料、机械设备等生产要素所发生的单位费用,而这些单位费用的大小取决于获取该资源时的市场条件、取得该资源的方式、使用该资源的方式以及一些政策性的因素。

施工资源价格的概念是指为了获取并使用某施工资源所必须发生的单位费用。

5.4.1 资源价格水平的取定

由于编制不同种类的造价所考虑的因素、出发点、参照时间不同,因而就会出现资源取定的价格水平不同,而在编制不同性质的工程估价时,需取用不同的资源价格。如编制施工预算、投标报价等,其资源价格水平的取定应根据该具体工程的个别情况通过市场竞争和工程内部核算来确定,此时的价格水平一般取当时当地并且与该工程个别情况相应的市场价格水平;当编制投资估算、设计概算时,其资源价格水平应取当时当地的社会平均水平,并能尽量考虑将来的发展趋势,因为在编制这一类工程估价时,还没有形成具体的工程施工计划,无法确定该工程资源的个别价格。

5.4.2 人工单价的概念及构成

1)概念

人工单价是指一个生产工人一个工作日在工程估价中应计入的全部人工费用。

在理解上述概念时,必须注意如下问题:

(1)人工单价是指生产工人的人工费用,而企业经营管理人员的人工费用不属于人工单价的概念范围。

(2)在我国,人工单价一般以工日来计量,是计时制下的人工工资标准。

(3)人工单价是指在工程估价时应该并可以计入工程造价的人工费用,所以在确定人工单价时,必须根据具体的工程估价方法所规定的核算口径来确定其费用。

2)人工单价的费用构成

在确定人工单价时可以考虑包含如下费用:

(1)生产工人的工资。生产工人的工资一般由雇佣合同的具体条款确定,不同的工种,不同的技术等级以及不同的雇佣方式(如固定用工、临时用工等),其工资水平是不同的。在确定生产工人工资水平时,必须符合政府有关劳动工资制度的规定。

(2)工资性质的补贴。生产工人工资性补贴是指为了补偿工人额外或特殊的劳动消耗以及为了保证工人的工资水平不受特殊条件影响,而以补贴形式支付给工人的劳动报酬,它包括按规定标准发放的交通费补贴、住房补贴、流动施工津贴及异地施工津贴等。

(3)生产工人辅助工资。生产工人辅助工资是指生产工人年有效施工天数以外非作业天数的工资,包括职工学习、培训期间的工资,调动工作、探亲、休假期间的工资,因气候影响的停工工资,女工哺乳时间的工资,病假在6个月以内的工资及产、婚、丧假期的工资。

(4)有关法定的费用。法定费用是指政府规定的有关劳动及社会保障制度要求支付的各项费用,如职工福利费、生产工人劳动保护费等。

(5)工人的雇佣费、有关的保险费及辞退工人的安置费等。

至于在确定具体人工单价时应考虑哪些费用,应根据清单计价的具体规定,并结合企业自身的报价政策来确定。

5.4.3　影响人工单价的因素

1)政策因素

如政府指定的有关劳动工资制度、最低工资标准、有关保险的强制规定等。确定具体工程的人工工资单价时,必须充分考虑为满足上述政策而应该发生的费用。

2)市场因素

如市场供求关系对劳动力价格的影响、不同地区劳动力价格的差异、雇佣工人的不同方式(如当地临时雇佣与长期雇佣的人工单价可能不一样)以及不同的雇佣合同条款等。在确定具体工程的人工单价时,同样必须根据具体的市场条件确定相应的价格水平。

3)管理因素

如生产效率与人工单价的关系、不同的支付系统对人工单价的影响等。不同的支付在处理生产效率与人工单价的关系方面是不同的。例如,在计时工资制的条件下,不论施工现场的生产效率如何,由于是按工作时间发放工资,所以生产工人的人工单价是一样的。但是,在计件工资制的条件下,由于工人一个工作班的劳动报酬与其在该工作班完成的产品产量成正比关系,所以施工现场的生产效率直接影响到人工单价的水平。在确定具体工程的人工单价时,必须结合一定的劳动管理模式,在充分考虑所使用的管理模式对人工单价影响的基础上,确定人工单价水平。

4)劳动者的价值因素

劳动者的价值因素是指劳动者个人的技术水平及熟练程度、劳动者受教育的程度等,它也是影响人工单价的主要因素之一。

5.4.4　综合人工单价的确定

所谓综合人工单价是指在具体的资源配置条件下,某具体工程上不同工种、不同技术等级的工人的平均人工单价。综合人工单价是进行工程估价的重要依据,其计算原理是将具体工程上配置的不同工种、不同技术等级的工人的人工单价进行加权平均。

在实际测算中,可按以下步骤进行:

第一步,根据一定的人工单价的费用构成标准,在充分考虑影响单价各因素的基础上,分别计算不同工种、不同技术等级工人的人工单价。

第二步,根据具体工程的资源配置方案,计算不同工种、不同技术等级的工人在该工程上的工时比例。

第三步,把不同工种、不同技术等级工人的人工单价按其相应的工时比例进行加权平均,即可得到该工程的综合人工单价。

5.4.5 江苏省市政工程计价定额下人工单价的取定

江苏省市政工程计价定额下的人工单价即预算人工工日单价,又称人工工资标准,它是采用综合人工单价的形式,即根据综合取定的不同工种、不同技术等级的工人的人工单价以及相应的工时比例进行加权平均所得的、能够反映工程建设中生产工人一般价格水平的人工单价。为了考虑工种之间的技术水平差异,建筑与装饰工程计价定额中人工工资分别按一类工 85 元/工日,二类工 82 元/工日,三类工 77 元/工日考虑,市政工程计价定额中均按二类工 74 元/工日考虑。

所确定的人工单价包括如下费用:

(1) 生产工人的计时或计件工资:是指按计时工资标准和工资时间或对已做工作按计件单价支付给个人的劳动报酬。

(2) 奖金:是指因超额劳动和增收节支支付给个人的劳动报酬。如节约奖、劳动竞赛奖等。

(3) 津贴补贴:是指为了补偿职工特殊或额外的劳动消耗和因其他特殊原因支付给个人的津贴,以及为了保证工人的工资水平不受物价影响支付给个人的物价补贴。如流动施工津贴、特殊地区施工津贴、高温(寒)作业临时津贴、高空津贴等。

(4) 加班加点工资:是指按规定支付的在法定节假日工作的加班工资和法定日工作时间外延时工作的加点工资。

(5) 特殊情况下支付的工资:是指根据国家法律、法规和政策规定,因病、工伤、产假、计划生育假、婚丧假、事假、探亲假、定期休假、停工学习、执行国家或社会义务等原因按计时工资标准或计时工资标准的一定比例支付的工资。

5.5 材料单价的确定

5.5.1 材料单价的概念及其费用构成

1) 材料单价的概念

这里讲的材料单价是指通过施工单位的采购活动,把材料运达施工现场并进行必要的现场保管所花费的一切费用。

2) 材料单价的费用构成

(1) 实体性材料单价的构成

从实体性材料的概念可以看出,其单价的费用构成一般包括:

① 采购该材料时所支付的货价(或进口材料的抵岸价);

② 材料的运杂费;

③ 采购保管费用。

(2) 周转性材料单价的构成

周转性材料单价由两部分组成:第一部分即周转性材料经一次周转的损失量,其单价的概念及组成均与实体性材料的单价相同;第二部分即按占用时间来回收投资价值的方式,其相应的单价应该以周转性材料租赁单价的形式表示,而确定周转性材料租赁单价时必须考虑如下费用:

① 一次性投资或折旧;

② 购置成本(即贷款利息);

③ 管理费;

④ 日常使用及保养费;

⑤ 周转性材料出租人所要求的收益率。

5.5.2 实体性材料单价的确定

1) 货价

货价指购买材料时支付给该材料生产厂商或供应商的货款。货价一般由原价、供销部门手续费、包装费等因素组成。

(1) 材料原价

材料原价是指材料生产单位的出厂价格或者材料供应商的批发牌价或市场采购价格。

在确定材料原价时,一般采用询价的方法确定该材料的供应单位,在此基础上通过签订材料供销合同来确定材料原价。从理论上讲,凡不同的材料均应分别确定其原价。

(2) 供销部门手续费

供销部门手续费,是指根据国家现行的物资供应体制,不能直接向生产厂商采购、订货,需通过物资部门供应而发生的经营管理费用。不经物资供应部门的材料,不计供销部门手续费。随着商品市场的不断开放,需通过国家专门的物资部门供应的材料越来越少,相应地需计算供销部门手续费的材料也越来越少。

(3) 包装费

凡原价中没有包括包装费用的材料,当该材料又需包装时,应计算其包装费用。包装费是为便于材料运输和保护材料进行包装所发生和需要的一切费用,包括水运、陆运的支撑,篷布,包装袋,包装箱,绑扎材料等费用。材料运到现场或使用后,要对包装材料进行回收并按规定从材料价格中扣回包装品回收的残值。

2) 运杂费

运杂费是指材料由采购地点或发货地点至施工现场的仓库或工地存放点,含外埠中转运输过程中所发生的一切费用。其费用一般包括运费(包括市内和市外的运费)、装卸费、运输保险费、有关过境费及上交必要的管理费等。

运杂费的费用标准的取定,应根据材料的来源地、运输里程、运输方法,并根据国家有关部门或地方政府交通运输管理部门规定的运价标准分别计算。

材料运杂费通常按外埠运费和市内运费两段计算。外埠运费是指材料由来源地(交货地)运至本市仓库的全部费用,包括调车费、装卸费、车船运费、保险费等。一般是通过公路、铁路和水路运输,有时是水路、铁路混合运输。公路、水路运输按交通部门规定的运价计算;铁路运输,按铁道部门规定的运价计算。市内运费是由本市仓库至工地仓库的运费。根据不同的运输方式和运输工具,运输费也应按不同的方法分别计算。运费的计算按当地运输公司的运输里程示意图确定里程,然后再按货物所属等级,从运价表上查出运价,两者相乘,再加上装卸费即为该材料的市内运杂费。

需要指出的是,在材料价格的运杂费中应考虑一定的场外运输损耗费用。这是指材料在装卸和运输过程中所发生的合理损耗。

3) 采购及保管费

采购及保管费是指施工企业的材料供应部门(包括工地仓库及其以上各级材料管理部门)在组织采购、供应和保管材料过程中所需的各项费用。采购及保管费所包含的具体费用项目有采购保管人员的人工费、办公费、差旅及交通费、采购保管该材料时所需的固定资产使用费、工具用具使用费、劳动保护费、检验试验费、材料储存损耗及其他。

采购及保管费一般按材料到库价格以费率取定。该费率由施工企业通过以往的统计资料经分析整理后得到。

在分别确定了材料的货价、单位运杂费及单位采购保管费后,把三种费用相加即得实体性材料的单价。

5.5.3 周转性材料单价的确定

周转性材料按消耗方式的不同可分为经一次周转的损失量和按周转次数(或按使用时间)的摊销量两个部分。其中经一次周转损失量的材料单价,其概念及确定方法同实体性材料的单价。而对于按周转次数(或按使用时间)摊销的部分,如果从成本核算的角度考虑,其摊销材料单价同实体性材料的单价,相应这部分摊销量的材料费为按周转次数计算的摊销量与相应的摊销材料单价的乘积。如果从投资收益的角度考虑,其材料单价应按周转性材料租赁单价的形式表示,相应这部分摊销量的材料费为周转材料的一次使用量与相应的周转性材料租赁单价再与使用时间的乘积。

5.5.4 市政工程计价定额下的材料单价组成

1) 市政工程计价定额下的材料单价

市政工程计价定额下的材料单价即为通常所说的材料预算价,是指材料(包括构件、成品及半成品等)从其来源地(或交货地点、供应者仓库提货地点)到达施工工地仓库(施工地点内存放材料的地点)后出库的综合平均价格。

2) 计价定额中材料预算价格的组成

(1) 材料原价:是指材料、工程设备的出厂价格或商家供应价格。

(2) 运杂费:是指材料、工程设备自来源地运至工地仓库或指定堆放地点所发生的全部费用。

(3) 运输损耗费:是指材料在运输装卸过程中不可避免的损耗。

(4) 采购及保管费:是指为组织采购、供应和保管材料、工程设备的过程中所需要的各项费用,包括采购费、仓储费、工地保管费、仓储损耗费。

5.6 机械台班单价的确定

5.6.1 机械台班单价的概念及费用构成

1) 概念

机械台班单价是指一台机械一个工作日(台班)在工程估价中应计入的全部机械费用。根据不同的获取方式,工程施工中所使用的机械设备一般可分为外部租用和内部租用两种情况。

外部租用是指向外单位(如设备租赁公司、其他施工企业等)租用机械设备,此种方式下的机械台班单价一般以该机械的租赁单价为基础加以确定。

内部租用是指使用企业自有的机械设备,由于机械设备是一种固定资产,从成本核算的角度看,其投资一般是通过折旧的方式来加以回收的,所以此种方式下的机械台班单价一般是在该机械折旧费(及大修理费)的基础上再加上相应的运行成本等费用因素通过企业内部核算来加以确定。但是,如果从投资收益的角度看,机械设备作为一种固定资产,其投资必须从其所实现的收益中得到回收。施工企业通过拥有机械设备实现收益的方式一般有两种:其一是装备在工程上通过计算相应的机械使用费从工程造价中实现收益;其二是对外出租机械设备通过租金收入实现收益。考虑到企业自备机械具有通过出租实现收益的机会,所以,即使是采用内部租用的方式获取机械设备,在为工程估价而确定机械台班单价的过程中也应该以机械的租赁单价为基础加以确定。

虽然施工机械的租赁单价可以根据市场情况确定,但是不论是机械的出租单位还是机械的租赁单位,在计算其租赁单价时,均必须在充分考虑机械租赁单价的组成因素基础上通过计算得到可以保本的边际单价水平,并以此为基础根据市场策略增加一定的期望利润来最终确定租赁单价。

2) 机械租赁单价的费用组成

租赁机械的台班单价实际上应由两部分费用组成:一是租赁单位的出租费用。另一部分是使用单位的机械运行费用,对于出租单位,它应考虑的费用因素有:

① 拥有费用:指为了拥有该机械设备并保持其正常的使用功能所需发生的费用,包括施工机械的购置成本、折旧及大修理费等。

② 机械的出租或使用率:指一年内出租(或使用)机械时间与总时间的比率,它反映该机械投资的效率。

③ 期望的投资收益率:指投资购买并拥有该施工机械的投资者所希望的收益率,一般可用投资利润率来表示。

(1) 出租机械费用

该部分费用又包括以下几部分内容:

① 购置成本;

② 执照和保险费;

③ 租赁单位的管理费;

④ 折旧；

⑤ 租赁单位的利润。

（2）机械运行费用

这部分费用主要包括机械运行的燃料动力费和机上人工费以及维护保养费等。

5.6.2 机械租赁单价的确定

机械租赁单价的计算思路是根据前述的租赁单价的费用组成，计算出机械在单位时间里所必须发生的费用总和作为该机械的边际租赁单价（即仅仅保本的单价），然后增加一定的利润即成确定的租赁单价。

下面举例说明某机械租赁单价的计算方法：

机械购置费用	162 000 元
该机械的残值	4 000 元
每年平均工作时数	2 000 小时
设备的寿命年数	10 年
每年的保险费	300 元
每年的执照费和税费	200 元
每小时 20 L 燃料费	2.5 元/L
机油和润滑油	燃料费的 2%
修理和保养费	每年为购置费用的 10%
要求达到的资金利润率	15%
管理费为租赁单价的	1%

首先计算边际租赁单价，计算过程如下：

费用项目	金额（元/年）
折旧（直线法）＝158 000 元/10 年	15 800
贷款利息，用年利率 6% 计算	
162 000×0.06	9 720
保险和税款	500
该机械拥有成本	26 020（元/年）
燃料（升）：20×2.5×2 000	100 000
机油和润滑油：10 000×0.02	2 000
修理和保养费：0.1×162 000	16 200
该机械使用成本	118 200（元/年）
总成本	144 220（元/年）

则该机械的边际租赁单价：

$$144\ 220/2\ 000 = 72.11（元／小时）$$

折合成台班租赁单价：

$$72.11×8 = 576.88（元／台班）$$

管理费为 576.88×0.01＝5.77（元/台班）

再考虑资金利润率后的租赁单价为

$$(576.88 + 5.77) \times (1 + 0.15) = 670.05(元 / 台班)$$

5.6.3 市政工程计价定额下机械台班单价的构成

市政工程计价定额下机械台班单价由下列 7 项费用构成。

（1）折旧费：指施工机械在规定的使用期限内，陆续收回其原值的费用。

（2）大修理费：指施工机械按规定的大修理间隔台班进行必要的大修理，以恢复其正常功能所需的费用。

（3）经常修理费：指施工机械除大修理以外的各级保养和临时故障排除所需的费用。包括为保障机械正常运转所需替换设备与随机配备工具附具的摊销和维护费用，机械运转及日常保养所需润滑与擦拭的材料费用及机械停滞期间的维护和保养费用等。

（4）安拆费及场外运费：安拆费指施工机械（大型机械除外）在现场进行安装与拆卸所需的人工、材料、机械和试运转费用以及机械辅助设施的折旧、搭设、拆除等费用；场外运费指施工机械整体或分体自停放地点运至施工现场或由一施工地点运至另一施工地点的运输、装卸、辅助材料及架线等费用。

（5）人工费：指机上司机（司炉）和其他操作人员的人工费。

（6）燃料动力费：指施工机械在运转作业中所消耗的各种燃料及水、电等费用。

（7）税费：指施工机械按照国家规定应交纳的车船使用税、保险费及年检费用等。

5.6.4 施工机械停滞费

承包企业在施工生产过程中，由于非自身原因而造成施工机械停滞的，则应收取施工机械停滞费，其停滞费的计算公式为

机械停滞费 ＝ 台班折旧费 ＋ 台班人工费 ＋ 台班其他费

6 市政工程计价定额及其应用

为了贯彻执行《建设工程工程量清单计价规范》(GB 50500—2013),适应江苏省建设工程计价改革的需要,江苏省住房和城乡建设厅组织有关人员编制了《江苏省市政工程计价定额》(2014 年版),该计价定额的编制与应用为引导江苏省计价改革的深入及规范建筑市场计价提供了依据。

6.1 计价定额概述

6.1.1 计价定额的作用

1) 编制工程招标控制价、招标工程结算审核的指导。
2) 工程投标报价、企业内部核算、制定企业定额的参考。
3) 一般工程(依法不招标工程)编制与审核工程预结算的依据。
4) 编制建筑工程概算定额的依据。
5) 建设行政主管部门调解工程造价纠纷、合理确定工程造价的依据。
6) 完成规定计量单位分项工程所需的人工、材料、施工机械台班的消耗标准。

6.1.2 计价定额的适用范围

计价定额适用于城镇管辖范围内的新建、扩建及大中修市政工程,不适用于市政工程的小修保养。

6.1.3 计价定额的内容组成

《江苏省市政工程计价定额》共有八册,包括第一册《通用项目》、第二册《道路工程》、第三册《桥梁工程》、第四册《隧道工程》、第五册《给水工程》、第六册《排水工程》、第七册《燃气与集中供热工程》、第八册《路灯工程》,每册又由册说明、对应的章节和附录组成,每一章又由章说明、工程量计算规则及项目表组成。

6.2 计价定额的编制

6.2.1 计价定额的编制依据

1)《江苏省市政工程计价表》(2004 年);

2)《全国统一市政工程预算定额》(1999 年);

3)《全国统一建筑工程基础定额》(1995 年);

4)《全国统一安装工程基础定额》(2006 年);

5)《全国市政工程统一劳动定额》(1997 年);

6)现行的设计、施工验收规范、安全操作规程、质量评定标准;

7)现行的标准图集和具有代表性的工程设计图纸;

8)各省、自治区、直辖市的补充定额及有关资料。

6.2.2 计价定额的编制方法

(1)按照正常的施工条件,根据目前多数企业的机械装备程度,合理的施工工期、施工工艺、劳动组织编制,反映了社会平均消耗水平。

(2)依据国家有关现行产品标准、设计规范和施工验收规范、质量评定标准、安全技术操作规程编制,并适当参考了行业、地方标准,以及有代表性的工程设计、施工资料和其他资料。

6.2.3 计价定额的有关说明

1)计价定额中的人工

本定额人工不分工种、技术等级,均以综合工日表示,内容包括基本用工、超运距用工、人工幅度差和辅助用工。

2)计价定额中的材料消耗

本定额中的材料消耗包括主要材料、辅助材料,凡能计量的材料、成品、半成品均按品种、规格逐一列出用量并计入了相应的损耗,其损耗的内容和范围包括从工地仓库、现场集中堆放地点或现场加工地点至操作或安装地点的现场运输损耗、施工操作损耗、施工现场堆放损耗。

混凝土、沥青混凝土、砌筑砂浆、抹灰砂浆及各种胶泥等均按半成品消耗量以体积(m^3)表示。定额中混凝土的养护,除另有说明者外,均按自然养护考虑。混凝土消耗量按现场拌和考虑,采用预拌(商品)混凝土的按下列办法计算:

对厂站工程:泵送混凝土的,定额人工数量扣 30%,定额混凝土搅拌机械数量全扣,定额水平运输机械数量扣 50%,垂直运输机械全扣;非泵送混凝土的,定额人工数量扣 15%,混凝土搅拌机械全扣。

对其他市政工程:泵送混凝土的,人工扣 40%,混凝土搅拌机械数量全扣,定额水平运输机械数量扣 50%,垂直运输机械全扣;非泵送混凝土的,人工扣 20%,混凝土搅拌机械全扣。

本定额中的周转材料已按规定的材料周转次数摊销计入定额内。

3)计价定额中的机械消耗

计价定额中的大型机械是按《全国统一施工机械台班费用定额》中机械的种类、型号、功率等分别考虑的,执行中应根据企业的机械组合情况及施工组织设计方案分别套定额。

定额子目表中的施工机械是按合理的机械进行配备,在执行中不得因机械型号不同而调整。

定额中均已包括材料、成品、半成品从工地仓库、现场集中堆放地点或现场加工地点至操作安装地点的水平和垂直运输所需要的人工和机械消耗量。如场地限制造成二次搬运的,应参照有关材料运输的定额项目计算二次搬运费。

4）关于计价定额中的施工用水、电

计价定额中施工用水、电是按现场有水、电考虑的。如现场无水、电时,施工企业外接水的费用及自备发电机发电的费用应另计措施费。施工用水电应由建设单位在现场自装水、电表交施工单位保管使用,施工单位按表计量。工程结算时施工单位按预算价格支付建设方水电费。如无条件安计量水、电,则由建设方与施工方自行商定水、电费结算办法。

5）市政定额各册之间及市政定额与其他专业定额之间的关系

本专业册定额缺项部分可套用江苏省 2014 版其他专业（包括市政其他专业册、建筑装饰、安装、古建园林等）定额的人工、材料、机械的消耗量及其管理费率和利润率计算,其人工、材料和机械单价与本专业册统一。

本专业册定额缺项部分需借用交通、水利定额的只借用其人工、材料和机械的消耗量。借用定额中的人工、材料、机械单价及管理费率和利润率与本专业册统一。

6.3 市政工程计价定额的应用

6.3.1 通用项目的应用要点

1）土石方工程

（1）干、湿土的划分首先以地质勘察资料为准,含水率不低于 25％为湿土；或以地下常水位为准,常水位以上为干土,以下为湿土。挖湿土时,人工定额子目和机械定额子目乘系数 1.18,干、湿土工程量分别计算。采用井点降水的土方应按干土计算。

（2）挖土机在垫板上作业,人工和机械乘系数 1.25,搭拆垫板的材料按摊销费另行计算。

（3）推土机推土或铲运机铲土的平均土层厚度小于 30 cm 时,其推土机台班乘以系数 1.25,铲运机台班乘以系数 1.17。

（4）在支撑下挖土,按实挖体积人工定额子目乘系数 1.43,机械定额子目乘系数 1.20。先开挖后支撑的不属支撑下挖土。挖密实的钢碴,按挖四类土人工定额子目乘系数 2.5,机械定额子目乘系数 1.50。0.2 m³ 抓斗挖土机挖土、淤泥、流砂,按 0.5 m³ 抓铲挖掘机挖土、淤泥、流砂定额消耗量乘系数 2.5 计算。

2）打拔工具桩

（1）定额中所指的水上作业,是以距岸线 1.5 m 以外或者水深在 2 m 以上的打拔桩。距岸线 1.5 m 以内时,水深在 1 m 以内者,按陆上作业考虑。如水深在 1 m 以上 2 m 以内者,其工程量则按水、陆各 50％计算。

(2) 打拔工具桩均以直桩为准,如遇打斜桩(包括俯打、仰打)按相应定额人工、机械乘系数 1.35。

(3) 导桩及导桩夹木的制作、安装、拆除,已包括在相应定额中。

(4) 圆木桩按疏打计算;钢板桩按密打计算;如钢板桩需要疏打时,按相应定额人工乘以系数 1.05。

(5) 打拔桩架 90°调面及超运距移动已综合考虑。钢板桩和木桩的防腐费用等,已包括在其他材料费用中。

3) 围堰工程

(1) 围堰工程 50 m 范围以内取土、砂、砂砾,均不计土方和砂、砂砾的材料价格。取 50 m 范围以外的土方、砂、砂砾,应计算土方和砂、砂砾材料的挖、运或外购费用,但应扣除定额中土方现场挖运的人工:55.5 工日/100 m³ 黏土。定额括号中所列黏土数量为取自然土方数量,结算中可按取土的实际情况调整。

(2) 草袋围堰如使用麻袋、尼龙袋装土围筑,应按麻袋、尼龙袋的规格、单价换算,但人工、机械和其他材料消耗量应按定额规定执行。

(3) 围堰施工中若未使用驳船,而是搭设了栈桥,则应扣除定额中驳船费用而套用相应的脚手架子目。

(4) 施工围堰的尺寸按有关设计施工规范确定。堰内坡脚至堰内基坑边缘距离根据河床土质及基坑深度而定,但不得小于 1 m。

4) 支撑工程

(1) 支撑工程定额适用于沟槽、基坑、工作及检查井的支撑。

(2) 挡土板间距不同时,不作调整。

(3) 除槽钢挡土板外,本章定额均按横板、竖撑计算,如采用竖板、横撑时,其人工工日乘系数 1.20。

(4) 定额中挡土板支撑按槽坑两侧同时支撑挡土板考虑,支撑面积为两侧挡土板面积之和,支撑宽度为 4.1 m 以内。如槽坑宽度超过 4.1 m 时其两侧均按一侧支挡土板考虑。按槽坑一侧支撑挡土板面积计算时,工日数乘系数 1.33,除挡土板外,其他材料乘系数 2.0。

(5) 放坡开挖不得再计算挡土板,如遇上层放坡、下层支撑则按实际支撑面积计算。

(6) 如采用井字支撑时,按疏撑乘系数 0.61。

5) 拆除工程

(1) 拆除工程定额中拆除均不包括挖土方,挖土方按《通用项目》第一章有关子目执行。

(2) 机械拆除项目中包括人工配合作业。

(3) 拆除后的旧料应整理干净就近堆放整齐。如需运至指定地点回收利用,则另行计算运费和回收价值。

(4) 管道拆除要求拆除后的旧管保持基本完好,破坏性拆除不得套用本定额。拆除混凝土管道未包括拆除基础及垫层用工。基础及垫层拆除按本章相应定额执行。

(5) 桥梁拆除工程:水中拆除,人工乘系数 1.3。拆除厚度在 60 cm 以上的混凝土或钢筋混凝土构筑物时,人工乘系数 2.0;厚度在 20 cm 以下的人工乘系数 0.8。

(6) 人工拆除石灰土、二碴、三碴、二灰结石等半刚性基层,应根据材料组成情况套无骨料多合土或有骨料多合土基层拆除子目。机械拆除石灰土套机械拆除无筋混凝土面层子目乘系数 0.7,机械拆除二碴、三碴、二灰结石等其余半刚性基层套机械拆除无筋混凝土面层子目乘系数 0.8。

（7）沥青混凝土路面切边按第二册《道路工程》锯缝机锯缝子目执行。

6）脚手架及其他工程

（1）本章脚手架定额中竹、钢管脚手架已包括斜道及拐弯平台的搭设。砌筑物高度超过 1.2 m 可计算脚手架搭拆费用。一般对无筋或单层布筋的基础和垫层不计算仓面脚手费。

（2）混凝土小型构件是指单件体积在 0.04 m³ 以内、重量在 100 kg 以内的各类小型构件。小型构件、半成品运输系指预制、加工场地取料中心至施工现场堆放使用中心距离超出 150 m 的运输。

（3）井点降水:轻型井点、喷射井点、深井井点的采用由施工组织设计确定。一般情况下,降水深度 6 m 以内采用轻型井点,6 m 以上 30 m 以内采用相应的喷射井点,特殊情况下可选用深井井点。井点间距根据地质和降水要求由施工组织设计确定,一般轻型井点管间距为 1.2 m,喷射井点管间距为 2.5 m,深井井点管间距根据地质情况选定。

（4）井点降水成孔过程中产生的泥水处理及挖沟排水工作应另行计算。遇有天然水源可用时,不计水费。

（5）井点降水必须保证连续供电,在电源无保证的情况下,使用备用电源的费用另计。

7）护坡、挡土墙及防洪工程

（1）本章定额适用于市政工程的护坡、挡土墙及防洪工程。

（2）挡土墙、防洪墙工程需搭脚手架的,执行脚手架定额。

（3）块石如需冲洗时(利用旧料),每立方米块石增加:用工 0.24 工日,用水 0.5 m³。

（4）闸门场外运输按土建定额相应定额子目执行。

（5）本章中的防洪墙适用于防洪墙高度在 6 m 以内的垫层、基础、墙体、压顶等工程项目。

8）临时工程及地基加固

（1）本章各子目根据全省情况综合考虑,使用时不得调整。

（2）泥结碎石子目主要用于场外施工便道。

（3）搭拆便桥定额分非机动车道和机动车道,适用于跨河道的临时便桥,套用装配式钢桥定额,应根据批准的施工组织设计执行。

【例 6.3.1】 某排水管道工程,沟槽土方采用 1.0 m³ 反铲挖掘机开挖(土方类别为三类土,沟槽深 2.5 m),人工配合,总挖方量 6 834 m³,机械回填夯实总量 5 763 m³,多余土方外运 5 km(装载机装土,6 t 自卸汽车运土),人、材、机价格不调整,试计算该工程土方的分部分项工程费用。

【解】

（1）工程量计算

$$V_{机械}＝6\ 834×90\%＝6\ 150.60(\text{m}^3)$$

$$V_{人工}＝6\ 834×10\%＝683.4(\text{m}^3)$$

$$V_{回}＝5\ 763\ \text{m}^3$$

$$V_{外运}＝6\ 834－5\ 763×1.15＝206.55(\text{m}^3)$$

（2）套用《江苏省市政工程计价定额》（2014 版）

表 6.3.1　分部分项工程费合计分析表

工程名称：某排水管道工程

序号	定额编号	定额名称	单位	工程量	综合合价组成（元）					金额	
					人工费	材料费	机械费	管理费	利润	综合单价	合价
1	1-222	反铲挖掘机（斗容量 1.0 m³）不装车 三类土	1 000 m³	6.150 6	2 212.00		28 095.57	1 818.42	1 212.28	5 420.33	33 338.27
2	1-9 备注 3	人工挖沟、槽土方 三类土深度在 4 m 以内	100 m³	6.834 0	42 188.13			2 531.31	1 687.52	6 790.60	46 406.96
3	1-389	填土夯实 槽、坑	100 m³	57.630 0	47 669.81		10 347.47	3 480.85	2 320.76	1 107.39	63 818.89
4	1-245	装载机装松散土 装载机 1m³	1 000 m³	0.206 6	74.30		398.14	28.35	18.90	2 515.44	519.69
5	1-270	自卸汽车运土 自卸汽车(6 t 以内)运距 5 km 以内	1 000 m³	0.206 6		11.65	2 959.26	177.56	118.37	15 812.39	3 266.84
		合　计									147 350.65

注释：1. 机械挖土，人工配合，其机械挖土按实挖土量的 90% 计算，人工挖土按实挖土方量的 10% 套相应定额乘系数 1.5。

2. 土方平衡时应考虑土方的压实系数 1.15。

3. 挖或填土（石）方容量 ≥5 000 m³，按大型土石方工程考虑。

【例 6.3.2】 某挡土墙工程，碎石垫层 104 m³，C10 混凝土基础 192 m³，M10 浆砌块石挡土墙 1 026 m³，钢筋混凝土压顶 20 m³（混凝土标号为 C20），压顶模板 80.2 m²，压顶中钢筋用量为 1 700 kg，双排钢管脚手架（4 m 以内）800 m²，块石墙勾凸缝面积 760 m²。根据已知条件，试计算该挡土墙工程的分部分项工程费用（人、材、机不调整）。

【解】 套用《江苏省市政工程计价定额》（2014 版）

表 6.3.2　分部分项工程费合计分析表

工程名称：某挡土墙工程

序号	定额编号	定额名称	单位	工程量	综合合价组成（元）					金额	
					人工费	材料费	机械费	管理费	利润	综合单价	合价
1	1-703	挡土墙、防洪墙垫层 碎石	10 m³	10.400 0	5 448.04	12 825.07		1 035.11	544.86	1 908.95	19 853.08
2	1-707	C10 挡土墙、防洪墙垫层 混凝土（机拌）	10 m³	19.200 0	14 570.30	47 251.20	1 893.70	3 128.26	1 646.40	3 567.18	68 489.86

续表 6.3.2

序号	定额编号	定额名称	单位	工程量	综合合价组成(元)					金额	
					人工费	材料费	机械费	管理费	利润	综合单价	合价
3	1-724	M10 挡土墙 浆砌块石	10 m³	102.600 0	91 510.99	169 521.88	6 530.49	18 628.06	9 804.46	2 884.95	295 995.88
4	1-730	C20 压顶 现浇混凝土	10 m³	2.000 0	2 437.12	5 417.64	197.26	500.54	263.44	4 408.00	8 816.00
5	1-731	现浇混凝土压顶模板	100 m²	0.802 0	1 174.85	1 970.69		223.22	117.48	4 346.93	3 486.24
6	1-760	钢筋制作安装(堤防附属工程)墙钢筋制作安装	t	1.700 0	919.09	7 013.78	96.37	192.93	101.54	4 896.30	8 323.71
7	1-777	M10 浆砌块石面 勾凸缝	100 m²	7.600 0	5 657.74	1 951.91		1 074.94	565.74	1 217.15	9 250.33
		合　计									414 215.10

6.3.2　道路工程的应用要点

1) 路床(槽)整形

(1) 路床(槽)整形包括路床(槽)整形、路基盲沟、铺筑垫层料等子目。

(2) 路床(槽)整形项目的内容,包括平均厚度 10 cm 以内的人工挖高填低、整平路床,使之形成设计要求的纵横坡度,并应经压路机碾压密实。

(3) 边沟成型,综合考虑了边沟挖土的土类和边沟两侧边坡培整面积所需的挖土、培土、修整边坡及余土抛出沟外的全过程所需人工。边坡所出余土弃运路基 50 cm 以外。

(4) 混凝土滤管盲沟定额中不含滤管外滤层材料。

(5) 粉喷桩定额中,桩直径取定 50 cm。

2) 道路基层

(1) 道路基层包括各种级配的多合土基层等子目。

(2) 石灰土基、多合土基,多层次铺筑时,其基础顶层需进行养生,养生期按七天考虑,其用水量已综合在顶层多合土养生定额内,使用时不得重复计算用水量。

(3) 多合土基层中各种材料是按常用的配合比编制的。当设计配合比与定额不符时,有关的材料消耗量可以调整,但人工和机械台班的消耗不得调整。调整的方法如下:

多合土的配合比为重量比,干紧容量重为 D(由实验室测定),定额体积为 V。

$$石灰：粉煤灰：土＝14：30：56$$

$$W_{石灰}＝D×V×14\%＋定额损耗$$

$$W_{粉煤灰}＝D×V×30\%＋定额损耗$$

$$W_{土}＝D×V×56\%＋定额损耗$$

配合比中的石灰 $W_{石灰}$ 为熟石灰的重量,熟石灰换算为生石灰的折减系数为 1.2。

(4) 道路基层中设有"每增减"的子目,适用于压实厚度 20 cm 以内。压实厚度在 20 cm 以上应按两层结构层铺筑。

3) 道路面层

(1) 水泥混凝土路面,综合考虑了前台的运输工具不同所影响的工效及有筋无筋等不同的工效。施工中无论有筋无筋及出料机具如何均不换算。水泥混凝土路面中未包括钢筋用量。如设计有筋时,套用水泥混凝土路面钢筋制作项目。

（2）水泥混凝土路面均按现场搅拌机搅拌。如实际采用预拌混凝土，则按总说明中的计算办法计算。

4）人行道侧缘石及其他

（1）该部分包括人行道板、侧石（立缘石）、花砖安砌等子目。

（2）所采用的人行道板、侧石（立缘石）、花砖等砌料及垫层如与设计不同时，材料量可按设计要求另计其用量，但人工不变。

5）道路交通管理设施工程

（1）本章定额适用于道路、桥梁、隧道、广场及停车场（库）的交通管理设施工程。

（2）本章定额包括交通标志、交通标线、交通信号设施、交通隔离设施、邮电管线等工程项目。

（3）基础挖土定额适用于工井。

（4）混凝土基础定额中未包括基础下部预埋件，应另行计算。

（5）工井定额中未包括电缆管接入工井时的封头材料，应按实计算。

（6）电缆保护管辅设定额中已包括连接管数量，但未包括砂垫层，砂垫层可按设计数量套用排水管道工程的相应定额计算。

（7）交通岗位设施

① 值勤亭安装定额中未包括基础工程和水电安装工作内容，发生时套用相关定额另行计算。

② 值勤亭按工厂制作、现场整体吊装考虑。

【例6.3.3】 某道路新建工程全长 500 m，宽 8 m，底基层采用 25 cm 厚二灰土（石灰：粉煤灰：土＝12：35：53），拖拉机拌和，基层为 20 cm 二灰结石混合料（厂拌人铺），面层为 3 cm 细粒式沥青混凝土，4 cm 中粒式沥青混凝土，5 cm 粗粒式沥青混凝土，沥青混凝土均为机械摊铺，基层顶面浇透层油及沥青下封层，沥青混凝土层与层之间浇粘层油。道路两侧为甲型混凝土侧、缘石，试计算分部分项工程费用（人、材、机不调整，不计土方费用）。

【相关知识】

25 cm 厚二灰土超过 20 cm，应以两个铺筑层计算。

【解】

（1）计算工程量（施工工程量）

① 道路基层的面积 $S_1 = 500 \times (8 + 0.275 \times 2) = 4\,275(\text{m}^2)$

② 整理路床 $S_2 = 4\,275 \text{ m}^2$

③ 顶层多合土养生面积 $S_3 = 4\,275 \text{ m}^2$

④ 道路面层面积 $S_4 = 500 \times (8 - 0.3 \times 2) = 3\,700(\text{m}^2)$

⑤ 侧缘石基础及铺设的长度 $L = 500 \times 2 = 1\,000(\text{m})$

⑥ 消解石灰 $G = 42.75 \times (7.08 - 2.7) = 187.25(\text{t})$

⑦ 路牙基础模板 $S_5 = 500 \times 2 \times 0.167\,7 = 167.7(\text{m}^2)$

（2）套用《江苏省市政工程计价定额》（2014 版）

表 6.3.3　分部分项工程费合计分析表

工程名称：某道路新建工程

序号	定额编号	定额名称	单位	工程量	综合合价组成（元）						金额
					人工费	材料费	机械费	管理费	利润	综合单价	合价
1	2-1	路床（槽）整形 路床碾压检验	100 m²	42.750 0	923.83		5 423.27	1 205.98	634.84	191.53	8 187.92
2	[2-134]×2	拖拉机拌合（带犁耙） 石灰：粉煤灰：土基层的比例 12：35：53 20 cm 厚	100 m²	42.750 0	25 826.99	132 000.46	27 436.52	10 120.21	5 326.22	4 694.98	200 710.40
3	[2-135]×15	拖拉机拌合（带犁耙） 石灰：粉煤灰：土基层的比例 12：35：53 每增减 1 cm	100 m²	−42.750 0	−6 548.45	−50 215.86	−1 102.95	−1 453.93	−765.23	1 405.53	−60 086.42
4	2-411	集中消解石灰	t	187.250 0	1 996.09	928.76	4 098.90	1 157.21	610.44	46.95	8 791.40
5	2-164	二灰结石混合料基层 20 cm 厂拌人铺	100 m²	42.750 0	16 143.26	170 167.66	4 559.29	3 933.43	2 070.38	4 605.24	196 874.02
6	2-184	顶层多合土养生 洒水车洒水	100 m²	42.750 0	180.41	296.69	824.65	191.09	100.46	37.27	1 593.30
7	2-273	喷洒透层油 汽车式沥青喷洒机 量 1 kg/m² 喷油	100 m²	37.000 0	177.97	20 413.27	783.29	182.78	96.20	585.23	21 653.51
8	2-259	沥青下封层	100 m²	37.000 0	1 798.94	30 374.04	956.82	523.55	275.65	917.00	33 929.00
9	2-292	粗粒式沥青混凝土路面 机械摊铺 厚度 5 cm	100 m²	37.000 0	5 366.48	189 791.87	9 523.80	2 829.02	1 488.88	5 648.65	209 000.05
10	2-301	中粒式沥青混凝土路面 机械摊铺 厚度 4 cm	100 m²	37.000 0	4 879.19	153 419.39	6 317.75	2 127.50	1 119.62	4 536.85	167 863.45
11	2-271	喷洒结合油 汽车式沥青喷洒机 量 0.8 kg/m² 喷油	100 m²	74.000 0	355.94	32 664.34	1 566.58	365.56	192.40	474.93	35 144.82
12	2-309	细粒式沥青混凝土路面 机械摊铺 厚度 3 cm	100 m²	37.000 0	4 813.33	118 060.71	6 243.01	2 100.86	1 105.56	3 576.31	132 323.47
13	2-386	C20 甲种路牙沿基础（12.5 cm×27.5 cm）	100 m	10.000 0	10 656.00	15 240.80	412.40	2 103.00	1 106.80	2 951.90	29 519.00
14	2-390	侧缘石安砌 混凝土侧石（立缘石） 长	100 m	10.000 0	6 440.20	1 704.90		1 223.60	644.00	1 001.27	10 012.70
15	2-392	侧缘石安砌 混凝土侧石 长度 50 cm 长度 50 cm	100 m	10.000 0	3 396.60	1 222.20		645.40	339.70	560.39	5 603.90
16	6-1520	混凝土基础垫层 复合模板	100 m²	1.677 0	3 734.85	2 846.69	154.97	739.07	388.98	4 689.66	7 864.56
合　计											1 008 985.08

注意：25 cm 二灰土底基层在套用定额时应套用子目 [2-134]×2 再加上子目 [2-135]×（−15），而不应套用子目 [2-134] 加上子目 [2-135]×5。

【**例 6.3.4**】 某道路工程起点桩号 K0+000,终点桩号 K0+480,路面结构为混凝土路面结构,路面宽度为 11 m,道路基层为 30 cm 厚 12%的灰土路基,20 cm 厚 C30 水泥混凝土路面,路面两边铺侧石,两侧路肩各宽 1 m,灰土路基采用带犁耙的拖拉机拌和,顶层洒水汽车洒水养生,水泥混凝土采用现场机械拌和,需要真空吸水并覆盖草袋养护。不考虑土方费用,求该道路工程的分部分项工程费(已知施工缝 3 道,沿纵向每 5 m 板长设一缩缝,施工缝、纵缝以及缩缝缝深均为 5 cm,缝内灌沥青砂胶)。

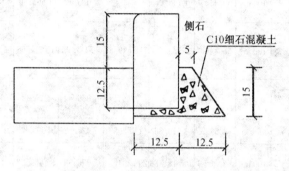

图 6.3.1 路牙结构详图

【**相关知识**】

① 道路路基尺寸应算至路牙外侧 15 cm。

② 多合土养生面积按设计基层、顶层的面积计算。

③ 路面工程量=设计长×设计宽—路沿所占面积,不扣除各类井所占面积,单位以平方米计算,本题无路沿即为设计长×设计宽。

④ 灰土基层 30 cm 厚,超过 20 cm,应以两个铺筑层计算。

⑤ 侧石按长度以延长米计算。

【**解**】

(1) 计算工程量(施工工程量)

① 道路基层面积　$S_1=480\times(11+0.275\times2)=5\,544(m^2)$

② 道路面层、真空吸水及养护面积　$S_2=480\times11=5\,280(m^2)$

③ 路床整理面积　$S_3=5\,544\ m^2$

④ 路肩面积　$S_4=480\times1\times2=960(m^2)$

⑤ 铺设侧石　$L_1=480\times2=960(m)$

⑥ 锯缝机锯缝的长度　$L_2=(480/5-1)\times11=1\,045(m)$

⑦ 沥青砂胶灌缝的面积　$S_5=(1\,045+480\times2+3\times11)\times0.05=101.9(m^2)$

⑧ 消解石灰　$G=55.44\times(4.08\times2-0.21\times10)=335.97(t)$

⑨ C10 细石混凝土侧石基础

$$V=480\times2\times[0.05\times0.125+(0.05+0.125)/2\times0.15]=960\times0.019\,375$$
$$=18.6(m^3)$$

⑩ 混凝土路面模板 $S_6=(480\times4+11\times2+11\times3)\times0.2=395(m^2)$

⑪ 路牙基础模板 $S_7=480\times2\times\sqrt{0.15^2+0.075^2}=161.00(m^2)$

（2）套用《江苏省市政工程计价定额》（2014 版）

表 6.3.4 分部分项工程费合计分析表

工程名称：某道路工程

序号	定额编号	定额名称	单位	工程量	综合合价组成（元）						金额
					人工费	材料费	机械费	管理费	利润	综合单价	合价
1	2-1	路床（槽）整形 路床碾压检验	100 m²	55.440 0	1 198.06		7 033.12	1 563.96	823.28	191.53	10 618.42
2	[2-53]×2	拖拉机拌和（带犁耙）厚度 15 cm 含灰量 12%	100 m²	55.440 0	29 374.33	112 529.34	40 177.92	13 214.68	6 955.50	3 648.12	202 251.77
3	2-184	顶层多合土养生 洒水车洒水	100 m²	55.440 0	233.96	384.75	1 069.44	247.82	130.28	37.27	2 066.25
4	2-411	集中消解石灰	t	335.97	3 616.86	1 682.89	7 427.12	2 096.83	1 106.09	47.41	15 929.79
5	2-327	C30 水泥混凝土路面 厚度 20 cm	100 m²	52.800 0	106 181.86	293 304.53	7 776.38	21 652.22	11 395.82	8 339.22	440 310.81
6	2-331	混凝土路面模板	m²	395.000 0	8 358.20	7 220.60	1 520.75	1 876.25	987.50	50.54	19 963.30
7	2-346	水泥混凝土路面养生 草袋养生	100 m²	52.800 0	3 641.62	5 773.15		691.68	364.32	198.31	10 470.77
8	2-350	混凝土真空吸水 20 cm	10 m²	528.000 0	12 661.44	8 448.00	13 184.16	4 910.40	2 587.20	79.15	41 791.20
9	2-341	伸缩缝 锯缝机锯缝	每 10 延长米	104.500 0	4 005.49	2 852.85	2 776.57	1 288.49	678.21	111.02	11 601.61
10	2-335	伸缩缝 伸缝内灌沥青砂	每 10 m² 缝面	10.190 0	1 160.54	2 856.56	52.38	230.50	121.26	433.88	4 421.24
11	2-5	路床（槽）整形 整理路肩 人工整理	100 m²	9.600 0	2 054.50			390.34	205.44	276.07	2 650.28
12	2-384	C10 侧缘石垫层 人工铺装 混凝土垫层	m³	18.600 0	1 895.34	4 458.05		360.10	189.53	371.13	6 903.02
13	2-390	侧缘石安砌 混凝土侧石（立缘石） 长度 50 cm	100 m	9.600 0	6 182.59	1 636.70		1 174.66	618.24	1 001.27	9 612.19
14	6-1 520	混凝土基础垫层 复合模板	100 m²	1.610 0	3 585.63	2 732.96	148.78	709.54	373.44	4 689.66	7 550.35
		合　计									786 141.00

附注：

（1）12% 30 cm 灰土基层在套用定额子目时应套用子目[2-53]×2 而不应该套用子目 2-58 加上子目[2-61]×10，因为超过 20 cm 厚的结构应以两个铺筑层计算。

（2）C10 混凝土侧石基础在套用定额子目时应进行换算，将定额中的 C15 混凝土换算成 C10 混凝土。

子目 2-384 中混凝土 C15 单价为 235.54 元/m³，

而混凝土 C10 单价为 232.89 元/m³。

子目 2-384 的材料费重新计算（换进 C10 混凝土，换出 C15 混凝土）。

6.3.3 桥涵工程的应用要点

1) 打桩工程

(1) 计价定额的选用

在打桩工程选用计价定额时,应首先了解打入桩的材料品种、规格、断面、尺寸、长度,有无接桩、送桩,然后按施工图中桩的型号,选用计价定额子目,再根据实际施工的步骤及地质资料套用计价定额。

桥梁工程中所述打桩工程,定额中土质类别均按甲级土考虑。打钢筋混凝土板桩 34.56 m³,假定根据地质资料确定为乙级土,无需在支架上打桩。则可按计价定额套用 3-40,但由于计价定额中土质类别以甲级土考虑,按照计价定额要求,人工乘以系数 1.3、机械乘以系数 1.43。则该工程打桩费用为 34.56÷10×[(353.65×1.3+1 005.42×1.43)×1.37+110.16]=9 364.79(元)。分部分项工程费合计分析表见表 6.3.5。

表 6.3.5 分部分项工程费合计分析表

工程名称:打预制桩

序号	定额编号	定额名称	单位	工程量	综合合价组成(元)					金额	
					人工费	材料费	机械费	管理费	利润	综合单价	合价
1	3-40 备注3	打钢筋混凝土板桩 L≤16 m 陆上	10 m³	3.456 0	1 588.86	380.71	4 968.86	1 770.58	655.78	2 709.72	9 364.79
		合　计									9 364.79

(2) 计价定额中有关规定及需要说明的问题

① 打桩工程中的土壤分类,必须严格按照工程地质资料进行划分,才能套用相关计价定额。

② 在套用打圆木桩及木板桩计价定额时,应注意该项目是指工程桩,即是构成工程实体的,凡是临时木桩一律套用《通用项目》的有关计价定额。

③ 定额内容包括打木制桩、打钢筋混凝土桩、静压预制钢筋混凝土方桩、打拔钢板桩、打管桩、送桩、接桩等项目。

④ 定额中土质类别均按甲级土考虑。乙级土按甲级土定额人工乘系数 1.3,机械乘系数 1.43。丙级土按甲级土定额人工乘系数 1.75,机械乘系数 2.00。

⑤ 本章定额均为打直桩,如打斜桩(包括俯打、仰打)斜率在 1∶6 以内时,人工乘以 1.33,机械乘以 1.43。

⑥ 本章定额均考虑在已搭置的支架平台上操作,但不包括支架平台,其支架平台的搭设与拆除应按本册第九章有关项目计算。

⑦ 陆上打桩采用履带式柴油打桩机时,不计陆上工作平台费,可计 20 cm 碎石垫层,面积按陆上工作平台面积计算。

⑧ 打板桩计价定额中已考虑导向桩的打、拔,使用时不得重复计算。

⑨ 陆上、支架上、船上打桩定额中均未包括运桩。

⑩ 送桩定额按送 4 m 为界,如实际超过 4 m 时,按相应定额乘以下列调整系数:送桩 5 m 以内乘以系数 1.2;送桩 6 m 以内,乘以系数 1.5;送桩 7 m 以内,乘以系数 2.0;送桩 7 m

以上,以调整后 7 m 为基础,每超过 1 m 递增系数 0.75。

2) 钻孔灌注桩

(1) 计价定额选用

在钻孔灌注桩工程中选用计价定额,应首先了解钻孔的孔径、深度,然后按照施工图中的型号选用计价定额子目,再根据实际施工部位及地质资料套用计价定额。

(2) 计价定额中有关规定及需要说明的问题

① 本章定额包括埋设钢护筒,人工挖孔、卷扬机带冲抓锥、冲击钻机、回旋钻机四种成孔方式及泥浆制作运输、灌注混凝土、灌注混凝土桩接桩等项目。

② 本章定额适用于桥涵工程钻孔灌注桩基础工程。

③ 本章定额钻孔土质分为 8 种:

a. 砂土:粒径不大于 2 mm 的砂类土,包括淤泥、轻亚黏土;

b. 黏土:亚黏土、黏土、黄土,包括土状风化岩;

c. 砂砾:粒径 2~20 mm 的角砾、圆砾含量小于或等于 50%,包括礓石黏土及粒状风化;

d. 砾石:粒径 2~20 mm 的角砾、圆砾含量大于 50%,有时还包括粒径为 20~200 mm 的碎石、卵石,其含量在 50% 以内,包括块状风化;

e. 卵石:粒径 20~200 mm 的碎石、卵石含量大于 10%,有时还包括块石、漂石,其含量在 10% 以内,包括块状风化;

f. 软石:各种松软、胶结不紧、节理较多的岩石及较坚硬的块石土、漂石土;

g. 次坚石:硬的各类岩石,包括粒径大于 500 mm、含量大于 10% 的较坚硬的块石、漂石;

h. 坚石:坚硬的各类岩石,包括粒径大于 1 000 mm、含量大于 10% 的坚硬的块石、漂石。

④ 成孔定额按孔径、深度和土质划分项目,若超过定额使用范围时,应另行计算。

⑤ 埋设钢护筒定额中钢护筒按摊销量计算,若在深水作业,钢护筒无法拔出时,经建设单位签证后,按钢护筒实际用量(或参考下表重量)减去定额数量一次增列计算,但该部分费用作为独立费。

表 6.3.6　钢护筒延米用量计算表

桩径(mm)	800	1 000	1 200	1 500	2 000
每米护筒重量(kg/m)	155.06	184.87	285.93	345.09	554.60

⑥ 灌注桩混凝土均考虑混凝土水下施工,按机械搅拌,在工作平台上导管倾注混凝土。定额中已包括设备(如导管等)摊销及扩孔增加的混凝土数量,不得另行计算。

⑦ 定额中不包括在钻孔中遇到障碍必须清除的工作,发生时另行计算。

⑧ 泥浆制作定额按普通泥浆考虑,使用其他材料制作者,不予调整。泥浆池、泥浆罐根据施工组织设计另行考虑。

⑨ 钻孔灌注桩工程,由于一般的桥梁在河道内施工,因此必须要埋设护筒。

A. 护筒顶端高度

a. 当处于旱地时,除满足施工要求外,宜高出地面 0.3 m,以防止杂物、地面水掉入或流入井孔内。

b. 当处于水中时,地质良好,不易坍孔时,宜高出施工水位 1.0~1.5 m。

c. 当处于水中时,地质不良,容易坍孔时,宜高出施工水位 1.5~2.5 m,甚至 2.5 m,视实际情况而定。

d. 当孔内有承压水时,应高出稳定后承压水位 1.5~2.0 m 以上;若承压水位不稳定或稳定后承压水位高出地下水位很多,应先作试桩,鉴定在高压水地区采用钻孔灌注桩基的可行性。

e. 当处于潮水影响地区时,应高于最高水位 1.5~2.0 m,并须采取稳定护筒内水头的措施。

f. 对于正循环回钻钻进应考虑泥浆钻渣溢出孔高于地面至少 0.3 m,对于冲击、冲抓和人工推钻的钻进,应考虑使护筒顶面高钻锥入井时泥浆涌起的高度。

B. 有关护筒的内径,应比钻孔桩设计直径稍大。人工推钻约必须大 10~15 cm;当护筒长度在 2~6 m 范围内时,机动推钻和有钻杆导向的正、反循环回转钻宜大 20~30 cm;无钻杆导向的正、反潜水电钻和冲抓,冲击钻宜大 30~40 cm;深水处的护筒内径至少应比桩径大 40 cm;在套用计价定额时,必须按加大直径取定。

C. 有关护筒埋设入土深度

a. 旱地或浅水处,对于黏土不小于 1.0~1.5 m;对于砂土应将护筒周围 0.5~1.0 m 范围内挖除,夯填黏性土至护筒底 0.5 m 以下。

b. 冰冻地区应埋入冻土层以下 0.5 m。

c. 深水及河床软土,淤泥层较厚处,应尽可能深入到不透水层内 1.0~1.5 m;河床下无黏性土层时,应沉入到大砾石、卵石层内 0.5~1.0 m;河床为软土、淤泥、砂土时,护筒底埋置深度应经过仔细研究决定,但不得小于 3.0 m。

d. 有冲刷影响的河床,应埋入局部冲刷线以下不小于 1.0~1.5 m。

e. 护筒接头处要求内部无突出物,能耐拉、压,不漏水。灌注桩完成后,钢护筒和钢筋混凝土护筒除设计另有规定外,一般应拆除。

f. 干处或浅水筑岛,护筒可按一般方法实测定位,在深水沉入护筒应采用导向架等设备定位,并保持竖直,导向架应有足够的强度和稳定性。

g. 护筒平面位置的偏差一般不得大于 5 cm,护筒倾斜度偏差不得大于 1%。

因此,在套用计价定额时,必须按上述三点综合取定。

⑩ 需要说明的有关问题:

A. 人工挖桩孔,适用于土层内无地下水或地下水量很少时,方可套用本计价定额;采用人工挖桩孔,井孔壁采用各种护壁防护,挖至设计标高后,可根据地下水位涌入量情况,灌注空气中混凝土或水下混凝土。

B. 人工挖桩孔计价定额适用于直径在 1 m 以外,深度在 5 m 以内的范围。

C. 人力钻孔,孔径适用范围在 90 cm 以内,超过 90 cm 时一律采用机械成孔。

D. 计价定额中已经考虑设备摊销(如导管等),扩孔增加的混凝土数量,不得另行计算。

(3) 根据前述例 4.4.16,套用计价定额,可算出灌注桩分部分项工程费用,见表 6.3.7。

表 6.3.7 分部分项工程费分析表

工程名称:灌注桩

序号	定额编号	定额名称	单位	工程量	综合合价组成(元)					综合单价	金额 合价
					人工费	材料费	机械费	管理费	利润		
1	3-565	搭、拆桩基础支架平台 陆上支架 锤重 1 800 kg	100 m²	4.607 5	13 372.26	3 775.39		3 610.53	1 337.22	4 795.53	22 095.40
2	3-113	埋设钢护筒 陆上 φ≤1 000	10 m	7.500 0	13 813.95	1 009.50	6 145.58	5 389.04	1 995.98	3 780.54	28 354.05
3	3-136	回旋钻机钻孔 φ≤1 000 H≤40 m 砂土、黏土	10 m	46.500 0	30 194.78	983.48	63 869.15	25 397.37	9 406.49	2 792.50	129 851.27
4	3-212	泥浆制作	10 m³	109.508 0	14 667.50	9 477.92	2 551.54	4 648.61	1 721.47	301.96	33 067.04
5	3-213	泥浆运输运距 5 km 以内	10 m³	36.503 0	7 563.42		33 135.96	10 988.86	4 070.08	1 527.50	55 758.32
6	3-216	C30 灌注桩混凝土 回旋钻孔	10 m³	38.033 0	42 835.81	134 967.33	23 430.99	17 891.86	6 626.87	5 935.71	225 752.86
7	3-252	钢筋制作、安装 钻孔桩钢筋笼 制作、安装	t	18.658 0	12 771.40	78 178.51	3 925.46	4 508.15	1 669.70	5 416.08	101 053.22
8	3-596	凿除桩顶钢筋混凝土 钻孔灌注桩	10 m³	1.178 0	1 233.48	19.44	421.57	446.86	165.51	1 941.31	2 286.86
9	1-448	自卸汽车运石碴 自卸汽车(8 t 以内)运距 5 km 以内	1 000 m³	0.011 8		0.67	272.60	51.79	27.26	29 857.19	352.31

3)砌筑工程

(1)计价定额的选用

砌筑工程计价定额选用时,应首先了解结构形式、采用的材料,然后根据实际施工步骤套用计价定额。

(2)计价定额应用注意事项及有关说明

① 注意事项:本章定额包括浆砌块石、料石、混凝土预制块和砖砌体等项目,本章定额适用于砌筑高度在 8 m 以内的桥涵砌筑工程。本章挡墙适用于桥涵及其引道范围,不适用堤、岸、防洪墙砌筑。

② 有关说明:拱圈底模定额中不包括拱盔和支架,可套用本册第九章有关项目。另砌筑计价定额均未包括垫层、拱背和台背的填充料,如发生可套用有关计价定额,另行计算。

③ 定额中调制砂浆,均按砂浆拌和机拌和,如采用人工拌制时,定额不予调整。

4)钢筋工程

(1)计价定额的选用

首先应了解工程结构形式,然后按施工图中的型号选用计价定额子目,再根据实际施工步骤套用计价定额。

(2)计价定额应用注意事项及有关说明

① 注意事项:

A. 计价定额中因束道长度不等,故未列锚具数量,但已包括锚具安装的人工费。

B. 计价定额中钢筋按 $\phi10$ 以内及 $\phi10$ 以外两种分列,钢板均按 Q235B 钢板计列,预应力筋采用Ⅳ级钢、钢绞线和高强钢丝。因设计要求采用钢材与定额不符时,可予调整。

② 有关说明:

A. 先张法预应力筋制作、安装定额,未包括张拉台座,该部分可套相应定额。

B. 压浆管道计价定额中的铁皮管、波纹管均已包括套管和三通管的安装费用,但未包括三通管费用,可另行计算。

C. 本章定额中钢绞线按 $\phi^s15.20$、束长在 40 m 以内考虑,如规格不同或束长超过 40 m 时,应另行计算。

5)现浇混凝土工程

(1)计价定额的选用

现浇混凝土及钢筋混凝土,首先应了解工程结构形式,然后根据实际施工的步骤套用计价定额。

(2)计价定额应用注意事项及有关说明

① 本章定额包括基础、墩、台、柱、梁、桥面、接缝等项目。

② 本章定额中嵌石混凝土的块石含量如与设计不同时,可以换算,但人工及机械不得调整。

③ 本章定额中均未包括预埋铁件,如设计要求预埋铁件时,可按设计用量套用本册第四章"钢筋工程"有关子目。

④ 承台分有底模及无底模两种,应按不同的施工方法套用本章相应项目。

⑤ 定额中混凝土按常用强度等级列出,如设计要求不同时可以换算。

⑥ 现浇梁、板等模板定额中均已包括铺筑底模内容,但未包括支架部分。如发生时可套用本册第九章有关项目。

⑦ 本章定额中模板以木模、工具式钢模为主(除防撞护栏采用定型钢模外)。模板不得因实际使用不同而换算。

6)预制混凝土工程

(1)计价定额的选用

预制混凝土及钢筋混凝土构件,首先应了解工程的结构形式、施工方案,然后根据实际施工部位,正确套用计价定额。

(2)计价定额应用注意事项及有关说明

① 本章定额适用于桥涵工程现场制作的预制构件。

② 本章定额中均未包括预埋铁件,如设计要求预埋铁件时,可按设计用量套用本册第四章有关项目。

③ 本章定额不包括地模、胎模费用,需要时可套用本册第九章有关定额计算。胎、地模的占用面积按施工组织设计方案确定。

7)立交箱涵工程

(1)计价定额的选用

同样,首先应了解工程的结构形式、施工方案,然后根据实际施工部位,正确套用计价定额。

（2）计价定额应用注意事项及有关说明

① 本章定额包括箱涵制作、顶进、箱涵内挖土等项目。

② 本章定额适用于现浇箱涵工程、穿越城市道路及铁路的顶推现浇立交箱涵工程。

③ 定额中未包括箱涵顶进的后靠背设施等，其发生费用另行计算。

④ 定额中未包括深基坑开挖、支撑及井点降水的工作内容，可套用有关定额计算。

⑤ 立交桥引道的结构及路面铺筑工程，根据施工方法套用有关定额计算。

8）安装工程

（1）计价定额的选用

因安装构件受到重量、长度、宽度、高度、体积的影响，因而在安装过程中首先要了解前述所讲的因素，然后根据实际现场施工条件，确定施工方案后，再正确套用计价定额。

（2）计价定额应用中需说明的有关问题

① 因安装构件受到重量、长度、宽度、高度影响，原则上按构件重量的3倍考虑，配备安装机械。

② 小型构件安装已包括150 m场内运输，其他构件均未包括场内运输。

③ 安装预制构件定额中，均未包括脚手架，如构件安装需要用脚手架时，可套用第一册《通用项目》相应定额项目。

④ 安装预制构件，应根据施工现场具体情况，采用合理的施工方法，套用相应定额。

⑤ 安装沉降缝，油毡计价定额列一毡，一油子目，如采用二毡，三油可按设计数量再套用计价定额。例如：三毡四油30 m² 的费用计算为（45.88×3＋134.84×4）×30÷10＝2 031（元）。分部分项工程费合计分析表见表6.3.8。

表6.3.8　分部分项工程费合计分析表

工程名称：沉降缝（三毡四油）

序号	定额编号	定额名称	单位	工程量	综合合价组成（元）					金额	
					人工费	材料费	机械费	管理费	利润	综合单价	合价
1	[3-543]×3	安装沉降缝　油毡 一毡	10 m²	3.000 0	19.98	385.53		5.40	2.01	137.65	412.92
2	[3-544]×4	安装沉降缝　油毡 一油	10 m²	3.000 0	275.21	1 241.04		74.32	27.51	539.36	1 618.08
合　　计											2 031.00

9）临时工程

（1）计价定额的选用

应首先了解施工范围，根据施工图及施工方案来确定套用计价定额。

（2）计价定额应用注意事项及有关说明

① 桥涵支架分拱盔及支架两部分，计价定额计量单位按立方米空间体积计算，支架与拱盔均不包括底模及地基加固在内。

② 本章定额支架平台适用于陆上、支架上打桩及钻孔灌注桩。支架平台分陆上平台与水上平台两类，其划分范围如下：a. 水上支架平台：凡河道施工期河岸线向陆地延伸2.5 m范围，均可套用水上支架平台；b. 陆上支架平台：除水上支架平台以外的陆地部分均可套陆上支架平台。

③ 组装、拆卸船排定额中未包括压舱费用。压舱材料取定为大石块，并按船排总吨位的 30% 计取(包括装、卸在内 150 m 的二次运输费)。

④ 钻孔灌注桩工作平台按孔径 $\phi \leqslant 1\,000$，套用锤重 $1\,800$ kg 打桩工作平台；$\phi > 1\,000$，套用锤重 $2\,500$ kg 打桩工作平台。

⑤ 桥梁装配式支架套用万能杆件定额。

⑥ 搭、拆水上工作平台定额中，已综合考虑了组装、拆卸船排及组装、拆卸打拔桩架工作内容，不得重复计算。

10) 装饰工程

(1) 计价定额的选用

首先了解设计要求施工部位、采用的材料，然后根据实际情况套用计价定额。

(2) 计价定额应用中需说明的有关问题

① 装饰工程计价定额中已综合考虑了各种形式的构件，不得由于形式不同而调整计价定额。

② 镶贴面层定额中，贴面材料与定额不同时，可以调整换算，但人工与机械台班消耗量不变。

③ 水质涂料不分面层类别，均按本定额计算，由于涂料种类繁多，如采用其他涂料时，可以调整换算。

④ 水泥白石子浆抹灰定额，均未包括颜料费用，如设计需要颜料调制时，应增加颜料费用。

⑤ 油漆定额按手工操作计取，定额中油漆种类与实际不同时，可以调整换算。

⑥ 定额中均未包括施工脚手架，发生时可套用第一册《通用项目》相应定额项目。

11) 构件运输

(1) 计价定额的选用

构件运输均系场内运输，根据构件的重量、体积、长度、高度及宽度确定运输的方法，然后正确套用计价表。

(2) 计价定额应用注意事项及有关说明

① 构件场内运输，不适用于构件场外运输，场外运输可按各地区的有关规定另行计算。

② 构件运输的运距计算，应由构件堆放中心至起吊点的水平运输距离计算。

③ 构件场内运输已包括装车、船费在内，凡属桥涵工程的混凝土构件，均可视不同的运输方法分别套用有关定额子目。

6.3.4 隧道工程的应用要点

隧道工程的应用要点结合计价定额理解，这里不做展开。

6.3.5 给水工程的应用要点及举例

本册计价定额内容主要包括管道安装、管道内防腐、管件安装、管道附属构筑物、取水工程、江苏省补充项目等。同时要注意市政给水管道与安装给水管道的划分标准。

1) 管道安装

(1) 计价定额选用

① 根据施工图规定的管径大小、管材材质、接口方式等条件来确定选用合适的定额子目。

② 本章定额内容包括铸铁管、混凝土管、塑料管安装,铸铁管及钢管新旧管连接,管道试压、消毒冲洗。

(2) 有关规定及需要说明的问题

① 本章定额管节长度是综合取定的,实际不同时,不做调整。

② 套管内的管道铺设按相应的管道安装人工、机械乘以系数1.2。

③ 混凝土管安装不需要接口时,按《排水工程》册相应定额执行。

④ 新旧管线连接项目所指的管径是指新旧管中最大的管径。

⑤ 本章定额不包括以下内容:a. 管道试压、消毒冲洗、新旧管道连接的排水工作内容,按批准的施工组织设计另计。b. 新旧管连接所需的工作坑及工作坑垫层、抹灰,马鞍卡子、盲板安装中,工作坑及工作坑垫层、抹灰执行第六册《排水工程》有关定额。马鞍卡子、盲板安装执行本册有关定额。

⑥ 管道安装总工程量不足50 m时,管径≤300 mm的其人工和机械耗用量均乘以系数1.67;管径>300 mm的,其人工和机械耗用量均乘以系数2.00;管径>600 mm的,其人工和机械耗用量均乘以系数2.50。

水压试验计价定额为一次试验的费用,如非施工单位原因而造成一次试验不合格或要求进行二次及以上水压试验,其费用另计。

2) 管道内防腐

(1) 计价定额的选用

按照施工图及施工组织设计套用计价定额。

本章定额内容包括铸铁管、钢管的地面离心机械内涂防腐、人工内涂防腐、高分子内外防腐。

(2) 有关规定及需要说明的问题。

① 管道外防腐执行《江苏省安装工程计价定额》的有关计价定额。

② 地面防腐综合考虑了现场和厂内集中防腐两种施工方法。

3) 管件安装

(1) 计价定额的选用

① 本章定额内容包括铸铁管件、承插式预应力混凝土转换件、塑料管件、分水栓、马鞍卡子、二合三通、铸铁穿墙管、水表安装。

② 铸铁管件安装适用于铸铁三通、弯头、套管、乙字管、渐缩管、短管的安装,并综合考虑了承口、插口、带盘的接口,与盘连接的阀门或法兰应另计。

(2) 有关规定及需要说明的问题

① 马鞍卡子安装所列直径是指主管直径。

② 铸铁管件安装(胶圈接口)也适用于球墨铸铁管件的安装。

③ 法兰式水表组成与安装定额内无缝钢管、焊接弯头所采用壁厚与设计不同时,允许调整其材料预算价格,其他不变。

④ 本章定额不包括以下内容:与马鞍卡子相连的阀门安装,执行第七册《燃气与集中供热工程》有关定额。分水栓、马鞍卡子、二合三通安装的排水内容,应按批准的施工组织设计另计。

4）管道附属构筑物

（1）计价定额的选用

① 本章定额内容包括砖砌圆形阀门井、砖砌矩形卧式阀门井、砖砌矩形水表井、圆形排泥湿井、消火栓井、管道支墩工程。

② 本章定额所指的井深是指垫层顶面至铸铁井盖顶面的距离。井深大于 1.5 m 时，应按第六册《排水工程》有关项目计取脚手架搭拆费。按国家建筑标准设计图集《市政给水管道工程及附属设施》（07MS101）编制的管道附属构筑物所指井深是钢筋混凝土底板顶面至钢筋混凝土盖板底面的距离。

③ 排气阀井，可套用阀门井的相应定额。

（2）有关规定及需要说明的问题

① 本章定额是按普通铸铁井盖、井座考虑的，如设计要求采用球墨铸铁井盖、井座，其材料预算价格可以换算，其他不变。

② 矩形卧式阀门井筒每增 0.2 m 定额，包括 2 个井筒同时增 0.2 m。

5）取水工程

（1）计价定额的选用

① 本章定额内容包括大口井内套管安装、辐射井管安装、钢筋混凝土渗渠管制作安装、渗渠滤料填充。

② 大口井内套管安装：

a. 大口井套管为井底封闭套管，按法兰套管全封闭接口考虑。

b. 大口井底作反滤层时，执行渗渠滤料填充项目。

（2）有关规定及需要说明的问题

本章定额不包括以下内容，如发生时，按以下规定执行。

① 辐射井管的防腐，执行《全国统一安装工程预算定额》有关项目。

② 模板的制作安装和拆除、钢筋制作安装、沉井工程。如发生时，执行第六册《排水工程》有关定额。其中渗渠制作的模板安装拆除人工按相应项目乘以系数 1.2。

③ 土石方开挖、回填、脚手架搭拆、围堰工程执行第一册《通用项目》有关定额。

④ 船上打桩及桩的制作执行第三册《桥涵工程》有关项目。

⑤ 水下管线铺设执行第七册《燃气与集中供热工程》有关项目。

6）管道穿越工程及其他

（1）计价定额的选用

① 本章适用于管道穿跨越工程。

② 拖管过河采用直线拖拉式。

（2）有关规定及需要说明的问题

① 不论制作与吊装、牵引，本章确定的人工、材料、机械均不得调整。

② 各种含量的确定：

a. 单拱跨管桥管段组焊：按每 10 米含 4.494 个口综合取定，如有出入时，定额人工、材料、机械台班乘以下列调整系数：

$$调整系数 = 每 10 米实际含口数 / 4.494$$

b. 附件制作安装:包括固定支座、加强筋板,预埋钢板,每项单拱跨工程只允许套用一次定额,管段组焊按设计长度套用定额。

c. "门"型管桥制作:$\phi \leqslant 273$ 含 2 个 45°弯头(4D)及附件,基段 4 个口,$\phi \geqslant 325$ 含 4 个 45°弯头(4D)及附件,基段 8 个口,加强筋板制作及地脚螺栓安装的人工、材料、机械台班已列入基段定额,使用时不准调整。

③ 中小型穿跨越吊装:机械吊装管桥用汽车吊起吊、拖拉机牵引。

④ 超运距机械台班用量均已综合在相应项目内。

⑤ 小于 40 m 的穿越管段组焊及拖管过河,不包括水下稳管。

⑥ 制作穿越拖管头所用的主材钢管与穿越管段的钢管,如管径、壁厚不同时,可以换算,其余材料和人工、机械台班均不得换算。

7) 案例

根据例 4.4.18 计算的工程量,套用计价定额,假设 DN200 球墨铸铁管250 元/m,明杆法兰闸阀 2 000 元/个,得出分部分项工程费用,见表 6.3.9。

表 6.3.9　分部分项工程费分析表

工程名称:给水

序号	定额编号	定额名称	单位	工程量	综合单价组成(元)					金额	
					人工费	材料费	机械费	管理费	利润	综合单价	合价
1	6-823	垫层　砂	10 m³	6.502 4	312.72	1 265.15	18.00	112.58	40.65	1 749.10	11 373.35
2	5-60	球墨铸铁管安装(胶圈接口)公称直径 200 mm 以内	10 m	80.000 0	105.01	2 569.02		37.80	13.65	2 725.48	218 038.40
3	5-160	管道试压　公称直径 200 mm 以内	100 m	8.000 0	186.18	84.68	16.42	67.02	24.20	378.50	3 028.00
4	5-178	管道消毒冲洗　公称直径 200 mm 以内	100 m	8.000 0	135.72	105.52		48.86	17.64	307.74	2 461.92
5	7-653	焊接法兰阀门安装　公称直径 200 mm 以内	个	9.000 0	43.96	2 007.46		15.83	5.71	2 072.96	18 656.64
6	5-421	M7.5 砖砌圆形阀门井(直筒式)　井内径 1.2 m 深1.5 m	座	9.000 0	521.40	1 301.05	9.52	187.70	67.78	2 087.45	18 787.05
7	6-1519	混凝土基础垫层　木模	100 m²	0.106 3	736.52	2 992.07	49.29	265.15	95.75	4 138.78	439.95
		合　计									272 785.31

6.3.6　排水工程的应用要点

1) 定型混凝土管道基础及铺设

(1) 本章定额包括混凝土管道基础、管道铺设、管道接口、闭水试验、管道出水口,是依国家建筑标准设计图集《市政排水管道工程及附属设施》(06MS201)计算的,适用于市政工程雨水、污水及合流混凝土排水管道工程。

(2) D600~D700 混凝土管铺设分为人工下管和人机配合下管,D800~D2 400 为人机配合下管。

(3) 如在无基础的槽内铺设管道,其人工、机械乘以 1.18 系数。

(4) 如遇有特殊情况，必须在支撑下串管铺设，人工、机械乘以 1.33 系数。

(5) 实际管座角度与定额不同时，采用第三章非定额管座定额项目。

企口管的膨胀水泥砂浆接口适于 360°，其他接口均是按管座 120°和 180°列项的。如管座角度不同，按相应材质的接口做法，以管道接口调整表（见表 6.3.10）进行调整。

表 6.3.10 管道接口调整表

序号	项目名称	实做角度	调整基数或材料	调整系数
1	水泥砂浆抹带接口	90°	120°定额基价	1.330
2	水泥砂浆抹带接口	135°	120°定额基价	0.890
3	钢丝网水泥砂浆抹带接口	90°	120°定额基价	1.330
4	钢丝网水泥砂浆抹带接口	135°	120°定额基价	0.890
5	企口管膨胀水泥砂浆抹带接口	90°	定额中 1:2 水泥砂浆	0.750
6	企口管膨胀水泥砂浆抹带接口	120°	定额中 1:2 水泥砂浆	0.670
7	企口管膨胀水泥砂浆抹带接口	135°	定额中 1:2 水泥砂浆	0.625
8	企口管膨胀水泥砂浆抹带接口	180°	定额中 1:2 水泥砂浆	0.500

注：现浇混凝土外套环，变形缝接口，通用于平口、企口管。

(6) 定额中的钢丝网水泥砂浆接口不包括内抹口，如设计要求内抹口时，按抹口周长每 100 延长米增加水泥砂浆 0.042 m³、人工 9.22 工日计算。

(7) 如工程项目的设计要求与本定额所采用的标准图集不同时，套用第三章非定型的相应项目。

(8) 定额中计列了砖砌、石砌一字式、门字式、八字式适用于 D300 至 D2 400 不同复土厚度的出水口，是按《市政排水管道工程及附属设施》(06MS201)对应选用，非定型或材质不同时可套用第一册《通用项目》或本册第 3 章相应项目另行计算。

2) 定型井

(1) 定型井包括各种定型的砖砌检查井、收水井，适用于 D700～D2 400 间混凝土雨水、污水及合流管道所设的检查井和收水井。

(2) 各类国标排水检查井按《市政排水管道工程及附属设施》(06MS201)及《给排水标准图集》(1996 版)，省标井是按《05 系列江苏省工程建设标准设计图集》(苏 S05—2004)编制的，实际设计与定额不同时，可按第 3 章相应项目另行计算。

(3) 各类井均为砖砌或混凝土砌，如为石砌时，采用第 3 章相应项目。

(4) 各类井均按图集计列了抹灰费用，如设计与图集不同时，可套用第 3 章的相应项目。

(5) 各类井的井盖、井座、井箅均系按铸铁件计列的（省标方形井除外），如采用钢筋混凝土预制件，除扣除定额中铸铁件外应按现场预制调整，套用第 3 章相应定额。

(6) 混凝土过梁的制作与安装，当小于 0.04 m³/件时，套用第 3 章小型构件项目；当大于 0.04 m³/件时，套用本章项目。

(7) 各类检查井，当井深大于 1.5 m 时，可视井深、井字架材质套用第 7 章的相应项目。

(8) 如遇三通、四通井，执行非定型井项目。

3）非定型井、渠、管道基础及砌筑

（1）该部分定额包括非定型井、渠、管道及构筑物垫层，基础，砌筑，抹灰，混凝土构件的制作、安装，检查井筒砌筑等，适用于本册定额各章节非定型的工程项目。

（2）本章各项目均不包括脚手架，当井深超过 1.5 m，套用第 7 章井字脚手架项目；砌墙高度超过 1.2 m，抹灰高度超过 1.5 m，所需脚手架套用第一册《通用项目》相应项目。

（3）本章所列各项目所需模板的制、安、拆，钢筋（铁件）的加工均执行第 7 章相应项目。

（4）收水井的混凝土过梁制作、安装套用小型构件的相应项目。

（5）跌水井跌水部位的抹灰，按流槽抹面项目执行。

（6）混凝土枕基和管座不分角度均按相应定额执行。

（7）本章小型构件是指单件体积在 0.04 m³ 以内的构件。凡大于 0.04 m³ 的检查井过梁，执行混凝土过梁制作安装项目。

（8）拱（弧）型混凝土盖板的安装，按相应体积的矩型板定额人工、机械乘以系数 1.15 执行。

（9）定额只计列了井内抹灰的子目，如井外壁需要抹灰，砖、石井均按井内侧抹灰项目人工乘系数 0.8，其他不变。

（10）砖砌检查井的升高，执行检查井筒砌筑相应项目，降低则执行第一册《通用项目》拆除构筑物相应项目。

（11）石砌体均按块石考虑，如采用片石或平石时，块石与砂浆用量分别乘以系数 1.09 和 1.19，其他不变。

（12）给排水构筑物的垫层执行本章定额相应项目，其中人工乘以系数 0.87，其他不变；如构筑物池底混凝土垫层需要找坡时，其中人工不变。

（13）现浇混凝土方沟底板，采用渠（管）道基础中平基的相应项目。

4）顶管工程

（1）顶管工程内容包括工作坑土方、人工挖土顶管、挤压顶管，混凝土方（拱）管涵顶进，不同材质不同管径的顶管接口等项目，适用于雨、污水管（涵）以及外套管的不开槽顶管工程项目。

（2）工作坑垫层、基础采用第 3 章的相应项目，人工乘系数 1.10，其他不变。如果方（拱）涵管需设滑板和导向装置时，另行计算。

（3）工作坑挖土方是按土壤类别综合计算的，土壤类别不同，不允许调整。工作坑回填土，视其回填的实际做法，套用《通用项目》册的相应项目。

（4）工作坑内管（涵）明敷，应根据管径、接口作法套用第 1 章的相应项目，人工、机械乘系数 1.10，其他不变。

（5）本章定额是按无地下水考虑的，如遇地下水时，排（降）水费用按相关定额另行计算。

（6）定额中钢板内、外套环接口项目，只适用于设计所要求的永久性管口，顶进中为防止错口，在管内接口处所设置的工具式临时性钢胀圈不得套用。

（7）顶进施工的方（拱）涵断面大于 4 m² 的，按箱涵顶进项目或规定执行。

（8）管道顶进项目中的顶镐均为液压自退式，如采用人力顶镐，定额人工乘以系数 1.43；如系人力退顶（回镐），则人工乘以系数 1.20，其他不变。

（9）人工挖土顶管设备、千斤顶、高压油泵台班单价中已包括了安拆及场外运费,执行中不得重复计算。

（10）工作坑如设沉井,其制作、下沉套用给排水构筑物章的相应项目。

（11）水力机械顶进定额中,未包括泥浆处理、运输费用,可另计。

（12）单位工程中,管径 $\phi1\,650$ 以内敞开式顶进在 100 m 以内、封闭式顶进（不分管径）在 50 m 以内时,顶进定额中的人工费与机械费乘以系数 1.3。

（13）顶管采用中继间顶进时,顶进定额中的人工费与机械费乘以下列系数分级计算（见表 6.3.11）:

表 6.3.11　中继间顶进分级换算表

中继间顶进分级	一级顶进	二级顶进	三级顶进	四级顶进	超过四级
人工费、机械费调整系数	1.36	1.64	2.15	2.8	另计

（14）安拆中继间项目仅适用于敞开式管道顶进,当采用其他顶进方法时,中继间费用允许另计。

（15）钢套环制作项目以吨为单位,适用于永久性接口内、外套环,中继间套环,触变泥浆密封套环的制作。

（16）顶管工程中的材料是按 50 m 水平运距、坑边取料考虑的,如因场地等情况取用料水平运距超过 50 m 时,根据超过距离和相应定额另行计算。

（17）牵引管采用塑料管时,消耗量（考虑曲线消耗因素）应为 10.50 m/10 m。回拖布管人工、机械含量除以系数 1.15。

（18）牵引管扩孔孔径按需铺管管径的 1.35 倍已考虑在子目中。

（19）牵引各类绑扎在一起的塑料管时,按理论总管径套用相应子目中相同管径进行计算。

（20）施工中如发生需要化学配浆,按实调整。子目中提供的消耗量为参考量。泥浆外运另行计算。

（21）导向钻刀片、钻杆、回扩器的消耗及维护包括在台班价中。

（22）不论在何专业中使用,取费基数及费率按《排水工程》册执行。

（23）一次性回拖距离超过 300 m 回拖布管人工、机械含量乘以系数 1.3,塑料管在其人工、机械含量基础上乘以系数 1.20。

（24）钻机导向孔工作内容还包括地下管线复核、测量放线、拖头安装、拆卸、穿越管道地面布设。

5）给排水构筑物

（1）给排水构筑物定额包括沉井、现浇钢筋混凝土池、预制混凝土构件、折（壁）板、滤料铺设、防水工程、施工缝、井池渗漏试验等项目。

（2）沉井工程系按深度 12 m 以内,陆上排水沉井考虑的。水中沉井、陆上水冲法沉井以及离河岸边近的沉井,需要采取地基加固等特殊措施者,可执行第四册《隧道工程》相应项目。

（3）沉井下沉项目中已考虑了沉井下沉的纠偏因素,但不包括压重助沉措施,若发生可另行计算。

（4）沉井制作不包括外渗剂，若使用外渗剂时可按当地有关规定执行。

（5）池壁遇有附壁柱时，按相应柱定额项目执行，其中人工乘系数 1.05，其他不变。

（6）池壁挑檐是指在池壁上向外出檐作走道板用；池壁牛腿是指池壁上向内出檐以承托池盖用。

（7）无梁盖柱包括柱帽及柱座；井字梁、框架梁均执行连续梁项目。

（8）混凝土池壁、柱（梁）、池盖是按在地面以上 3.6 m 以内施工考虑的，如超过 3.6 m 者按：采用卷扬机施工的，每 10 m³ 混凝土增加卷扬机（带塔）和人工见表 6.3.12；采用塔式起重机施工的，每 10 m³ 混凝土增加塔式起重机台班，按相应项目中搅拌机台班用量的 50% 计算。

表 6.3.12　人工及机械调整表

序号	项目名称	增加人工工日	增加卷扬机（带塔）台班
1	池壁、隔墙	8.7	0.59
2	柱、梁	6.1	0.39
3	池盖	6.1	0.39

（9）池盖定额项目中不包括进人孔，应按安装预算定额相应册项目执行。

（10）格型池池壁执行直型池壁相应项目（指厚度）人工乘以系数 1.15，其他不变。

（11）悬空落泥斗按落泥斗相应项目人工乘以系数 1.4，其他不变。

（12）集水槽若需留孔时，按每 10 个孔增加 0.5 个工日计。

6）给排水机械设备安装

此处内容介绍详见计价定额，这里不作展开。

7）模板、钢筋、井字架工程

（1）本章定额包括现浇、预制混凝土工程所用不同材质模板的制、安、拆，钢筋、铁件的加工制作、拌料槽（筒），井字脚手架等项目，适用于《排水工程》册及《给水工程》册中的第 4、5 章。

（2）模板是分别按钢模钢撑、复合木模木撑、木模木撑区分不同材质分别列项的，其中钢模模数差部分采用木模。

（3）定额中现浇、预制项目中，均已包括了钢筋垫块或第一层底浆的工、料，及看模工日，套用时不得重复计算。

（4）预制构件模板中不包括地、胎模，须设置者，土地模可套用《通用项目》册平整场地的相应项目；水泥砂浆、混凝土砖地、胎模套用《桥涵工程》册的相应项目。

（5）模板安、拆以槽（坑）深 3 m 为准，超过 3 m 时，人工增加 8% 系数，其他不变。

（6）现浇混凝土梁、板、柱、墙的模板，支模高度是按 3.6 m 考虑的，超过 3.6 m 时，超过部分的工程量另按超高的项目执行。

（7）模板的预留洞，按水平投影面积计算，小于 0.3 m² 的，圆形洞每 10 个增加 0.72 工日，方形洞每 10 个增加 0.62 工日。

（8）小型构件是指单件体积在 0.04 m³ 以内的构件；地沟盖板项目适用于单块体积在 0.3 m³ 内的矩型板；井盖项目适用于井口盖板，井室盖板按矩型板项目执行，预留口按第（7）条规定执行。

(9) 钢筋加工中的钢筋接头、施工损耗、绑扎铁丝及成型点焊和接头用的焊条均已包括在定额内,不得重复计算。

(10) 定额中已综合考虑了先张法张拉台座及其相应的夹具、承力架等合理的周转摊销费用,不得重复计算。

(11) 下列构件钢筋,人工和机械增加系数如表 6.3.13 所示:

表 6.3.13　人工和机械增加系数

项　　目	计算基数	现浇构件钢筋		构筑物钢筋	
		小型构件	小型池槽	矩形	圆形
增加系数	人工　机械	100%	152%	25%	50%

【例 6.3.5】　某雨水管道工程主管采用 $\phi600$ 钢筋混凝土 II 管(120°混凝土基础),长 340 m,管材价格 200 元/m,挖土深度 2.46 m。雨水支管采用 $\phi300$ 钢筋混凝土 II 管(120°混凝土基础),长 48 m,管材价格 70 元/m,挖土深度 1.4 m。管道沿线中间布设 $\phi1\ 000$ 收口式雨水检查井 8 座($h=3$ m),甲型雨水井 16 座,管道混凝土基础做法参见苏 S01-2004-61。土方类别为三类,反铲挖掘机(斗容量 1.0 m³)机械开挖(在沟槽侧、坑边上作业),沟槽开挖后仍回填至原地面标高,机械回填夯实。计算该工程的定额工程量及分部分项工程费(人、材、机不调整,井字架按木制考虑,模板为复合木模。余土弃置或缺方内运按装载机装车、8 t 自卸汽车运土运距 3 km 计算,管道承插水泥砂浆接口,人机配合下管)。

【相关知识】

① 土方开挖其放坡系数的确定要根据土壤类别、放坡起点、是人工还是机械开挖以及机械操作的位置来确定,本题为机械开挖,在沟槽侧、坑边上作业,系数为 1 : 0.67。

② 各种角度的混凝土基础,混凝土管铺设按井中至井中的中心扣除检查井长度,以延长米计算工程量。

③ 管道接口作业坑和沿线各种井室所需增加开挖的土石方工程量按沟槽全部土石方量的 2.5% 计算。管沟回填土应扣除管径在 200 mm 以上的管道、基础、垫层和各种构筑物所占的体积。

④ 机械挖土按实挖土方量的 90% 计算,人工挖土按实挖土方量的 10% 套相应定额乘系数 1.5。

【解】　(1) 计算工程量

① 沟槽挖土

$$V_{挖}=340\times(1.90+5.196)/2\times2.46\times1.025+48\times1.275\times1.4\times1.025$$
$$=3\ 041.736+87.822=3\ 129.56(m^3)$$

其中:$V_{机械}=3\ 129.56\times90\%=2\ 816.60(m^3)$

$V_{人工}=3\ 129.56\times10\%=312.96(m^3)$　(0~2, 8.78 m³; 0~4, 304.17 m³)

② $\phi600$ 钢筋混凝土管道基础、铺设、接口

$L_1=340-8\times0.7=334.40(m)$

碎石垫层　$V_1=334.4\times0.9\times0.1=30.096(m^3)$

C15 混凝土基础　$V_2=334.4\times0.172=57.517(m^3)$

C15 混凝土基础（管座） $V_3 = V_2 - V_1 = 57.517 - 30.096 = 27.421(m^3)$

接口　334.4÷2＝167.2 （取 168 个口）

管道基础模板（平基） $S_1 = 334.4 × 0.1 × 2 = 66.88(m^2)$

管道基础模板（管座） $S_2 = 334.4 × 0.18 × 2 = 120.384(m^2)$

③ $\phi 300$ 钢筋混凝土管道基础、铺设、接口

$L_2 = 48 - 8 × 0.7 = 42.4(m)$

碎石垫层　$V_4 = 42.4 × 0.475 × 0.1 = 2.014(m^3)$

接口　42.4÷2＝21.2 （取 22 个口）

管道基础模板（平基） $S_3 = 42.4 × 0.1 × 2 = 8.48(m^2)$

管道基础模板（管座） $S_4 = 42.4 × 0.09 × 2 = 7.632(m^2)$

④ $\phi 1\,000$ 雨水检查井　8 座 （$h = 3.0\,m$）

⑤ 甲型雨水井　16 座

⑥ 闭水试验　$\phi 600$ 钢筋混凝土管　$L = 340\,m$

⑦ 搭设井字架　8 座

⑧ 沟槽回填夯实

$$V_{回填} = 3\,129.56 - 334.4 × (0.09 + 0.172 + 3.14 × 0.36 × 0.36)$$
$$- 42.4 × (0.048 + 0.07 + 3.14 × 0.18 × 0.18)$$
$$- 16 × 0.5 - 8 × 6.65$$
$$= 3\,129.56 - 223.69 - 9.32 - 8 - 53.2 = 2\,835.35(m^3)$$

⑨ 缺方内运　$V_{弃置} = 2\,835.35 × 1.15 - 3\,129.56 = 131.09(m^3)$

（2）套用《江苏省市政工程计价定额》（2014 年版），计算结果详见表 6.3.14。

表 6.3.14　分部分项工程费

工程名称：某雨水管道工程

序号	定额编号	定额名称	单位	工程量	综合单价组成（元）					金额	
					人工费	材料费	机械费	管理费	利润	综合单价	合价
1	1-222	反铲挖掘机（斗容量1.0 m³）不装车　三类土	1 000 m³	2.816 6	359.64		4 567.94	936.24	492.76	6 356.58	17 903.94
2	1-8 备注 3	人工挖沟、槽土方　三类土深度在 2 m 以内	100 m³	0.087 8	5 180.59			984.31	518.06	6 682.96	586.76
3	1-9 备注 3	人工挖沟、槽土方　三类土深度在 4 m 以内	100 m³	3.041 7	6 173.27			1 172.92	617.33	7 963.52	24 222.64
4	6-817	垫层　碎石　干铺	10 m³	3.009 6	468.05	1 278.13	28.14	94.28	49.62	1 918.22	5 773.07
5	6-830	C15 渠（管）道基础混凝土平基	10 m³	3.009 6	1 280.35	2 345.69	265.17	293.65	154.55	4 339.41	13 059.89
6	6-837	C15 渠（管）道基础混凝土管座	10 m³	2.742 1	1 619.93	2 408.81	265.17	358.17	188.51	4 840.59	13 273.38
7	6-1574	管、渠道平基　复合木模	100 m²	0.668 8	1 395.12	1 441.71	148.50	293.29	154.36	3 432.98	2 295.98
8	6-1576	管座　复合木模	100 m²	1.203 8	2 264.18	1 545.33	148.50	458.41	241.27	4 657.69	5 606.93

续表 6.3.14

| 序号 | 定额编号 | 定额名称 | 单位 | 工程量 | 综合单价组成(元) | | | | | 金额 | |
					人工费	材料费	机械费	管理费	利润	综合单价	合价
9	6-180	承插式($\phi200\sim\phi600$) 人机配合下管 管径 600 mm 以内	100 m	3.344 0	1 033.85	20 200.00	505.04	292.39	153.89	22 185.17	74 187.21
10	6-333	水泥砂浆承接口 管径 600 mm 以内	10 个口	16.800 0	47.66	16.79		9.06	4.77	78.28	1 315.10
11	6-343	管道闭水试验 管径 600 mm 以内	100 m	3.400 0	183.15	277.38		34.80	18.32	513.65	1 746.41
12	6-817	垫层 碎石 干铺	10 m³	0.201 4	468.05	1 278.13	28.14	94.28	49.62	1 918.22	386.33
13	6-58	C15 承插口管道基础(120°) 管径 300 mm 以内	100 m	0.424 0	1 019.65	1 698.69	190.96	230.02	121.06	3 260.38	1 382.40
14	6-177	承插式($\phi200\sim\phi600$) 人机配合下管 管径 300 mm 以内	100 m	0.424 0	537.76	7 175.00	240.29	147.83	77.81	8 178.69	3 467.76
15	6-328	水泥砂浆承接口 管径 300 mm 以内	10 个口	2.200 0	39.00	4.48		7.41	3.90	54.79	120.54
16	6-1 574	管、渠道平基 复合木模	100 m²	0.084 8	1 395.12	1 441.71	148.50	293.29	154.36	3 432.98	291.12
17	6-1 576	管座 复合木模	100 m²	0.076 3	2 264.18	1 545.33	148.50	458.41	241.27	4 657.69	355.38
18	6-457	M7.5 收口雨水检查井 井径 1 000 适用管径 200~600 井深 3.0 m 以内	座	8.000 0	559.51	1 490.26	33.37	112.65	59.29	2 255.08	18 040.64
19	6-706	M10 甲型雨水口 铸铁箅(h=0.9, H=1.4)	座	16.000 0	226.81	774.40	13.30	45.62	24.01	1 084.14	17 346.24
20	1-389	填土夯实 槽、坑	100 m³	28.353 5	827.17		179.55	191.28	100.67	1 298.67	36 821.84
21	1-245	装载机装松散土 装载机 1 m³	1 000 m³	0.131 1	359.64		1 927.10	434.48	228.67	2 949.89	386.73
22	1-279	自卸汽车运土 自卸汽车(8 t 以内)运距 3 km 以内	1 000 m³	0.131 1		56.40	10 834.40	2 038.54	1 083.44	14 032.78	1 839.70
合　计											240 409.99

6.3.7　燃气与集中供暖的应用要点

1) 管道安装

(1) 计价定额的应用

① 本章包括碳钢管、直埋式预制保温管、碳素钢板卷管、铸铁管(机械接口)、塑料管以及套管内铺设钢板卷管和铸铁管(机械接口)等各种管道安装。

② 管道沟槽土、石方工程及搭、拆脚手架,按《通用项目》册相应项目执行。过街管沟的砌筑、顶管、管道基础按《排水工程》册相应项目执行。

③ 管道穿跨越工程套《给水工程》册相应项目。

（2）有关规定和说明

管道工作中均包括沿沟排管、清沟底、外观检查及清扫管材。

2）管件制作、安装

计价定额应用及有关规定和说明：

（1）本章定额包括碳钢管件制作、安装，铸铁管件安装，盲（堵）板安装，钢塑过渡接头安装，防雨环帽制作与安装等。

（2）异径管安装以大口径为准，长度已确定。

（3）中频煨弯不包括煨制时胎具更换。

3）法兰阀门安装

计价定额应用及有关规定和说明：

（1）本章包括法兰安装，阀门安装，阀门解体、检查、清洗、研磨，阀门水压试验，操纵装置安装等。

（2）电动阀门安装不包括电动机的安装。

4）燃气用设备安装

计价定额应用及有关规定和说明：

本章定额包括凝水缸制作、安装，调压器安装，过滤器、萘油分离器安装，安全水封、检漏管安装，煤气调长器安装。

5）集中供热用容器具安装

计价定额应用及有关规定和说明：

（1）碳钢波纹补偿器是按焊接法兰考虑的，如直接焊接时，应减掉法兰安装用材料，其他不变。

（2）法兰用螺栓按第3章螺栓用量表选用。

6）管道试压、吹扫及其他项目

计价定额应用及有关规定和说明：

（1）本章包括管道强度试验、气密性试验、管道吹扫、管道总试压、氮气置换、牺牲阳极和测试桩安装等。

（2）管道压力试验，不分材质和作业环境均执行本定额。试压水如需加温，热源费用及排水设施另行计算。

（3）强度试验、气密性试验项目，均包括了一次试压的人工、材料和机械台班的耗用量。

（4）液压试验是按普通水考虑的，如试压介质有特殊要求，介质可按实调整。

（5）管道干燥、通球等项目在实际施工中发生时另计。

6.3.8 路灯工程

1）变配电设备工程

计价定额应用及有关规定和说明：

（1）本章定额主要包括：变压器的安装；组合型成套箱式变电站安装；电力电容器安装；高低压配电柜及配电箱、板的制作安装；熔断器、控制器、启动器、分流器的安装；接线端子的焊压安装。

（2）变压器安装用的枕木、绝缘导线、石棉布是按一定的折旧率摊销的,实际摊销量与定额不符时不作换算。

（3）变压器油按设备带来考虑,但施工中变压器油的过滤损耗及操作损耗已包括在有关定额中。

（4）高压成套配电柜安装定额是综合考虑编制的,执行中不作换算。

（5）配电及控制设备安装,均不包括支架制作和基础型钢制作安装,也不包括设备元件安装及端子板外部接线,应另执行相应定额。

（6）铁构件制作安装适用于本定额范围的各种支架制作安装,但铁构件制作安装均不包括镀锌。轻型铁构件是指厚度在 3 mm 以内的构件。

（7）各项设备安装均未包括接线端子及二次接线。

2）架空线路工程

（1）计价定额的应用

① 本章定额是按平原条件编制的,如在丘陵、山地施工时,其人工和机械乘以下列地形系数（见表 6.3.15）：

表 6.3.15 地形调整系数

地形类别	丘陵	一般山地
调整系数	1.2	1.6

② 线路一次施工工程量按 5 根以上电杆考虑,如 5 根以内者,其人工和机械乘以系数 1.2。

③ 导线跨越:在同一跨越档内,有两种以上跨越物时,则每一跨越物视为"一处"跨越,分别套用定额;单线广播线不算跨越物。

④ 横担安装定额已包括金具及绝缘子安装人工。

⑤ 本定额基础子目适用于路灯杆塔、金属灯柱、控制箱安置基础工程,其他混凝土工程套用有关定额。

⑥ 架空导线中的导线均按铝芯导线架设考虑,铜芯电缆架设按相应截面定额的人工和机械乘以系数 1.4。

⑦ 如利用供电线路杆架设路灯线路,在不停电情况下施工,人工和机械乘以系数 1.5。

⑧ 单个体积在 0.2 m³ 以下的无筋混凝土项目（比如基础包封）,且单个项目施工距离相隔 20 m 以上,由于人工和机械消耗大,故人工和机械乘以系数 3。

（2）有关规定和说明

① 平原地带指地形比较平坦、地面比较干燥的地带。

② 丘陵地带指地形起伏的矮岗、土丘等地带。

③ 一般山地指一般山岭、沟谷地带、高原台地等。

3）电缆工程

（1）计价定额的应用

① 本章定额包括常用的 10 kV 以下电缆敷设,未考虑在河流和水区、水底、井下等条件的电缆敷设。

② 电缆在山地丘陵地区直埋敷设时,人工乘以系数 1.3。该地段所需的材料如固定桩、夹具等按实计算。

③ 电缆敷设定额中均未考虑波形增加长度及预留等富余长度,该长度应计入工程量之内。电缆在杆座内预留长度 2 m(电缆沟底至地面 0.8 m,地面以上 1.2 m)。

④ 电缆头制作安装均按铝芯考虑,铜芯电缆头制作安装人工和机械乘以系数 1.2。

⑤ 电力电缆敷设定额均按三芯(包括三芯连地)考虑,五芯电力电缆敷设定额乘以系数 1.3,六芯电力电缆乘以系数 1.6,每增加一芯定额增加 0.3,以此类推。单芯电力电缆敷设按同截面电缆定额乘以系数 0.67。

⑥ 电力电缆敷设子目适用于电缆的直埋、电缆沟、桥架、穿管敷设。

(2) 有关规定和说明

本定额未包括下列工作内容:隔热层、保护层的制作安装和电缆的冬季施工加温工作。

4) 照明器具安装工程

计价定额应用及有关规定和说明:

(1) 本章定额主要包括各种悬挑灯、广场灯、高杆灯、庭院灯以及照明元器件的安装。

(2) 各种灯架元器件的配线,均已综合考虑在定额内,使用时不作调整。

(3) 各种灯柱穿线均套相应的配管配线定额。

(4) 本章定额已考虑了高度在 10 m 以内的高空作业因素,如安装高度超过 10 m 时,其定额人工乘以系数 1.4。

(5) 本章定额已包括利用仪表测量绝缘及一般灯具的试亮工作。

(6) 本章定额未包括电缆接头的制作及导线的焊压接线端子。如实际使用时,可套用有关章节的定额。

5) 防雷接地装置工程

计价定额应用及有关规定和说明:

(1) 本章定额适用于高杆灯杆防雷接地、变配电系统接地、路灯灯杆接地及避雷针接地装置。

(2) 接地母线敷设定额按自然地坪和一般土质考虑,包括地沟的挖填土和夯实工作,执行本定额不应再计算土方量。如遇有石方、矿渣、积水、障碍物等情况可另行计算。

(3) 本章定额不适用于采用爆破法施工敷设接地线、安装接地极,也不包括高土壤电阻率地区采用换土或化学处理的接地装置及接地电阻的测试工作。

(4) 本章定额避雷针安装、避雷引下线的安装均已考虑了高空作业的因素。

(5) 本章定额避雷针安装是按成品件考虑的。

7　工程量清单及招标控制价编制

7.1　工程量清单编制

7.1.1　工程量清单的含义及性质

1) 概念

工程清单是载明建筑工程的分部分项工程项目、措施项目、其他项目名称和相应数量以及规费、税金项目等内容的明细清单。

2) 各部分清单的性质

分部分项工程量清单为不可调整的闭口清单，投标人对招标文件提供的分部分项工程量清单必须逐一计价，对清单所列内容不允许作任何更改变动。投标人如果认为清单内容有不妥或遗漏，只能通过质疑的方式由清单编制人作统一的修改更正，并将修正后的工程量清单发往所有投标人。

措施项目清单为可调整清单，投标人对招标文件中所列项目，可根据企业自身特点作适当的变更增减。投标人要对拟建工程可能发生的措施项目和措施费用作通盘考虑，清单计价一经报出，即被认为是包括了所有应该发生的措施项目的全部费用。如果报出的清单中没有列项，且施工中必须发生的项目，业主有权认为，其已经综合在分部分项工程量清单的综合单价中。将来措施项目发生时投标人不得以任何借口提出索赔与调整。

其他项目清单由招标人部分、投标人部分组成。招标人填写的内容随招标文件发至投标人或标底编制人，投标人或标底编制人不得随意改动其项目、数量、金额等。由投标人填写部分的零星工作项目表中，招标人有权认为投标人就未报价内容要无偿为自己服务。当投标人认为招标人列项不全时，投标人可自行增加列项并确定本项目的工程数量及计价。

7.1.2　工程量清单的编制单位及编制依据

1) 工程量清单的编制单位

招标工程量清单编制是招标方（业主）进行招标之前的一项重要的准备工作，是招标文件的重要组成部分。它应由具有编制能力的招标人或受其委托、具有相应资格的工程造价咨询人编制。

2）工程量清单编制依据

（1）《建设工程工程量清单计价规范》（GB 50500—2013）、《市政工程工程量计算规范》（GB 50857—2013）；

（2）国家或省级、行业建设主管部门颁发的计价定额和办法；

（3）建设工程设计文件及相关资料；

（4）与建设工程有关的标准、规范、技术资料；

（5）拟定的招标文件；

（6）施工现场情况、地勘水文资料、工程特点及常规施工方案；

（7）其他相关资料。

3）编制一般规定

其他项目、规费和税金项目清单应按照现行国家标准《建设工程工程量清单计价规范》的相关规定执行。对于《市政工程工程量计算规范》附录中未包括的一些新材料、新技术、新工艺项目，编制人应做补充，并报省级或行业工程造价管理机构备案，省级或行业工程造价管理机构应汇总报住房和城乡建设部标准定额研究所。补充项目的编码由《市政工程工程量计算规范》的代码 04 与 B 和三位阿拉伯数字组成，并应从 04B001 起顺序编制，同一招标工程的项目不得重码。补充的工程量清单需附有补充项目的名称、项目特征、计量单位、工程量计算规则、规则内容，不能计算的措施项目，需附有补充项目的名称、规则内容及包含范围。

7.1.3　工程量清单的编制原则

（1）符合国家计价规范的原则。项目分项类别、分项名称、清单分项编码、计量单位、分项项目特征和工作内容等，都必须符合计价规范的规定和要求。

（2）符合工程量实物分项与描述准确的原则。工程量清单是对招标人和投标人都有很强约束力的重要文件，专业性很强，内容复杂，对编制人的业务技术水平和能力要求很高。能否编制出完整、严谨、准确的工程量清单，是招标成败的关键。工程量清单是传达招标人要求，便于投标人响应和完成招标工程实体、工程任务目标及相应分项工程数量，全面反映投标报价要求的直接依据。因此招标人向投标人提供的清单必须与设计的施工图纸相符合，能充分体现设计意图，反映施工现场的现实条件，为投标人能够合理报价创造有利条件，贯彻互利互惠的原则。

（3）工作认真审慎的原则。清单编制人员应当认真学习和领会计价规范、相关政策法规、工程量计算规则、施工图纸、工程地质与水文资料和相关的技术资料等，充分熟悉施工现场情况，注重现场施工条件分析。对初定的工程量清单的各个分项，按有关规定进行认真核对、审核，避免错漏项、少算或多算工程数量等现象发生，对措施工程量项目清单也应当认真反复核实，最大限度地减少人为因素的错误发生，从而尽量避免日后经济纠纷及投资的失控。

7.1.4　工程量清单的编制方法

1）收集与工程量清单编制相关的资料

如计价规范和工程量计算规范的规定、招标文件的有关要求、设计图纸、工程现场情况等。

2）分部分项工程量清单的编制

根据《建设工程工程量清单计价规范》第 4 章及《市政工程工程量计算规范》第 4 章的规定，分部分项工程量清单必须载明项目编码、项目名称、项目特征、计量单位和工程数量。分部分项工程项目是形成建筑产品的实体部位的工程分项，因此也可称分部分项工程量清单项目是实体项目。它也是决定措施项目和其他项目清单的重要依据，显然，分部分项工程量清单的编制是十分重要的。

（1）项目编码

项目编码根据《市政工程工程量计算规范》第 4.2.2 条规定："工程量清单的项目编码，应采用十二位阿拉伯数字表示，一至九位应按附录的规定设置；十至十二位应根据拟建工程的工程量清单项目名称和项目特征设置，同一招标工程的项目编码不得有重复。"这样的 12 位数编码就能区分各种类型的项目。一个项目的编码由五级组成，如图 7.1.1 所示。

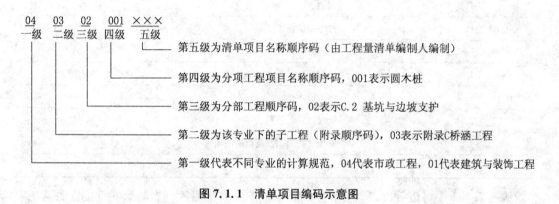

图 7.1.1　清单项目编码示意图

（2）划分和确定分部分项工程的分项及项目名称

所列名称应与《市政工程工程量计算规范》附录中的项目名称一致，同时应注重工程实体原则，注意区分分部分项工程量清单分项与措施项目工程量清单分项。

（3）项目特征的描述

分部分项工程量清单表中设有项目特征和工作内容专栏，一个同名称项目，由于材料品种、型号、规格、材质材性要求不同，反映在综合单价上的差别甚大。对项目特征的描述是编制分部分项工程量清单十分重要的步骤和内容，它是承包商确定综合单价、选用施工材料和施工方法以及其相应施工辅助措施工作的指引，并与施工质量、消耗、效率等均有密切关系。因而，编者应对此作完整描述。描述中可以工程设计和实际，并参照计算规范附录中项目特征和工作内容栏目，进行必需的描述。要特别注意对工程实际与存在的特殊要求的准确描述，对一些有特殊要求的施工工艺、材料、设备也应在规范规定的工程量清单"总说明""主要材料价格"中作必要的说明。

（4）计算分部分项清单分项的工程量

计算分部分项清单分项的工程量是工程量清单编制的最主要内容。工程量的准确与否直接影响到业主对投资的控制，具体计算应根据图纸按照计算规范规定的工程量计算规则进行，具体的计算方法可参考本书第 4 章介绍的原理和方法。

3）措施项目工程量清单的编制

措施项目是指为完成工程项目施工，发生于该工程施工准备和施工过程中技术、生活、安全、环境保护等方面的项目。

计价规范规定，措施项目清单应根据拟建工程的实际情况列项。计算规范附录 L 中列出了措施项目的具体内容，编制时可参照下表进行列项。措施项目一览表如表 7.1.1 所示。

表 7.1.1　措施项目一览表

序号	项目名称
4　市政工程	
L.1	脚手架工程
L.2	混凝土模板及支架
L.3	围堰
L.4	便道及便桥
L.5	洞内临时设施
L.6	大型机械设备进出场及安拆
L.7	施工排水、降水
L.8	处理、监测、监控
L.9	安全文明施工及其他措施项目
L.10	相关问题及说明

从表 7.1.1 中可以看出，所谓措施项目，虽然不是直接凝固到产品上的直接资源消耗项目，但都是为了完成分部分项工程而必须发生的生产活动和资源耗用的保障项目，由于不是直接凝结于产品的劳动，称其为非工程实体项目也有一定道理。措施项目的内涵十分广泛，从施工技术措施、设备设置、施工必需的各种保障措施，到包括环保、安全和文明施工等项目的设置。因此编者必须弄清和懂得表 7.1.1 中各分项的含义，同时必须认真思考和分析分部分项工程量清单中每个分项需要设置哪些措施项目，以保证各分部分项工程能顺利完成。

要编好措施项目工程量清单，编者必须具有相关的施工管理、施工技术、施工工艺和施工方法方面的知识及实践经验，掌握有关政策、法规和相关规章制度。例如对环境保护、文明施工、安全施工等方面的规定和要求。为了改善和美化施工环境，组织文明施工，就会发生措施项目及其费用开支，否则就会发生漏项少费的问题。

措施项目工程量清单编制应注意以下内容：

① 要求编者对规范有深刻的理解，又要有比较丰富的知识和经验，要真正弄懂工程量清单计价方法的内涵，熟悉和掌握规范对措施项目的划分规定和要求，掌握其本质和规律，注重系统思维。

② 编制措施项目工程量清单项目应与编制分部分项工程量清单综合考虑，与分部分项工程紧密相关的措施项目编制时可同步进行。

③ 编制措施项目应与拟定或编制重点难点分部分项施工方案结合，以保证所拟措施项目划分和描述的可行性。

4）其他项目工程量清单的编制

（1）其他项目清单应按照下列内容列项：

① 暂列金额；

② 暂估价，包括材料暂估价、工程设备暂估价、专业工程暂估价；

③ 计日工；

④ 总承包服务费。

（2）有关其他项目清单中术语的解释

上述规定中所指暂列金额、暂估价、计日工、总承包服务费四个术语，计价规范中给出下列定义：暂列金额是"招标人在工程量清单中暂定并包括在合同价款中的一笔款项。用于工程合同签订时尚未确定或者不可预见的所需材料、设备、服务的采购，施工中可能发生的工程变更、合同约定调整因素出现时的合同价款调整以及发生的索赔、现场签证确认等的费用"。暂估价是"招标人在工程量清单中提供的用于支付必然发生但暂时不能确定价格的材料、工程设备的单价以及专业工程的金额"。计日工是指"在施工过程中，承包人完成发包人提出的工程合同范围以外的零星项目或工作，按合同中约定的单价计价的一种方式"。总承包服务费是指"总承包人为配合协调发包人进行的专业工程发包，对发包人自行采购的材料、工程设备等进行保管以及施工现场管理、竣工资料汇总整理等服务所需的费用"。

（3）其他项目清单的确定

无论是术语解释，还是上述规范条款内容的论述，均说明其他项目工程量清单分项从总体上分为招标和投标人费用。此两类费用从其性质而言，是分部分项项目和措施项目之外的工程措施费用。显然，其他项目的多寡与工程建设标准的高低、工程规模的大小、工程技术的复杂程度、工程工期的长短、工程内容的构成、施工现场条件和发承包方式以及工程分发包次数等因素直接相关。如果工程规模大，周期长，技术复杂程度高，招标人的预留金项目必多，费用必然会增高。同时，承包者的总承包服务协调费用、零星工作费用等也会相应增加。规范在其他项目清单中的具体内容，仅提供了四项（即暂列金额、暂估价、计日工、总承包服务费）作为列项的参考。显然，根据不同情况，很可能超出规定的范围，对此计价规范特别指出可以根据工程实际情况补充。

5）规费项目清单

规费项目清单可按下列内容列项：

（1）社会保险费：包括养老保险费、失业保险费、医疗保险费、工伤保险费、生育保险费；

（2）住房公积金；

（3）工程排污费。

如出现上述未含的项目，应根据省级政府或省级有关部门的规定列项。

6）税金项目清单

税金项目清单可按下列内容列项：

（1）营业税；

（2）城市维护建设税；

（3）教育费附加；

（4）地方教育附加。

如出现上述未含的项目，应根据税务部门的规定列项。

7.2 招标控制价编制

7.2.1 招标控制价的含义及作用

1）招标控制价的含义

招标控制价是指招标人根据国家或省级、行业建设主管部门颁发的有关计价依据和办法，以及拟定的招标文件和招标工程量清单，结合工程具体情况编制的招标工程的最高投标限价。招标控制价是工程造价的表现形式之一，是指由建设单位经批准自行编制或委托有编制招标控制价资格和能力的咨询、招标代理单位编制，并经当地招标投标管理部门或工程造价管理部门核准审定的发包造价。招标控制价也是招标工程的预期造价，是建设单位对招标工程所需费用的测算和控制，也是判断投标报价合理性的依据。

2）招标控制价的作用

（1）招标控制价是国家对建筑产品价格实行监督的依据

招标控制价所反映的价格是指在一定时期内建造一项建筑工程的价值，即社会必要劳动。投标单位的报价，是企业的个别劳动价值。当报价略低于或等于社会平均水平时，也就是略低于或等于招标控制价，就可以为招标单位定标时考虑。因此，凡实行招标工程的价值，一般是不会高于社会价值，在竞争的条件下，将会有所降低。这样，国家可以对建筑产品价格进行监督。

（2）招标控制价是业主单位有效控制投资的依据

招标控制价是按照社会平均消耗水平编制的一个社会平均价格，是业主对工程发包的期望价格，单个承包商的竞争报价一般都会低于招标控制价，所以当业主招标控制价编制比较合理时（不缺项、不盲目压价），过程管理比较规范时，便可有效地控制工程投资。

（3）招标控制价是计价的参考依据

目前承包商的投标报价不一定作为选择中标单位的唯一依据，但确实是一个重要的依据（取决于具体项目规定的评标办法）。那么评价承包商报价的合理性，就成了评标的关键。一般如果没有招标控制价，评标就相对比较盲目，有了招标控制价，评标就有了一个比较的依据。通过投标单位的报价与建设单位的招标控制价相比，报价高于招标控制价的，投标单位的竞争性就减弱；报价过分低于招标控制价，建设单位也有理由怀疑这个价格的合理性。通过对低标进行分析，如发现其中几个关键分项的工料估算不切实际、技术方案片面、节减费用缺乏可靠性，这样的报价就不可信；反之，报价与招标控制价比较，虽然低于控制价，但它是通过优化技术方案、节约管理费用、节约其他各项物资消耗实现的，这种报价是建立在可靠的基础上的，则可以给予信任。

（4）招标控制价是保证工程质量的经济基础

招标工程的招标控制价，必须能适合当地建筑市场的变化情况，不能超越建筑产品必需的、最低的活劳动和物化劳动的消耗量。应该允许有一个合理的投标价的上下浮动范围。只有保证在可能的价格范围内浮动，才能避免招标单位片面压低造价，又可防止某些施工单位为了招揽任务而盲目投低标抢标。任何违背价值规律的做法都会导致工程质量降低、建设资金短缺及拖延工期等后果。正确的招标控制价,是保证工程质量可靠的经济基础。

7.2.2 招标控制价编制的原则

实行工程量清单计价后,招标控制价的作用发生了相应的变化,因而制定招标控制价的原则也有所变化,具体编制时应体现以下几个原则:

(1) 根据《建设工程工程量清单计价规范》的要求,遵循工程量清单的编制与计价必须与规范要求一致的原则,做到:

① 项目编码统一;

② 项目名称统一;

③ 计量单位统一;

④ 工程量计算规则统一。

(2) 遵循市场形成价格的原则。

市场形成价格是市场经济条件下的必然产物。长期以来,我国原来实施的工程招投标控制价的确定受国家(或行业)工程预算定额的制约,价格反映的是社会平均消耗水平,不能表现个别企业的实际消耗量,不能全面反映企业的技术装备水平、管理水平和劳动生产率,不利于市场经济条件下企业间的公平竞争。

工程量清单计价由投标人自主报价,有利于企业发挥自己的最大优势。各投标企业在工程量清单报价条件下必须对单位工程成本、利润进行分析,统筹考虑,精心选择施工方案,并根据企业自身能力合理地确定人工、材料、施工机械等生产要素的投入与配备,优化组合,有效地控制现场费用和技术措施费用,形成最具有竞争力的报价。

工程量清单下的招标控制价虽难以反映上述个别企业的水平,但应取定由市场形成的具有社会先进水平的生产要素市场价格。

(3) 体现公开、公平、公正的原则。

工程造价是工程建设的核心内容,也是建设市场运行的核心。建设市场上存在的许多不规范行为大多与工程造价有关。工程量清单下的招标控制价应充分体现公开、公平、公正原则。公开、公平、公正不仅是投标人之间的公开、公平、公正,亦包括招投标双方间的公开、公平、公正。即招标控制价(工程建设产品价格)的确定,应同其他商品一样,由市场价值规律来决定(采用生产要素市场价格),不能人为地盲目压低或提高。

(4) 风险合理分担原则。

风险无处不在,对建设工程项目而言,存在风险是必然的。

工程量清单计价方法,是在建设工程招投标中,招标人按照国家统一的工程量计算规则计算提供工程数量,由投标人依据工程量清单所提供的工程数量自主报价,即由招标人承担工程量计量的风险,投标人承担工程价格的风险。在招标控制价的编制过程中,编制人应充分考虑招投标双方风险可能发生的方面及发生的概率,将风险对工程量变化和工程造价变化的影响在招标控制价中予以体现。

(5) 招标控制价的计价内容、计价口径与《建设工程工程量清单计价规范》中招标文件的规定完全一致的原则。

招标控制价的计价过程必须严格按照工程量清单给出工程量及其所综合工程内容进行计价,不得随意变更或增减。

7.2.3 招标控制价编制的依据

为了能使招标控制价有利于业主控制工程投资,有利于评标,有利于合同管理,招标控制价编制时应遵照以下依据。

(1)《建设工程工程量清单计价规范》;

(2)国家或省级、行业建设主管部门颁发的计价定额和计价办法;

(3)建设工程设计文件及相关资料;

(4)拟定的招标文件及招标工程量清单;

(5)与建设项目相关的标准、规范、技术资料;

(6)施工现场情况、工程特点及常规施工方案;

(7)工程造价管理机构发布的工程造价信息,当工程造价信息没有发布时,参照市场价;

(8)其他的相关资料。

7.2.4 招标控制价编制的方法

根据计价规范的规定,招标控制价由分部分项工程量清单计价、措施项目清单计价、其他项目清单计价、规费、税金五部分内容组成,因此招标控制价的确定,即根据前述的招标控制价编制依据进行相应费用的计算并汇总。

1)分部分项工程费的计算

该部分费用的计算主要是针对分部分项工程量清单,计算出对应的综合单价,而综合单价的确定又有计价定额法和工程成本测算法。

(1)计价定额法是采用计价定额中规定的社会平均消耗量来乘以各种资源的市场价格或计价定额中提供的参考价格,从而算得直接费,然后再按规定的费率计算出管理费及利润,进而算出综合单价的一种方法。

(2)工程成本测算法

工程成本测算法是根据施工经验和历史资料预测分部分项工程实际可能发生的工、料、机消耗量,按取定的生产要素市场价格计算直接成本费用的方法。按测算法计算工程成本,编制人员必须有丰富的现场施工经验,才能准确地确定工程的各种消耗。而且测算法应与工程的施工具体情况、承包企业的状况相结合,所以工程招标控制价编制中这种方法的应用有一定难度。

(3)管理费用的计算

管理费的计算可分为费用定额系数计算法和预测实际成本法。费用定额系数计算法是利用计价定额配套的费用定额取费标准,按一定的比例计算管理费。在工程量清单计价条件下,基本直接费的组成内容与定额计价模式下的基本直接费的组成相比已经发生了变化,一部分费用进入措施清单项目,造成计费基数不完整。因此,利用费用定额系数法计算管理费时,要注意调整因基数不同造成的影响。

(4)利润计算

利润项目是投标报价中竞争最为激烈的项目,投标企业在报价时可根据其自身的经营策略决定不同的利润水平,但作为招标控制价其利润水平应取行业的平均水平。

2）措施项目清单计价

措施项目清单计价是根据施工组织设计和施工技术方案,再利用计价定额进行计算,具体计算可结合后面的例题来理解。

3）其他项目清单计价

（1）暂列金额由招标人在招标文件中明确,编制控制价时直接按所列金额计入总价。

（2）暂估价包括材料暂估价、工程设备暂估价、专业工程暂估价,该部分的费用也由招标人在招标文件中明确,编制控制价时直接按所列金额计入总价。

（3）计日工部分,其数量在清单工程量中已明确,单价可按市场价来考虑计入。

（4）总承包服务费的计算,编制者可根据清单中描述的总承包服务的内容及计价定额中规定的费率标准进行计算。

4）规费及税金的计算

规费是根据国家法律、法规规定,由省级政府或省级有关权力部门规定施工企业必须缴纳的,应计入建筑安装工程造价的费用。各地规定收取的内容可能有所不同,所以在招标控制价编制时按工程所在地的有关规定计算此项费用。

税金是指国家税法规定的应计入建筑安装工程造价内的营业税、城市维护建设税、教育费附加和地方教育附加。由于工程所在地的不同,税率也有所区别,所以控制价编制时应按工程所在地规定的税率计取税金。江苏省的规费、税金的计算应按前述第3章的造价计算程序进行计算。

7.3　工程量清单及招标控制价编制应用举例

1）工程概况

某大修改造工程,道路全长 1 496.146 m。

该路段道路总宽 50.0 m,横断面布置为 8.0 m 中分带+2×11.5 m 机动车道+2×1.5 m 侧分带+2×5.0 m 非机动车道+2×3.0 m 人行道=50.0 m。

现状路为沥青混凝土路面,机动车道破坏较严重,主要破坏形式有裂缝、龟裂、网裂、沉陷等,局部绿化带开口处破坏严重,非机动车道及人行道总体情况较好。

对破损严重处补强后,统一铣刨上面层,然后重新摊铺 4 cm SMA-13 沥青混凝土(SBS 改性)。其余路段,不但龟裂、沉陷等破坏较多,且沥青混凝土表面裂缝也较多。建议凿除沥青混凝土面层,再重新摊铺沥青混凝土[4 cm SMA-13 沥青混凝土(SBS 改性)+ 8 cm AC-20C 沥青混凝土]。管道部分仅为雨水口、检查井井盖、盖框破损维修和低洼点及交叉口雨水篦加密,雨水篦位置调整,不涉及新建或改建管道及检查井地基处理。设计的路面结构如下:

① 机动车道仅铣刨上面层部位:4 cm SMA-13 细粒式沥青混凝土(SBS 改性),喷洒沥青粘层。

② 机动车道铣刨面层部位:4 cm SMA-13 细粒式沥青混凝土(SBS 改性),喷洒沥青粘层,8 cm AC-20C 中粒式沥青混凝土 ,下做沥青封层(1.0 kg/m²)。

③ 机动车道损坏部位:4 cm SMA-13 细粒式沥青混凝土(SBS 改性),喷洒沥青粘层,8 cm AC-20C 中粒式沥青混凝土 ,下做沥青封层(1.0 kg/m²) ,喷洒沥青透层油,40 cm 水

泥稳定碎石。

④ 非机动车道损坏部位：4 cm SMA-13 细粒式沥青混凝土（SBS 改性），喷洒沥青粘层，6 cm AC-20C 中粒式沥青混凝土，下做沥青封层（1.0 kg/m²），喷洒沥青透层油，20 cm 水泥稳定碎石。

2) 分部分项工程量清单

根据《建设工程工程量清单计价规范》中的工程量计算规则及设计图纸，计算出如下的工程量清单（表 7.3.1）。

表 7.3.1　分部分项工程和单价措施项目清单与计价表

工程名称：某大修改造工程　　　　　　　　　　　　　　　　　　　　第 1 页　共 4 页

序号	项目编码	项目名称	项目特征描述	计量单位	工程量	综合单价	合价	暂估价
							金额（元） 其中	
			0410 拆除工程					
1	041001004001	铣刨路面	1. 材质：沥青路面 2. 厚度：5 cm 以内	m²	8 687.30			
2	041001001001	拆除路面	1. 材质：沥青混凝土 2. 厚度：12 cm 3. 部位：机动车道	m²	39 074.95			
3	041001001002	拆除路面	1. 材质：沥青混凝土 2. 厚度：10 cm 3. 部位：非机动车道	m²	25.00			
4	041001003001	拆除基层	1. 材质：二灰碎石 2. 厚度：40 cm 3. 部位：机动车道	m²	2 703.03			
5	041001003002	拆除基层	1. 材质：二灰碎石 2. 厚度：20 cm 3. 部位：非机动车道	m²	25.00			
6	041001005001	拆除侧、平(缘)石	材质：混凝土	m	5 235.00			
7	041001005002	拆除侧、平(缘)石	材质：混凝土	m	5 235.00			
8	041001008001	拆除混凝土结构		m³	181.65			
9	041001009001	拆除井	1. 名称：雨水口 2. 材料：砖砌	座	112			
			分部小计					
			0402 道路工程					
10	040202001002	路床(槽)整形	1. 部位：混合车道 2. 范围：路床	m²	47 792.25			
11	040202015001	水泥稳定碎(砾)石	1. 石料规格：详见设计图纸 2. 厚度：40 cm 3. 部位：机动车道	m²	2 703.03			
			本页小计					

分部分项工程和单价措施项目清单与计价表

工程名称：某大修改造工程　　　　　　　　　　　　　　　　　　　　第 2 页　共 4 页

序号	项目编码	项目名称	项目特征描述	计量单位	工程量	综合单价	合价	其中 暂估价
12	040203003001	透层、粘层：透层	1. 材料品种：乳化沥青 2. 喷油量：0.6~1.5 L/m² 3. 部位：机动车道	m²	2 041.00			
13	040203003002	透层、粘层：粘层	1. 材料品种：乳化沥青 2. 喷油量：0.3~0.6 L/m² 3. 部位：机动车道	m²	27 958.10			
14	040203004001	封层	1. 材料品种：改性乳化沥青 2. 喷油量：沥青用量 1.0 kg/m²、矿料：6 m³/1 000 m² 3. 厚度：0.6 cm 4. 部位：机动车道	m²	16 958.30			
15	040203006001	沥青混凝土	1. 沥青品种：细粒式沥青混凝土（SBS 改性） 2. 沥青混凝土种类：SMA-13 3. 厚度：4 cm 4. 部位：机动车道	m²	29 356.00			
16	040203006002	沥青混凝土	1. 沥青混凝土种类：AC-20C 中粒式沥青混凝土 2. 厚度：8 cm 3. 部位：机动车道	m²	17 806.25			
17	040203003004	透层、粘层：粘层	1. 材料品种：乳化沥青 2. 喷油量：0.3~0.6 L/m² 3. 部位：交叉口	m²	17 529.80			
18	040203004002	封层	1. 材料品种：改性乳化沥青 2. 喷油量：沥青用量 1.0 kg/m²、矿料：6 m³/1 000 m² 3. 厚度：0.6 cm 4. 部位：交叉口	m²	17 529.80			
19	040203006003	沥青混凝土	1. 沥青品种：细粒式沥青混凝土（SBS 改性） 2. 沥青混凝土种类：SMA-13 3. 厚度：4 cm 4. 部位：交叉口	m²	18 406.25			
20	040203006004	沥青混凝土	1. 沥青混凝土种类：AC-20C 中粒式沥青混凝土 2. 厚度：8 cm 3. 部位：交叉口	m²	18 406.25			
			本页小计					

分部分项工程和单价措施项目清单与计价表

工程名称：某大修改造工程

序号	项目编码	项目名称	项目特征描述	计量单位	工程量	综合单价	合价	其中 暂估价
21	040202015002	水泥稳定碎(砾)石	1. 石料规格：详见设计图纸 2. 厚度：20 cm 3. 部位：非机动车道	m²	25.00			
22	040203003005	透层、粘层：透层	1. 材料品种：乳化沥青 2. 喷油量：0.6~1.5 L/m² 3. 部位：非机动车道	m²	25.00			
23	040203003006	透层、粘层：粘层	1. 材料品种：乳化沥青 2. 喷油量：0.3~0.6 L/m² 3. 部位：非机动车道	m²	25.00			
24	040203004003	封层	1. 材料品种：改性乳化沥青 2. 喷油量：沥青用量1.0 kg/m²，矿料：6 m³/1 000 m² 3. 厚度：0.6 cm 4. 部位：非机动车道	m²	25.00			
25	040203006005	沥青混凝土	1. 沥青品种：细粒式沥青混凝土(SBS改性) 2. 沥青混凝土种类：SMA-13 3. 厚度：4 cm 4. 部位：非机动车道	m²	30.00			
26	040203006006	沥青混凝土	1. 沥青混凝土种类：AC-20C 中粒式沥青混凝土 2. 厚度：6 cm 3. 部位：非机动车道	m²	30.00			
27	040204004001	安砌侧(平、缘)石	1. 材料品种、规格：石材预制 2. 基础、垫层、材料品种、厚度：C25 细石混凝土 3. 名称：路牙	m	5 235.00			
28	040204004002	安砌侧(平、缘)石	1. 材料品种、规格：石材预制 2. 基础、垫层、材料品种、厚度：C25 细石混凝土 3. 名称：路沿	m	5 235.00			
29	040201021001	土工合成材料	1. 材料品种、规格：玻纤格栅 2. 部位：路基搭接	m²	4 266.80			
30	040204006001	检查井升降	做法要求：具体做法详见设计图纸	座	14			
31	040204006002	检查井升降		座	140			
			分部小计					
			0405 管网工程					
			本页小计					

分部分项工程和单价措施项目清单与计价表

工程名称：某大修改造工程　　　　　　　　　　　　　　　　　　　　　第 4 页　共 4 页

序号	项目编码	项目名称	项目特征描述	计量单位	工程量	综合单价	合价	其中暂估价
32	040501004004	塑料管	管材材质：HDPE 双壁波纹管 管材规格：DN300 SN12 垫层：10 cm 碎石 图集（苏 S01-2012-96）	m	989.80			
33	040504009002	雨水口	1. 雨水井型号：乙型双算雨水口 2. 井深：1.4 m 3. 定型井名称、图号、尺寸及井深：苏 S01-2012-223 C30 混凝土	座	112			
34	040101002003	挖沟槽土方	1. 土壤类别：三类土 2. 挖土深度：2 m 内 3. 部位：雨水支管	m³	1 582.69			
35	040103001014	回填方	填方材料品种：素土	m³	748.21			
36	040303002001	混凝土基础	1. 部位：管顶包封 2. 混凝土标号：C20	m³	514.70			
			分部小计					
			分部分项合计					
1	041106001001	大型机械设备进出场及安拆		项	1			
2	041107002001	排水、降水		昼夜				
3	041101005001	井字架	井深 4 m 以内	座				
			单价措施合计					
			本页小计					
			合　计					

具体计算过程略。

3）总价措施项目清单与计价表（见表7.3.2）

表7.3.2　总价措施项目清单与计价表

工程名称：某大修改造工程　　　　　　　　　　　　　　　　　第1页 共1页

序号	项目编码	项目名称	计算基础	费率（%）	金额（元）	调整费率（%）	调整后金额（元）	备注
1	041109001001	安全文明施工费						
1.1		基本费	分部分项合计＋单价措施项目合计－设备费	1.400				
1.2		增加费	分部分项合计＋单价措施项目合计－设备费	0.280				
2	041109002001	夜间施工	分部分项合计＋单价措施项目合计－设备费					
3	041109003001	二次搬运	分部分项合计＋单价措施项目合计－设备费					
4	041109004001	冬雨季施工	分部分项合计＋单价措施项目合计－设备费					
5	041109005001	行车、行人干扰	分部分项合计＋单价措施项目合计－设备费					
6	041109006001	地上、地下设施，建筑物的临时保护设施	分部分项合计＋单价措施项目合计－设备费					
7	041109007001	已完工程及设备保护	分部分项合计＋单价措施项目合计－设备费					
8	041109008001	临时设施	分部分项合计＋单价措施项目合计－设备费					
9	041109009001	赶工措施	分部分项合计＋单价措施项目合计－设备费					
10	041109010001	工程按质论价	分部分项合计＋单价措施项目合计－设备费					
11	041109011001	特殊条件下施工增加费	分部分项合计＋单价措施项目合计－设备费					

4）其他项目清单与计价汇总表（见表7.3.3）

表7.3.3　其他项目清单与计价汇总表

工程名称：某大修改造工程　　　　　　　　　　　　　　　　　第1页 共1页

序号	项目名称	金额（元）	结算金额（元）	备注
1	暂列金额	651 853.10		
2				
3	暂估价			
3.1	材料暂估价			
3.2	专业工程暂估价			

续表7.3.3

序号	项目名称	金额(元)	结算金额(元)	备注
4	计日工			
5	总承包服务费			
	合　计	651 853.10		

5) 暂列金额明细表(见表7.3.4)

表7.3.4　暂列金额明细表

工程名称:某大修改造工程　　　　　　　　　　　　　　　　　　　　　　第1页　共1页

序号	项目名称	计量单位	暂定金额(元)	备注
1	暂列金额		651 853.10	
	合　计		651 853.10	

6) 规费、税金项目计价表(见表7.3.5)

表7.3.5　规费、税金项目计价表

工程名称:某大修改造工程　　　　　　　　　　　　　　　　　　　　　　第1页　共1页

序号	项目名称	计算基础	计算基数(元)	计算费率(%)	金额(元)
1	规费	工程排污费+社会保险费+住房公积金		100.000	
1.1	社会保险费	分部分项工程费+措施项目费+其他项目费-工程设备费		1.800	
1.2	住房公积金	分部分项工程费+措施项目费+其他项目费-工程设备费		0.310	
1.3	工程排污费	分部分项工程费+措施项目费+其他项目费-工程设备费		0.100	
2	税金	分部分项工程费+措施项目费+其他项目费+规费-按规定不计税的工程设备金额		3.477	
	合　计				

7) 承包人提供主要材料和工程设备一览表(见表7.3.6)

表7.3.6　承包人提供主要材料和工程设备一览表

工程名称:某大修改造工程　　　　　　　　　　　　　　　　　　　　　　第1页　共1页

序号	材料编码	名称、规格、型号	单位	数量	风险系数(%)	基准单价(元)	投标单价(元)	发承包人确认单价(元)	备注

8）招标控制价编制

根据前述的招标控制价编制的原理及方法，编制出的招标控制价对应见表7.3.7～表 7.3.14。

表 7.3.7　单位工程招标控制价表

工程名称：某大修改造工程　　　　　　　　　　　　　　　　第 1 页 共 1 页

序号	汇总内容	金额（元）	其中：暂估价（元）
1	分部分项工程费	8 148 163.79	
1.1	人工费	500 479.85	
1.2	材料费	6 899 438.17	
1.3	施工机具使用费	467 680.13	
1.4	企业管理费	183 923.86	
1.5	利润	96 641.78	
2	措施项目费	304 292.63	
2.1	单价措施项目费	19 249.89	
2.2	总价措施项目费	285 042.74	
2.2.1	其中:安全文明施工措施费	137 212.55	
3	其他项目费	651 853.10	
3.1	其中:暂列金额	651 853.10	
3.2	其中:专业工程暂估		
3.3	其中:计日工		
3.4	其中:总承包服务费		
4	规费	201 205.24	
5	税金	323 552.75	
	招标控制价合计＝1＋2＋3＋4＋5	9 629 067.51	

表 7.3.8　分部分项工程和单价措施项目清单与计价表

工程名称：某大修改造工程　　　　　　　　　　　　　　　　　　　　　　第 1 页 共 4 页

序号	项目编码	项目名称	项目特征描述	计量单位	工程量	金额（元）		其中
						综合单价	合价	暂估价
			0410 拆除工程					
1	041001004001	铣刨路面	1. 材质：沥青路面 2. 厚度：5 cm 以内	m²	8 687.30	4.31	37 442.26	
2	041001001001	拆除路面	1. 材质：沥青混凝土 2. 厚度：12 cm 3. 部位：机动车道	m²	39 074.95	14.08	550 175.30	
3	041001001002	拆除路面	1. 材质：沥青混凝土 2. 厚度：10 cm 3. 部位：非机动车道	m²	25.00	11.71	292.75	
4	041001003001	拆除基层	1. 材质：二灰碎石 2. 厚度：40 cm 3. 部位：机动车道	m²	2 703.03	13.00	35 139.39	
5	041001003002	拆除基层	1. 材质：二灰碎石 2. 厚度：20 cm 3. 部位：非机动车道	m²	25.00	10.71	267.75	
6	041001005001	拆除侧、平（缘）石	材质：混凝土	m	5 235.00	4.44	23 243.40	
7	041001005002	拆除侧、平（缘）石	材质：混凝土	m	5 235.00	3.73	19 526.55	
8	041001008001	拆除混凝土结构		m³	181.65	270.50	49 136.33	
9	041001009001	拆除井	1. 名称：雨水口 2. 材料：砖砌	座	112	99.80	11 177.60	
			分部小计				726 401.33	
			0402 道路工程					
10	040202001002	路床（槽）整形	1. 部位：混合车道 2. 范围：路床	m²	47 792.25	1.70	81 246.83	
11	040202015001	水泥稳定碎（砾）石	1. 石料规格：详见设计图纸 2. 厚度：40 cm 3. 部位：机动车道	m²	2 703.03	129.61	350 339.72	
12	040203003001	透层、粘层：透层	1. 材料品种：乳化沥青 2. 喷油量：0.6～1.5 L/m² 3. 部位：机动车道	m²	2 041.00	5.27	10 756.07	
13	040203003002	透层、粘层：粘层	1. 材料品种：乳化沥青 2. 喷油量：0.3～0.6 L/m² 3. 部位：机动车道	m²	27 958.10	2.33	65 142.37	
14	040203004001	封层	1. 材料品种：改性乳化沥青 2. 喷油量：沥青用量 1.0 kg/m²，矿料：6 m³/1 000 m² 3. 厚度：0.6 cm 4. 部位：机动车道	m²	16 958.30	6.65	112 772.70	
			本页小计				1 346 659.02	

分部分项工程和单价措施项目清单与计价表

工程名称：某大修改造工程

序号	项目编码	项目名称	项目特征描述	计量单位	工程量	综合单价	合价	暂估价
						金额（元）		其中
15	040203006001	沥青混凝土	1. 沥青品种:细粒式沥青混凝土(SBS改性) 2. 沥青混凝土种类:SMA-13 3. 厚度:4 cm 4. 部位:机动车道	m²	29 356.00	43.76	1 284 618.56	
16	040203006002	沥青混凝土	1. 沥青混凝土种类:AC-20C中粒式沥青混凝土 2. 厚度:8 cm 3. 部位:机动车道	m²	17 806.25	89.21	1 588 495.56	
17	040203003004	透层、粘层:粘层	1. 材料品种:乳化沥青 2. 喷油量:0.3~0.6 L/m² 3. 部位:交叉口	m²	17 529.80	2.81	49 258.74	
18	040203004002	封层	1. 材料品种:改性乳化沥青 2. 喷油量:沥青用量 1.0 kg/m²、矿料:6 m³/1 000 m² 3. 厚度:0.6 cm 4. 部位:交叉口	m²	17 529.80	6.65	116 573.17	
19	040203006003	沥青混凝土	1. 沥青品种:细粒式沥青混凝土(SBS改性) 2. 沥青混凝土种类:SMA-13 3. 厚度:4 cm 4. 部位:交叉口	m²	18 406.25	43.76	805 457.50	
20	040203006004	沥青混凝土	1. 沥青混凝土种类:AC-20C中粒式沥青混凝土 2. 厚度:8 cm 3. 部位:交叉口	m²	18 406.25	89.21	1 642 021.56	
21	040202015002	水泥稳定碎(砾)石	1. 石料规格:详见设计图纸 2. 厚度:20 cm 3. 部位:非机动车道	m²	25.00	64.97	1 624.25	
22	040203003005	透层、粘层:透层	1. 材料品种:乳化沥青 2. 喷油量:0.6~1.5 L/m² 3. 部位:非机动车道	m²	25.00	5.27	131.75	
23	040203003006	透层、粘层:粘层	1. 材料品种:乳化沥青 2. 喷油量:0.3~0.6 L/m² 3. 部位:非机动车道	m²	25.00	2.33	58.25	
			本页小计				5 488 239.34	

分部分项工程和单价措施项目清单与计价表

工程名称：某大修改造工程 　　　　　　　　　　　　　　　　　　　　　第 3 页 共 4 页

| 序号 | 项目编码 | 项目名称 | 项目特征描述 | 计量单位 | 工程量 | 金额（元） | | 其中 |
						综合单价	合价	暂估价
24	040203004003	封层	1. 材料品种:改性乳化沥青 2. 喷油量:沥青用量 1.0 kg/m²，矿料:6 m³/1 000 m² 3. 厚度:0.6 cm 4. 部位:非机动车道	m²	25.00	6.65	166.25	
25	040203006005	沥青混凝土	1. 沥青品种:细粒式沥青混凝土(SBS 改性) 2. 沥青混凝土种类:SMA-13 3. 厚度:4 cm 4. 部位:非机动车道	m²	30.00	43.76	1 312.80	
26	040203006006	沥青混凝土	1. 沥青混凝土种类:AC-20C 中粒式沥青混凝土 2. 厚度:6 cm 3. 部位:非机动车道	m²	30.00	66.93	2 007.90	
27	040204004001	安砌侧（平、缘)石	1. 材料品种、规格:石材预制 2. 基础、垫层:材料品种、厚度:C25 细石混凝土 3. 名称:路牙	m	5 235.00	46.57	243 793.95	
28	040204004002	安砌侧（平、缘)石	1. 材料品种、规格:石材预制 2. 基础、垫层:材料品种、厚度:C25 细石混凝土 3. 名称:路沿	m	5 235.00	37.36	195 579.60	
29	040201021001	土工合成材料	1. 材料品种、规格:玻纤格栅 2. 部位:路基搭接	m²	4 266.80	14.25	60 801.90	
30	040204006001	检查井升降、井周加固	做法要求:具体做法详见设计图纸	座	14	3 099.73	43 396.22	
31	040204006002	检查井升降		座	140	153.14	21 439.60	
			分部小计				6 676 995.25	
			0405 管网工程					
32	040501004004	塑料管	管材材质:HDPE 双壁波纹管 管材规格:DN300 SN12 垫层:10 cm 碎石 图集(苏 S01-2012-96)	m	989.80	206.68	204 571.86	
			本页小计				773 070.08	

分部分项工程和单价措施项目清单与计价表

工程名称:某大修改造工程　　　　　　　　　　　　　　　　　　第4页 共4页

序号	项目编码	项目名称	项目特征描述	计量单位	工程量	综合单价	合价	暂估价
						金额(元)		其中
33	040504009002	雨水口	1. 雨水井型号:乙型双箅雨水口 2. 井深:1.4 m 3. 定型井名称、图号、尺寸及井深:苏 S01－2012－223 C30 混凝土	座	112	1 128.01	126 337.12	
34	040101002003	挖沟槽土方	1. 土壤类别:三类土 2. 挖土深度:2 m内 3. 部位:雨水支管	m³	1 582.69	67.74	107 211.42	
35	040103001014	回填方	填方材料品种:素土	m³	748.21	13.11	9 809.03	
36	040303002001	混凝土基础	1. 部位:管顶包封 2. 混凝土标号:C20	m³	514.70	576.72	296 837.78	
			分部小计				744 767.21	
			分部分项合计				8 148 163.79	
1	041106001001	大型机械设备进出场及安拆		项	1	19 249.89	19 249.89	
2	041107002001	排水、降水		昼夜				
3	041101005001	井字架	井深4 m以内	座				
			单价措施合计				19 249.89	
			本页小计				559 445.24	
			合　计				8 167 413.68	

表 7.3.9　工程预算书

工程名称：某大修改造工程

序号	项目编号	换算	项目名称	单位	工程量	金额（元）		主材费		人工		材料		机械	
						单价	合价	单价	合价	单价	合价	单价	合价	单价	合价
1	0410		拆除工程		1	726 401.33	726 401.33								
	041001004001		铣刨路面 1. 材质：沥青路面 2. 厚度：5 cm 以内	m²	8 687.30	4.31	37 442.26			0.36	3 127.43	0.06	521.24	2.94	25 540.66
	1-647		路面铣刨机　铣刨沥青路面　厚度（1～5 cm）	1 000 m²	8.687 3	1 642.08	14 265.24			340.20	2 955.42	59.40	516.03	886.68	7 702.86
	1-445		履带式液压挖掘机挖碴　斗容 1.0 m³	1 000 m³	0.434 4	12 892.49	5 600.50			486.00	211.12			9 508.18	4 130.35
	1-450		自卸汽车运石碴　自卸汽车（8 t 以内）装车 10 km 以内	1 000 m³	0.434 4	40 645.03	17 656.20			3.55	23.56	54.24	23.56	31 465.73	13 668.71
2	041001001001		拆除路面 1. 材质：沥青混凝土 2. 厚度：12 cm 3. 部位：机动车道	m²	39 074.95	14.08	550 175.30			3.55	138 716.07	0.06	2 344.50	7.31	285 637.88
	1-570＋[1-571]×2	换	拆除沥青柏油类路面层　厚 12 cm 以内	100 m²	390.749 5	764.22	298 618.58			349.35	136 508.34	4.77	1 863.88	239.37	93 533.71
	1-445		履带式液压挖掘机挖碴　斗容 1.0 m³	1 000 m³	4.689 0	12 892.49	60 452.89			486.00	2 278.85			9 508.18	44 583.86
	1-450		自卸汽车运石碴　自卸汽车（8 t 以内）运距 10 km 以内	1 000 m³	4.689 0	40 645.03	190 584.55					54.24	254.33	31 465.73	147 542.81

续表 7.3.9

序号	换算	项目编号	项目名称	单位	工程量	金额(元) 单价	合价	主材费 单价	合价	人工 单价	合价	材料 单价	合价	机械 单价	合价
3		041001001002	拆除路面 1. 材质:沥青混凝土 2. 厚度:10 cm 3. 部位:非机动车道	m²	25.00	11.71	292.75			2.97	74.25	0.05	1.25	6.07	151.75
		1-570	拆除沥青柏油类路面 机械拆除 厚10 cm以内	100 m²	0.2500	634.97	158.74			292.20	73.05	4.12	1.03	196.83	49.21
		1-445	履带式液压挖掘机挖碴 装车 斗容量 1.0 m³	1 000 m³	0.0025	12 892.49	32.23			486.00	1.22			9 508.18	23.77
		1-450	自卸汽车(8 t以内)运石碴 自卸汽车(8 t以内)运距 10 km以内	1 000 m³	0.0025	40 645.03	101.61					54.24	0.14	31 465.73	78.66
4		041001003001	拆除基层 1. 材质:二灰碎石 2. 厚度:40 cm 3. 部位:机动车道	m²	2 703.03	13.00	35 139.39			0.15	405.45	0.02	54.06	9.91	26 787.03
		1-226	反铲挖掘机(斗容量 1.0 m³)装车 四类土	1 000 m³	1.0812	8 924.85	9 649.55			364.50	394.10			6 553.99	7 086.17
		1-282	自卸汽车(8 t以内)运土 自卸汽车(8 t以内)运距 10 km以内	1 000 m³	1.0812	23 553.11	25 465.62					54.24	58.64	18 216.18	19 695.33
5		041001003002	拆除基层 1. 材质:二灰碎石 2. 厚度:20 cm 3. 部位:非机动车道	m²	25.00	10.71	267.75			8.30	207.50				
	换	1-580+[1-581]	人工拆除基层或面层 (砾)石 厚 20 cm以内	100 m²	0.25	1 071.32	267.83			830.48	207.62				

续表7.3.9

序号	换算项目编号	项目名称	单位	工程量	金额(元)单价	金额(元)合价	主材费单价	主材费合价	人工单价	人工合价	材料单价	材料合价	机械单价	机械合价
6	041001005001	拆除侧、平(缘)石 1.材质:混凝土	m	5 235.00	4.44	23 243.40			2.06	10 784.10			1.39	7 276.65
	1-602	拆除预制侧缘石 侧石 混凝土	100 m	52.35	263.36	13 786.90			204.15	10 687.25				
	1-445	履带式液压挖掘机挖碴 装车 斗容1.0 m³	1 000 m³	0.180 0	12 892.49	2 320.65			486.00	87.48			9 508.18	1 711.47
	1-450	自卸汽车运石碴 自卸汽车(8 t以内)运距10 km以内	1 000 m³	0.180 0	40 645.03	7 316.11					54.24	9.76	31 465.73	5 663.83
7	041001005002	拆除侧、平、缘石 材质:混凝土	m	5 235.00	3.73	19 526.55			1.37	7 171.95			1.51	7 904.85
	1-606	拆除预制侧缘石 缘石 混凝土	100 m	52.350 0	174.74	9 147.64			135.45	7 090.81				
	1-445	履带式液压挖掘机挖碴 装车 斗容1.0 m³	1 000 m³	0.196 3	12 892.49	2 530.80			486.00	95.40			9 508.18	1 866.46
	1-450	自卸汽车运石碴 自卸汽车(8 t以内)运距10 km以内	1 000 m³	0.196 3	40 645.03	7 978.62					54.24	10.65	31 465.73	6 176.72
8	041001008001	拆除混凝土结构	m³	181.65	270.50	49 136.33			98.23	17 843.48	0.38	69.03	111.16	20 192.21
	1-633	拆除混凝土障碍物 机械拆除 无筋	10 m³	18.165 5	2 169.47	39 409.51			977.40	17 754.96	3.30	59.95	701.80	12 748.55
	1-445	履带式液压挖掘机挖碴 装车 斗容1.0 m³	1 000 m³	0.181 7	12 892.49	2 342.57			486.00	88.31			9 508.18	1 727.64

续表 7.3.9

序号	换算	项目编号	项目名称	单位	工程量	金额(元) 单价	金额(元) 合价	主材费 单价	主材费 合价	人工 单价	人工 合价	材料 单价	材料 合价	机械 单价	机械 合价
		1-450	自卸汽车运石碴 自卸汽车(8 t 以内)运距 10 km 以内	1 000 m³	0.181 7	40 645.03	7 385.20					54.24	9.86	31 465.73	5 717.32
9		041001009001	拆除井 1. 名称:雨水口 2. 材料:砖砌	座	112	99.80	11 177.60			51.61	5 780.32	0.03	3.36	25.73	2 881.76
		1-629	拆除砖石构筑物 砖砌检查井 深 3 m 以内	10 m³ 实体	7.031 8	1 054.09	7 412.15			817.13	5 745.89				
		1-445	履带式液压挖掘机挖 斗容 1.0 m³ 装车	1 000 m³	0.070 3	12 892.49	906.34			486.00	34.17				
		1-450	自卸汽车运石碴 自卸汽车(8 t 以内)运距 10 km 以内	1 000 m³	0.070 3	40 645.03	2 857.35					54.24	3.81	31 465.73	2 212.04
		0402	道路工程		1	6 676 995.25	6 676 995.25								
10		040202001002	路床(槽)整形 1. 部位:混合车道 2. 范围:路床	m²	47 792.25	1.70	81 246.83			0.22	10 514.30	1.10	52 571.48		
		2-1	路床(槽)整形 路床碾压检验	100 m²	477.922 5	169.72	81 113.01			21.90	10 466.50			109.66	52 408.98
11		040202015001	水泥稳定碎(砾)石 1. 石料规格:详见设计图纸 2. 厚度:40 cm 3. 部位:机动车道	m²	2 703.03	129.61	350 339.72			4.32	11 677.09	118.90	321 390.27	3.98	1 075 8.06

续表 7.3.9

序号	项目编号	换算	项目名称	单位	工程量	金额(元)		主材费		人工		材料		机械	
						单价	合价	单价	合价	单价	合价	单价	合价	单价	合价
12	[2-168]×2	换	水泥稳定碎石混合料基层 厂拌机铺 厚40 cm	100 m²	27.030 3	12 925.54	349 381.22			427.65	11 559.51	11 883.00	321 201.05	380.52	10 285.57
	2-184		顶层多合土养生 洒水车洒水	100 m²	27.030 3	33.80	913.62			4.28	115.69	6.67	180.29	16.75	452.76
	040203003001		透层、粘层:透层 1.材料品种:乳化沥青 2.喷油量:0.6～1.5 L/m² 3.部位:机动车道	m²	2 041.00	5.27	10 756.07			0.05	102.05	4.97	10 143.77	0.19	387.79
13	2-273	换	喷洒透层油 汽车式沥青喷洒机	100 m²	20.410 0	526.73	10 750.56			4.88	99.60	496.53	10 134.18	18.53	378.20
	040203003002		透层、粘层:粘层 1.材料品种:乳化沥青 2.喷油量:0.3～0.6 L/m² 3.部位:机动车道	m²	27 958.10	2.33	65 142.37			0.05	1 397.91	2.03	56 754.94	0.19	5 312.04
14	2-271	换	喷洒结合油 汽车式沥青喷洒机	100 m²	279.581 0	233.35	65 240.23			4.88	1 364.36	203.15	56 796.88	18.53	5 180.64
	040203004001		封层 1.材料品种:改性乳化沥青 2.喷油量:沥青用量:1.0 kg/m²,矿料:6 m³/1 000 m² 3.厚度:0.6cm 4.部位:机动车道	m²	16 958.30	6.65	112 772.70			0.49	8 309.57	5.72	97 001.48	0.23	3 900.41

续表 7.3.9

序号	换算	项目编号	项目名称	单位	工程量	金额(元) 单价	合价	主材费 单价	合价	人工 单价	合价	材料 单价	合价	机械 单价	合价
15	换	2-259	沥青封层 沥青下封层	100 m²	169.583 0	664.85	112 747.26			49.28	8 357.05	571.88	96 981.13	22.79	3 864.80
		040203006001	沥青混凝土 1.沥青品种:细粒式沥青混凝土(SBS改性) 2.沥青混凝土种类:SMA-13 3.厚度:4 cm 4.部位:机动车道	m²	29 356.00	43.76	1 284 618.56					43.76	1 284 618.56		
16	换	2-309+[2-310]×2	细粒式沥青混凝土路面 机械摊铺 厚度 4.0 cm	100 m²	293.560 0	4 375.70	1 284 530.49					4 375.70	1 284 530.49		
		040203006002	沥青混凝土 1.沥青混凝土种类:AC-20C中粒式沥青混凝土 2.厚度:8 cm 3.部位:机动车道	m²	17 806.25	89.21	1 588 495.56					89.21	1 588 495.56		
	换	2-303+[2-304]×2	中粒式沥青混凝土路面 机械摊铺 厚度 8 cm	100 m²	178.062 5	8 920.60	1 588 424.34					8 920.60	1 588 424.34		
17		040203003004	透层,粘层 1.材料品种:乳化沥青 2.喷油量:0.3~0.6 L/m² 3.部位:交叉口	m²	17 529.80	2.81	49 258.74			0.05	876.49	2.51	43 999.80	0.19	3 330.66

续表7.3.9

序号	换算	项目编号	项目名称	单位	工程量	金额(元)		主材费		人工		材料		机械	
						单价	合价	单价	合价	单价	合价	单价	合价	单价	合价
	换	2-271	喷洒结合油 汽车式沥青喷洒机 喷油量 0.3~0.6 L/m²	100 m²	175.298	281.00	49 258.74			4.88	855.45	250.80	43 964.74	18.53	3 248.27
18		04020304002	封层 1. 材料品种:改性乳化沥青 2. 喷油量:沥青用量 1.0 kg/m²,矿料: 6 m³/1 000 m² 厚度:0.6 cm 3. 厚度:0.6 cm 4. 部位:交叉口	m²	17 529.80	6.65	116 573.17			0.49	8 589.60	5.72	100 270.46		
	换	2-259	沥青封下层 沥青下封层	100 m²	175.298 0	664.85	116 546.88			49.28	8 638.69	571.88	100 249.42	22.79	3 995.04
19		04020306003	沥青混凝土 1. 沥青品种:细粒式沥青混凝土(SBS改性) 2. 沥青混凝土种类:SMA-13 3. 厚度:4 cm 4. 部位:交叉口	m²	18 406.25	43.76	805 457.50					43.76	805 457.50		
	换	2-309+[2-310]×2	细粒式沥青混凝土路面 机械摊铺 厚度 4.0 cm	100 m²	184.062 5	4 375.70	805 402.28					4 375.70	805 402.28		

续表7.3.9

序号	换算	项目编号	项目名称	单位	工程量	金额（元）		主材费		人工		材料		机械	
						单价	合价	单价	合价	单价	合价	单价	合价	单价	合价
20		040203006004	沥青混凝土 1. 沥青混凝土种类：AC-20C中粒式沥青混凝土 2. 厚度：8 cm 3. 部位：交叉口	m²	18 406.25	89.21	1 642 021.56					89.21	1 642 021.56		
	换	2-303+[2-304]×2	中粒式沥青混凝土路面 机械摊铺 厚度 8 cm	100 m²	184.062 5	8 920.60	1 641 947.94					8 920.60	1 641 947.94		
21		040202015002	水泥稳定碎（砾）石 1. 石料规格：详见设计图纸 2. 厚度：20 cm 3. 部位：非机动车道	m²	25.00	64.97	1 624.25			2.18	54.50	59.49	1 487.25	2.07	51.75
	换	2-168	水泥稳定碎石 厂拌 机铺	100 m²	0.25	6 462.78	1 615.70			213.83	53.46	5 941.50	1 485.38	190.26	47.57
		2-184	顶层多合土养生 洒水车洒水	100 m²	0.250 0	33.80	8.45			4.28	1.07	6.67	1.67	16.75	4.19
22		040203003005	透层 粘层：透层 1. 材料品种：乳化沥青 2. 喷油量：0.6～1.5 L/m² 3. 部位：非机动车道	m²	25.00	5.27	131.75			0.05	1.25	4.97	124.25	0.19	4.75
	换	2-273	喷洒透层油 汽车式沥青喷洒机	100 m²	0.250 0	526.73	131.68			4.88	1.22	496.53	124.13	18.53	4.63

续表 7.3.9

序号	换算	项目编号	项目名称	单位	工程量	金额(元) 单价	金额(元) 合价	主材费 单价	主材费 合价	人工 单价	人工 合价	材料 单价	材料 合价	机械 单价	机械 合价
23		040203003006	透层、粘层:粘层 1. 材料品种:乳化沥青 2. 喷油量:0.3~0.6 L/m² 3. 部位:非机动车道	m²	25.00	2.33	58.25			0.05	1.25	2.03	50.75	0.19	4.75
	换	2-271	喷洒结合油 汽车式喷洒机 喷油量 0.3~0.6 L/m²	100 m²	0.250 0	233.35	58.34			4.88	1.22	203.15	50.79	18.53	4.63
24		040203004003	封层 1. 材料品种:改性乳化沥青 2. 喷油量:沥青用量1.0 kg/m²,矿料:6 m³/1 000 m² 3. 厚度:0.6 cm 4. 部位:非机动车道	m²	25.00	6.65	166.25			0.49	12.25	5.72	143.00	0.23	5.75
	换	2-259	沥青封层 沥青下封层	100 m²	0.250 0	664.85	166.21			49.28	12.32	571.88	142.97	22.79	5.70
25	换	040203006005	沥青混凝土 1. 沥青品种:细粒式沥青混凝土(SBS改性) 2. 沥青混凝土种类:SMA-13 3. 厚度:4 cm 4. 部位:非机动车道	m²	30.00	43.76	1 312.80					43.76	1 312.80		

续表7.3.9

序号	项目编号	换算	项目名称	单位	工程量	金额(元) 单价	金额(元) 合价	主材费 单价	主材费 合价	人工 单价	人工 合价	材料 单价	材料 合价	机械 单价	机械 合价
	2-309+[2-310]×2	换	细粒式沥青混凝土路面 机械摊铺 厚度4.0cm	100 m²	0.3000	4 375.70	1 312.71					4 375.70	1 312.71		
26	04020306006		沥青混凝土 1.沥青混凝土种类:AC-20C中粒式沥青混凝土 2.厚度:6 cm 3.部位:非机动车道	m²	30.00	66.93	2 007.90					66.93	2 007.90		
	2-303	换	中粒式沥青混凝土路面 机械摊铺 厚度6 cm	100 m²	0.30	6 692.80	2 007.84					6 692.80	2 007.84		
27	04020404001		安砌侧(平、缘)石 1.材料品种、规格:石材预制 2.基础、垫层:材料,厚度:C25细石混凝土 3.名称:路牙	m	5 235.00	46.57	243 793.95	23.35	122 237.25	8.10	42 403.50	12.77	66 850.95		
	2-384	换	C25侧缘石垫层 人工铺装 (商品混凝土)(非泵送)	m³	124.3313	509.54	63 351.77			66.10	8 218.30	424.27	52 750.04		
	2-390		侧缘石安砌 侧(立缘石) 混凝土 长度50 cm	100 m	52.3500	3 445.58	180 376.11	2 334.50	122 211.08	652.73	34 170.42	269.06	14 085.29		
28	04020404002		安砌侧(平、缘)石 1.材料品种、规格:石材预制 2.基础、垫层:材料,厚度:C25细石混凝土 3.名称:路沿	m	5 235.00	37.36	195 579.60	23.35	122 237.25	4.43	23 191.05	8.30	43 450.50		

续表 7.3.9

序号	项目编号	换算	项目名称	单位	工程量	金额(元) 单价	合价	主材费 单价	合价	人工 单价	合价	材料 单价	合价	机械 单价	合价
	2-384	换	C25侧缘石垫层 人工铺装 混凝土垫层(商品混凝土)(非泵送)	m³	78.525 0	509.54	40 011.63			66.10	5 190.50	424.27	33 315.80		
	2-392		侧缘石安砌 混凝土 缘石 长度50 cm	100 m	52.350 0	2 972.64	155 617.70	2 334.50	122 211.08	344.25	18 021.49	194.05	10 158.52		
29	040201021001		土工合成材料 1.材料品种、规格:玻纤格栅 2.部位:路基搭接	m²	4 266.80	14.25	60 801.90			3.23	13 781.76	10.09	43 052.01		
	2-22	换	玻纤纤格栅	1 000 m²	4.266 8	14 248.30	60 794.65			3 225.83	13 763.97	10 086.98	43 039.13		
30	040204006001		检查井升降:井筒加固 做法要求:具体做法详见设计图纸	座	14	3 099.73	43 396.22			562.66	7 877.24	2 252.77	31 538.78	93.87	1 314.18
	3-287	换	C35基础 混凝土基础 混凝土(商品混凝土)(非泵送)	10 m³	4.342 2	5 793.01	25 154.41			775.20	3 366.07	4 429.32	19 232.99	281.93	1 224.20
	2-22	换	聚酯玻纤布	1 000 m²	0.168 0	10 885.98	1 828.84			3 225.83	541.94	6 724.66	1 129.74		
	2-353	换	水泥混凝土路面钢筋网 钢筋网	t	3.592 4	4 026.04	14 463.15			1 050.38	3 773.39	2 649.72	9 518.85	16.54	59.42
	6-1604		现浇、预制构件钢筋 现浇(直径20 mm以内)	t	0.238 0	3 438.81	818.44			469.88	111.83	2 727.37	649.11	81.62	19.43
	6-1624		预埋铁件制作、安装 螺栓	个	112.000 0	10.10	1 131.20			0.75	84.00	9.00	1 008.00	0.10	11.20
31	040204006002	换	检查井升降	座	140	153.14	21 439.60			48.34	6 767.60	90.66	12 692.40	0.10	14.00
	2-319	换	M7.5升、降窨井 升高30 cm以内	座	140.000 0	153.14	21 439.60			48.34	6 767.60	90.66	12 692.40	0.10	14.00

续表 7.3.9

序号	换算	项目编号	项目名称	单位	工程量	金额(元) 单价	金额(元) 合价	主材费 单价	主材费 合价	人工 单价	人工 合价	材料 单价	材料 合价	机械 单价	机械 合价
32		0405	管网工程		1	744 767.21	744 767.21								
		040501004004	塑料管 管材材质:HDPE双壁波纹管 管材规格:DN300 SN12 垫层:10 cm碎石. 图集(苏 S01-2012-96	m	989.80	206.68	204 571.86	143.82	142 353.04	13.17	13 035.67	45.10	44 639.98	0.60	593.88
		6-817	垫层 碎石 干铺	10 m³	9.898 0	2 717.40	26 896.83			474.38	4 695.41	2 069.36	20 482.53	27.97	276.85
		6-822	垫层 砂砾石	10 m³	12.562 4	2 491.95	31 304.87			415.73	5 222.57	1 923.61	24 165.16	24.84	312.05
	换	6-190	HDPE双壁波纹管铺设(胶圈接口)DN300 mm以内	100 m	9.898 0	14 788.64	146 377.96	14 382.00	142 353.04	315.23	3 120.15				
33		040504009002	雨水口 1.雨水井井型号:乙型 双箅雨水口 2.井深:1.4 m 3.定型井名称,图号,尺寸及井深:苏 S01-2012-223 C30混凝土	座	112	1 128.01	126 337.12			222.93	24 968.16	823.37	92 217.44	13.23	1 481.76
	换	6-710	C30乙型双箅雨水口 铸铁箅(商品混凝土)(非泵送)	座	112.000 0	1 104.89	123 747.68			212.88	23 842.56	813.95	91 162.40	12.66	1 417.92
		6-1581	管渠道及其他 井底 流槽 木模	100 m²	0.573 4	4 515.39	2 589.12			1 962.15	1 125.10	1 840.28	1 055.22	111.58	63.98
34		040101	土石方工程		1	413 858.23	413 858.23								
		040101002003	挖沟槽土方 1.土壤类别:三类土 2.挖土深度:2 m 内 3.部位:雨水支管	m³	1 582.69	67.74	107 211.42			52.51	83 107.05				

续表 7.3.9

序号	项目编号	换算	项目名称	单位	工程量	金额(元) 单价	金额(元) 合价	主材费 单价	主材费 合价	人工 单价	人工 合价	材料 单价	材料 合价	机械 单价	机械 合价
35	1-8 备注3	换	人工挖沟、槽土方 三类土深度在2m以内	100 m³	15.826 9	6 773.27	107 199.87			5 250.60	83 100.72				
	04010300014		回填方 填方材料品种:素土	m³	748.21	13.11	9 809.03			8.38	6 270.00			1.78	1 331.81
	1-389		填土夯实 槽、坑	100 m³	7.482 1	1 311.68	9 814.12			838.35	6 272.52			178.46	1 335.26
36	04030300200 1		混凝土基础 1.部位:管顶包封 2.混凝土标号:C20	m³	514.70	576.72	296 837.78			103.81	53 431.01	427.23	219 895.28	12.07	6 212.43
	6-830	换	C20渠(商品混凝土)(非泵送)	10 m³	51.469 6	5 767.19	296 834.96			1 038.12	53 431.62	4 272.34	219 895.63	120.68	6 211.35
			小计				8 147 557.79		386 775.19		500 560.36		6 512 090.66		467 414.51
1	041109000 1001		安全文明施工费	项	1	137 212.55	137 212.55								
1.1			基本费	项	1	114 343.79	114 343.79								
1.2			增加费	项	1	22 868.76	22 868.76								
2	041109000 2001		夜间施工	项	1	8 167.41	8 167.41								
3	041109000 3001		二次搬运	项	1										
4	041109000 4001		冬雨季施工	项	1	16 334.83	16 334.83								
5	041109000 5001		行车、行人干扰	项	1										
6	041109000 6001		地上、地下设施、建筑物的临时保护设施	项	1										

续表7.3.9

序号	换算	项目编号	项目名称	单位	工程量	金额(元) 单价	金额(元) 合价	主材费 单价	主材费 合价	人工 单价	人工 合价	材料 单价	材料 合价	机械 单价	机械 合价
7		041109007001	已完工程及设备保护	项	1	816.74	816.74								
8		041109008001	临时设施	项	1	122 511.21	122 511.21								
9		041109009001	赶工措施	项	1										
10		041109010001	工程按质论价	项	1										
11		041109011001	特殊条件下施工增加费	项	1										
1		041106001001	大型机械设备进出场及安拆	项	1	19 249.89	19 249.89			2 905.00	2 905.00	3 151.04	3 151.04	9 574.73	9 574.73
	25-65		沥青摊铺机 12 t 以内（或带自动找平）场外运输费用	次	1.000 0	6 695.53	6 695.53			747.00	747.00	1 090.08	1 090.08	3 598.31	3 598.31
	25-66		沥青摊铺机 12 t 以内（或带自动找平）场外拆装卸费	组	1.000 0	2 467.21	2 467.21			747.00	747.00			1 165.56	1 165.56
	25-25		压路机（振动压路机）场外运输费用	次	1.000 0	4 462.43	4 462.43			415.00	415.00	924.83	924.83	2 327.33	2 327.33
	25-1		履带式挖掘机 1 m³ 以内 场外运输费用	次	1.000 0	5 624.72	5 624.72			996.00	996.00	1 136.13	1 136.13	2 483.53	2 483.53
2		041107002001	排水、降水	昼夜											
3		041101005001	井字架 井深 4 m 以内	座											
			小计				8 147 557.79		386 775.19		2 905.00		3 151.04		9 574.73
			合计								503 465.36		6 515 241.70		476 989.24

表 7.3.10　总价措施项目清单与计价表

工程名称：某大修改造工程　　　　　　　　　　　　　　　　　　第1页 共1页

序号	项目编码	项目名称	计算基础	费率（%）	金额（元）	调整费率(%)	调整后金额(元)	备注
1	041109001001	安全文明施工费		100.000	137 212.55			
1.1		基本费	分部分项合计＋单价措施项目合计－设备费	1.400	114 343.79			
1.2		增加费	分部分项合计＋单价措施项目合计－设备费	0.280	22 868.76			
2	041109002001	夜间施工	分部分项合计＋单价措施项目合计－设备费	0.100	8 167.41			
3	041109003001	二次搬运	分部分项合计＋单价措施项目合计－设备费					
4	041109004001	冬雨季施工	分部分项合计＋单价措施项目合计－设备费	0.200	16 334.83			
5	041109005001	行车、行人干扰	分部分项合计＋单价措施项目合计－设备费					
6	041109006001	地上、地下设施、建筑物的临时保护设施	分部分项合计＋单价措施项目合计－设备费					
7	041109007001	已完工程及设备保护	分部分项合计＋单价措施项目合计－设备费	0.010	816.74			
8	041109008001	临时设施	分部分项合计＋单价措施项目合计－设备费	1.500	122 511.21			
9	041109009001	赶工措施	分部分项合计＋单价措施项目合计－设备费					
10	041109010001	工程按质论价	分部分项合计＋单价措施项目合计－设备费					
11	041109011001	特殊条件下施工增加费	分部分项合计＋单价措施项目合计－设备费					
合　　计					285 042.74			

表 7.3.11 其他项目清单与计价汇总表

工程名称:某大修改造工程

序号	项目名称	金额(元)	结算金额(元)	备注
1	暂列金额	651 853.10		
2				
3	暂估价			
3.1	材料暂估价			
3.2	专业工程暂估价			
4	计日工			
5	总承包服务费			
合　计		651 853.10		

表 7.3.12 暂列金额明细表

工程名称:某大修改造工程

序号	项目名称	计量单位	暂定金额(元)	备注
1	暂列金额		651 853.10	
合　计			651 853.10	

表 7.3.13 规费、税金项目计价表

工程名称:某大修改造工程

序号	项目名称	计算基础	计算基数(元)	计算费率(%)	金额(元)
1	规费	工程排污费＋社会保险费＋住房公积金	201 205.24	100.000	201 205.24
1.1	社会保险费	分部分项工程费＋措施项目费＋其他项目费－工程设备费	9 104 309.52	1.800	163 877.57
1.2	住房公积金	分部分项工程费＋措施项目费＋其他项目费－工程设备费	9 104 309.52	0.310	28 223.36
1.3	工程排污费	分部分项工程费＋措施项目费＋其他项目费－工程设备费	9 104 309.52	0.100	9 104.31
2	税金	分部分项工程费＋措施项目费＋其他项目费＋规费－按规定不计税的工程设备金额	9 305 514.76	3.477	323 552.75
合　计					524 757.99

表 7.3.14 承包人提供主要材料和工程设备一览表

工程名称:某大修改造工程　　　　　　　　　　　　　　　　　第 1 页 共 2 页

序号	材料编码	材料名称	规格、型号等要求	单位	数量	单价(元)	合价(元)	备注
1	01010111	钢筋	φ10 以外	t	2.090 421	2 538.00	5 305.49	
2	01090158	钢筋	φ10 以内	t	1.842 901	2 538.00	4 677.28	
3	01150211	六角空心钢		kg	153.215 178	5.50	842.68	
4	02050506	PVC-U 管橡胶圈	直径 300	个		21.00		
5	02330105	草袋子		只	754.426 471	2.50	1 886.07	
6	03055505~1	螺栓		个	112.000 000	9.00	1 008.00	
7	03410205	电焊条		kg	2.495 668	8.00	19.97	
8	03515100	圆钉		kg	20.306 388	7.00	142.14	
9	03570217	镀锌铁丝	8#~12#	kg	7.000 000	7.20	50.40	
10	03570231	镀锌铁丝	18#~22#	kg	15.097 642	7.80	117.76	
11	03633315	合金钢钻头	一字型	根	96.736 360	8.00	773.89	
12	03655102	铣刨鼓边刀		把	38.224 120	13.50	516.03	
13	04030107	中(粗)砂		t	59.922 648	93.00	5 572.81	
14	04034103	石屑(米砂)		t	439.351 763	75.00	32 951.38	
15	04050217	碎石	40	t	230.247 220	102.00	23 485.22	
16	04050709	砾石	40	t	177.632 336	102.00	18 118.50	
17	04130101	机砖		百块	798.000 000	51.00	40 698.00	
18	05250501	木柴		kg		1.10		
19	11030703	沥青漆		kg	87.136 000	12.00	1 045.63	
20	11550107	石油沥青	60~100#	t	8.764 900	5 000.00	43 824.50	
21	11550107~1	乳化沥青	60~100#	t	34.513 100	4 500.00	155 308.95	
22	11550504	乳化沥青		kg	14 864.995 000	4.50	66 892.48	
23	12010301	柴油		t		6 740.00		
24	12333513	脱模剂		kg	5.734 000	20.00	114.68	
25	14310906~1	HDPE 双壁波纹管	DN300	m	1 009.596 000	141.00	142 353.04	
26	19450306	高压风管	φ25-6P-20 m	m	16.221 276	19.00	308.20	
27	31150101	水		m³	663.193 269	4.52	2 997.63	
28	31150301	电		kW·h	20.321 496	0.88	17.88	
29	31150702	煤		t	10.353 930	880.00	9 111.46	
30	32090101	模板木材		m³	0.404 247	1 975.00	798.39	
31	33012301	铸铁雨水井算		套	226.240 000	120.00	27 148.80	
32	33030101~1	玻纤格栅		m²	4 758.335 360	9.00	42 825.02	
33	33030101~2	聚酯玻纤布		m²	187.353 600	6.00	1 124.12	
34	33110301	混凝土缘石		m	5 313.525 000	23.00	122 211.08	
35	33110501	混凝土侧石		m	5 313.525 000	23.00	122 211.08	

承包人提供主要材料和工程设备一览表

工程名称：某大修改造工程　　　　　　　　　　　　　　　　　　　第2页 共2页

序号	材料编码	材料名称	规格、型号等要求	单位	数量	单价(元)	合价(元)	备注
36	34020931	沥青枕木		m³	0.160 000	1 900.00	304.00	
37	80010105~1	水泥砂浆 M7.5[干拌(混)砂浆]		t	11.550 000	317.00	3 661.35	
38	80010106	水泥砂浆 M10		m³	40.320 000	328.00	13 224.96	
39	80010123	水泥砂浆 1:2		m³	11.424 000	336.00	3 838.46	
40	80010123~1	水泥砂浆 1:2[干拌(混)砂浆]		t	3.465 000	336.00	1 164.24	
41	80010125	水泥砂浆 1:3		m³	3.141 000	336.00	1 055.38	
42	80030105	石灰砂浆 1:3		m³	75.384 000	306.00	23 067.50	
43	80210106~6	C25 粒径 16 混凝土 32.5 级坍落度 35-50 (商品混凝土)(非泵送)		m³	206.913 426	413.00	85 455.24	
44	80210144~1	C20 粒径 40 混凝土 32.5 级坍落度 35-50 (商品混凝土)(非泵送)		m³	524.989 920	403.00	211 570.94	
45	80210147~1	C30 粒径 40 混凝土 32.5 级坍落度 35-50 (商品混凝土)(非泵送)		m³	18.256 000	423.00	7 722.29	
46	80210149~1	C35 粒径 40 混凝土 42.5 级坍落度 35-50 (商品混凝土)(非泵送)		m³	44.073 330	433.00	19 083.75	
47	80250311	细(微)粒沥青混凝土		t	4 449.458 475	470.00	2 091 245.48	
48	80250511	中粒式沥青混凝土		t	6 877.404 500	470.00	3 232 380.12	
49	80330301~1	水泥稳定碎石		t	2 581.491 439	125.00	322 686.43	
50	YZ0001	水		t	2.821 000	4.52	12.75	
	合计						6 890 931.45	

8 工程量清单计价模式下的投标报价

8.1 建设工程投标概述

8.1.1 建设工程投标的含义

建设工程投标是指具有合法资格的投标人,根据招标文件的要求提供必要的文件资料来供招标人选择以图与项目的发包单位达成协议的经济法律活动。根据招标内容的不同,投标又可对应地分为勘察设计投标、材料设备供应投标、工程施工投标等。

8.1.2 施工投标的组织

施工投标是施工企业经营的关键,它一方面决定企业能否中标、是否有产品生产,另一方面决定企业能否盈利,因此,投标对于承包商来说是至关重要的。为此,施工企业应成立一个由懂技术、懂经济、懂法律的多种人员组成的专门组织机构来从事投标工作,从而保证企业投标工作的顺利进行。

8.1.3 投标工作的程序

投标工作的程序是:多渠道收集招标信息→决策是否参加投标(对项目特点、对招标人等考查)→准备资料报名参加投标→提交资格预审材料(也可能是资格后审,材料同投标文件一起提交)→通过资格预审获取招标文件→研究招标文件→收集与投标有关的各类资料→施工现场考察→参与招标预备会→编制施工组织设计及施工方案→复核工程量清单→计算施工方案工程量→计算工程综合单价→进行成本分析确定措施项目单价→编制投标文件→投送投标文件→参加开标会议。

8.2 施工投标的前期工作

实行工程清单计价后,招投标的本质变化之一就是,承包商根据市场情况实行自主报价,承包商对自己的报价负责,承担价格风险,不像定额计价模式下,价格可以调整。因此,承包商在完成最终投标文件之前,应充分收集相关资料,认真分析,充分考虑各种风险因素,为投标中的准确报价做好充分的准备工作。

8.2.1 广泛地进行招标信息的收集与分析

掌握招标信息是投标的前提,招标信息的正常来源是招投标交易中心,但投标人如果依靠从交易中心获取工程招标信息,就会在竞争中处于劣势。因为我国招投标法规定了两种招标方式——公开招标和邀请招标,交易中心发布的主要是公开招标的信息,邀请招标的信息在发布时,招标人常常已经完成了考察及选择招标邀请对象的工作,投标人此时才去报名参加,已经错过了被邀请的机会。所以,投标人日常建立广泛的信息网络是非常关键的。有时投标人从工程立项甚至从项目可行性研究阶段就开始跟踪,并根据自身的技术优势和施工经验为招标人提供合理化建议,获得招标人的信任。投标人取得招标信息的主要途径有:

(1) 通过招标公告来发现投标目标。

(2) 搞好公共关系,经常派业务人员深入各个单位和部门,广泛联系,收集信息。

(3) 通过政府有关部门,如计委、建委、行业协会等单位获得信息。

(4) 通过咨询公司、监理公司、科研设计单位等代理机构获得信息。

(5) 取得老客户的信任,从而承接后续工程或接受邀请而获得信息。

(6) 与总承包商建立广泛的联系。

(7) 利用无形的建筑交易市场及各种报刊、网站的信息。

通过上述渠道收集到招标信息后,应对这些信息进行必要的分析,以便进行正确的投标决策,避免出现盲目地每标必投的现象。

对招标信息的分析可从以下几方面进行:

1) 招标人投资的可靠性

工程投资资金是否已到位,建设项目是否已经批准。

2) 投标项目的技术特点

(1) 工程规模、类型是否适合投标人;

(2) 气候条件、水文地质和自然资源等是否为投标人技术专长的项目;

(3) 是否存在明显的技术难度,工期是否过于紧迫;

(4) 预计应采取何种重大技术措施。

3) 投标项目的经济特点

(1) 工程款支付方式,支付的币种及外汇比率;

(2) 价款支付条件;

(3) 允许调价的因素、规费及税金信息;

(4) 金融和保险等有关情况。

4) 投标竞争形势分析

(1) 可能参加投标的施工队伍的状况分析;

(2) 参加者在投标价格上的竞争分析;

(3) 其他优惠条件方面的分析,如质量标准、工程工期等。

5) 投标企业自身对投标项目的优势分析

6) 投标项目风险分析

(1) 民情风俗、社会秩序、地方法规、政治局势;

(2) 社会经济发展形势及稳定性、物价趋势;

(3) 与工程实施有关的自然风险；

(4) 招标人的履约风险；

(5) 延误工期罚款的额度大小；

(6) 投标项目本身可能造成的风险。

8.2.2 认真研究招标文件

招标文件是投标单位投标的重要依据,对招标文件的理解、把握以及合理利用是决定承包商是否中标及中标后能否盈利的关键因素。因此,承包商应十分注重对招标文件的研究。

1) 研究招标文件条款

为了在投标竞争中获胜,投标人应设立专门的投标机构,设置专业人员掌握市场行情及招标信息,时常积累有关资料,维护企业定额及人工、材料、机械价格系统。一旦通过了资格审查,取得招标文件后,则立刻可以研究招标文件,并根据招标文件的要求决定投标策略,确定定额含量及人工、材料、机械价格,编制施工组织设计及施工方案,计算报价,同时针对招标文件的条款,适时采用不平衡报价及报价技巧防范风险,最后形成投标文件。

在研究招标文件时,必须对招标文件的每句话,每个字都认认真真地研究,投标时要对招标文件的全部内容响应,如误解招标文件的内容,会造成不必要的损失。

除此之外,对招标文件规定的工期、投标书的格式、签署方式、密封方法,投标的截止日期要清楚,并形成备忘录,避免由于失误而造成不必要的损失。

2) 研究评标办法

评标办法是招标文件的组成部分,是招标人对投标文件进行评定的依据。我国一般采用两种评标办法:综合评议法和合理低价法。综合评议法又有定性综合评议法和定量综合评议法两种,合理低价法就是合理低价中标法。

定量综合评议法采用综合评分的方法选择中标人,是根据投标报价、主要材料、工期、质量、施工方案、信誉、荣誉、已完或在建工程项目的质量、项目经理的素质等因素综合评议投标人,综合评分最高的投标人作为建议中标人。定性综合评议法是在无法把报价、工期、质量等级等诸多因素定量化打分的情况下,评标人根据各方面的情况综合判断各投标方案的优劣。

合理低价法也称合理低价中标法,是根据低价格作为主要条件选择中标人,一般是在保证质量、工期的前提下,以合理低价中标,但不得低于成本。

投标人应根据招标文件规定的评标办法,有针对性地进行报价的计算及投标文件的编写,正确确定投标策略,以提高中标率。

3) 研究工程量清单

工程量清单是招标文件的重要组成部分,是招标人提供给投标人用以报价的工程量,也是最终结算及支付的依据。招标人提供的工程量清单中的工程量是按计算规范规定的计算规则算得的工程净量,一般不包括施工方案及施工工艺造成的工程增量,所以要认真研究工程量清单包括的工程内容及可能采取的施工方案,有时清单项目的工程内容是明确的,有时并不那么明确,要结合施工图纸、施工规范及施工方案才能确定。所以必须对工程量清单中的工程量在施工过程及最终结算时是否会变更等情况进行分析,只有这样,投标人才能准确把握每一清单项的内容范围,并做出正确的报价,不然会造成分析不到位,由于误解或错解而造成报价不全导致损失。

4）研究合同条款

在招标文件中，一般都有一章列出了合同的主要条款，这部分条款中标后将成为承发包合同的主要内容之一，它是承发包双方都必须执行的内容。因此，投标单位应对这部分条款进行认真研究，分清利弊，从而采取相应的措施，一般需要研究的内容包括以下几方面。

一是价格，这是投标成败的关键。主要看清单综合单价的调整，是不是可以调，如何调，以及工程的实际预测价格在工期期限内的变动风险。

二是分析工期及违约责任。根据编制的施工方案或施工组织设计分析能不能按期完工，如不能按期完工会有什么违约责任，工程有没有可能发生变更等。

三是分析付款方式。这是投标人能不能保质保量按期完工的条件，有好多工程由于招标人不按期付款而造成停工的现象，给双方造成了损失。

因此投标人要对各个因素进行综合分析，并根据权利义务进行对比分析，只有这样才能很好地预测风险，并采取相应的对策。

8.2.3 收集并研究招标工程的相关资料

投标报价之前，必须准备与报价有关的所有资料，这些资料的质量高低直接影响到投标报价的成败。投标前需要准备的资料主要有：招标文件；设计文件；施工规范；有关的法律、法规；企业内部定额及有参考价值的政府消耗量定额；企业人工、材料、机械价格系统资料；可以询价的网站及其他信息来源；与报价有关的财务报表及企业积累的数据资源；拟建工程所在地的地质资料及周围的环境情况；投标对手的情况及对手常用的投标策略；招标人的情况及资金情况等。所有这些都是确定投标策略的依据，只有全面地掌握第一手资料，才能快速准确地确定投标策略。

投标人在报价之前需要准备的资料可分为两类：一类是公用的，任何工程都必须用，投标人可以在平时积累，如规范、法律、法规、企业内部定额系统等；另一类是特有资料，只针对本投标工程的，这些必须在得到招标文件后才能收集整理，如设计文件、地质、环境等。确定投标策略的资料主要是特有资料，因此投标人对这部分资料要格外重视。具体包括以下几方面。

1）掌握全面的设计文件

招标人提供给投标人的工程量清单是按设计图纸及规范规则进行编制的，可能未进行图纸会审，在施工过程中难免会出现这样那样的问题，这就是我们说的设计变更。所以投标人在投标之前就要对施工图纸结合工程实际进行分析，了解清单项目在施工过程中发生变化的可能性，进而采取对应措施，只有这样才能降低风险，获得最大的利润。

2）实地勘察施工现场

投标人应该在编制施工方案之前对施工现场进行勘察，对现场和周围环境，及与此工程有关的可用资料进行了解和勘察。实地勘察施工现场主要从以下几方面进行：现场的形状和性质，其中包括地表以下的条件；水文和气候条件；为工程施工和竣工，以及修补其任何缺陷所需的工作和材料的范围和性质；进入现场的手段，以及投标人需要的住宿条件等。

3）调查与拟建工程有关的环境

投标人不仅要勘察施工现场，在报价前还要详尽了解项目所在地的环境，包括政治形势、经济形势、法律法规和风俗习惯、自然条件、生产和生活条件等。对政治形势的调查,应着重了解工程所在地和投资方所在地的政治稳定性;对经济形势的调查,应着重了解工程所在地和投资方所在地的经济发展情况,工程所在地金融方面的换汇限制、官方和市场汇率、主要银行及其存款和信贷利率、管理制度等;对自然条件的调查,应着重了解工程所在地的水文地质情况、交通运输条件、是否多发自然灾害、气候状况如何等;对法律法规和风俗习惯的调查,应着重了解工程所在地政府对施工的安全、环保、时间限制等各项管理规定,宗教信仰和节假日等;对生产和生活条件的调查,应着重了解工程所在地的劳务和材料资源是否丰富,生活物资的供应是否充足等。

8.3   投标报价的计算

8.3.1   投标报价计算的依据

计价规范中指出,投标报价的编制依据包括:
(1)《建设工程工程量清单计价规范》;
(2)国家或省级、行业建设主管部门颁发的计价办法;
(3)企业定额,国家或省级、行业建设主管部门颁发的计价定额和计价办法;
(4)招标文件、招标工程量清单及其补充通知、答疑纪要;
(5)建设工程设计文件及相关资料;
(6)施工现场情况、工程特点及投标时拟定的施工组织设计或施工方案;
(7)与建设项目相关的标准、规范等技术资料;
(8)市场价格信息或工程造价管理机构发布的工程造价信息;
(9)其他的相关资料。

对于工程量清单出现的漏项或设计变更引起的新的工程量清单项目,其相应综合单价由承包人提出,经发包人确认后作为结算的依据。

对于因工程量清单的工程数量有误或设计变更引起工程量增减,属合同约定幅度以内的,应执行原有的综合单价;属合同约定幅度以外的,其增加部分的工程量或减少后剩余部分的工程量的综合单价由承包人提出,经发包人确认后,作为结算的依据。

8.3.2   投标报价应遵循的原则

1)质量原则
"质量第一"对于任何产品生产和企业来说是一项永恒的原则。承包企业在市场经济条件下既要保证产品质量,又要不断提高经济效益,是企业长期发展的基本目标和动力。两个问题同时存在于企业之中,是矛盾的统一。因此,企业在投标报价中,应将这两者有机结合起来,不能为了中标尽力降价而不顾质量要求,也不能为了保证质量,提高报价而丧失中标机会,而应该在保证质量的前提下,进行合理报价,并通过科学的施工管理来保证效益的实现。

2)竞争原则和不低于成本原则
从市场学角度讲,竞争是市场经济一个重要的规律,有商品生产就会有竞争。建筑业市场是买方市场,队伍庞大,企业众多,市场竞争激烈多变。加之国外承包商的进入使得我国建筑市场的竞争进一步加剧,因此,投标中的竞争是必然的。这里讲的竞争原则,就是要求承包商在充分考虑自身的技术优势、管理优势后,确定出具有竞争性的投标报价,从而提高中标的可能性与可靠度。不过,提倡坚持竞争原则与合理低价中标的同时,必须认真坚持不低于成本的原则。《中华人民共和国招标投标法》(简称《招标投标法》)第三十三条规定:"投标人不得以低于成本的报价竞标。"这样才能保证建筑市场的规范化运行。

3)优势原则

具有竞争性的价格从何来?关键来源于企业优势。例如诚信、管理、营销、技术、专利、质量等,在众多投标者之中,一家企业不可能有方方面面的优势。但投标企业必须有自己的某些优势,这样通过"扬长避短"才有可能中标。

4)风险与对策的原则

实行工程量清单计价后,一个明显的变革就是承包商要承担报价风险。因此,承包商在投标报价前必须注重风险研究,充分预测风险因素,采取有效的风险防范措施。

8.3.3 建设项目投标总价的编制步骤

对照计价规范的格式,建设项目(投标)总价的构成如图 8.3.1 所示,其编制的步骤是由右到左,由分到合。即先计算各分部分项工程量对应的综合单价,再算出分部分项工程量清单计价(B1211、B1212……),再算出分部分项工程量清单计价合计(B121)。

基本关系为:B1211+B1212+B1213+…+B121N=B121

B121+B122+B123+B124+B125=B12

B11+B12+B13+…+B1M=B1

A1+B1+C1+…+K1=A

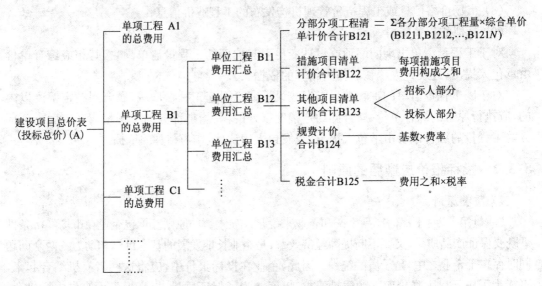

图 8.3.1　建设项目投标总价的构成

8.3.4 综合单价的确定

所谓"综合单价法",就是分部分项工程量清单费用及措施项目费用的单价综合了完成单位工程量或完成具体措施项目的人工费、材料费、机械使用费、管理费和利润,并考虑一定的风险因素后的单价,而将规费、税金等费用作为投标总价的一部分,单列在其他表中的一种计价方法。下面举例说明综合单价的计算。

【例】 某新建道路工程,根据施工图纸及工程量清单计价规范,列出的工程量清单如表8.3.1所示。

表 8.3.1 分部分项工程量清单计价表

序号	项目编码	项目名称	计量单位	工程数量
1	040101003001	挖基坑土方;土壤类别:三类土;挖土深度:2 m 以内	m³	106
2	040101005001	挖淤泥	m³	452
3	040103001001	填方;密实度:95%	m³	4 596
4	040103002001	余方弃置;运距:淤泥运距 100 m	m³	462.8
5	040303005001	混凝土承台;墩承台;C30	m³	52.3
6	040303007001	墩(台)盖梁;台盖梁;C30	m³	108
7	040303019001	桥面铺装;车行道厚:14.5 cm;C25	m²	1 352.6
8	040304005004	预制混凝土小型构件;侧缘石;C25	m³	30.3
9	040305005001	护坡;M10 水泥砂浆砌块石护坡;厚 40 cm	m²	180
10	040309007001	桥梁伸缩装置;橡胶伸缩缝	m	108.8
11	040901002001	非预应力钢筋;预制部分 $\phi10$ 以内	t	33.98
12	040901001003	非预应力钢筋;现浇部分 $\phi10$ 以内	t	4.62

试计算出其中序号为 9 的项目编码(040305005001)的项目的综合单价。

【解】 ① 确定施工方案计算施工工程量。

根据施工工艺过程,可知该工作包括以下几项内容:夯修边坡 180 m²,浆砌块石护坡 180×0.4=72(m³),浆砌块石面勾平缝 180 m²。

② 利用企业定额或地区颁布的计价定额测算施工资源消耗量,假定测得的各种资源消耗见表8.3.2。

表 8.3.2 施工资源消耗量

资源消耗种类	单位	夯修边坡(m²)		浆砌块石(m²)		石面勾缝(m²)		合计	单价	合价
		定额	数量	定额	数量	定额	数量			
人工	工日	0.06	10.8	1.063	76.54	0.063	11.34	98.68	28.00	2 763.04
块石	t			1.924	138.53			138.53	32.00	4 432.96
草袋子	个			0.50	36.00			36.00	1.52	54.72
水	m³			0.15	10.80	0.06	10.80	21.60	2.10	45.36
水砂 M10	m³			0.37	26.64	0.005	0.90	27.54	136.00	3 745.44
砂浆搅拌机	台班			0.052	3.74			3.74	55.00	205.70
直接费	元									11 247.22

③ 根据市场调查和询价确定施工资源价格(见上表单价栏)。

④ 计算清单项目内的直接费(见上表合价栏)。

⑤ 计算管理费和利润:假设测定出该项工作的管理费率及利润率分别为 12% 和 5%,则管理费和利润为 11 247.22×12%＋11 247.22×5%＝1 912.03(元)。

⑥ 计算综合单价:综合单价应为清单项目内的直接费之和再计取管理费、利润后的总价与工程量清单中的工程量相除后的单价,(11 247.22＋1 912.03)÷180＝73.11(元/m²)。

其余项目的综合单价计算方法与此相同,此处不一一阐述。

8.3.5 措施项目费用计算

措施项目清单中所列的措施项目包括两部分:一是有明确工程量的单价项目,一是以"项"出现的总价项目。在计价时,对于单价项目,首先应详细分析其所包含的生产工程内容,然后确定其综合单价。对于总价项目,应根据计价定额和费用定额的有关规定,直接以基数乘以费率计算。在投标报价的实际计算中可选用下列方法计算。

(1) 定额法计价:这种方法与分部分项综合单价的计算方法一样,主要是指一些与实体有紧密联系的项目,如模板、脚手架、围堰、便道等,可用相应的工程量乘以对应的综合单价进行计算。

(2) 实物量法计价:这种方法是最基本,也是最能反映投标人个别成本的计价方法,是按投标人现在的水平,预测将要发生的每一项费用的合计数,并考虑一定的涨幅因素及其他社会环境影响因素,用预测出的人、材、机消耗量乘以基础单价进行计算。如模板、脚手架、围堰等。

(3) 费率法计价:就是按一定的基数乘费率进行计算。这种方法简单、明了,但最大的难点是基数、费率取定的科学性、完备性难以把握,尤其是系数的测算是一个长期、动态的问题,这往往由主管部门测算并予以公布执行。这种方法主要适用于施工过程中必须发生,但在投标时很难具体分项预测,又无法单独列出项目内容的措施项目,如安全文明施工、夜间施工、二次搬运、冬雨季施工费等,按此办法计价。

(4) 分包法计价:在了解、预测、掌握分包价格的基础上增加投标人的管理费及风险进行计价的方法,这种方法适合可以分包的独立措施项目,如大型机械设备进出场费、施工降排水等。

措施项目计价方法的多样化正体现了工程量清单计价投标人自由组价的特点,其实上面提到的这些方法对分部分项工程和其他项目的组价都是有用的。在用上述办法组价时要注意:首先,工程量清单计价规范规定,在确定措施项目综合单价时,规范规定的综合单价组成仅供参考,也就是措施项目内的人工费、材料费、机械费、管理费、利润都必须有;其次,在报价时,有时对措施项目招标人要求分析明细,这时用公式参数法组价、分包法组价都是先知道总数,这就靠人为用系数或比例的办法分摊人工费、材料费、机械费、管理费及利润;第三,招标人提出的措施项目清单是根据一般情况确定的,没有考虑不同投标人的"个性",因此投标人在报价时,可以根据本企业的实际情况,增加措施项目内容并报价。

8.3.6 其他项目费及规费、税金计算

1) 其他项目费计算

工程建设标准有高有低,复杂程度有难有易,工期有长有短,工程的组成内容有繁有简,

工程投资规模有大有小。正由于工程的这种复杂性,在施工之前很难预料在施工过程中会发生什么变更。所以招标人按估算的方式将这部分费用以其他项目费的形式列出,由投标人按规定组价,包括在总报价内。前面分部分项工程综合单价、措施项目费都是投标人自由组价,可其他项目费不一定是投标人自由组价,原因是计价规范中设立的暂列金额、暂估价部分是招标人设定的非竞争性项目,就是要求投标人按招标人提供的数量及金额进入报价,不允许投标人对价格进行调整。计日工、总承包服务费部分是竞争性费用,名称、数量由招标人提供,价格由投标人自由确定。具体编制时按如下方法执行。

(1) 暂列金额按招标人在招标文件中的规定,编制投标报价时直接按所列金额计入总价。

(2) 材料、工程设备暂估价按招标工程量清单中列出的单价计入综合单价。专业工程暂估价,该部分的费用招标人在招标文件中有明确规定,编制投标报价时直接按所列金额计入总价即可。

(3) 计日工部分,针对清单提供的工程量,对应填报单价,并汇总得出合价,然后计入总价。在填报单价时要按市场行情、项目特点、企业自身状况并考虑一定的风险因素来综合确定。

(4) 总承包服务费的计算,编制者应根据清单中描述的总承包服务的内容、项目的特点、企业的管理水平及状况,并考虑一定的风险因素后,对计价定额中规定的费率标准作适当的浮动进行计算。

2) 规费的计算

规费的含义和内容前章已叙述,规费属于不可竞争费,在投标报价时,规费的计算比较简单,一般按工程所在地区或招标文件中规定的计算基数及费率标准来计算,不得调整。

3) 税金的计算

投标报价中税金的计算,一般按计价规范及工程所在地的取费定额规定来进行计算,不过计算时应注意计税基数的确定,通常该基数为扣除已含税的独立费外的前述各项费用之和。

8.3.7 投标报价策略的分析与应用

前面叙述了投标报价的正常计算方法,但在实际报价中还需对一些其他影响因素及报价策略加以考虑。对这些因素及策略如何应用要视招标文件的规定来处理,正常的处理方式有两种:一是隐含在前述的各项计价过程中;二是在正常算出的报价结果基础上,最后分成几项一次性处理(这主要是对一些优惠条件的项目)。

1) 投标报价的策略

投标时,根据投标人的经营状况和经营目标,既要考虑自身的优势和劣势,也要考虑竞争的激烈程度,还要分析投标项目的整体特点,按照工程的类别、施工条件等确定报价策略。

(1) 保本型报价策略

由于社会、政治、经济环境的变化和投标人自身经营管理不善,都可能造成投标人的生存危机。这种危机首先表现在由于经济原因,投标项目减少;其次,政府调整基建投资方向,使某些投标人擅长的工程项目减少,这种危机常常危害到营业范围单一的专业工程投标人;第三,如果投标人经营管理不善,会存在投标邀请越来越少的危机,这时投标应以生存为重,采取不盈利只保本的方式来投标,以维持生存渡过难关。

（2）竞争型报价策略

投标报价以竞争为手段，以开拓市场、低盈利为目标，在精确计算成本的基础上，充分估计竞争对手的报价目标，用有竞争力的报价达到中标的目的。投标人处在以下几种情况下，应采取竞争型报价策略：经营状况不景气，近期接受到的投标邀请较少；竞争对手有威胁性；试图打入新的地区；开拓新的工程施工类型；投标项目风险小、施工工艺简单、工程量大、社会效益好的项目；附近有本企业其他正在施工的项目。

（3）盈利型报价策略

这种策略是投标报价充分发挥自身优势，以实现最佳盈利为目标，对效益较小的项目热情不高，对盈利大的项目充满自信。下面几种情况可以采用盈利型报价策略：投标人在该地区已经打开局面，施工能力饱和，信誉度高，竞争对手少，具有技术优势并对招标人有较强的名牌效应，投标人目标主要是扩大影响；或者施工条件差、难度高、资金支付条件不好、工期质量等要求苛刻；为联合伙伴陪标的项目。

2）可采用的一些投标技巧

投标技巧是指在投标报价中采用的投标手段让招标人可以接受，中标后能获得更多的利润。投标人在工程投标时，主要应该在先进合理的技术方案和较低的投标价格上下工夫，以争取中标。但是还有其他一些手段对中标有辅助性的作用，主要表现在以下几个方面：

（1）不平衡报价法

不平衡报价法是指对一个工程项目的投标报价，在总价基本确定后，如何调整内部各个项目的报价，以期既不提高总价，不影响中标，又能在结算时得到更理想的经济效益的一种报价方法。常见的不平衡报价法如表8.3.3所示。

表8.3.3　常见的不平衡报价项目

序号	信息类型	变动趋势	不平衡结果
1	资金收入的时间	早	单价高
		晚	单价低
2	清单工程量不准确	增加	单价高
		减少	单价低
3	报价图纸不明确	增加工程量	单价高
		减少工程量	单价低
4	暂定工程	自己承包的可能性高	单价高
		自己承包的可能性低	单价低
5	单价和包干混合制项目	固定包干价格项目	单价高
		单价项目	单价低
6	单价组成分析表	人工费和机械费	单价高
		材料费	单价低
7	认标时招标人要求压低单价	工程量大的项目	单价小幅度降低
		工程量小的项目	单价较大幅度降低
8	工程量不明确报单价的项目	没有工程量	单价高
		有假定的工程量	单价适中

① 能够早日结算的项目,如前期措施费、基础工程、土石方工程等可以适当报高,以利资金周转。后期工程项目如设备安装、装饰工程等的报价可适当降低。

② 经过工程量核算,预计今后工程量会增加的项目,单价适当提高,这样在最终结算时可多赚钱,而将来工程量有可能减少的项目单价降低,工程结算时损失不大。

但是,上述两种情况要统筹考虑,即对于清单工程量有错误的早期工程,如果工程量不可能完成而有可能降低的项目,则不能盲目抬高单价,要具体分析后再定。

③ 设计图纸不明确,估计修改后工程量要增加的,可以提高单价,而工程内容说不清楚的,则可以降低一些单价。

④ 暂定项目又叫任意项目或选择项目,对这类项目要作具体分析。因这一类项目要开工后由发包人研究决定是否实施,由哪一家投标人实施。如果工程不分包,只由一家投标人施工,则其中肯定要施工的单价可高些,不一定要施工的则应该低些。如果工程分包,该暂定项目也可能由其他投标人施工时,则不宜报高价,以免抬高总报价。

⑤ 单价包干的合同中,招标人要求有些项目采用包干报价时,宜报高价。一则这类项目多半有风险,二则这类项目在完成后可全部按报价结算,即可以全部结算回来。其余单价项目则可适当降低。

⑥ 有时招标文件要求投标人对工程量大的项目报"清单项目报价分析表",投标时可将单价分析表中的人工费及机械设备费报得较高,而材料费报得较低。这主要是为了在今后补充项目报价时,可以参考选用"清单项目报价分析表"中较高的人工费和机械费,而材料则往往采用市场价,因而可获得较高的利润。

⑦ 在其他项目费中要报工日单价和机械台班单价,可以高些,以便在日后招标人用工或使用机械时可多盈利。对于项目中的工程量要具体分析,是否报高价,高多少,应有一个限度,不然会抬高总报价。

虽然不平衡报价对投标人可以降低一定的风险,获得一定的利润,但报价必须要建立在对工程量清单表中的工程量风险仔细核对的基础上,特别是对于降低单价的项目,如工程量一旦增多,将造成投标人的重大损失。同时,一定要控制在合理幅度内,一般控制在10%以内,以免引起招标人反对,甚至导致个别清单项报价不合理而废标。如果不注意这一点,有时招标人会挑选某报价过高的项目,要求投标人进行单价分析,而围绕单价分析中过高的内容压价,以致投标人得不偿失。同时在计价规范中为了防止投标人利用不平衡报价,已规定当实际工程量与清单工程量误差较大时(一般为15%)应进行单价的调整。

(2) 多方案报价法

有时招标文件中规定,可以提一个建议方案。如果发现招标文件中工程范围界定不很明确,条款不清楚或很不公正,技术规范要求过于苛刻时,则要在充分估计风险的基础上,按多方案报价法处理。即按原招标文件报一个价,然后再提出如果某条款作某些变动,报价可降低的额度。这样可以降低总造价,吸引招标人。

投标人这时应组织一批有经验的设计和施工工程师,对原招标文件的设计方案仔细研究,提出更合理的方案以吸引招标人,促成自己的方案中标。这种新的建议可以降低总造价或提前竣工。但要注意的是,对原招标方案一定也要报价,以供招标人比较。

增加建议方案时,不要将方案写得太具体,保留方案的技术关键,防止招标人将此方案交给其他投标人,同时要强调的是,建议方案一定要比较成熟,或过去有这方面的实践经验,因为投标时间往往较短,如果仅为中标而匆忙提出一些没有把握的建议方案,可能引起很多不良后果。

(3) 突然除价法

报价是一件保密的工作,但是对手往往会通过各种渠道、手段来刺探情报。对此,可用此法在报价时迷惑竞争对手。即先按一般情况报价或表现出自己对该工程兴趣不大,到快要投标截止时,才突然降价。采用这种方法时,一定要在准备投标报价的过程中考虑好降价的幅度,在临近投标截止日期前,根据情况信息与分析判断,再做最后决策。采用突然降价法往往降低的是总价,同时应把降低的部分分摊到各清单项内,可采用不平衡报价进行,以期取得更高的效益。

(4) 先亏后盈法

对于大型分期建设的工程,在第一期工程投标时,可以将部分间接费分摊到第二期工程中去,并减少利润以争取中标。这样在第二期工程投标时,凭借第一期工程的经验、临时设施以及创立的信誉,比较容易拿到第二期工程。如第二期工程遥遥无期时,则不可以这样考虑。

(5) 开标升级法

在投标报价时把工程中某些造价高的特殊工作内容从报价中减掉,使报价成为竞争对手无法相比的低价。利用这种“低价”来吸引招标人,从而取得与招标人进一步商谈的机会,在商谈过程中逐步提高价格。当招标人明白过来当初的“低价”实际上是个钓饵时,往往已经在时间上处于谈判弱势,丧失了与其他投标者谈判的机会。利用这种方法时,要特别注意在最初的报价中说明某项工作的缺项,并要确认招标文件中是允许的,否则可能会弄巧成拙,真的以“低价”中标,而蒙受损失。

(6) 许诺优惠条件

投标报价时附带优惠条件是行之有效的一种手段。招标人评标时,除了主要考虑报价和技术方案外,还要分析别的条件,如工期、支付条件等。所以在投标时主动提出提前竣工、低息贷款、赠给施工设备、免费转让新技术或某种技术专利、免费技术协作、代为培训人员等,均是吸引招标人、利于中标的辅助手段。

(7) 争取评标奖励

有时招标文件规定,对某些技术指标的评标,若投标人提供的指标优于规定指标值时,给予适当的评标奖励。因此,投标人应该使招标人比较注重的指标适当地优于规定标准,可以获得适当的评标奖励,有利于在竞争中取胜。但要注意技术性能优于招标规定,将导致报价相应上涨,如果投标报价过高,即使获得评标奖励,也难以与报价上涨的部分相抵,这样评标奖励也就失去了意义。

8.4 投标文件的编制

8.4.1 投标文件的组成

具体工程投标文件的组成要视招标文件的规定而定,一般的投标文件主要由商务标和技术标两大部分组成。

1）商务标主要包括的内容

（1）法定代表人资格证明书；

（2）法定代表人签署的投标文件授权委托书；

（3）投标人资质等级证书；

（4）投标书；

（5）投标报价汇总表；

（6）各专业工程工程量清单报价表；

（7）投标保证金的收据复印件；

（8）招标文件要求提交的其他资料。

2）技术标主要包括的内容

（1）施工组织设计

① 主要施工方法；

② 工程投入的主要物资和施工机械设备情况、主要施工机械进场计划；

③ 劳动力安排计划；

④ 确保工程质量的技术组织措施；

⑤ 确保安全生产的技术组织措施；

⑥ 确保文明施工的技术组织措施；

⑦ 确保工期的技术组织措施；

⑧ 施工进度网络图表；

⑨ 施工总平面布置设计等。

（2）项目管理班子配备

① 项目管理班子一览表；

② 项目经理简历表，相关资格证书；

③ 项目技术负责人简历表，相关资格证书；

④ 项目管理班子配备情况和其他辅助说明资料。

8.4.2 投标文件的格式

投标文件的格式一般都必须按招标文件所要求的格式提供，不得随意设置，否则将会影响投标文件的完备性，影响评标结果。

计价规范中规定的计价格式包括：

（1）投标总价封面；

（2）投标总价扉页；

（3）工程计价总说明；

（4）工程计价汇总表（包括建设项目、单项工程、单位工程投标报价汇总表）；

（5）分部分项工程和单价措施项目量清单计价表；

（6）综合单价分析表；

（7）总价措施项目清单计价表；

（8）其他项目清单计价表；

（9）规费、税金项目计价表；

（10）承包人提供主要材料和工程设备一览表。

技术标的格式一般包括施工组织设计、项目管理班子配备、项目拟分包情况等。

8.4.3　投标文件的编写

投标文件的编写主要应注意以下一些问题：

（1）投标文件内容的完备性

投标文件应按招标文件的要求提供一切该反映的内容，严禁出现缺项、漏填等不该犯的错误。

（2）投标文件格式的规范化

投标文件应按招标文件规定的格式填写，采用规定的文字、规定的墨水或打印方式，按标准的装订顺序装订。

（3）投标文件内容的针对性

投标文件的编写，特别是其中技术标部分的编写应结合招标工程的具体情况，如施工方案的选定、质量保证措施、冬雨季措施、现场平面布置等，不能把原有的模板内容照搬照抄，缺乏针对性，这样会引起评委的反感。

（4）投标文件的份数及签章

招标文件中对投标文件一般都规定了一套正本和几套副本的要求，同时要求在投标文件封面的右上角清楚地注明"正本"或"副本"字样。另外，还应注意投标文件封面、投标函均应加盖投标人印章并经法定代表人或其委托代理人签字或盖章。由委托代理人签字或盖章的在投标文件中必须同时提交投标文件签署授权委托书，投标文件签署授权委托书格式、签字、盖章及内容均应符合要求，否则投标文件签署授权委托书无效。投标报价文件必须有造价工程师签字并加盖印章，否则投标报价无效。除投标人对错误处必须修改外，全套投标文件应无涂改或行间插字和增删，如有修改，修改处应由投标人加盖投标人的校对章或由投标文件签字人签字或盖章等环节。

（5）投标文件完成的及时性

投标文件的递交都有明确的截止时间，所以投标文件必须在投标截止时间前完成，同时应留有足够的复查、审批、运送时间。所以编制过程应制定明确的完成时间计划表，不能因最后时间匆忙，到处出错，从而影响中标。

9 工程量清单计价条件下的造价过程管理

9.1 施工合同的签订与履行

9.1.1 施工合同的概念

施工合同即建筑安装工程承包合同,是发包人和承包人为完成商定的建筑安装工程,明确相互权利、义务关系的约定。依照施工合同,承包方应完成一定建筑、安装工程任务,发包方应提供必要的施工条件并支付工程价款。施工合同是建设工程合同的一种,它与其他建设工程合同一样是一种双务合同,在订立时应遵守自愿、公平、诚实信用等原则。

施工合同是工程建设的主要合同,是施工单位进行工程建设质量管理、进度管理、费用管理的主要依据之一。在市场经济条件下,建设市场主体之间相互的权利义务关系主要是通过合同确定的,因此,在建设领域加强对施工合同的管理具有十分重要的意义。

施工合同的当事人是发包人和承包人,双方是平等的民事主体。承发包双方签订施工合同,必须具备相应资质条件和履行施工合同的能力。对合同范围内的工程实施建设时,发包人必须具备组织协调能力;承包人必须具备有关部门核定的资质等级并持有营业执照等证明文件。

发包人可以是具备法人资格的国家机关、事业单位、国有企业、集体企业、私营企业、经济联合体和社会团体,也可以是依法登记的个人合伙、个体经营或个人,即一切愿意履行合同规定义务(主要是支付工程价款能力)的合同当事人。

承包人应是具备与工程相应资质和法人资格的并被发包人接受的合同当事人及其合法继承人。但承包人不能将工程转包或出让,如进行分包,应在合同签订前提出并征得发包人同意。承包人是施工单位。

9.1.2 施工合同的订立

1) 订立施工合同应具备的条件

(1) 初步设计已经批准。

(2) 工程项目已经列入年度建设计划。

(3) 有能够满足施工需要的设计文件和有关技术资料。

(4) 建设资金和主要建筑材料设备来源已经落实。

(5) 招投标工程,中标通知书已经下达。

2）订立施工合同应当遵守的原则

（1）遵守国家法律、法规的原则

订立施工合同，必须遵守国家法律、法规。另一方面，建设工程施工对经济发展、社会生活有多方面的影响，国家有许多强制性的管理规定，施工合同当事人都必须遵守。

（2）平等、自愿、公平的原则

签订施工合同当事人双方具备平等的法律地位，任何一方都不得强迫对方接受不平等的合同条件，合同内容应当是双方当事人真实意思的体现。合同的内容应当是公平的，不能损害任一方的利益，对于显失公平的施工合同，当事人一方有权申请人民法院或者仲裁机构予以变更或者撤销。

（3）诚实信用原则

诚实信用原则要求在订立施工合同时要诚实，不得有欺诈行为，合同当事人应当如实将自身和工程的情况介绍给对方。在履行合同时，施工合同当事人要守信用，严格履行合同。

3）订立施工合同的程序

施工合同作为合同的一种，其订立也应经过要约和承诺两个阶段。其订立方式有两种：直接发包和招标发包。如果没有特殊情况，工程建设的施工都应通过招标投标确定施工企业。

中标通知书发出后，中标的施工企业应当与发包单位及时签订合同。依据《招标投标法》和《工程建设施工招标投标管理办法》的规定，中标通知书发出 30 天内，中标单位应与发包单位依据招标文件、投标书等签订工程承发包合同（施工合同）。签订合同的必须是中标的施工企业，投标书中已确定的合同条款在签订时不得更改。如果中标施工企业拒绝与发包单位签订合同，则发包单位将不再返还其投标保证金（如果由银行等金融机构出具投标保函，则投标保函出具者应当承担相应的保证责任），建设行政主管部门或其授权机构还可给予一定的行政处罚。

9.1.3 《建设工程施工合同（示范文本）》（GF—2013—0201）简介

根据有关工程建设施工的法律、法规，结合我国工程建设施工的实际情况，并借鉴了国际上广泛使用的土木工程施工合同（特别是 FIDIC 土木工程施工合同条件），住房和城乡建设部、工商总局 2013 年 4 月 3 日发布了《建设工程施工合同（示范文本）》（GF—2013—0201）（以下简称《示范文本》）。《示范文本》是对原建设部、工商行政管理局 1999 年发布的《建设工程施工合同示范文本》（GF—1999—0201）的改进，适用于房屋建筑工程、土木工程、线路管道和设备安装工程、装修工程等建设工程的施工承发包活动。

1）《示范文本》的组成

《示范文本》由协议书、通用条款、专用合同条款三部分组成。

（1）合同协议书

《示范文本》合同协议书共计 13 条，主要包括工程概况、合同工期、质量标准、签约合同价和合同价格形式、项目经理、合同文件构成、承诺以及合同生效条件等重要内容，集中约定了合同当事人基本的合同权利和义务。

（2）通用合同条款

通用合同条款是合同当事人根据《中华人民共和国建筑法》、《中华人民共和国合同法》

等法律法规的规定,就工程建设的实施及相关事项,对合同当事人的权利义务作出的原则性约定。

通用合同条款共计 20 条,具体条款分别为一般约定、发包人、承包人、监理人、工程质量、安全文明施工与环境保护、工期和进度、材料与设备、试验与检验、变更、价格调整、合同价格、计量与支付、验收和工程试车、竣工结算、缺陷责任与保修、违约、不可抗力、保险、索赔和争议解决。前述条款安排既考虑了现行法律法规对工程建设的有关要求,也考虑了建设工程施工管理的特殊需要。

(3) 专用合同条款

专用合同条款是对通用合同条款原则性约定的细化、完善、补充、修改或另行约定的条款。合同当事人可以根据不同建设工程的特点及具体情况,通过双方的谈判、协商对相应的专用合同条款进行修改补充。在使用专用合同条款时,应注意以下事项:

① 专用合同条款的编号应与相应的通用合同条款的编号一致;

② 合同当事人可以通过对专用合同条款的修改,满足具体建设工程的特殊要求,避免直接修改通用合同条款;

③ 在专用合同条款中有横道线的地方,合同当事人可针对相应的通用合同条款进行细化、完善、补充、修改或另行约定;如无细化、完善、补充、修改或另行约定,则填写"无"或画"/"。

2) 施工合同文件的组成及解释顺序

除专用合同条款另有约定外,解释合同文件的优先顺序如下:

(1) 合同协议书;

(2) 中标通知书(如果有);

(3) 投标函及其附录(如果有);

(4) 专用合同条款及其附件;

(5) 通用合同条款;

(6) 技术标准和要求;

(7) 图纸;

(8) 已标价工程量清单或预算书;

(9) 其他合同文件。

上述各项合同文件包括合同当事人就该项合同文件所作出的补充和修改,属于同一类内容的文件,应以最新签署的为准。

在合同订立及履行过程中形成的与合同有关的文件均构成合同文件组成部分,并根据其性质确定优先解释顺序。

上述合同文件应能够互相解释、互相说明。当合同文件中出现不一致,上面的顺序就是合同的优先解释顺序。当合同文件出现含糊不清或者当事人有不同理解时,按照合同争议的解决方式处理。

9.1.4 施工合同专用条款的约定

《建设工程施工合同》的专用条款是供发包人和承包人结合具体工程情况,经双方充分协商一致约定的条款。由于建设工程的单件性,每个具体工程都有一些特殊情况,发包人和承包人除使用通用条款外,还要根据具体工程的特殊情况,进行充分协商,取得一致意见后,在专用条款内约定。

专用条款作为招标文件的组成部分,其条款内容应当由招标人也就是发包人提出。但在招标文件内,由于承包人(投标人)尚未最终选定,因此,施工合同内的专用条款只能涉及一些实质性和主要的内容。而多数条款细节,一般需要在选定承包人后,才能详细谈判约定。

1) 谈判专用条款内容时的依据

(1) 法律、行政法规

这是订立和履行合同的最基本原则,必须遵守。也就是在双方谈判合同具体条款时,不能违反法律、行政法规允许的规定。谈判只能在法律和行政法规允许的范围内进行,不能超越法律和行政法规允许的范围。例如,《招标投标法》第九条规定:"招标人应当有进行投标项目的相应资金或者资金来源已经落实,并应当在招标文件中如实载明。"根据这一规定,说明建设工程项目所需资金已经落实。在谈判合同时就不能再涉及资金不落实的任何内容,如要求承包人垫付建设资金,这是与法律相抵触的,如果签订这类条款,是属于无效的条款。

(2)《通用条款》

通用条款各条款中有许多内容需要在专用条款内具体约定。如通用条款第一条的第六款(1.6.1)"图纸和承包人文件"中明确"发包人应按照专用合同条款约定的期限、数量和内容向承包人免费提供图纸,并组织承包人、监理人和设计人进行图纸会审和设计交底"。这一条款肯定的内容是:发包人应向承包人提供图纸,明确了发包人在提供图纸方面的义务。但什么时间提供和提供的套数,则需要发包人和承包人结合具体工程情况在专用条款内约定。

(3) 发包人和承包人的工作情况和施工场地情况

建设工程具有产品固定、施工流动、施工周期长及涉及面广的特点,因此发包人和承包人在签订合同时双方都应结合具体工程来明确双方的工作内容。如承包人何时开工,则取决于发包人为承包人创造的开工条件如何。而发包人何时提供图纸,又取决于发包人与设计人订立的设计合同。发包人只有根据设计合同内约定的设计人提供图纸的时间,才能确定向承包人提供图纸的具体时间,才能确定具体开工日期。由此可以看出双方的工作情况和施工场地等因素,都是谈判专用条款具体内容的重要依据,离开双方的实际工作情况,不切实际定内容,会使得合同履行中产生纠纷或违约事件。同时根据发包人和承包人具体情况和具体工程实际需要,双方在协商一致的基础上,通过专用条款对通用条款进行细化、补充或修改。

(4) 投标文件和中标通知书

根据法律规定,招标工程,必须依据投标文件和中标通知订立书面合同。同时,还规定招标人和中标人不得再订立背离合同实质性内容的其他协议。根据这些规定,在招标工程确定中标人后,招标人(发包人)和中标人(承包人)在谈判合同时,只能谈判一些条件的细节,而不能涉及有关工期、质量、价款等实质性内容的变更,否则与法相悖。

2) 进行《专用条款》谈判时应注意的事项

(1) 贯彻平等原则

《示范文本》的通用条款是遵循"合同当事人的法律地位平等"的原则约定的。因此,发包人和承包人在谈判专用条款时,也必须贯彻这一原则。因为不论是自然人还是法人或其他组织都是平等主体。平等主体之间在合同中的权利和义务都是同等的,不允许在谈判合同时,一方将自己的意志强加给另一方,迫使对方接受不平等条款。

(2) 诚实信用

诚实信用是民事活动的基本原则。在我国《民法通则》、《合同法》和《招标投标法》等民事基本法律中都规定了这一原则。在谈判和约定专用条款时,也要遵守诚实信用原则,要求发包人和承包人都要诚实信用,不搞欺骗和弄虚作假,如发包人的资金落实情况和承包人的资质证明都要真实可靠,订立合同后,双方都要严格履约,对违反诚实信用原则,给对方造成损失的,要依法承担赔偿责任。

(3) 执行法律和行政法规的全面性

涉及施工合同的法律和行政法规很多,发包人和承包人在谈判专用条款内容时,在执行法律和行政法规时要注意三个问题。首先,严格地执行国家制定的有关建设工程施工阶段的各项法律和行政法规。其次,执行地方法规和部门规章。由于建设工程有很强的专业性,法律和行政法规很难规定得很具体,而要由有关部门结合专业特点制定部门规章,也有涉及地方特点的,由地方制定地方法规。在执行地方法规和部门规章时,必须根据在全国性法律和行政法规内没有规定的,或者经过法律、行政法规正式授权的,才允许按照地方法规或部门规章进行谈判。第三,注意法律和行政法规的变化情况。我国现处于由计划经济向市场经济过渡时期,国家为了适应改革形势的发展,不断制定和颁布一些适应市场经济的法律和行政法规及相应的司法解释,同时也对一些不适应市场经济的法律和行政法规进行修改或废止。因此,在谈判专用条款时,要及时掌握法律、行政法规的颁发、修订和废止情况,以便准确地依据法律和行政法规谈判合同条款。

(4) 严密,具体,逻辑性强

在谈判专用条款时,各项约定必须非常具体肯定,不能使用如"争取""及时"等非合同词语。要特别注意合同整体逻辑性,不要产生前后条款互相矛盾或者前后条款相互否定的情况。在书写合同文件时,用词要非常严密,各式各样条款约定要非常准确,不能含糊其辞,使用模棱两可的语言。

9.1.5　合同履行概述

1) 合同履行的概念和原则

(1) 合同履行的概念

合同履行,是指合同当事人双方依据合同条款的规定,实现各自享有的权利,并承担各自负有的义务。合同的履行,就其实质来说,是合同当事人在合同生效后,全面地、适当地完成合同义务的行为。

合同的履行是《合同法》的核心内容,也是合同当事人订立合同的根本目的。当事人双方在履行合同时,必须全面地、善始善终地履行各自承担的义务,使相对人的权利得以实现,从而为各社会组织及自然人之间的生产经营及其他交易活动的顺利进行创造条件。从一定意义上讲,合同的履行不仅仅是当事人双方的义务,也是当事人对国家和社会共同承担的义务。

(2) 合同履行的原则

① 全面、适当履行的原则

全面、适当履行,是指合同当事人双方应当按照合同约定全面履行自己的义务,包括履行义务的主体、标的、数量、质量、价款或者报酬以及履行的方式、地点、期限等,都应当按照合同的约定全面履行。

② 遵循诚实信用的原则

诚实信用原则,是我国《民法通则》的基本原则,也是《合同法》的一项十分重要的原则,它贯穿于合同的订立、履行、变更、终止等全过程。因此,当事人在订立合同时,要讲诚实,要守信用,要善意,当事人双方要互相协作,合同才能圆满地履行。

诚实信用原则的基本内容,是指合同当事人善意的心理状况,它要求当事人在进行民事活动中没有欺诈行为,恪守信用,尊重交易习惯,不得回避法律和歪曲合同条款,正当竞争,反对垄断,尊重社会公共利益和不得滥用权利等。

③ 公平合理,促进合同履行的原则

合同当事人双方自订立合同起,直到合同的履行、变更、转让以及发生争议时对纠纷的解决,都应当依据公平合理的原则,按照《合同法》的规定,根据合同的性质、目的和交易习惯善意地履行通知、协助、保密等附随义务。

④ 当事人一方不得擅自变更合同的原则

合同一旦依法成立,即具有法律约束力。因此,合同当事人任何一方均不得擅自变更合同。

2) 合同的变更和转让

(1) 合同变更,是指合同依法订立后,在尚未履行或尚未完全履行时,当事人依法经过协商对合同的内容进行修订或调整所达成的协议。合同变更时,当事人应当通过协商,对原合同的部分内容条款作出修改、补充或增加新的条款。例如,对原合同中规定的标的数量、质量、履行期限、地点和方式、违约责任、解决争议的方法等作出变更。当事人对合同内容变更取得一致意见时方为有效。

(2) 合同转让,是指合同成立后,当事人依法可以将合同中的全部权利、部分权利或者合同中的全部义务、部分义务转让或转移给第三人的法律行为。合同转让分为权利转让或义务转移,《合同法》还规定了当事人将权利和义务一并转让时适用的法律条款。

3) 合同履行的依据

合同履行主要依据合同条款所约定的双方的权利和义务来执行,如《示范文本》第二部分第 2、3 条规定了施工合同双方的一般权利和义务,施工合同中用来界定承发包双方权利义务关系的条款有质量条款、经济条款、进度条款等。

9.1.6　工程合同价款约定、合同价款期中支付

计价规范中有关合同价款约定的内容包括两个方面:一方面是一般规定,另一方面是约定内容。其中一般规定有以下几方面:

(1) 实行招标的工程合同价款应在中标通知书发出之日起 30 日内,由发承包双方依据

招标文件和中标人的投标文件在书面合同中约定。

合同约定不得违背招标、投标文件中关于工期、造价、质量等方面的实质性内容。招标文件与中标人投标文件不一致的地方，以投标文件为准。

（2）不实行招标的工程合同价款，应在发承包双方认可的工程价款基础上，由发承包双方在合同中约定。

（3）实行工程量清单计价的工程，应当采用单价合同。合同工期较短，建设规模较小，技术难度较低，且施工图设计已审查完备的建设工程可采用总价合同；紧急抢险、救灾以及施工技术特别复杂的建设工程可采用成本加酬金合同。

关于合同价款的约定内容包括：

（1）预付工程款的数额、支付时间及抵扣方式；

（2）安全文明施工措施的支付计划、使用要求等；

（3）工程计量与支付工程进度款的方式、数额及时间；

（4）工程价款的调整因素、方法、程序、支付及时间；

（5）施工索赔与现场签证的程序、金额确认与支付时间；

（6）承担计价风险的内容、范围以及超出约定内容、范围的调整办法；

（7）工程竣工价款结算编制与核对、支付及时间；

（8）工程质量保证（保修）金的数额、预扣方式及时间；

（9）违约责任以及发生合同价款争议的解决方法及时间；

（10）与履行合同、支付价款有关的其他事项等。

合同中没有按上述内容要求约定或约定不明的，若发承包双方在合同履行中发生争议由双方协商确定；当协商不能达成一致的，应按计价规范的规定执行。

计价规范中关于合同价款期中支付的规定包括如下内容：

（1）预付款：承包人应将预付款专用于合同工程。包工包料工程的预付款支付比例不得低于签约合同价（扣除暂列金额）的10%，不宜高于签约合同价（扣除暂列金额）的30%。承包人应在签订合同或向发包人提供与预付款等额的预付款保函（如有）后向发包人提交预付款支付申请。发包人应在收到支付申请的7天内进行核实，向承包人发出预付款支付证书，并在签发支付证书后的7天内向承包人支付预付款。发包人没有按合同约定按时支付预付款的，承包人可催告发包人支付；发包人在预付款期满后的7天内仍未支付的，承包人可在付款期满后的第8天起暂停施工。发包人应承担由此增加的费用和（或）延误的工期，并应向承包人支付合理利润。预付款应从每一支付期应支付给承包人的工程进度款中扣回，直到扣回的金额达到合同约定的预付款金额为止。承包人的预付款保函（如有）的担保金额根据预付款扣回的数额相应递减，但在预付款全部扣回之前一直保持有效。发包人应在预付款扣完后的14天内将预付款保函退还给承包人。

（2）安全文明施工费：安全文明施工费的内容和使用范围，应符合有关文件和计价规范的规定。发包人应在工程开工后的28天内预付不低于当年施工进度计划的安全文明施工费总额的60%，其余部分应按照提前安排的原则进行分解，并应与进度款同期支付。发包人没有按时支付安全文明施工费的，承包人可催告发包人支付；发包人在付款期满后的7天内仍未支付的，若发生安全事故，发包人应承担相应责任。承包人应对安全文明施工费专款专用，在财务账目中单独列项备查，不得挪作他用，否则发包人有权要求其限期改正；逾期未改正的,造成的损失和延误的工期由承包人承担。

（3）进度款:发承包双方应按照合同约定的时间、程序和方法,根据工程计量结果,办理期中价款结算,支付进度款。进度款支付周期应与合同约定的工程计量周期一致。已标价工程量清单中的单价项目,承包人应按工程计量确认的工程量与综合单价计算;综合单价发生调整的,以发承包双方确认调整的综合单价计算进度款。已标价工程量清单中的总价项目和按照计价规范第8.3.2条规定形成的总价合同,承包人应按合同中约定的进度款支付分解,分别列入进度款支付申请中的安全文明施工费和本周期应支付的总价项目的金额中。发包人提供的甲供材料金额,应按照发包人签约提供的单价和数量从进度款支付中扣除,列入本周期应扣减的金额中。承包人现场签证和得到发包人确认的索赔金额应列入本周期应增加的金额中。进度款的支付比例按照合同约定,按期中结算价款总额计,不低于60%,不高于90%。承包人应在每个计量周期到期后的7天内向发包人提交已完工程进度款支付申请一式四份,详细说明此周期自认为有权得到的款额,包括分包人已完工程的价款。支付申请应包括的内容参见计价规范。发包人应在收到承包人进度款支付申请后的14天内,根据计量结果和合同约定对申请内容予以核实,确认后向承包人出具进度款支付证书。若发承包双方对部分清单项目的计量结果出现争议,发包人应对无争议的工程计量结果向承包人出具进度款支付证书。发包人应在签发进度款支付证书后的14天内,按照支付证书列明的金额向承包人支付进度款。若发包人逾期未签发进度款支付证书,则视为承包人提交的进度款支付申请已被发包人认可,承包人可向发包人发出催告付款的通知。发包人应在收到通知后的14天内,按照承包人支付申请阐明金额向承包人支付进度款。发包人未按照计价规范第10.3.9~10.3.11条的规定支付进度款的,承包人可催告发包人支付,并有权获得延迟支付的利息;发包人在付款期满后的7天内仍未支付的,承包人可在付款期满后的第8天起暂停施工。发包人应承担由此增加的费用和(或)延误的工期,向承包人支付合理利润,并应承担违约责任。发现已签发的任何支付证书有错、漏或重复的数额,发包人有权予以修正,承包人也有权提出修正申请。经发承包双方复核同意修正的,应在本次到期的进度款中支付或扣除。

9.2　工程施工合同的管理

9.2.1　工程施工合同管理概述

施工合同的管理,是指各级工商行政管理机关、建设行政主管机关和金融机构,以及工程发包单位、监理单位、承包单位依据法律和行政法规、规章制度,采取法律的、行政的手段,对施工合同关系进行组织、指导、协调及监督,保护施工合同当事人的合法权益,处理施工合同纠纷,防止和制裁违法行为,保证施工合同法规的贯彻实施等一系列活动。

针对上述内容,可将这些管理划分为以下两个层次:第一层次为国家机关及金融机构对施工合同的管理;第二层次则为建设工程施工合同当事人及监理单位对施工合同的管理。

各级工商行政管理机关、建设行政主管机关对合同的管理侧重于宏观的管理,而发包单位、监理单位、承包单位对施工合同的管理则是具体的管理,也是合同管理的出发点和落脚点。发包单位、监理单位、承包单位对施工合同的管理体现在施工合同从订立到履行的全过程中。

9.2.2 合同订立管理

1) 合同订立应注意合同条款的严谨

合同条款是承包商和业主履约的依据,双方的一切行为都以合同条款为凭据。

合同条款主要是指法律、法令明文规定必须写入的,当事人双方事先达成协议的,按合同的性质要求必须规定的条款。工程承包合同的主要条款通常有以下几项:一般性条款;特殊条款;强制性条款;合同标的;双方的义务、权利和责任;待实施工程的目标;工程的实施方式;工程造价及付款方式和付款货币;担保条款;合同工期;保险条款;违约处置等。

对承包商来说,最实质性的条款是特殊条款,即双方的义务、权利和责任,工程造价,付款方式和货币,合同工期等四项。随着工程量清单计价的推行,施工承发包合同的格式和内容将做适当调整,因此,缔约前应该对合同条款逐条研究,仔细推敲,言辞严密,避免模棱两可,内容力求全面周密,尽可能估计到各种可能发生的事件,并写入相应的解决措施。

2) 注意合同条款的完整性

签约人应清醒地认识到合同(协议、契约)是签约双方法人签署的法律性文件。合同一经双方签字,任何一方都不能改变。执行合同期间,只能按双方签字的条款执行,即使某条款不合理也要按合同办,因为合同具有法律效能。但在双方商讨合同条款的过程中,可以争辩,其中一方不同意另一方意见,是可以拒绝的。签约人要以严肃的态度对待合同条款,签约前就要考虑到在执行合同中发生纠纷时能取得主动权。所以签订一个完整、严密、公正的合同,是取得成功的第一步。具体来讲应注意以下几方面:

(1) 合同内容的完整。国内的施工合同目前有《示范文本》作为借鉴,其特殊性的内容可通过专用条款来明确,为了保证专用条款内容的完整,在此介绍国际工程施工合同一般应包括的内容以作参考。

① 前言。包括签约双方的注册公司、法定代表人、法定通信地址及合同的宗旨。若没有通信地址,当双方发生纠纷时,其中一方拒绝谈判又拒收致函,这种情况在法律上对方可视为未接到致函。若合同中有通信地址,致函方按合同规定的地址致函是有法律效能的。前言的结尾要写明"前言是本合同不可分割的一部分",这句话使前言所述内容具有了法律效能。

② 定义。为避免对合同中某些用词的不同理解,要对在合同中多次出现的用词予以定义。例如,业主、承包人、工程师、工程师代表、合同文件、合同价格、暂设工程、工地等。对出现的某些章节一次性的用词,又需予以定义时,可在所出现的章节予以定义,如,暂定工程量、分包人、特殊风险、维修期等。

③ 工程范围。要特别注意与其他承包人相衔接的工程界限。

④ 工程价格。应包含工程总价、分项单价、工程单价。属于暂定工程的,要明确暂定工程量的增减幅度。

⑤ 工期。要明确是日历工期还是有效工期,即扣除自然条件影响、业主方面原因对工期的影响和特殊风险影响的天数。大型工程应允许分批交工。工期应从接到业主的开工命令和业主移交了场地(含坐标)并清除了属于业主方应清除的障碍物时算起。

⑥ 保函、保留金。要明确保函的比例、保证条件和退还条件以及保留金的比例和退还条件。

⑦ 保险。主要有工程保险和员工的人身保险。对人身保险若能争取到"不排除投保人在本国投保"的内容，在执行中可据此争取到不在当地投保。

⑧ 付款。要明确支付的币种；月付款应是月完成的工程款减去保留金，再加上材料进场款（一般为60%）；不能代第三方扣款。

⑨ 拖期罚款。要明确罚款的条件和罚款的最高限额，并应强调罚款的时间，在工程结束时一次进行，合同执行中间不得罚款。

⑩ 材料、设备、工具。明确业主要为材料存放提供场地。若属分包还要明确材料的供应时间、地点、材料的允许消耗系数、卸车费用谁承担；要明确施工设备的所有权、工人手用小型工具（木工用的刨子、手锯、斧子、尺、墨斗等）由谁提供并承担费用。

⑪ 变更、索赔。要明确允许变更的幅度，变更对工期的影响，变更相应的增加费用，变更引起索赔的有效期，变更的确认程序。

⑫ 税收。作为承包人要按法律纳税，若属分包则可在合同中注明纳税的责任。如某公司在一项合同中规定了由主包人承担税收，分包人则不承担税务责任，而另一公司在合同中无此条款，分包人则要承担税务责任。

⑬ 特殊风险。战争、政变、承包人雇员发生骚乱和暴乱以外的一切骚动等，由此造成的损失由业主承担。

⑭ 合同中途停止。当发生双方无法控制的情况，使双方不能履行合同义务或根据政府指令双方需解除合同义务时，业主要支付承包人已完成工程款，并应赔偿承包人由此造成的合理损失。

⑮ 工作时间。要明确每日工作小时，争取允许节假日加班工作。

⑯ 临时生活设施、临时工程、临时水电、临时道路。要明确责任，若属承包人承担，则应明确业主要无偿地提供所需要的用地。

⑰ 争端。承包人与工程师、承包人与业主间的不同意见，所有争端都是以金钱为中心。因此，要明确争端的解决办法：对工程师的决定，一方不服，可提出仲裁；工程师的决定，一方不服可提出诉讼，起诉的法庭也要明确。

⑱ 其他。一般包含合同的有效语种、所适用的法律、合同的生效日期等。

⑲ 附件。含正文条款中所述附件。

(2) 合同条款的严密。合同条款的严密主要表现在以下几个方面：

① 条款的文字准确，一个条款不能作出两种解释。例如，"负责补充设计"，此款可作两种解释，一是负责设计并承担费用；二是负责设计不承担费用。严格的写法应是"负责设计并承担费用"。再如"支付当地流通货币"，若当地流通两种货币，是哪一种？严格的写法是"支付本国货币，货币单位是××单位"。"材料供应到施工现场"，这是一个很不准确的条款，现场的范围很广，是运送到工号还是运送到现场的任何地方？严格的写法是"大宗材料运到方便施工且大型运输工具可以到达的地方，贵重、零星和易丢失的材料设备，供应到指定的仓库"，还要明确卸车和二次搬运的责任。

② 条款要尽量使用"定量"语言，少用形容词。例如，"及时支付工程款"，必须明确业主在接到结算单后×日内付款，若属分包工程，还要明确规定承包人收到工程款后，×天内自

动从银行分流到分包人账号上,承包人并应委托银行致函分包人予以确认。"承包人不能按期完成,要予以罚款",则要明确规定每逾期一天的罚款金额和罚款的最高限额。"工程量可以根据情况适当增减",应明确规定增减的幅度。"负责及时办理签证",应明确规定在接到承包人的护照后×日内办完签证。"协助办理某某事宜","协助"不是义务,而是尽力而为,办不成也不承担责任。"提供足够的合格的机械手",此条款接受方可任意随意提出数量要求,也可借口不合格而不接受提供的机械手。条款中要明确各工种的数量以及应达到的技术水平和证件。

(3)合同条款的公正性

所谓公正,一方面是指法律、法规有明确规定的,另一方面是指通常的惯例,如以下一些条款规定是国际惯例,一般认为超越这个范围可视为不公正:

① 工程量可增减 25%;

② 履约保函值为 5%~10%;

③ 预付款保函值为预付款的 100%;

④ 材料进场业主应付给 60%以上的款项;

⑤ 逾期罚款不超过 10%;

⑥ 维修期 1~2 年;

⑦ 工程质量达到业主工程师满意的程度。

以上列举了合同订立中需注意的主要方面,具体内容读者可参照《示范文本》详细理解。

9.2.3 合同价款调整

计价规范中关于合同价款调整的内容包括以下几方面。

1)一般规定

发生下列事项(但不限于),发承包双方应当按照合同约定调整合同价款:

(1)法律法规变化;

(2)工程变更;

(3)项目特征描述不符;

(4)工程量清单缺项;

(5)工程量偏差;

(6)计日工;

(7)物价变化;

(8)暂估价;

(9)不可抗力;

(10)提前竣工(赶工补偿);

(11)误期赔偿;

(12)施工索赔;

(13)现场签证;

(14)暂列金额;

(15)发承包双方约定的其他调整事项。

出现合同价款调增事项(不含工程量偏差、计日工、现场签证、施工索赔)后的 14 天内,承包人应向发包人提交合同价款调增报告并附上相关资料,若承包人在 14 天内未提交合同价款调增报告的,应视为承包人对该事项不存在调整价款请求。

出现合同价款调减事项(不含工程量偏差、施工索赔)后的 14 天内,发包人应向承包人提交合同价款调减报告并附相关资料,发包人在 14 天内未提交合同价款调减报告的,应视为发包人对该事项不存在调整价款请求。

发(承)包人应在收到承(发)包人合同价款调增(减)报告及相关资料之日起 14 天内对其核实,予以确认的应书面通知承(发)包人。如有疑问时,应向承(发)包人提出协商意见。发(承)包人在收到合同价款调增(减)报告之日起 14 天内未确认也未提出协商意见的,应视为承(发)包人提交的合同价款调增(减)报告已被发(承)包人认可。发(承)包人提出协商意见的,承(发)包人在收到协商意见后 14 天内既不确认也未提出不同意见的,应视为发(承)包人提出的意见已被承(发)包人认可。

发包人与承包人对合同价款调整的不同意见不能达成一致的,只要对发承包双方履约不产生实质影响,双方应继续履行合同义务,直到其按照合同约定的争议解决方式得到处理。

经发承包双方确认调整的合同价款,作为追加(减)合同价款,应与工程进度款或结算款同期支付。

2) 法律变化

招标工程以投标截止日前 28 天,非招标工程以合同签订前 28 天为基准日,其后国家的法律、法规、规章和政策发生变化引起工程造价增减变化的,发承包双方应按照省级或行业建设主管部门或其授权的工程造价管理机构据此发布的规定调整合同价款。

因承包人原因导致工期延误,且按计价规范第 9.2.1 条规定的调整时间在合同工程原定竣工时间之后,合同价款调增的不予调整,合同价款调减的予以调整。

3) 工程变更

因工程变更引起已标价工程量清单项目或其工程数量发生变化时,应按照下列规定调整:

(1) 已标价工程量清单中有适用于变更工程项目的,应采用该项目的单价;但当工程变更导致该清单项目的工程数量发生变化,且工程量偏差超过 15%,该项目单价应按照计价规范第 9.6.2 条的规定调整。

(2) 已标价工程量清单中没有适用但有类似于变更工程项目的,可在合理范围内参照类似项目的单价。

(3) 已标价工程量清单中没有适用也没有类似于变更工程项目的,由承包人根据变更工程资料、计量规则和计价办法、工程造价管理机构发布的信息价格和承包人报价浮动率提出变更工程项目的单价,报发包人确认后调整。承包人报价浮动率可按下列公式计算:

招标工程:

$$承包人报价浮动率 L = (1 - 中标价/招标控制价) \times 100\%$$

非招标工程:

$$承包人报价浮动率 L = (1 - 报价/施工图预算) \times 100\%$$

(4) 已标价工程量清单中没有适用也没有类似于变更工程项目,且工程造价管理机构发布的信息价格缺价的,应由承包人根据变更工程资料、计量规则、计价办法和通过市场调查等取得有合法依据的市场价格提出变更工程项目的单价,报发包人确认后调整。

工程变更引起施工方案改变并使措施项目发生变化时,承包人提出调整措施项目费的,应事先将拟实施的方案提交发包人确认,并应详细说明与原方案措施项目相比的变化情况。拟实施的方案经发承包双方确认后执行,并应按照下列规定调整措施项目费:

(1) 安全文明施工费应按照实际发生变化的措施项目依据计价规范第3.1.5的规定计算。

(2) 采用单价计算的措施项目费,应按照实际发生变化的措施项目,按计价规范第9.3.1条的规定确定单价。

(3) 按总价(或系数)计算的措施项目费,按照实际发生变化的措施项目调整,但应考虑承包人报价浮动因素,即调整金额按照实际调整金额乘以计价规范第9.3.1条规定的承包人报价浮动率计算。

如果承包人未事先将拟实施的方案提交给发包人确认,则应视为工程变更不引起措施项目费的调整或承包人放弃调整措施项目费的权利。

当发包人提出的工程变更因非承包人原因删减了合同中的某项原定工作或工程,致使承包人发生的费用或(和)得到的收益不能被包括在其他已支付或应支付的项目中,也未被包含在任何替代的工作或工程中时,承包人有权提出并应得到合同的费用及利润补偿。

4) 项目特征不符

发包人在招标工程量清单中对项目特征的描述,应被认为是准确的和全面的,并且与实际施工要求相符合。承包人应按照发包人提供的招标工程量清单,根据项目特征描述的内容及有关要求实施合同工程,直到项目被改变为止。

承包人应按照发包人提供的设计图纸实施合同工程,若在合同履行期间出现设计图纸(含设计变更)与招标工程量清单任一项目的特征描述不符,且该变化引起该项目的工程造价增减变化的,应按照实际施工的项目特征,按计价规范第9.3节相关条款重新确定相应工程量清单项目的综合单价,并计算调整的合同价款。

5) 工程量清单缺项

合同履行期间,由于招标工程量清单中缺项而新增分部分项工程量清单项目的,应按照计价规范第9.3.1条的规定确定单价,调整合同价款。

新增分部分项工程清单项目后,引起措施项目发生变化的,应按照计价规范9.3.2条的规定,在承包人提交的实施方案被发包人批准后调整合同价款。

由于招标工程量清单中措施项目缺项,承包人应将新增措施项目实施方案提交发包人批准后,按照计价规范第9.3.1条、第9.3.2条的规定调整合同价款。

6) 工程量偏差

合同履行期间,当应予计算的实际工程量与招标工程量清单出现偏差,且符合计价规范第9.6.2条、第9.6.3条规定时,发承包双方应调整合同价款。

对于任一招标工程量清单项目,当因上述的工程量偏差和计价规范第9.3节规定的工程变更等原因导致工程量偏差超过15%时,可进行调整。当工程量增加15%以上时,增加部分的工程量的综合单价应予调低;当工程量减少15%以上时,减少后剩余部分的工程量的综合单价应予调高。

当工程量出现计价规范第 9.6.2 的变化,且该变化引起相关措施项目相应发生变化,如按系数或单一总价方式计价的,工程量增加的措施项目费调增,工程量减少的措施项目费调减。

7) 计日工

发包人通知承包人以计日工方式实施的零星工作,承包人应予执行。

采用计日工计价的任何一项变更工作,在该项变更的实施过程中,承包人应按合同约定提交一系列报表和有关凭证送发包人复核,提交的详细内容见计价规范第 9.7.2 条。

任一计日工项目持续进行时,承包人应在该项工作实施结束后的 24 小时内向发包人提交有计日工记录汇总的现场签证报告一式三份。发包人在收到承包人提交现场签证报告后的 2 天内予以确认并将其中一份返还给承包人,作为计日工计价和支付的依据。发包人逾期未确认也未提出修改意见的,应视为承包人提交的现场签证报告已被发包人认可。

任一计日工项目实施结束后,发包人应按照确认的计日工现场签证报告核实该类项目的工程数量,并应根据核实的工程数量和承包人已标价工程量清单中的计日工单价计算,提出应付价款;已标价工程量清单中没有该类计日工单价的,由发承包双方按计价规范第 9.3 节的规定商定计日工单价计算。

每个支付期末,承包人应按照计价规范第 10.3 节的规定向发包人提交本期间所有计日工记录的签证汇总表,并应说明本期间自认为有权得到的计日工价款,列入进度款支付。

8) 物价变化

合同履行期间,因人工、材料、工程设备和施工机械台班单价波动影响合同价款时,应根据合同约定,按计价规范附录 A 的方法之一调整合同价款。

承包人采购材料和工程设备的,应在合同中约定主要材料、工程设备价格变化的范围或幅度;当没有约定,且材料、工程设备单价变化超过 5% 时,超过部分的价格应按照计价规范附录 A 的方法计算调整材料、工程设备费。

发生合同工程工期延误的,应按照下列规定确定合同履行期的价格调整:

(1) 因发包人原因导致工期延误的,计划进度日期后续工程的价格,应采用计划进度日期与实际进度日期两者的较高者。

(2) 因承包人原因导致工期延误的,计划进度日期后续工程的价格,应采用计划进度日期与实际进度日期两者的较低者。

发包人供应材料和工程设备的,不适用计价规范第 9.8.1 条、9.8.2 条规定,应由发包人按照实际变化调整,列入合同工程的工程造价内。

9) 暂估价

发包人在招标工程量清单中给定暂估价的材料、工程设备属于依法必须招标的,应由发承包双方以招标的方式选择供应商,确定其价格,并应以此为依据取代暂估价,调整合同价款。

发包人在招标工程量清单中给定暂估价的材料、工程设备不属于依法必须招标的,应由承包人按照合同约定采购,经发包人确认单价后取代暂估价,调整合同价款。

发包人在工程量清单中给定暂估价的专业工程不属于依法必须招标的,应按照计价规范第 9.3 节相应条款的规定确定专业工程价款,并应以此为依据取代专业工程暂估价,调整合同价款。

发包人在招标工程量清单中给定暂估价的专业工程,依法必须招标的,应当由发承包双方依法组织招标选择专业分包人,并接受有管辖权的建设工程招标投标管理机构的监督,还应符合下列要求:

(1)除合同另有约定外,承包人不参加投标的专业工程发包招标,应由承包人作为招标人,但拟定的招标文件、评标工作、评标结果应报送发包人批准。与组织招标工作有关的费用应当被认为已经包括在承包人的签约合同价(投标总报价)中。

(2)承包人参加投标的专业工程发包招标,应由发包人作为招标人,与组织招标工作有关的费用由发包人承担。同等条件下,应优先选择承包人中标。

(3)应以专业工程发包中标价为依据取代专业工程暂估价,调整合同价款。

10)不可抗力

因不可抗力事件导致的人员伤亡、财产损失及其费用增加,发承包双方应按下列原则分别承担并调整工程价款和工期:

(1)合同工程本身的损害、因工程损害导致第三方人员伤亡和财产损失以及运至施工场地用于施工的材料和待安装的设备的损害,应由发包人承担。

(2)发包人、承包人人员伤亡应由其所在单位负责,并承担相应费用。

(3)承包人的施工机械设备损坏及停工损失,应由承包人承担。

(4)停工期间,承包人应发包人要求留在施工场地的必要的管理人员及保卫人员的费用应由发包人承担。

(5)工程所需清理、修复费用,应由发包人承担。

不可抗力解除后复工的,若不能按期竣工,应合理延长工期。发包人要求赶工的,赶工费用应由发包人承担。

因不可抗力解除合同的,应按计价规范第12.0.2的规定办理。

11)提前竣工(赶工补偿)

招标人应依据相关工程的工期定额合理计算工期,压缩的工期天数不得超过定额工期的20%,超过者,应在招标文件中明示增加赶工费用。

发包人要求合同工程提前竣工的,应征得承包人同意后与承包人商定采取加快工程进度的措施,并应修订合同工程进度计划。发包人应承担承包人由此增加的提前竣工(赶工补偿)费用。

发承包双方应在合同中约定提前竣工每日历天应补偿额度,此项费用应作为增加合同价款列入竣工结算文件中,应与结算款一并支付。

12)误期赔偿

承包人未按照合同约定施工,导致实际进度迟于计划进度的,承包人应加快进度,实现合同工期。

合同工程发生误期,承包人应赔偿发包人由此造成的损失,并应按照合同约定向发包人支付误期赔偿费。即使承包人支付误期赔偿费,也不能免除承包人按照合同约定应承担的任何责任和应履行的任何义务。

发承包双方应在合同中约定误期赔偿费,并应明确每日历天应赔额度。误期赔偿费应列入竣工结算文件中,并应在结算款中扣除。

在工程竣工之前,合同工程内的某单项(位)工程已通过了竣工验收,且该单项(位)工程接收证书中表明的竣工日期并未延误,而是合同工程的其他部分产生了工期延误,则误期赔偿费应按照已颁发工程接收证书的单项(位)工程造价占合同价款的比例幅度予以扣减。

13) 施工索赔

当合同一方向另一方提出索赔时,应有正当的索赔理由和有效证据,并应符合合同的相关约定。

根据合同约定,承包人认为非承包人原因发生的事件造成了承包人的损失,应按下列程序向发包人提出索赔:

(1) 承包人应在知道或应当知道索赔事件发生后 28 天内,向发包人提交索赔意向通知书,说明发生索赔事件的事由。承包人逾期未发出索赔意向通知书的,丧失索赔的权利。

(2) 承包人应在发出索赔意向通知书后 28 天内,向发包人正式提交索赔通知书。索赔通知书应详细说明索赔理由和要求,并附必要的记录和证明材料。

(3) 索赔事件具有连续影响的,承包人应继续提交延续索赔通知,说明连续影响的实际情况和记录。

(4) 在索赔事件影响结束后的 28 天内,承包人应向发包人提交最终索赔通知书,说明最终索赔要求,并应附必要的记录和证明材料。

承包人索赔应按下列程序处理:

(1) 发包人收到承包人的索赔通知书后,应及时查验承包人的记录和证明材料。

(2) 发包人应在收到索赔通知书或有关索赔的进一步证明材料后的 28 天内,将索赔处理结果答复承包人,如果发包人逾期未作出答复,视为承包人索赔要求已被发包人认可。

(3) 承包人接受索赔处理结果的,索赔款项应作为增加合同价款,在当期进度款中进行支付;承包人不接受索赔处理结果的,应按合同约定的争议解决方式办理。

承包人要求赔偿时,可以选择下列一项或几项方式获得赔偿:

(1) 延长工期;

(2) 要求发包人支付实际发生的额外费用;

(3) 要求发包人支付合理的预期利润;

(4) 要求发包人按合同的约定支付违约金。

若承包人的费用索赔与工期索赔要求相关联时,发包人在作出费用索赔的批准决定时,应结合工程延期,综合作出费用赔偿和工程延期的决定。

发承包双方在按合同约定办理了竣工结算后,应被认为承包人已无权再提出竣工结算前所发生的任何索赔。承包人在提交的最终结清申请中,只限于提出竣工结算后的索赔,提出索赔的期限自发承包双方最终结清时终止。

根据合同约定,发包人认为由于承包人的原因造成发包人的损失,应参照承包人索赔的程序进行索赔。

发包人要求赔偿时,可以选择以下一项或几项方式获得赔偿:

(1) 延长质量缺陷修复期限;

(2) 要求承包人支付实际发生的额外费用;

(3) 要求承包人按合同的约定支付违约金。

承包人应付给发包人的索赔金额可从拟支付给承包人的合同价款中扣除,或由承包人以其他方式支付给发包人。

14）现场签证

承包人应发包人要求完成合同以外的零星项目、非承包人责任事件等工作的，发包人应及时以书面形式向承包人发出指令，并应提供所需的相关资料；承包人在收到指令后，应及时向发包人提出现场签证要求。

承包人应在收到发包人指令后的 7 天内向发包人提交现场签证报告，发包人应在收到现场签证报告后的 48 小时内对报告内容进行核实，予以确认或提出修改意见。发包人在收到承包人现场签证报告后的 48 小时内未确认也未提出修改意见的，应视为承包人提交的现场签证报告已被发包人认可。

现场签证的工作如已有相应的计日工单价，现场签证中应列明完成该类项目所需的人工、材料、工程设备和施工机械台班的数量。

如现场签证的工作没有相应的计日工单价，应在现场签证报告中列明完成该签证工作所需的人工、材料设备和施工机械台班的数量及单价。

合同工程发生现场签证事项，未经发包人签证确认，承包人便擅自施工的，除非征得发包人同意，否则发生的费用应由承包人承担。

现场签证工作完成后的 7 天内，承包人应按照现场签证内容计算价款，报送发包人确认后，作为追加合同价款，与进度款同期支付。

在施工过程中，当发现合同工程内容因场地条件、地质水文、发包人要求等不一致时，承包人应提供所需的相关资料，并提交发包人签证认可，作为合同价款调整的依据。

15）暂列金额

已签约合同价中的暂列金额应由发包人掌握使用。发包人按照计价规范第 9.1 节至第 9.14 节的规定支付后，暂列金额如有余额，应归发包人所有。

9.2.4 合同价款争议的解决

1）监理或造价工程师暂定

若发包人和承包人之间就工程质量、进度、价款支付与扣除、工期延期、索赔、价款调整等发生任何法律上、经济上或技术上的争议，首先应根据已签约合同的规定，提交合同约定职责范围内的总监理工程师或造价工程师解决，并应抄送另一方。总监理工程师或造价工程师在收到此提交件后 14 天内应将暂定结果通知发包人和承包人。发承包双方对暂定结果认可的，应以书面形式予以确认，暂定结果成为最终决定。

发承包双方在收到总监理工程师或造价工程师的暂定结果通知之后的 14 天内未对暂定结果予以确认也未提出不同意见的，应视为发承包双方已认可该暂定结果。

发承包双方或一方不同意暂定结果的，应以书面形式向总监理工程师或造价工程师提出，说明自己认为正确的结果，同时抄送另一方，此时该暂定结果成为争议。在暂定结果对发承包双方当事人履约不产生实质影响的前提下，发承包双方应实施该结果，直到按照发承包双方认可的争议解决办法被改变为止。

2）管理机构的解释或认定

合同价款争议发生后，发承包双方可就工程计价依据的争议以书面形式提请工程造价管理机构对争议以书面文件进行解释或认定。

工程造价管理机构应在收到申请的 10 个工作日内就发承包双方提请的争议问题进行解释或认定。

发承包双方或一方在收到工程造价管理机构书面解释或认定后仍可按照合同约定的争议解决方式提请仲裁或诉讼。除工程造价管理机构的上级管理部门作出了不同的解释或认定，或在仲裁裁决或法院判决中不予采信的外，工程造价管理机构作出的书面解释或认定应为最终结果，并应对发承包双方均有约束力。

3）友好协商

合同价款争议发生后，发承包双方任何时候都可以进行协商。协商达成一致的，双方应签订书面和解协议，和解协议对发承包双方均有约束力。

如果协商不能达成一致协议，发包人或承包人都可以按合同约定的其他方式解决争议。

4）调解

发承包双方应在合同中约定或在合同签订后共同约定争议调解人，负责双方在合同履行过程中发生争议的调解。

合同履行期间，发承包双方可以协议调换或终止任何调解人，但发包人或承包人都不能单独采用行动。除非双方另有协议，在最终结清支付证书生效后，调解人的任期即终止。

如果发承包双方发生了争议，任何一方可将该争议以书面形式提交调解人，并将副本送另一方，委托调解人调解。

发承包双方应按照调解人提出的要求，给调解人提供所需要的资料、现场进入权及相应设施。调解人应被视为不是在进行仲裁人的工作。

调解人应在收到调解委托后 28 天内或由调解人建议并经发承包双方认可的其他期限内，提出调解书，发承包双方接受调解意见的，经双方签字后作为合同的补充文件，对发承包双方具有约束力，双方都应立即遵照执行。

当发承包双方中任一方对调解人的调解书有异议时，应在收到调解书后 28 天内向另一方发出异议通知，并应说明争议的事项和理由。但除非并直到调解书在协商或仲裁裁决、诉讼判决中作出修改，或合同已经解除，承包人应继续按照合同实施工程。

当调解人已就争议事项向发承包双方提交了调解书，而任一方在收到调解书后 28 天内均未发出表示异议的通知时，调解书对发承包双方均具有约束力。

5）仲裁、诉讼

发承包双方的协商或调解均未达成一致意见，其中的一方已就此争议事项根据合同约定的仲裁协议申请仲裁，应同时通知另一方。

仲裁可在竣工之前或之后进行，但发包人、承包人、调解人各自的义务不得因在工程实施期间进行仲裁而有所改变。如果仲裁是在仲裁机构要求停止施工的情况下进行时，承包人应对合同工程采取保护措施，由此增加的费用由败诉方承担。

在计价规范第 13.1 至第 13.4 节规定的期限之内，暂定或和解协议或调解书已经有约束力的情况下，当发承包中一方未能遵守暂定或和解协议或调解书时，另一方可在不损害他可能具有的任何其他权利的情况下，将未能遵守暂定或不执行和解协议或调解书达成的事项提交仲裁。

发包人、承包人在履行合同时发生争议，双方不愿和解、调解或者和解、调解不成，又没有达成仲裁协议的，可依法向人民法院提起诉讼。

9.2.5 学会处理好公共关系

首先要建立良好的公共关系。良好的公共关系是搞好合同管理的润滑剂,这方面承包商首先应以优异的业绩,在合作者中建立起良好的信誉,从而赢得业主、监理单位以及其他合作单位对承包人的理解、好感和合作。承包商良好的信誉主要表现在对所承包的工程,优质、按期完成;与各部门的交往守信誉;管理工作认真负责,待人有礼貌;能遵守所在国的法律,对招聘的职工管理有方,纪律性好;施工工地管理井然有序,不污染环境等。

其次是搞好与发包人的关系。承发包者之间的关系从招投标开始,中间经过施工准备、施工中的检查与验收、进度款支付、工程变更、进度协调、交工验收等多个环节,关系非常密切。处理好两者的关系,对合同的洽谈、签订、履行以及纠纷的解决都有十分重要的意义。

第三是与有关咨询公司搞好合作关系。业主对工程质量、进度、投资的控制方式,往往是通过雇佣的"工程师"和下属人员(以下称咨询公司)来监督合同条款的实施,并处理在实施中发生的各种问题。作为承包人,在实施合同中要与咨询公司密切合作,使工程能按技术规范和工期要求顺利完成,这是承包人的愿望。但业主则希望在价格不变的情况下,提高质量的标准,咨询公司则希望通过他监督实施的工程来提高公司的信誉。在国际承包界流传着这样一句话:"没有不刁难的业主和咨询公司,只有无能的承包商。"这就是说,在一项项目实施过程中,业主和咨询公司,出于不同动机,提出一些难题和在工作中设置一些障碍,这是常见的,只是在不同的工程和不同的人身上,程度有所不同。因此,承包人要分析咨询公司人员的心理状态,采取不同的方法,争取与咨询公司密切合作,使工程能顺利完成。

承包人与咨询公司人员打交道切忌的问题如下:

(1) 正面顶撞,得理不让人。

(2) 致函过程中用过激语言和人身攻击。

(3) 相信口头许诺,没有函件依据。

(4) 有损个人声誉的事让他人知道。

(5) 承包方人员说话不算数,不兑现。

(6) 对外口径不一致。

9.3 风险管理

9.3.1 风险概述

1) 风险的概念

风险是在一定条件下和一定时期内可能发生的各种结果的变动程度或者说是活动或事件发生的潜在可能性和导致的不良后果。

2) 风险产生的原因

在人类历史的长河中,风险是无时不在、无处不在的,尤其是当代社会、经济、科技、军事,甚至人们生活的各个层次、各个方面都充斥着风险。人们在不断地接受风险挑战的同时,也在不断地探求各类有效的方法和手段来分析风险、防范风险,甚至利用风险。

风险既然是无处不在而又随时发生,其产生的原因究竟是什么? 风险是活动或事件发生并产生不良后果的可能性,显然其主要是由不确定的活动或事件造成。而活动或事件的确定或不确定是由信息的完备与否决定的,即风险是由于人们无法充分认识客观事物及其未来的发展变化而引起的。大千世界,万事万物,都是在不断地发展变化的,由于人类认识客观事物的能力存在着局限性,造成人们对未来事物发展和变化的某些规律无法感知,从而不能作出行之有效的解决方案,这是造成信息不完备导致风险的主要原因之一。其次信息本身的滞后性是导致风险发生的另一个原因,从理论上讲,完全绝对的完备是不存在的,对信息本身来说,其完备性也是相对的。人类总是在不断地探索事物、认识事物,并通过各种数据和信息去描述事物,而这种认识和描述只有当事物发生或形成之后才能进行,况且这种认识和描述需要一个过程,所以,这种数据或信息的形成总是滞后于事物的形成和发展,导致信息滞后现象的必然性。

3) 风险的分类

为了方便研究和管理风险,人们从不同的角度或根据不同标准,对风险进行了不同的分类。

(1) 一般风险分类(见表9.3.1)

表9.3.1　一般风险分类

分类方法或依据	风险类型	特点
按风险性质分类	纯粹风险	只会造成损失,而不能带来机会或受益
	投机风险	可能带来机会,获得利益;但又可能隐含威胁,造成损失
按风险来源分类	自然风险	由于自然力的作用,造成财产损毁或人员伤亡
	人为风险	由于人的活动带来的风险是人为风险,人为风险又可分为行为风险、经济风险、技术风险、政治风险和组织风险等
按风险事件主体的承受能力分类	可接受风险	低于一定限度的风险
	不可接受风险	超过所能承受的最大损失或和目标偏差巨大的风险
按风险对象分类	财产风险	财产所遭受的损害、破坏或贬值的风险
	人身风险	疾病、伤残、死亡所引起的风险
	责任风险	法人或自然人的行为违背了法律、合同或道义上的规定,给他人造成财产损失或人身伤害
按技术因素对风险影响分类	技术风险	由于技术原因形成的风险,属人为风险
	非技术风险	非技术原因引起的风险

另外还可按风险发生的形态分为静态风险和动态风险。

静态风险是指社会经济正常情况下的风险。例如,雷电、霜害、地震、暴风雨、瘟疫等由于自然原因发生的风险,火灾、疾病、伤害、夭折、经营不善等由于疏忽发生的风险,以及纵火、欺诈、呆账等由于不道德造成的风险。换言之,静态风险是自然力的不规则作用和人们错误判断、错误行为等导致的风险。

动态风险是指以社会经济的结构变动为直接原因的风险,例如由于流行款式和顾客消费需求的变化而发生的风险,以及由于生产方式和生产技术的变化,以及产业组织的变化带来的风险。

（2）工程项目外风险

工程项目外风险是指工程项目在实施过程中由于项目自身因素以外的原因给项目实施造成的风险。它的分类见表9.3.2。

表9.3.2　工程项目外风险分类

风险类型	导致风险的因素
政治风险	（1）政府或主管部门对工程项目干预太多，指挥不当
	（2）工程建设体制、工程建设政策法规发生变化或不合理
	（3）在国际工程中，国家间的关系发生变化
自然风险	（1）恶劣的气象条件，如严冬无法施工、台风暴雨等带来的困难和损失
	（2）恶劣的现场条件，如供水供电不稳定、不利的地质条件、洪水等
	（3）不利的地理位置，如工程地点十分偏僻，交通十分不利
	（4）地震
经济风险	（1）宏观经济形势不利，如国家经济发展不景气
	（2）投资环境差，工程投资环境包括硬环境（如交通、电力供应、通信等条件）和软环境（如地方政府对工程开发建设的态度等）
	（3）原材料价格不正常
	（4）通货膨胀幅度过大，税收提高过多
	（5）投资回收期长，属长线工程，预期投资回报难以实现
	（6）资金筹措困难

（3）工程项目内风险

工程项目内风险是指工程在实施过程中由于技术、管理等方面因素而给项目实施造成的风险。它的分类见表9.3.3。

表9.3.3　工程项目内风险分类

风险类型	风险因素	典型风险事件
技术风险——是指技术条件的不正确而可能引起的损失或工程项目目标不能实现的可能性	可行性研究	基础数据不完整、不可靠；分析模型不合理；预测结果不准等
	设计	设计内容不全；设计存在缺陷、错误和遗漏；规范、标准选择不当；安全系数选择不合理；有关地质的数据不足或不可靠；未考虑施工的可能性
	施工	施工工艺落后，不合理的施工技术和方案，施工安全措施不当；应用新技术、新方法失败；未考虑施工的实际情况
	其他	工艺设计未达到指标，工艺流程不合理，工程质量检验和验收未达到规定要求等
非技术风险——是指因计划、组织、管理、协调等非技术条件的不正确而引起工程项目目标不能实现的可能性	项目组织管理	缺乏项目管理能力；组织不适当，关键岗位人员经常更换；项目目标不适当，控制不力；不适当的项目规划或安排；缺乏项目管理协调
	进度计划	管理不力造成工期滞后；进度调整规则不适当；劳动力缺乏或劳动生产率低下，材料供应跟不上；设计图纸供应滞后；不可预见的现场条件；施工场地太小或交通路线不满足要求
	成本控制	工期的延误；不适当的工程变更；不适当的工程支付；承包人的索赔；预算的偏低，管理缺乏经验；不适当的采购策略；项目外部条件发生变化
	其他因素	施工干扰；资金短缺；无偿债能力

9.3.2 风险管理概述

1) 风险管理的含义

风险管理是人们对潜在的意外损失进行辨识、评估、预防和控制的过程,是用最低的费用把项目中可能发生的各种风险控制在最低限度的一种管理体系。

风险管理者的任务是识别与评估风险、制定风险处置对策和风险管理预算、制定落实风险管理措施、风险损失发生后的处理与索赔管理。风险管理是对项目目标的主动控制,是建立项目风险的管理程序及应对机制,以有效降低项目风险发生的可能性,或一旦风险发生,风险对于项目的冲击能够最小。风险管理主要包括风险识别、风险分析和评价及风险处理。

2) 风险管理的目标

在风险管理的过程中,不同的阶段有不同的目标,一般追求的目标有两个:发生损失前的目标和发生损失后的目标。例如,对承包企业而言:

(1) 发生损失前的目标大致为:

① 节约经营成本,企业通过科学的手段,寻求最合适的技术,以降低成本,获得最大安全的保证。

② 减少恐惧心理,通过对风险的科学认识、评价和控制,做到心中有数,使管理人员放手进行各项业务。

③ 满足外界的要求。比如有关政策法规要求有关单位都应建立有关安全的机构,采取有关安全措施,保证切实进行风险管理。

④ 担负社会责任,不让所产生的损失危及整个社会,要把管理重点放在预防上。

(2) 发生损失后的目标

① 设法渡过难关,让受损的企业能继续经营下去。

② 让受损的企业不仅能继续生存,而且能继续经营下去。

③ 让受损的企业能获得稳定的收入和合理的资金回流。

④ 使企业逐步复原,并促进企业继续发展,也使得整个社会得益。

3) 风险管理的原则

风险管理的原则受组织总的经营原则的指导,主要是消除或尽量减少引起损失的条件和活动。此外,还须遵循以下原则:

(1) 完备性:风险管理必须涉及整个活动的所有方面,充分考虑所有可能存在的各种风险。

(2) 和谐性:风险管理的一个基本原则是防护须处于同一水平,相反的情况被描述为"在纸墙上安装铁门",对一个组织而言,有限的资源开销必须使得各个方面均取得最大收益。

(3) 技术可行性:不同职责范围的风险管理目标可能相冲突。如保安员将门锁上来防止雇员盗窃高价值的原材料,而防火工程师可能会将门打开确保其作为火灾安全通道,这时风险管理必须充分协调,确保其在技术上可行。

9.3.3 项目风险管理中各方承担的风险

参与工程项目建设的各方包括业主(发包人)、工程承包人、工程咨询人等,他们是项目风险的承担者,一般情况下他们各自承担的风险见表9.3.4~表9.3.6。

表 9.3.4 业主(发包人)的风险

风险类型	导致风险的因素
工程项目外部风险	政治风险、经济风险、自然风险
项目决策风险	(1) 工程项目方案选择不当
	(2) 工程设计人、监理人和施工承包人选择不当
	(3) 工程材料和设备供货商选择不当
	(4) 工程实施中各种问题处理方案选择不当
项目组织实施风险	(1) 政府或主管部门对工程项目干预太多,瞎指挥
	(2) 建设体制或建设法规不合理
	(3) 合同条件的缺陷
	(4) 承包人缺乏合作诚意
	(5) 材料、工程设备供应商履约不力或违约
	(6) 监理工程师失职
	(7) 设计缺陷

表 9.3.5 承包人的风险

风险类型	导致风险的因素
工程项目外部风险	政治风险、经济风险、自然风险
决策错误的风险	(1) 信息取舍失误或信息失真导致的风险
	(2) 中介与代理的风险,由于代理人选择不当或代理协议不当导致的风险
	(3) 投标的风险,投标是取得工程承包权的重要途径,当投标失败时,投标人必须自行承担投标费用的损失
	(4) 报价失误的风险,报价过高,面临着不能中标的风险;报价过低,则又面临着利润水平过低,甚至亏损的风险
缔约和履约的风险	(1) 合同条件不平等或存在对承包人不利的缺陷,如合同条款不平等,合同中定义不准确,条款遗漏或合同条款描述与实际差距过大
	(2) 施工管理技术不熟悉
	(3) 合同管理不善,不能运用合同条款保护自己,扩大受益
	(4) 资源组织和管理不当,包括资金、劳动力、机具和材料等
	(5) 成本和财务管理失控,导致的原因包括报价失误、工程规模过大、内容复杂、技术难度大、当地居住设施落后、劳务素质差和劳务费过高、材料短缺和供货延误等
责任风险	(1) 违约,即不执行承包合同或不完全履行合同
	(2) 故意或无意侵权
	(3) 欺骗或其他错误

表 9.3.6 咨询人的风险

风险类型	导致风险的因素
来自业主/项目法人的风险	(1) 业主希望少花钱多办事,不遵循客观规律,对工程提出过分的要求,如对工程标准提得过高,对施工速度定得过快等
	(2) 可行性研究缺乏严肃性,业主上项目的主意已定后,对咨询公司做可行性研究附加种种倾向性要求
	(3) 投资先天性不足
	(4) 盲目干预
来自承包人的风险	(1) 承包人不诚实
	(2) 承包人缺乏职业道德
	(3) 承包人素质太差、履约不力
责任风险	(1) 设计不充分或不完善
	(2) 设计错误或疏忽
	(3) 投资估算或设计概算不准确
	(4) 自身的能力和水平不适应

9.3.4 项目风险管理的内容

工程项目风险管理的内容一般包括风险的识别、风险的分析与评价、风险的处理。

1) 风险识别

风险识别是项目风险管理的第一步,也是最重要的一个步骤,它是整个风险管理系统的基础。要做好风险识别一般应做好以下工作:确认不确定性的客观存在;建立初步清单;确立各种风险事件并推测其结果;对潜在风险进行重要性分析和判断;进行风险分类;建立风险目录摘要等。

2) 风险分析与评价

风险分析是指应用各种风险分析技术,用定量、定性或两者相结合的方式处理不确定的过程,其目的是评价风险的可能影响。风险分析和评价是风险识别和管理之间的纽带,是风险决策的基础。

3) 工程项目风险处理

工程项目风险管理中有三种风险的处理对策,即风险控制、风险自留和风险转移。也可将风险对策分为两类:一类是风险控制对策;一类是风险财务对策。

(1) 项目风险的控制

采用风险控制措施可降低预期损失或使这种损失更具有可测性,从而改变风险。这种方法包括风险回避、风险预防、风险分离、风险分散及风险转移。

① 风险回避

风险回避主要是中断风险来源,使其不发生或遏制其发展。回避风险有两种基本途径:一是拒绝承担风险,如了解到某工程项目风险较大,则不参与该工程的投标或拒绝业主的投标邀请;二是放弃以前所承担的风险,如了解到某一研究计划有许多新的过去未发生的风险,决定放弃研究以避免风险。

回避风险虽然是一种风险防范措施,但是一种消极的防范手段。因为,在现代社会经营中广泛存在着各种风险,要想完全回避是不可能的。再者,回避风险固然能避免损失,但同时也失去了获利的机会。

② 风险预防

风险预防是指减少风险发生的机会或降低风险的严重性,设法使风险最小化。通常有两种途径。

a. 风险预防,指采用各种预防措施以杜绝风险发生的可能。例如,供应商通过扩大供应渠道以避免货物滞销;承包商通过提高质量控制标准以防止因质量不合格而返工或罚款;工程现场管理人员通过加强安全教育和强化安全措施,减少事故的发生等。业主要求承包商出具各种保函就是为了防止承包商不履约或履约不力,而承包商要求在合同中赋予其索赔权利也是为了防止业主违约或发生种种不测事件。

b. 减少风险,指在风险损失已经不可避免的情况下,通过种种措施遏制风险势头继续恶化或局限其扩展范围使其不再蔓延。例如,承包商在业主付款误期超过合同规定期限情况下采取停工或撤施工队伍并提出索赔要求,甚至提起诉讼;业主在确信承包商无力继续实施其委托的工程时立即撤换承包商;施工事故发生后采取紧急救护等,都是为了达到减少风险的目的。

③ 风险分离

风险分离是指将各风险单位间隔开,以避免发生连锁反应或互相牵连。这种处理可以将风险局限在一定范围内,从而达到减少损失的目的。

风险分离常用于工程中的设备采购。为了尽量减少因汇率波动而招致的汇率风险,可在若干不同的国家采购设备,付款采用多种货币。

在施工过程中,承包商对材料进行分隔存放也是风险分离手段。这样可以避免材料集中于一处时可能遭受的损失。

④ 风险分散

风险分散是通过增加风险单位以减轻总体风险的压力,达到共同分摊集体风险的目的。工程项目总的风险有一定的范围,这些风险必须在项目参加者之间进行分配。每个参与者都必须承担一定的风险责任,这样他才有管理和控制风险的积极性。风险分配通常在任务书、责任书、合同、招标文件等文件中规定。在起草这些文件时都应对风险作出估计、定义和分配。

⑤ 风险转移

有些风险无法通过上述手段进行有效控制,经营者只好采取转移手段以保护自己。风险转移并非损失转嫁,也不能认为是损人利己、有损商业道德。因为有许多风险对一些人的确可能造成损失,但转移后并不一定给他人造成损失。其原因是各人的优势不一样,因而对风险的承受能力也不一样。

风险转移的手段常用于工程承包的分包、技术转让或财产出租。合同、技术或财产的所有人通过分包工程、转让技术或合同、出租设备或房屋等手段将应由自己全部承担的风险部分或全部转移至他人,从而减轻自身的风险压力。

(2) 财务措施

采用财务措施即经济手段来处理确实会发生的损失。这些措施包括风险的财务转移、风险自留、风险准备金和自我保险。

① 风险的财务转移

风险的财务转移是指转移人寻求用外来资金补偿确实会发生或业已发生的风险。风险的财务转移包括保险的风险财务转移（即通过保险进行转移）和非保险的风险财务转移（即通过合同条款达到转移目的）。

保险的风险财务转移的实施手段是购买保险。通过保险，投保人将自己本应承担的归咎责任（因他人过失而承担的责任）和赔偿责任（因本人过失或不可抗力所造成损失的风险责任）转嫁给保险公司，从而使自己免受风险损失。

非保险的风险财务转移的实施手段则是除保险以外的其他经济手段，如根据承包合同，业主可将其对公众在建筑物附近受到的伤害的部分或全部责任转移至承包商，这种转移属于非保险的财务风险转移，而承包商则通过投保第三者责任险，又将这一风险转移给保险公司。非保险的风险财务转移的另一种形式是通过担保银行或保险公司开具保证书或保函。

② 风险自留

风险自留是将风险留给自己承担，不予转移。这种手段有时是无意识的，即当初并不曾预测到，不曾有意识地采取种种有效措施，以致最后只好由自己承受；但有时也可以是主动的，即有意识、有计划地将若干风险主动留给自己。这种情况下，风险承受人通常已做好了处理风险的准备。

主动的或有计划的风险自留是否合理明确，取决于风险自留决策的有关环境。风险自留在一些情况下是唯一可能的决策。有时企业不能预防损失，回避又不可能，且没有转移的可能性，企业别无选择，只能自留风险。但是，如果风险自留并非唯一可能的对策时，风险管理人员应认真分析研究，通盘考虑，制定最佳决策。

③ 风险准备金

风险准备金是从财务的角度为风险作准备，在计划（或合同价）中另外增加一笔费用。例如，在投标报价中，承包商经常根据工程技术、业主的资信、自然环境、合同等方面风险的大小、发生的可能性，在报价中加上一笔不可预见风险费。决定准备金的多少是一项管理决策。从理论上说，准备金的数量应与风险损失期望值相等，即为风险发生所产生的损失与发生的可能性（概率）的乘积。即

$$风险准备金＝风险损失×发生的概率$$

除了应考虑到理论值的高低外，还应考虑到项目边界条件的状态。例如，对承包商来说，决定报价中的不可预见风险费要考虑到竞争者的数量、中标的可能性、项目对企业经营的影响等因素。如果风险准备金高，报价竞争力降低，中标的可能性就小，不中标的风险就大。

④ 自我保险

自我保险是指建立内部保险机制或保险机构，通过这种保险机制，承担企业的各种可能风险。尽管这种办法属于购买保险范围或范畴，但这种保险机制或机构终归隶属于企业内部，即使购买保险的开支有时可能大于自留风险所需支出，但因保险机构与企业的利益一致，各家内部可能有盈有亏，而从总体上依然能取得平衡，好处未落入外人之手。因此，自我保险决策在许多时候也具有相当重要的意义。

在现实工作中，人们总结出了应对工程项目风险常用的策略或措施。表 9.3.7 列出的是工程项目施工承包方在国际工程承包中常用的风险管理策略及其应对措施，供读者参考。

表 9.3.7 施工承包方常用风险管理策略及应对措施

风险类型	风险管理策略	风险应对措施
工程设计风险		
设计深度不足	风险自留	索赔
设计缺陷或忽视	风险自留	索赔
地质条件复杂	风险转移	合同条件中分清责任
自然环境风险		
对永久结构的损坏	风险转移	购买保险
对材料、设备的损坏	风险控制	加强保护措施
造成人员伤亡	风险转移	购买保险
火灾	风险转移	购买保险
洪灾	风险转移	购买保险
地震	风险转移	购买保险
泥石流	风险转移	购买风险
塌方	风险控制	预防措施
社会环境风险		
法律法规变化	风险自留	索赔
战争和内乱	风险转移	购买保险
没收	风险自留	运用合同条件
禁运	风险控制	降低损失
宗教节日影响施工	风险自留	预留损失费
社会风气腐败	风险自留	预留损失费
污染及安全规则约束	风险自留	制定保护和安全计划
经济风险		
通货膨胀	风险自留	执行价格调整投标时考虑应急费用
	风险转移	投保汇率险,套汇交易
汇率浮动	风险自留	合同中规定汇率保值
	风险利用	市场调汇
分包商或供应商违约	风险转移	履约保函
	风险回避	进行资格预审
业主违约	风险自留	索赔
	风险转移	严格合同条件
项目资金无保证	风险回避	放弃承包
标价过低	风险分散	分包
	风险自留	控制成本,加强合同管理
工程施工过程风险		
恶劣的自然条件	风险自留	索赔,预防措施
劳务争端或内部罢工	风险自留	预防措施

续表 9.3.7

风险类型	风险管理策略	风险应对措施
	风险控制	预防措施
施工现场条件恶劣	风险自留	改善现场条件
	风险转移	投保第三者险
工作失误	风险控制	严格规章制度
	风险转移	投保工程全险
设备损毁	风险转移	购买保险
工伤事故	风险转移	购买保险

9.3.5 工程项目担保

合同的担保是指合同当事人一方为了确保合同的履行,经双方协商一致而采取的一种保证措施。在担保关系中,被担保合同通常是主合同,担保合同是从合同。担保合同必须由合同当事人双方协商一致自愿订立,如果由第三方承担担保,必须由第三方,即保证人亲自订立。担保的发生以所担保的合同存在为前提,担保不能孤立地存在,如果合同被确认为无效,担保也随之无效。

1)《担保法》规定的担保方式

(1) 保证

保证,是指保证人和债权人约定,当债务人不履行债务时,保证人按照约定履行债务或承担责任的行为。

对于保证人的主体资格,《担保法》作出了限制,禁止国家机关(但经国务院批准为使用外国政府或国际经济组织贷款而进行的转贷除外),以公益为目的的事业单位、社会团体(如学校、幼儿园、医院等),未经授权的企业法人分支机构、企业法人的职能部门(但有书面授权的,可在授权范围内提供担保)三类主体为担保人。

保证人与债权人应当以书面形式订立保证合同。保证合同应包括以下主要内容:①被保证的主债权种类、数量;②债务人履行债务的期限;③保证的方式;④保证担保的范围;⑤保证的期间;⑥双方认为需要约定的其他事项。

(2) 抵押

抵押是指债务人或第三人不转移对抵押财产的占有,将该财产作为债权的担保。当债务人不履行债务时,债权人有权依法以该财产折价或以拍卖、变卖该财产的价款优先受偿。

抵押合同的主要内容包括:①被担保的主债权种类、数额;②债务人履行债务的期限;③抵押物的名称、数量、质量、状况、所在地、所有权权属或者使用权权属;④抵押担保的范围;⑤当事人认为需要约定的其他事项。

(3) 质押

质押是指债权人或者第三人将其动产或权利移交给债权人占有,用于担保债务的履行,当债务人不能履行债务时,债权人依法有权就该动产或权利优先得到清偿的担保。

质押合同的主要内容包括:①被担保的主债权种类、数额;②债务人发行债务的期限;③质物的名称、数量、质量、状况;④质押担保的范围;⑤质物移交的时间;⑥当事人认为需要约定的其他事项。质押合同自质物移交给质权人占有时生效。

（4）留置

留置是指因保管、运输、加工承揽合同发生的债权，债务人不按约定的期限履行债务的，债权人有权留置该财产，以其折价、拍卖或变卖的价款优先受偿。

（5）定金

《担保法》第六章规定了金钱给付的定金担保方式。当事人可以约定一方向对方给付定金作为债权的担保。债务人履行债务后，定金应当抵作价款或收回。给付定金的一方不履行约定的债务的，无权要求返还定金；收受定金的一方不履行约定的债务的，应当双倍返还定金。定金的数额由当事人约定，但不得超过主合同标的额的20%。

2）工程担保的主要种类

（1）投标保证担保

投标保证担保，或投标保证金，属于投标文件的重要组成部分。所谓投标保证金，是指投标人向招标人出具的，以一定金额表示的投标责任担保。也就是说，投标人保证其投标被接受后对其投标书规定的责任不得撤销或反悔。否则，招标人将对投标保证金予以没收。

投标保证金的形式有多种，常见的有以下几种：

① 交付现金。

② 支票。这是银行签章保证付款的支票。其过程为：投标人开出支票，向付款银行申请保证付款，由银行在票面盖"保付"字样后，将支付票面金额（保付金额）从出票人（即投标人）的存款账上划出，另立专户存储，以备随时支付。经银行保付的支票可以保证持票人一定能够收到款项。

③ 银行汇票。银行汇票是一种汇款凭证，由银行开出，交汇款人寄给异地收款人，异地收款再凭银行汇票到当地银行兑汇款。

④ 不可撤销信用证。不可撤销信用证是付款人申请由银行出具的保证付款的凭证，由付款人银行向收款银行发出函件，在符合规定的条件下，把一定款项付给函中指定的人。需要说明的是，该信用证开出后，在有效期内不得随意撤销。

⑤ 银行保函。银行保函是由投标人申请，银行开立的保函，保证投标人在中标之前不撤销投标，中标后应当履行招标文件和投标文件规定的中标人的义务。如果投标人违反规定，开立保证函的银行将担保赔偿招标人的损失。

（2）履约担保

所谓履约担保，是指招标人在招标文件中规定的要求中标人提交的保证履行合同义务的担保。

履约担保一般有三种形式：银行保函、履约保证书和保留金。

① 银行保函

银行保函是由商业银行开具的担保证明，通常为合同金额的10%左右。银行保函分为有条件的银行保函和无条件的银行保函。

有条件的银行保函是指下述情形：在承包人没有实施合同或者履行合同义务时，由业主或工程师出具证明说明情况，并由担保人对已执行合同部分和未执行部分加以鉴定，确认后才能收兑银行保函，由业主得到保函中的款项。建筑行业通常都偏向于这种形式的保函。

无条件的银行保函是指下述情形：业主不需要出具任何证明和理由，只要看到承包人违约,就可以对银行保函进行收兑。

②履约保证书

履约保证书的担保方式是:当中标人在履行合同中违约时,开出担保书的担保公司或者保险公司用该项担保金去完成施工任务或者向发包人支付该项保证金。工程采购项目以履约保证书形式担保的,其保证金额一般为合同价款的30%~50%。

承包商违约时,由工程担保人代为完成工程建设的担保方式,有利于工程建设的顺利进行,因此这是我国工程担保制度探索和实践的重点内容。

③保留金

保留金是业主(工程师)根据合同的约定,在每次支付工程进度款时扣除一定数目的款项,作为承包商完成其修补缺陷义务的保证。保留金一般为每次工程进度款的10%,但总额一般限制在合同总价款的5%。一般在工程移交时,业主(工程师)将保留金的一半支付给承包商。质量保修期满(或缺陷责任期满)时,将剩余的部分支付给承包商。

履约保证金金额的大小取决于招标项目的类型与规模,但必须保证承包商违约时,发包人不受损失。在投标须知中,招标人要规定采用哪一种形式的履约担保,中标人应当按照招标文件中的规定提交履约担保。

(3)预付款担保

建设工程合同签订后,业主给承包人一定比例的预付款,一般为合同金额的10%,但需由承包商的开户银行向业主出具预付款担保。其目的在于保证承包商能够按合同规定进行施工,偿还业主已支付的全部预付款。如承包商中途毁约,中止工程,使业主不能在规定期限内从应付工程款中扣除全部预付款,则业主作为保函的受益人有权凭预付款担保向银行索赔该担保函的担保金作为补偿。

预付款担保的金额通常与业主的预付款是等值的。预付款一般逐月从工程进度款中扣除,预付款担保的担保金额也相应逐月减少。承包商在施工期间,应当定期从业主处取得同意此保函减值的文件,并送交银行确认。承包商还清全部预付款后,业主应退还预付款担保,承包商将其退回银行注销,解除担保责任。除银行保函以外,预付款担保也可采用其他形式,但银行保函是最常见的形式。

9.4 工程索赔

9.4.1 索赔的含义

索赔是指在合同的履行过程中,合同当事人一方因非己方的原因而遭受损失,按合同约定或法律规定应由对方承担责任,从而向对方提出补偿的要求。

9.4.2 如何正确看待索赔

随着建筑市场的发展、市场经济的进一步完善,建筑市场的运行越来越规范。为此合同当事人为了维护自己的合法权益就要正当地运用索赔手段,工程索赔有以下几方面的作用:

(1)索赔是合同和法律赋予正确履行合同者免受意外损失的权利,索赔是当事人保护自己、避免损失、提高效益的一种重要手段。

（2）索赔既是落实和调整合同双方经济责、权、利关系的手段，也是合同双方风险分担的又一次合理再分配。离开了索赔，合同责任就不能全面体现，合同双方的责、权、利就难以平衡。索赔促使工程造价更合理。

（3）索赔是合同实施的保证。索赔是合同法律效力的具体体现，对合同双方形成约束条件，特别是能对违约者起到警戒作用，违约方必须考虑违约的后果，从而尽量减少违约行为的发生。

（4）索赔对提高企业和工程项目管理水平起着重要的促进作用。我国承包人在许多项目上提不出或提不好索赔，与其管理松散混乱、计划实施不严、成本控制不力等有直接关系；没有正确的工程进度网络计划，就难以证明延误的发生及天数；没有完整翔实的记录，就缺乏索赔定量要求的基础。因此，索赔有利于促进双方加强内部管理，严格履行合同，有助于双方提高管理素质，加强合同管理，维护市场正常秩序。

（5）索赔有助于政府转变职能，使合同当事人双方依据合同和实际情况实事求是地协商工程造价和工期，可以使政府从繁琐的调整概算和协调双方关系等微观管理工作中解脱出来。

（6）索赔有助于承发包双方更快地熟悉国际惯例，熟练掌握索赔和处理索赔的方法和技巧，有助于对外开放和对外工程承包的开展。

但是，应当强调指出，如果承包人单靠索赔的手段来获取利润并非正途。往往一些承包人采取有意压低标价的方法以获取工程，为了弥补自己的损失，又试图靠索赔的方式来得到利润。从某种意义上讲，这种经营方式有很大的风险。能否得到这种索赔的机会是难以确定的，其结果也不可靠，采取这种策略的企业也很难维持长久。因此，承包人运用索赔手段来维护自身利益，以求增加企业效益和谋求自身发展，应基于对索赔概念的正确理解和全面认识，既不必畏惧索赔，也不可利用索赔搞投机钻营。

9.4.3 索赔的起因

引起工程索赔的原因非常多且复杂，可大致从以下几方面进行分析。

1）合同文件引起的索赔

（1）合同文件的组成问题引起索赔。

（2）合同缺陷引起的索赔。

2）不可抗力和不可预见因素引起的索赔

（1）不可抗力的自然灾害。

（2）不可抗力的社会因素。

（3）不可预见的外界条件。

（4）施工过程中遇到地下文物或构筑物。

3）业主方原因引起的索赔

（1）拖延提供施工场地及通道。

（2）拖延支付工程款。

（3）指定分包商违约。

（4）业主提前占有部分永久工程。

(5) 主业要求加速施工。

(6) 业主提供的原始资料和数据有差错。

4) 监理工程师原因引起的索赔

(1) 延误提供图纸或拖延审批图纸。

(2) 其他承包商的干扰。

(3) 重新检验和检查。

(4) 工程质量要求过高。

(5) 对承包商的施工进行不合理干预。

(6) 暂停施工。

(7) 提供的测量基准有差错。

5) 价格调整引起的索赔

6) 法规变化引起的索赔

9.4.4　索赔的程序

要搞好索赔,不仅要善于发现和把握住索赔的机会,更重要的是要会按照一定的程序来处理索赔。

1) 意向通知

发现索赔或意识到存在的索赔机会后,承包商要做的第一件事就是要将自己的索赔意向书面通知给监理工程师(业主)。这种意向通知是非常重要的,它标志着一项索赔的开始,《示范文本》第19.1条规定:"承包人应在知道或应当知道索赔事件发生后28天内,向监理人递交索赔意向通知书,并说明发生索赔事件的事由;承包人未在前述28天内发出索赔意向通知书的,丧失要求追加付款和(或)延长工期的权利。"事先向监理工程师(业主)通知索赔意向,这不仅是承包商要取得补偿必须遵守的基本要求之一,也是承包商在整个合同实施期间保持良好的索赔意识的最好办法。

索赔意向通知通常包括以下四个方面的内容:

(1) 事件发生的时间和情况的简单描述;

(2) 合同依据的条款和理由;

(3) 有关后续资料的提供,包括及时记录和提供事件发展的动态;

(4) 对工程成本和工期产生不利影响的严重程度,以期引起监理工程师(业主)的注意。

一般索赔意向通知仅仅是表明意向,应简明扼要,涉及索赔但不涉及索赔金额。

2) 证据资料准备

索赔的成功很大程度上取决于承包商对索赔作出的解释和强有力的证明材料。因此,承包商在正式提出索赔报告前的资料准备工作极为重要,这就要求承包商注意记录和积累保存以下各方面的资料,并可随时从中索取与索赔事件有关的证据资料。

(1) 施工日志。应指定有关人员现场记录施工中发生的各种情况,包括天气,出工人数,设备数量及其使用情况,进度,质量情况,安全情况,监理工程师在现场有什么指示,进行了什么实验,有无特殊干扰施工的情况,遇到了什么不利的现场条件,多少人员参观了现场等。这种现场记录和日志有利于及时发现和正确分析索赔,可能是索赔的重要证明材料。

(2) 来往信件。与监理工程师、业主和有关政府部门、银行、保险公司的来往信函必须认真保存,并注明发送和收到的详细时间。

（3）气象资料。在分析进度安排和施工条件时,天气是考虑的重要因素之一,因此,要保持一份如实完整、详细的天气情况记录,包括气温、风力、温度、降雨量、暴雨雪、冰雹等。

（4）备忘录。承包商对监理工程师和业主的口头指示和电话应随时用书面记录,并请签字给予书面确认。记录事件发生和持续过程的重要情况。

（5）会议纪要。承包商、业主和监理师举行会议时要做好详细记录,对其主要问题形成会议纪要,并由会议各方签字确认。

（6）工程进度计划。承包商编制的经监理工程师或业主批准同意的所有工程总进度、年进度、季进度、月进度计划都必须妥善保管,任何与延期有关的索赔分析、工程进度计划都是非常重要的证据。

（7）工程核算资料。工人劳动计时卡和工资单,设备、材料和零配件采购单,付款数收据,工程开支月报,工程成本分析资料,会计报表,财务报表,货币汇率,物价指数,收付款票据都应分类装订成册,这些都是进行索赔费用计算的基础。

（8）工程图纸。工程师和业主签发的各种图纸,包括设计图、施工图、竣工图及其相应的修改图应注意对照检查和妥善保存,设计变更一类的索赔,原设计图和修改图的差异是索赔最有力的证据。

（9）招投标文件。招标文件是承包商报价的依据,是工程成本计算的基础资料,是索赔时进行附加成本计算的依据。投标文件是承包商编标报价的成果资料,对施工所需的设备、材料列出了数量和价格,也是索赔的基本依据。

3）索赔报告的编写

索赔报告是承包商向监理工程师（业主）提交的一份要求业主给予一定经济（费用）补偿和（或）延长工期的正式报告,承包商应该在索赔事件对工程产生的影响结束后,尽快（一般合同规定 28 天）向监理工程师（业主）提交正式的索赔报告。《示范文本》第 19.1 条规定,"承包人应在发出索赔意向通知书后 28 天内,向监理人正式递交索赔报告;索赔报告应详细说明索赔理由以及要求追加的付款金额和（或）延长的工期,并附必要的记录和证明材料"。编写索赔报告应注意以下几个问题:

（1）索赔报告的基本要求。首先,必须说明索赔的合同依据,即基于何种理由有资格提出索赔要求:一种是根据合同某条款规定,承包商有资格因合同变更或追加额外工作而取得费用补偿和（或）延长工期;一种是业主或其代理人有任何违反合同规定给承包商造成损失的行为,承包商有权索取补偿。索赔事件具有持续影响的,承包人应按合理时间间隔继续递交延续索赔通知,说明持续影响的实际情况和记录,列出累计的追加付款金额和（或）工期延长天数。第二,索赔报告中必须有详细准确的损失金额及时间的计算。第三,要证明客观事务与损失之间的因果关系,说明索赔前因后果的关联性,要以合同为依据,说明业主违约或合同变更与引起索赔的必然联系。如果不能有理有据地说明因果关系,而仅在事件的严重性和损失的巨大上花费过多的笔墨,对索赔的成功无济于事。

（2）索赔报告必须准确。其中包括责任分析应清楚、准确,索赔值的计算依据要正确,计算结果要准确,用词要婉转和恰当。

（3）索赔报告的形式和内容。索赔报告要简明扼要,条理清楚,便于对方由表及里、由浅入深地阅读和了解,注意对索赔报告形式和内容的安排也是很有必要的。一般可以考虑用金字塔的形式安排编写,如图 9.4.1 所示。

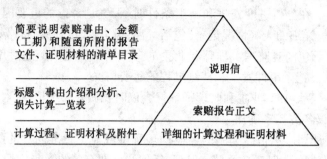

图 9.4.1 索赔报告形式的内容

说明信是承包商递交索赔报告时写的,一定要简明扼要,主要让监理工程师(业主)了解所提交索赔报告的概况,千万不可啰嗦。

索赔报告正文包括题目、事件、理由(依据)、因果分析、索赔费用(工期)。题目应简洁说明针对什么提出的索赔,即概括出索赔的中心内容。事件是对索赔事件发生的原因和经过的说明,包括所附的双方活动证明材料。理由是根据所陈述的事件指出索赔的根据。因果分析是指依上述事件和理由所造成本增加、工期延长的必然结果。最后提出索赔费用(工期)的分项总计的结果。

计算过程和证明材料的附件是支持索赔报告的有力依据,一定要和索赔中提到的完全一致,不可有丝毫相互矛盾的地方,否则有可能导致索赔的失败。

应当注意,承包商除了提交索赔报告的资料外,还要准备一些与索赔有关的各种细节性的资料,以备对方提出问题时进行说明和解释,比如运用图表的形式对实际成本与预算成本、实际进度与计划进度、修订计划与原计划的比较,人员工资上涨、材料设备价格上涨,各时期工作任务密度程度的变化,资金流进流出等,通过图表来说明和解释,使之一目了然。

4) 提交索赔报告

索赔报告编写完毕后,应及时提交给监理工程师(业主)正式提出索赔。《示范文本》第19.1 条规定,"在索赔事件影响结束后 28 天内,承包人应向监理人递交最终索赔报告,说明最终要求索赔的追加付款金额和(或)延长的工期,并附必要的记录和证明材料"。索赔报告提交后,承包商不能被动等待,应隔一定的时间,主动向对方了解索赔处理的情况,根据所提出的问题进一步作资料方面的准备,或提供补充资料,尽量为监理工程师处理索赔提供帮助、支持和合作。

5) 参加索赔问题的解决

《示范文本》第 19.2 条规定,"监理人应在收到索赔报告后 14 天内完成审查并报送发包人。监理人对索赔报告存在异议的,有权要求承包人提交全部原始记录副本;发包人应在监理人收到索赔报告或有关索赔的进一步证明材料后的 28 天内,由监理人向承包人出具经发包人签认的索赔处理结果。发包人逾期答复的,则视为认可承包人的索赔要求;承包人接受索赔处理结果的,索赔款项在当期进度款中进行支付;承包人不接受索赔处理结果的,按照第 20 条〔争议解决〕约定处理"。索赔报告提交后,业主(工程师)通过对报告的仔细阅读审查,会对不合理的索赔进行反驳或提疑问,这时承包商应对工程师提出的各种质疑作出答复,对答复不满意的,双方要进行谈判,对有些不能通过谈判解决的,将进一步提交监理工师解决直至仲裁。

9.4.5 索赔费用的计算

索赔事件发生后,如何去正确计算索赔给自身(承包商)造成的损失,直接牵涉到承包商的利益及索赔的成功,因此,承包商要熟练掌握索赔的有关计算方法。索赔从目的上可分为工期索赔和经济索赔,在此主要介绍经济索赔的计算方法。

1) 总费用法和修正的总费用法

总费用法又称总成本法,就是计算出该项工程的总费用,再从这个已实际开支的总费用中减去投标报价时的成本费用,即为要求补偿的索赔费用额。

总费用法不是十分科学,但仍被经常采用,原因是对于某些索赔事件,难于精确地确定它们导致的各项费用的增加额。

一般认为在具备以下条件时采用总费法是合理的:

(1) 已开支的实际总费用经过审核,认为是比较合理的;

(2) 承包商的原始报价是比较合理的;

(3) 费用的增加是由于对方原因造成的,其中没有承包商管理不善的责任;

(4) 由于该项索赔事件的性质以及现场记录的不足,难以采用更精确的计算方法。

修正总费用法是指对难以用实际总费用进行审核的,可以考虑是否能计算出与索赔事件有关的单项工程的实际总费用和该单项工程的投标报价。若可行,可按其单项工程的实际费用与报价的差值来计算其索赔的金额。

2) 分项法

分项法是将索赔的费用分项进行计算,其内容如下:

(1) 人工费索赔

人工费索赔包括额外雇佣劳务人员、加班工作、工资上涨、人员闲置和劳动生产率降低的费用。

对于额外雇佣劳务人员和加班工作,用投标时的人工单价乘以工时数即可。对于人员闲置费用,一般折算为人工单价的 0.75。工资上涨是指由于工程变更,使承包商的大量人力资源的使用从前期推到后期,而后期工资水平上调,因此应得到相应的补偿。

有时工程师指令进行计日工,则人工费按计日工表中的人工单价计算。

对于劳动生产率降低导致的人工费索赔,一般可用实际成本和预算成本比较法,或用正常施工与其受影响比较法。

如果工程吊装浇注混凝土,前 5 天工作正常,第 6 天起业主架设临时电线,共有 6 天时间使吊车不能在正常角度下工作,导致吊运混凝土的方量减少。现要计算由此引起的索赔费用。对此可通过承包商的正常施工记录和受干扰时施工记录来计算,如表 9.4.1~表 9.4.2 所示。

表 9.4.1 未受干扰时正常施工记录

时间(天)	1	2	3	4	5	平均值
平均劳动生产率(m³/h)	7	6	6.5	8	6	6.7

表9.4.2 受干扰时施工记录

表 9.4.2　受干扰时施工记录

时间(天)	1	2	3	4	5	6	平均值
平均劳动生产率(m³/h)	5	5	4	4.5	6	4	4.75

通过以上施工记录比较,劳动生产率降低值为

$$6.7-4.75=1.95(\text{m}^3/\text{h})$$

索赔费用的计算公式为

索赔费用=计划台班×(劳动生产率降低值/预期劳动生产率)×台班单价

(2) 材料费索赔

材料费索赔包括材料消耗量增加和材料单位成本增加两个方面。追加额外工作、变更工程性质、改变施工方法等,都可能造成材料用量的增加或使用不同的材料。材料单位成本增加的原因包括材料价格上涨、手续费增加、运输费用(运距加长,二次倒运等)增加、仓储保管费增加等等。

材料费索赔需要提供准确的数据和充分的证据。

(3) 施工机械费索赔

机械费索赔包括增加台班数量、机械闲置或工作效率降低,应参考劳动生产率降低的人工索赔的计算方法。台班量的计算数据来自机械使用记录。对于租赁的机械,取费标准按租赁合同计算。

对于机械闲置费,有两种计算方法:一是按公布的行业标准租赁费率进行折减计算;二是按定额标准的计算方法,一般建议将其中的不变费用和可变费用分别扣除一定的百分比进行计算。

对于工程师指令进行计日工作的,按计日工作表中的费率计算。

(4) 现场管理费索赔

现场管理费(工地管理费)包括工地的临时设施费、通信费、办公费、现场管理人员和服务人员的工资等。

现场管理费索赔计算的方法一般为

现场管理费索赔值=索赔的直接成本费用×现场管理费率

其中现场管理费率可通过合同百分比法、行业平均水平法、原始估价法、历史数据法几种方法来确定。

9.4.6　索赔策略

索赔工作既有科学严谨的一面,又有艺术灵活的一面。对于一个确定的索赔事件往往没有预定的、确定的解决方法,它受制于双方签订的合同文件,各自的工程管理水平和索赔能力以及处理问题的公正性、合理性等因素。因此,索赔成功不仅需要令人信服的法律依据、充足的理由和正确的计算方法,索赔的策略、技巧和艺术也相当重要。如何看待和对待索赔,实际上是个经营战略问题,是承包人对利益、关系、信誉等方面的综合权衡。承包人应防止两种极端倾向。

（1）只注重关系和义气，忽视应有的合理索赔，致使企业遭受不应有的经济损失。

（2）不顾关系，过分注重索赔，斤斤计较，缺乏长远的战略目光，以致影响合同关系、企业信誉和长远利益。

此外，合同双方在开展索赔工作时，还要注意以下索赔的策略：

（1）索赔是一项十分重要和复杂的工作，涉及面广，合同当事人应设专人负责索赔工作，指定专人收集、保管一切可能涉及索赔的论证资料，并加以系统分析研究，做到处理索赔时以事实和数据为依据。对于重大索赔，双方应不惜重金聘请专家（懂法律和合同，有丰富的施工管理经验，懂得会计学，了解施工中的各个环节，善于从图纸、技术规范、合同条款及往来信件中找出矛盾，找出有依据的索赔理由）指导，组成强有力的谈判小组。

（2）正确把握提出索赔的时机。索赔过早提出，往往容易遭到对方反驳或在其他方面可能施加的挑剔、报复等；过迟提出，则容易留给对方借口，索赔要求遭到拒绝。因此，索赔方必须在索赔时效范围内适时提出。如果老是担心或害怕影响双方合作关系，有意将索赔要求拖到工程结束时才正式提出，可能事与愿违，适得其反。

（3）及时、合理地处理索赔。索赔发生后，必须依据合同的准则及时地对索赔进行处理。如果承包人的合理索赔要求长时间得不到解决，单项工程的索赔积累下来，有时可能影响整个工程的进度。此外，拖到后期综合索赔，往往还牵涉到利息、预期利润补偿、工程结算以及责任的划分、质量的处理等，大大增加了处理索赔的困难。因此，尽量将单项索赔在执行过程中加以解决，这样做不仅对承包人有益，同时也体现了处理问题的水平，既维护了业主的利益，又照顾了承包人的实际情况。

（4）加强索赔的前瞻性，有效避免过多索赔事件的发生。由于工程项目的复杂多变、现场条件及气候环境的变化、标书及施工说明中的错误等因素是不可避免的，所以索赔也是不可避免的。在工程的实施过程中，工程师要将预料到的可能发生的问题及时告诉承包人，避免由于工程返工所造成的工程成本上升，这样也可以减轻承包人的压力，减少其想方设法通过索赔途径弥补工程成本上升所造成的利润损失。另外，工程师在项目实施过程中，应对可能引起的索赔有所预测，及时采取补救措施，避免过多索赔事件的发生。

（5）注意索赔程序和索赔文件的要求。承包人应该以正式书面方式向工程师提出索赔意向和索赔文件。索赔文件要求根据充分、条理清楚、数据准确、符合实际。

（6）索赔谈判中注意方式方法。合同一方向对方提出索赔要求，进行索赔谈判时，措词应透彻，以理服人，而不是得理不让人；尽量避免使用抗议式提法，在一般情况下少用或不用如"你方违反合同"、"使我方受到严重损害"等类词语，最好采用"请求贵方作公平合理的调整"、"请在×××合同条款下加以考虑"等，既要正确表达自己的索赔要求，又不伤害双方的和气和感情，以达到索赔的良好效果。如果对于合同一方一次次合理的索赔要求，对方拒不合作或置之不理，并严重影响工程的正常进行，索赔方可以采取较为严厉的措辞和切实可行的手段，以实现自己的索赔目标。

（7）索赔处理时作适当必要的让步。在索赔谈判和处理时应根据情况作出必要的让步，扔"芝麻"抱"西瓜"，有所失才有所得。可以放弃金额小的小项索赔，坚持大项索赔。这样使对方容易作出让步，达到索赔的最终目的。

（8）发挥公关能力。除了进行书信往来和谈判桌上的交涉外，有时还要发挥索赔人员的公关能力，采用合法的手段和方式，营造适合索赔争议解决的良好环境和氛围，促使索赔问题早日圆满解决。

索赔既是一门科学,同时又是一门艺术,它是一门融自然科学、社会科学于一体的边缘科学,涉及工程技术、工程管理、法律、财会、贸易、公共关系等在内的众多学科知识。因此索赔人员在实践过程中,应注重对这些知识的有机结合和综合应用,不断学习,不断体会,不断总结经验教训,这样才能更好地开展索赔工作。

10 工程计价资料与档案管理

10.1 计算机在工程计价中的应用特点

10.1.1 应用计算机编制工程造价的优点

造价的编制是一项相当繁琐的计算工作,耗用人力多,计算时间长,传统的手算不但速度慢、工效低,而且易出差错,往往难以适应现代管理的需要。在建筑市场实行招标投标制后,更需要及时、迅速、准确地算出投标报价、合同预算、施工图预算和施工预算。计算机是一种运算速度快、精度高、存储能力强、具有很高逻辑判断能力的计算工具,应用计算机编制工程造价,是改善管理、提高工效的重要手段,也是建筑业实现现代化管理的主要环节之一。所以在目前的造价管理中,造价人员必须掌握计算机在工程造价领域的应用。

应用计算机编制工程造价(以下简称预算电算),具有以下优点:

(1) 编制速度快,工作效率高,可以改变预算赶不上施工需要的局面。实践表明,预算电算比手算至少可提高工效二至五倍,甚至更高。

(2) 计算准确,标准一致。预算电算时,由于统一编制计算程序,工程量的计算公式和套用的项目都可事先规定,只需将工程初始数据输入计算机,并确认无误,就可保证计算结果的准确。

(3) 预算成果项目完整,数据齐全。预算电算,除完成预算文件本身的编制外,还可以提供各分部分项工程及各分层分段工程的工料分析、单位建筑面积工料消耗指标、各项费用的组成比例等丰富的技术经济资料,为备料、施工计划、经济核算等提供大量有用的数据。

(4) 使用简便,有利于培训新的预算技术人员。预算电算,一般只要能够熟悉施工图纸、理解计价原理并根据要求输入工程初始数据,就能独立地完成预算的编制工作。

总之,预算电算的优点概括起来是快速、准确、完整、简便。同时,预算电算也为进一步应用计算机编制施工计划、实施成本控制等工作奠定了基础。

10.1.2 应用计算机编制工程造价的方法和步骤

随着计价软件的不断完善,现在用计算机编制造价与手算的方法基本相似,造价人员只要依据手工计算造价的程序,对应上机操作,同时掌握对应的计价软件的功能及操作程序,即可算出对应的造价,用计算机编制工程造价,要保证填写和输入的工程初始数据正确无误。

应用计算机编制工程造价的一般步骤为:

熟悉计价软件→熟悉施工图纸→选用工程量计算系统→进行工程量计算→组合分部分

项综合单价→计算措施项目单价→计算其他相关费用→输出打印各种表格数据。

10.1.3　清单计价软件应具备的功能

在工程量清单计价模式下,用户需要把握好从"工程量计算"到"询价"、到"组价"、到"历史工程数据积累"的全过程操作,才能正确把握清单报价,才能适应在工程量清单计价模式下的竞争要求。面对清单报价,甲方如何准确按照清单计价规范的要求算出清单工程量,了解材料价格,从而减少招标的风险,提高投资可控性和效益?乙方如何快速复核甲方的清单工程量,并根据自己的施工方案特点计算自己的实际工程量,寻找最有竞争力的材料价格和材料供应商,从而形成有竞争力的报价方案,获得合同?随着竞争的白热化,企业如何能够根据自己的特点形成自己的企业定额,获得长久竞争优势?这些都是广大造价行业用户所要面临的问题。所以面对清单报价的要求,用户只掌握单一工具的应用,已经无法适应新的竞争形势。在这种新形势下,计价软件应具备从计算工程量—投标报价—材料市场询价—历史数据分析—形成企业定额等多功能组合。

10.2　计算机在工程计价中的应用体现

随着计算机科学的不断发展,随着软件开发的不断升级、完善以及我国网络信息技术的发展,计算机在工程计价领域中的应用越来越广泛,下面列举几个主要的应用。

10.2.1　电子表格辅助编制工程造价

电子表格是计算机屏幕上由水平行及竖直列组成的一张大表格,其格式类似于财会人员所用的账目表格,以 Excel 为例,其工作表格形式如图 10.2.1 所示。

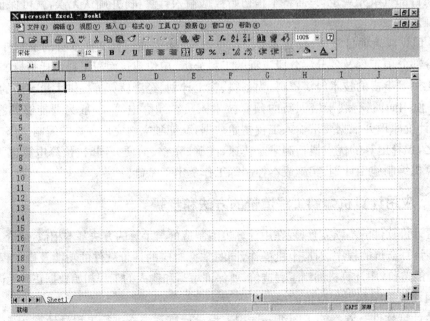

图 10.2.1　Excel 工作界面

　　Excel 工作表格的列以英文字母 A、B、C…标记,行则以数字 1、2、3 …标记。每个行列相交处为一个"单元格",单元格用一个字母(代表列)和一个数字(代表行)联合起来表示,如第 D 列与第 3 行相交处的单元格用 D3 表示。

　　电子表格的每个单元格中都可以输入文字、数字、函数或公式,而各个单元格中的数字之间的关系是由有关单元格中的函数或公式表示决定的,电子表格软件将自动对这些函数及公式进行计算,因为表格中的一切计算都是由电子计算机自动进行的,故称这种软件为"电子表格"。表格中各项的内容(文字、数字、函数、公式)可以很方便地修改、覆盖、拷贝、移动或删除,整个表格也可以方便地插入或删除行与列等,所有变更、修改所引起的变化结果都可以即时地得出。电子表格不需要高深的计算机知识就可成功地操作使用,用户只要按电子表格软件自带的示教课程就可学习、熟悉并掌握操作方法及命令。所以,用电子表格来辅助编制工程造价,只需将计价表格的格式输入,并录入对应的名称、数据,即可计算出对应的造价。虽然 Excel 能够帮助编制造价,但录入工作量大,使用不太方便。

10.2.2　工程量的辅助计算

　　工程量计算是造价编制中花费时间最多的一项工作,如何提高这项工作的效率,是造价管理人员一直关心的事。因此如何借助于计算机进行工程量计算,成为人们探究的问题。目前工程量计算电算化已有四种模式:公式计算法、图形法、扫描法和 CAD 导入法。

　　1) 公式计算法

　　公式计算法的优点是直观、简单、类似人工操作。由于可设置公共变量,可简化输入,可任意编辑增删调整数据,编辑的结果即可打印输出工程量计算书。

　　公式计算法的另一种表现形式是填表法。根据施工图纸及预算工程量计算规则,摘取工程量计算的基础数据,填写专门设计的初始数据表,包括套用的定额号及工程量计算原始数据、相应的计算类型(公式)等,然后输入计算机,由计算机自动运算生成预算书。

　　目前已进入实用的软件大多采用这类方式。在这种方式中,也有不少软件采用直接输入经人工计算好的工程量结果,由计算机自动套单价生成预算表的简化情况。公式计算法的特点是操作较为方便、直观、容易掌握,不足之处是预算人员要对照图纸进行大量的数据输入。

　　2) 图形法

　　图形法计算工程量,就是把设计好的施工图纸按一定规则在计算机上定义一遍,从而形成三维立体模型,并根据定义生成相应子目工程量和工程量计算书,进而与计价软件结合,编制出完整造价并生成相应的计价资料。图形法计算工程量是采用统筹法原理和定额中的工程量计算规则为基础的软件系统。它的优点是预算人员只要将建筑物的平面图形输入计算机,并进行必备的数据输入和各种做法的定义后,就能自动计算工程量和套用定额。目前能实现该种功能的算量软件有很多种,它们的功能在不断被改进和完善。

　　3) 扫描法

　　由计算机直接读图算出工程量是人们向往已久的事。由于不同工程图纸设计各有特点,以及不同内容计算规则的不同规定,这一想法一直难以实现。经多年研究,现在已取得了一定的成果,可由图纸直接得到部分工程量计算结果,但各类工程量的计算要通过此法来实现,还有待进一步完善。

4) CAD 法

CAD 出图时直接得出工程量,这是解决此课题的根本途径。这是计算机辅助设计与预算相结合的系统。

在采用计算机辅助建筑工程设计时,对各分项工程图形进行属性定义,当设计完毕,同类分项工程量自动相加,套用定额编制预算书,这种方法编制预算能彻底解决工程量数据的输入问题,提高预算质量,能根据预算书及时地分析设计的合理性。但要真正实现上述功能,还有待进一步开发完善。就目前而言,比较成熟可用的是前两种模式,后两种模式也正在进行部分应用,但有待改进和完善。

10.2.3 电子标书及电子评标定标系统

所谓电子标书,是指以电子文档形式记录,通过可移动的电子存储介质或互联网传递工程量清单、标书文件等数据信息的一种技术。以往的书面投标文件,正本、副本的打印需花费较多的人力、财力,而电子标书的实施,对提高招投标工作效率,加强招投标管理部门、造价管理部门以及整个建设工程交易市场的信息化建设、管理和网上服务等,都有深远意义。通过这一套系统的建立和运行可以实行网上招标、投标和评定标,保证招投标严格按计价规范规定的格式和内容进行;便于评标过程的单价分析工作;有利于数据信息的积累和循环使用;大幅度地提高招投标各方的工作效率;促进网上工程商务和网络服务体系的建立以及服务业务的开展。但要保证该类系统的广泛应用,还有待于系统功能的进一步完善,以及我们的使用者观念的转变和适应。

10.2.4 工程计价中网络技术的应用

随着市场经济的发展,国家推行了量价分离、市场形成价格的"工程量清单"计价方法,这种计价模式的推行,对计价工作带来了巨大的挑战,其中人、材、机等生产要素市场价格的收集就是一个难题,为此数字建筑网站应运而生。

行业信息的有效收集、分析、发布、获取等全部网络化,有能力的网络信息供应商将在整个工程造价行业中扮演至关重要的角色。例如,通过网络收集全国以至全球的建筑市场各类信息,予以整理和发布,为行业用户提供最准确及时的商机。网站可以分析各地的造价指标,为建筑市场的行情提供走势预测,为所有的行业用户提供工程造价参考。收集各地的价格行情,为用户提供参考。网络的信息服务将发展成为未来工程造价行业的工作基础。但由于受其他条件的影响,这种模式在实际中的应用还需一定的时间。

(1) 建筑市场的交易网络化(电子商务)。随着网络技术的快速发展,网上的相关应用将无所不在,不久的将来,电子商务将得到全面的应用。届时,招投标工作将全部转移到网络平台,软件系统将会自动监测网上的信息,并及时告知用户网上的商机,供用户选择把握。网络化的电子招投标环境将有助于工程造价行业形成公平的竞争舞台,行业用户的交易成本将大幅降低,建筑材料的采购和交易也将在电子商务平台上进行。

(2) 资源的有效利用网络化。在工程造价的编制过程中,用户都可以充分地发掘和利用网络资源。网络的应用不受地区限制,可以让用户在全球的范围内选择最低的成本和最佳的合作伙伴。例如面向全球的建筑设计方案招标,就可以充分利用网络资源进行全球范围选择,为用户提供最优的设计方案。还有,在工程造价的计算过程中,可以利用网络寻找合适的专业人士,进行远程的服务和协同工作。

随着网络化和全过程的信息技术在工程造价行业的深入应用,信息技术的应用不会只集中在某个具体的工作环节或某一类具体的企业或单位身上。随着信息技术的快速发展,整个工程造价行业都将工作在以互联网为基础的信息平台上,无论是行业协会,还是甲方、乙方、中介等相关企业和单位,都将在信息技术的帮助下,重建自己的工作模式,以适应未来社会的竞争,从工作内容,行业信息发布、收集、获取,企业商务交易模式,工程造价计算及分析,到各个企业的全面内部管理等方面,都将全面借助信息技术。

10.3 工程计价软件的应用

《建设工程工程量清单计价规范》(GB 50500—2013)、《市政工程工程量计算规范》(GB 50857—2013)、《江苏省市政工程计价定额》(2014 版)实施后,各软件公司都对其软件进行了相应的升级。在江苏省推广应用的有很多家,这些计价软件的基本功能都很相近,但在具体操作方面的功能又各具特色,读者可根据各家的软件应用说明加以熟悉,本书在此不加论述。

10.4 BIM 与工程计价的结合

10.4.1 BIM 的含义

BIM(Building Information Modeling)是"建筑信息建模"的简称,最初发源于 20 世纪70 年代的美国,由美国乔治亚理工大学建筑与计算机学院(Georgia Tech College of Architecture and Computing)的查克伊士曼博士(Chunk Eastman, PhD.)提出。所以,BIM最先从美国发展起来,随着全球化的进程,已经扩展到了欧洲、日、韩、新加坡等国家和地区,目前,这些国家和地区的 BIM 发展和应用都达到了一定的水平。BIM 概念是在 2002 年由欧特克公司首次引入中国市场。历经十多年的时间,我国软件公司、设计单位、房地产开发商、施工单位、高校科研机构等都已经开始设立 BIM 研究机构。国家"十一五"规划中 BIM已成为国家科技支撑计划重点项目,国家"十二五"规划中进一步将 BIM 建筑信息模型作为信息化的重点研究课题。国内已经有不少建设项目在项目建设的各个阶段不同程度地运用了 BIM 技术,运用 BIM 对设计、施工、运营进行全方位规划,对传统工程造价行业带来了冲击。为此,工程造价管理人员应能认识到,工程造价行业需要转变自身模式去适应未来的BIM 发展趋势。

10.4.2 造价行业应用 BIM 的体现

1) 数字造价思维转变为模型造价思维

现有的工程造价模式在造价管理中一般会经历如下流程:项目在可研阶段时,一些较大的企业从历史积累的指标库中筛选出与现有项目相似的历史指标数据与可行性研究报告做项目估算;设计阶段用初步施工图得到一个设计概算;到招投标阶段,运用详细施工 CAD 图导入算量软件中,分别算量和计价,然后得到施工图预算;到施工阶段记录此过程中发生的变更、价差与索赔,通过对预算的调整得到结算与决算的造价。而基于 BIM 背景下的模型造价的思维模式已经不再是各个零散数据的调用,而是在设计阶段就建立一个标准的建筑模型,到招投标阶段时,造价工程师将工程造价信息录入模型中,得到模型工程量和造价,从而生成施工图预算,到施工阶段通过对模型数据和信息的维护得到结算、决算造价与真实指标信息。到工程完工后,模型中的标准部分可分别保存到指标模型库中,为以后类似的项目造价复用与参考。

2) 基于单机的软件单专业转变为基于平台的多人协作

从全过程造价的角度上看,用到造价软件的时候并不是太多,估算与概算多用 Excel 作为工具,大多数企业都是在招投标阶段做施工图预算的时候才使用算量、造价软件,但使用流程也极为不方便:由于没有一个统一的平台,各个专业的造价人员协作几乎都是通过模型的导入导出来实现的,有时甚至各自建模,如有问题更是需要记录在文档中,用其他方式进行沟通确认,极为不便。而基于 BIM 的建筑模型将会以一个平台的形式出现,集成多专业的造价信息。造价工程师在这个平台中录入各自专业的造价信息,问题与记录也以模型为基础在平台上进行沟通,从而减少重复建模以及沟通和确认问题所耗费的大量时间。

所以,BIM 作为一项技术,给工程造价行业带来的变化不仅仅是建立模型那么简单,而更是对传统造价的思维模式与工作方式带来的巨大冲击。作为工程造价管理人员,应树立这种意识去顺应 BIM 的大趋势,掌握这方面的技能,更好地为我们的造价管理工作服务。

10.5 工程计价中的档案管理

在工程项目的实施过程中,甲乙双方之间会有各种文件的签发,承包商对施工过程会有各种记载,业主工程师会签发工程变更指令等,这些都必须以书面形式加以记录。它们有些是合同文件的组成部分,是业主与承包商之间纠纷解决的依据,是承包商进行工程结算的依据,因此应重视并加强文档管理工作,计价规范中对工程计价资料与档案管理提出如下要求。

1) 计价资料

发承包双方应当在合同中约定各自在合同工程中现场管理人员的职责范围,双方现场管理人员在职责范围内的签字确认的书面文件是工程计价的有效凭证,但如有其他有效证据或经实证证明其是虚假的除外。

发承包双方不论在何种场合对与工程计价有关的事项所给予的批准、证明、同意、指令、商定、确定、确认、通知和请求,或表示同意、否定、提出要求和意见等,均应采用书面形式,口头指令不得作为计价凭证。

任何书面文件送达时,应由对方签收,通过邮寄应采用挂号、特快专递传送,或以发承包双方商定的电子传输方式发送,交付、传送或传输至指定的接收人的地址。如接收人通知了另外地址时,随后通信信息应按新地址发送。

发承包双方分别向对方发出的任何书面文件,均应将其抄送现场管理人员,如系复印件应加盖合同工程管理机构印章,证明与原件相同。双方现场管理人员向对方所发任何书面文件,亦应将其复印件发送给发承包双方,复印件应加盖合同工程管理机构印章,证明与原件相同。

发承包双方均应当及时签收另一方送达其指定接收地点的来往信函,拒不签收的,送达信函的一方可以采用特快专递或者公证方式送达,所造成的费用增加(包括被迫采用特殊送达方式所发生的费用)和延误的工期由拒绝签收一方承担。

书面文件和通知不得扣压,一方能够提供证据证明另一方拒绝签收或已送达的,应视为对方已签收并承担相应责任。

2) 计价档案

发承包双方以及工程造价咨询人对具有保存价值的各种载体的计价文件,均应收集齐全,整理立卷后归档。

发承包双方和工程造价咨询人应建立完善的工程计价档案管理制度,并应符合国家和有关部门发布的档案管理相关规定。

工程造价咨询人归档的计价文件,保存期不宜少于 5 年。

归档的工程计价成果文件应包括纸质原件和电子文件,其他归档文件及依据可为纸质原件、复印件或电子文件。

归档文件应经过分类整理,并应组成符合要求的案卷。

归档可以分阶段进行,也可以在项目结算完成后进行。

向接受单位移交档案时,应编制移交清单,双方应签字、盖章后方可交接。

计价工作除执行上述规定外,在文档管理方面应注意以下几个问题:

(1) 致函文字结构要严谨,用词得当。

(2) 文件的收发应有专人负责,签收应规范,具体的有在发文本上签收、在收文单上签收、在文件的复印件上签收。最佳方法是在文件的复印件上签收,将来不会有任何麻烦。

(3) 要建立完整的档案管理制度,所有文件必须集中管理,不得借出使用,为便于工作,有关部门可存一份复印件。

(4) 认真做好施工过程中的有关数据资料的收集整理,并对有些内容应及时取得现场工程师的确认。

附 录 一

新建桥梁设计中心线与规划河道中心线正交,位于道路桩号 K0+28.000,设计为 1×13 m 预应力混凝土简支板梁桥。根据已提供的工程量计算表和工程量清单,计算该工程招标控制价。

工程量计算书

工程名称:某桥梁工程

序号	位置	名称	子目名称及公式	单位	相同数量	总计
	0403		桥涵工程			1.000 0
	010201		地基处理			1.000 0
1	010201009001		深层搅拌桩	m		2 002.000 0
	2-17+[2-18]×1		粉喷桩 粉喷桩 水泥掺量每米 50 kg	10 m³		56.576 5
			2 002×3.14×0.3×0.3		1.00	565.765 2
	040303		现浇混凝土构件			1.000 0
2	040303002001		混凝土基础	m³		138.900 0
	3-287		C25 基础 混凝土基础 混凝土(商品混凝土)(非泵送)	10 m³		13.890 0
			138.9		1.00	138.900 0
	3-288		基础 混凝土基础 模板	10 m²		9.540 0
			(16.9+4.5)×2×0.9		2.00	77.040 0
			(1.65×2+1.8)×0.9×4		1.00	18.360 0
3	040303005002		混凝土墩(台)身	m³		267.600 0
	3-298		C25 实体式桥台 混凝土	10 m³		26.760 0
			26.760 0		1.00	26.760 0
	3-299		墩身、台身 实体式桥台 模板	10 m²		40.113 2
			40.113 2		1.00	40.113 2
4	040303004001		混凝土墩(台)帽	m³		36.300 0
	3-308		C30 台帽 混凝土(商品混凝土)(非泵送)	10 m³		3.630 0
			35.5		1.00	35.500 0
			0.8		1.00	0.800 0
	3-309		台帽、挡块模板	10 m²		8.539 2
			(0.92×0.4+1.3×0.4)×2+15.5×1.32×2		2.00	85.392 0

工程量计算书

工程名称：某桥梁工程

序号	位置	名称	子目名称及公式	单位	相同数量	总计
5	040304003001		预制混凝土板	m³		75.930 0
	3-469		预制、安装空心板梁　L≤13 m	10 m³		7.593 0
			75.93		1.00	75.930 0
6	040303013001		混凝土板梁（铰缝）	m³		12.800 0
	3-338		C50 混凝土接头及灌缝　板梁间灌缝（商品混凝土）（非泵送）	10 m³		1.261 4
			14×0.901		1.00	12.614 0
	3-338		M15 混凝土接头及灌缝　板梁间灌缝	10 m³		0.018 2
			14×0.013		1.00	0.182 0
	3-347		混凝土接头及灌缝　板梁底　砂浆勾缝	100 m		1.820 0
			14×13		1.00	182.000 0
7	040303024002		混凝土其他构件	m³		1.170 0
	3-352		C50 地梁、侧石、缘石　混凝土（商品混凝土）（非泵送）	10 m³		0.116 6
			1.166 4		1.00	1.166 4
	3-353		支座垫石　模板	10 m²		0.842 4
			(0.9+0.4)×2×0.108×30		1.00	8.424 0
8	040309004001		橡胶支座	个		60.000 0
	3-523		安装支座　板式橡胶支座	100 cm³		791.280 0
			60×3.14×10×10×4.2		1.00	79 128.000 0
9	040309007002		桥梁伸缩装置	m		8.000 0
	3-538		安装伸缩缝　钢板	10 m		0.800 0
			8		1.00	8.000 0
10	040309007001		桥梁伸缩装置	m		23.800 0
	3-540		安装伸缩缝　毛勒	10 m		2.380 0
			23.8		1.00	23.800 0
	3-308		C30 台帽　混凝土（商品混凝土）（非泵送）	10 m³		−0.147 2
		扣减桥台 C30 混凝土	11.5×0.4×0.16		−2.00	−1.472 0
	3-308		C50 台帽　混凝土（商品混凝土）（非泵送）	10 m³		0.230 0
		增加 C50 混凝土量	11.5×0.4×0.16		2.00	1.472 0
			11.5×0.4×0.09		2.00	0.828 0
11	040309009001		桥面排（泄）水管	套		8.000 0
	3-535		安装泄水孔　铸铁管	10 m		1.320 0
			1.65×8		1.00	13.200 0

工程量计算书

序号	位置	名称	子目名称及公式	单位	相同数量	总计
12	040303019001		水泥混凝土桥面铺装	m²		201.500 0
	3-355		C50桥面混凝土铺装　车行道（商品混凝土）（非泵送）	10 m³		1.196 0
			11.5×13×0.08		1.00	11.960 0
	3-354		C50桥面混凝土铺装　人行道	10 m³		0.416 0
			2×13×2×0.08		1.00	4.160 0
13	040303019002		沥青混凝土桥面铺装上面层（含搭板处）	m²		287.500 0
	2-309＋[2-310]×2		细粒式沥青混凝土路面　机械摊铺　厚度(cm)　4.0	100 m²		2.875 0
			287.5		1.00	287.500 0
14	040303019003		沥青混凝土桥面铺装下面层（含搭板处）	m²		287.500 0
	2-302		中粒式沥青混凝土路面　机械摊铺　厚度5 cm	100 m²		2.875 0
			287.5		1.00	287.500 0
15	040303019004		桥面铺装	m²		201.500 0
	3-357		桥面防水层　聚氨酯PU	100 m²		2.015 0
			201.5		1.00	201.500 0
16	040303020001		混凝土桥头搭板	m³		44.160 0
	3-326		C30矩形实体连续板　混凝土（商品混凝土）（非泵送）	10 m³		4.416 0
			44.16		1.00	44.160 0
	3-327		矩形实体连续板　模板	10 m²		2.272 0
			(6×4+11.5)×0.32×2		1.00	22.720 0
	2-248		铺玻璃纤维格栅　铺玻璃纤维格栅	100 m²		0.705 0
			70.5		1.00	70.500 0
17	040303024001		混凝土其他构件（缘石）	m³		9.800 0
	3-352		C30人行道缘石　混凝土（商品混凝土）（非泵送）	10 m³		0.980 0
			9.8		1.00	9.800 0
	3-353		人行道缘石　模板	10 m²		5.854 2
			(13×0.442×2+13×0.268×2+13×0.39×2)×2		1.00	57.200 0
			(0.3×0.15+0.4×0.284+0.265×0.2+0.25×0.15+0.247×0.35)×2×2		1.00	1.342 2
	040304		预制混凝土构件			1.000 0
18	040304005001		预制混凝土其他构件	m³		2.894 5
	3-401		C30缘石、人行道、侧分带盖板　混凝土（商品混凝土）（非泵送）	10 m³		0.289 5

工程量计算书

工程名称：某桥梁工程

序号	位置	名称	子目名称及公式	单位	相同数量	总计
			2.894 5		1.00	2.894 5
	3-402		小型构件 缘石、人行道、锚锭板 模板	10 m²		1.996 8
			(0.71+0.49)×2×0.08×104		1.00	19.968 0
	3-514		安装小型构件 人行道板	10 m³		0.289 5
			2.894 5		1.00	2.894 5
	040308		装饰			1.000 0
19	040308003001		镶贴面层	m²		37.700 0
	2-372		花岗岩人行道板 花岗岩人行道板	100 m²		0.377 0
			37.7		1.00	37.700 0
	040305		砌筑			1.000 0
20	040305001001		垫层	m³		180.500 0
	3-284		基础 砂石垫层	10 m³		18.050 0
			180.5		1.00	180.500 0
21	040305003002		浆砌片石锥坡	m³		18.100 0
	3-287		C25 基础 混凝土基础 混凝土(商品混凝土)(非泵送)	10 m³		1.340 0
			13.4		1.00	13.400 0
	1-719		M10 砌护坡、台阶 浆砌块石锥型坡	10 m³		1.810 0
			18.1		1.00	18.100 0
	6-859		勾缝 片石墙 凸缝	100 m²		0.603 3
			18.1/0.3		1.00	60.333 3
	3-288		基础 混凝土基础 模板	10 m²		1.072 0
			13.4/(0.5+0.75)		1.00	10.720 0
22	040305003003		浆砌片石河底铺砌	m³		140.200 0
	3-225		M10 砌块(片)石 基础护底 浆砌块(片)石	10 m³		14.020 0
			140.2		1.00	140.200 0
	040309		其他			1.000 0
23	040309002001		石质栏杆	m		41.300 0
	3-518		花岗岩栏杆	100 m		0.413 0
			41.3		1.00	41.300 0
	0409		钢筋工程			1.000 0
24	040901001001		现浇构件钢筋	t		10.237 0
	3-250		钢筋制作、安装 现浇混凝土 ϕ10 以内	t		1.139 9
	支座	10 以下	476/1 000		1.00	0.476 0
	缘石	10	663.9/1 000		1.00	0.663 9
	3-251		钢筋制作、安装 现浇混凝土 ϕ10 以外	t		9.096 8
			10.236 7-1.139 9		1.00	9.096 8

工程量计算书

工程名称：某桥梁工程

序号	位置	名称	子目名称及公式	单位	相同数量	总计
25	040901003001		钢筋网片	t		3.107 0
	3-253		钢筋制作、安装　钢筋网片　制作、安装	t		3.107 2
			3.107 2		1.00	3.107 2
26	040901009001		预埋铁件	t		1.116 4
	3-255		铁件、传力拉杆制作安装　铁件　预埋铁件	t		1.116 4
			1.116 4		1.00	1.116 4
27	040901002001		预制构件钢筋	t		0.361 0
	3-248		钢筋制作、安装　预制混凝土　ϕ10 以内	t		0.361 0
			0.361		1.00	0.361 0
1	041109001001		安全文明施工费	项		1.000 0
1.1			基本费	项		1.000 0
1.2			增加费	项		1.000 0
2	041109002001		夜间施工	项		1.000 0
3	041109003001		二次搬运	项		1.000 0
4	041109004001		冬雨季施工	项		1.000 0
5	041109005001		行车、行人干扰	项		1.000 0
6	041109006001		地上、地下设施、建筑物的临时保护设施	项		1.000 0
7	041109007001		已完工程及设备保护	项		1.000 0
8	041109008001		临时设施	项		1.000 0
9	041109009001		赶工措施	项		1.000 0
10	041109010001		工程按质论价	项		1.000 0
11	041109011001		特殊条件下施工增加费	项		1.000 0
	041101		脚手架工程			1.000 0
1	041101001001		墙面脚手架	m²		1.000 0
	1-652		钢管脚手架　单排　8 m 内	100 m²		1.476 2
			15.5×4.762×2		1.00	147.622 0
	041106		大型机械设备进出场及安拆			1.000 0
2	041106001001		大型机械设备进出场及安拆	台·次		1.000 0
	25-77		深层搅拌机　场外运输费用	次		1.000 0
			1.000 0		1.00	1.000 0
	25-78		深层搅拌机　组装拆卸费	次		1.000 0
			1.000 0		1.00	1.000 0

<u>　　　某桥梁工程　　　</u>工程

招 标 工 程 量 清 单

招　标　人：<u>　　　　　　　　</u>
（单位盖章）

造价咨询人：<u>　　　　　　　　</u>
（单位盖章）

××××年××月××日

<u>　　　　某桥梁工程　　　</u>工程

招 标 工 程 量 清 单

招 标 人：<u>　　　　　　　　　　</u>　　　　造价咨询人：<u>　　　　　　　　　　</u>

　　　　　　　　（单位盖章）　　　　　　　　　　　　　　　（单位资质专用章）

法定代表人　　　　　　　　　　　　　　法定代表人

或其授权人：<u>　　　　　　　　　</u>　　或其授权人：<u>　　　　　　　　　</u>

　　　　　　（签字或盖章）　　　　　　　　　　　　　（签字或盖章）

编 制 人：<u>　　　　　　　　　　　</u>　　复 核 人：<u>　　　　　　　　　</u>

　　　（造价人员签字盖专用章）　　　　　　　　（造价工程师签字盖专用章）

编制时间：××××年××月××日　　　　复核时间：××××年××月××日

总 说 明

工程名称:某桥梁工程

工程量清单编制说明

一、工程概况

二、招标范围

1. 本次编制范围为设计图纸内的桥梁内容。

三、编制依据

1. 清单编制依据:《建设工程工程量清单计价规范》(GB 50500—2013)和配套的工程量计算规范。

2. 施工图设计。

四、工程质量:见招标文件。

五、安全文明施工要求：见招标文件。

六、投标人在投标时应按《建设工程工程量清单计价规范》和招标文件规定的格式,提供完整齐全的投标文件和资料。

七、投标文件的份数详见招标文件。

八、工程量清单编制的相关说明

(略)

分部分项工程和单价措施项目清单与计价表

工程名称：某桥梁工程　　　　　　　　　　　　　　　　　　　　　　　第1页 共3页

序号	项目编码	项目名称	项目特征描述	计量单位	工程量	金额(元)		
						综合单价	合价	其中
								暂估价
			0403 桥涵工程					
1	010201009001	深层搅拌桩	1. 空桩长度、桩长:7.7 m 2. 桩截面尺寸:φ60	m	2 002.00			
2	040303002001	混凝土基础	1. 部位:桥台基础 2. 混凝土强度等级:C25 片石混凝土,泵送	m³	138.90			
3	040303005002	混凝土墩(台)身	1. 部位:台身 2. 混凝土强度等级:C25 片石混凝土,泵送	m³	267.60			
4	040303004001	混凝土墩(台)帽	1. 部位:桥台台帽、背墙、挡块 2. 混凝土强度等级:C30	m³	36.30			
5	040304003001	预制混凝土板	1. 工作内容:空心板预制、安装、钢筋、模板制安 2. 混凝土强度等级:C50 3. 封头强度等级:C25	m³	75.93			
6	040303013001	混凝土板梁(铰缝)	1. 部位:梁板铰缝 2. 混凝土强度等级:C50、M15 水泥砂浆,非泵送	m³	12.80			
7	040303024002	混凝土其他构件	1. 名称、部位:支座垫石 2. 混凝土强度等级:C50	m³	1.17			
8	040309004001	橡胶支座	1. 材质:普通支座 2. 规格、型号:GYZφ200×42 mm	个	60			
9	040309007002	桥梁伸缩装置	1. 部位:人行道 2. 材料品种:型钢伸缩缝	m	8.00			
10	040309007002	桥梁伸缩装置	1. 材料品种:毛勒伸缩缝 2. 规格、型号:D40 3. 混凝土强度等级:C50 4. 侧分带处 4 cm 沥青板	m	23.80			
11	040309009001	桥面排(泄)水管	1. 材料品种:铸铁 2. 管径:12 cm,壁厚 1 cm	套	8			
12	040303019001	水泥混凝土桥面铺装	1. 混凝土强度等级:C50,非泵送 2. 厚度:8 cm	m²	201.50			
13	040303019002	沥青混凝土桥面铺装上面层(含搭板处)	1. 沥青混凝土种类:AC-13沥青混凝土 2. 厚度:4 cm	m²	287.50			
			本页小计					

分部分项工程和单价措施项目清单与计价表

工程名称：某桥梁工程 第2页 共3页

序号	项目编码	项目名称	项目特征描述	计量单位	工程量	综合单价	合价	其中暂估价
14	040303019003	沥青混凝土桥面铺装下面层（含搭板处）	1. 沥青混凝土种类：AC-20沥青混凝土 2. 厚度：5 cm	m²	287.50			
15	040303019004	桥面铺装	1. 部位：桥面 2. 种类：聚氨酯PU防水层	m²	201.50			
16	040303020001	混凝土桥头搭板	1. 混凝土强度等级：C30 2. 厚度：32 cm 3. 玻纤格栅：施工缝处	m³	44.16			
17	040303024001	混凝土其他构件(缘石)	1. 名称、部位：人行道缘石 2. 混凝土强度等级：C30，非泵	m³	9.80			
18	040304005001	预制混凝土其他构件	1. 部位：人行道盖板 2. 混凝土强度等级：C30混凝土	m³	2.89			
19	040308003001	镶贴面层	1. 部位：人行道 2. 材质：花岗岩火烧板(五莲花) 3. 厚度：3 cm 4. 砂浆：DSM10水泥砂浆3 cm	m²	37.70			
20	040305001001	垫层	1. 部位：桥台、锥坡、河底铺砌	m³	180.50			
21	040305003002	浆砌片石锥坡	1. 部位：锥坡 2. 材料：30 cm浆砌片石、C25混凝土基础＋凸缝 3. 砂浆强度等级：DMM10	m³	18.10			
22	040305003003	浆砌片石河底铺砌	1. 部位：河底铺砌 2. 砂浆强度等级：DMM10	m³	140.20			
23	040309002001	石质栏杆	1. 材料品种、规格：花岗岩	m	41.30			
			分部小计					
			0409 钢筋工程					
24	040901001001	现浇构件钢筋	1. 钢筋种类：HPB300和HRB400 2. 部位：台帽、背墙、支座、缘石、挡块、搭板	t	10.237			
25	040901003001	钢筋网片	1. 部位：桥面铺装 2. 钢筋种类：焊接钢筋网	t	3.107			
26	040901009001	预埋铁件	1. 材料种类：预埋钢板	t	1.116			
			本页小计					

分部分项工程和单价措施项目清单与计价表

工程名称：某桥梁工程 　　　　　　　　　　　　　　　　　　　　　　第3页 共3页

序号	项目编码	项目名称	项目特征描述	计量单位	工程量	综合单价	合价	其中 暂估价
27	040901002001	预制构件钢筋	1. 钢筋种类：HPB300和HRB400 2. 部位：人行道预制板	t	0.361			
			分部小计					
			分部分项合计					
1	041101001001	墙面脚手架		m²	1			
2	041106001001	大型机械设备进出场及安拆		台·次	1			
			单价措施合计					
			本页小计					
			合　计					

总价措施项目清单与计价表

工程名称：某桥梁工程 　　　　　　　　　　　　　　　　　　　　　　第1页 共1页

序号	项目编码	项目名称	计算基础	费率（%）	金额（元）	调整费率（%）	调整后金额（元）	备注
1	041109001001	安全文明施工费						
1.1		基本费	分部分项合计＋单价措施项目合计－设备费	2.100				
1.2		增加费	分部分项合计＋单价措施项目合计－设备费	0.350				
2	041109002001	夜间施工	分部分项合计＋单价措施项目合计－设备费					
3	041109003001	二次搬运	分部分项合计＋单价措施项目合计－设备费					
4	041109004001	冬雨季施工	分部分项合计＋单价措施项目合计－设备费					
5	041109005001	行车、行人干扰	分部分项合计＋单价措施项目合计－设备费					
6	041109006001	地上、地下设施、建筑物的临时保护设施	分部分项合计＋单价措施项目合计－设备费					

续表

序号	项目编码	项目名称	计算基础	费率(%)	金额(元)	调整费率(%)	调整后金额(元)	备注
7	041109007001	已完工程及设备保护	分部分项合计+单价措施项目合计－设备费					
8	041109008001	临时设施	分部分项合计+单价措施项目合计－设备费					
9	041109009001	赶工措施	分部分项合计+单价措施项目合计－设备费					
10	041109010001	工程按质论价	分部分项合计+单价措施项目合计－设备费					
11	041109011001	特殊条件下施工增加费	分部分项合计+单价措施项目合计－设备费					

其他项目清单与计价汇总表

工程名称:某桥梁工程   第1页 共1页

序号	项目名称	金额(元)	结算金额(元)	备注
1	暂列金额			
2	暂估价	20 000.00		
2.1	材料暂估价			
2.2	专业工程暂估价	20 000.00		
3	计日工			
4	总承包服务费			
	合　计	20 000.00		

暂列金额明细表

工程名称:某桥梁工程   第1页 共1页

序号	项目名称	计量单位	暂定金额(元)	备注
	合　计			

规费、税金项目计价表

工程名称：某桥梁工程

序号	项目名称	计算基础	计算基数(元)	计算费率(%)	金额(元)
1	规费	工程排污费＋社会保险费＋住房公积金		100.000	
1.1	工程排污费	分部分项工程费＋措施项目费＋其他项目费－工程设备费		0.100	
1.2	社会保险费	分部分项工程费＋措施项目费＋其他项目费－工程设备费		2.500	
1.3	住房公积金	分部分项工程费＋措施项目费＋其他项目费－工程设备费		0.440	
2	税金	分部分项工程费＋措施项目费＋其他项目费＋规费－按规定不计税的工程设备金额		3.477	
合　计					

发包人提供材料和工程设备一览表

工程名称：某桥梁工程

序号	材料编码	材料(工程设备)名称、规格、型号	单位	数量	单价(元)	合价(元)	交货方式	送达地点	备注
合　计									

　　　　　　某桥梁工程　　　　工程

招 标 控 制 价

招 标 人：＿＿＿＿＿＿＿＿
　　　　　（单位盖章）

造价咨询人：＿＿＿＿＿＿＿＿
　　　　　　（单位盖章）

2015 年×× 月×× 日

<u>　　　某桥梁工程　　　</u>工程

招 标 控 制 价

招标控制价(小写)：<u>　　　　　1 103 396.63　　　　　</u>

　　　　　(大写)：<u>　壹佰壹拾万叁仟叁佰玖拾陆圆陆角叁分　</u>

招　标　人：<u>　　　　　　　　　</u>　　　　造价咨询人：<u>　　　　　　　　　　</u>

　　　　　　　　（单位盖章）　　　　　　　　　　　　　　（单位资质专用章）

法定代表人　　　　　　　　　　　　　　法定代表人

或其授权人：<u>　　　　　　　　　</u>　　　　或其授权人：<u>　　　　　　　　　　</u>

　　　　　　　　（签字或盖章）　　　　　　　　　　　　　（签字或盖章）

编　制　人：<u>　　　　　　　　　</u>　　　　复　核　人：<u>　　　　　　　　　　</u>

　　　　　　（造价人员签字盖专用章）　　　　　　　　（造价工程师签字盖专用章）

编制时间：2015 年××月××日　　　　　　　复核时间：2015 年××月××日

建设项目招标控制价表

工程名称:某桥梁工程

序号	单项工程名称	金额(元)	其中(元)		
			暂估价	安全文明施工费	规费
1	某桥梁工程	1 103 396.63	20 000.00	23 848.16	31 459.77
合 计		1 103 396.63	20 000.00	23 848.16	31 459.77

单项工程招标控制价表

工程名称:某桥梁工程

序号	单项工程名称	金额(元)	其中(元)		
			暂估价	安全文明施工费	规费
1	某桥梁工程	1 103 396.63	20 000.00	23 848.16	31 459.77
合 计		1 103 396.63	20 000.00	23 848.16	31 459.77

单位工程招标控制价表

工程名称:某桥梁工程

序号	汇总内容	金额(元)	其中:暂估价(元)
1	分部分项工程费	960 793.46	
1.1	人工费	141 587.56	
1.2	材料费	683 896.63	
1.3	施工机具使用费	60 526.58	
1.4	企业管理费	54 571.13	
1.5	利润	20 211.56	
2	措施项目费	54 067.43	
2.1	单价措施项目费	12 600.84	
2.2	总价措施项目费	41 466.59	
2.2.1	其中:安全文明施工措施费	23 848.16	
3	其他项目费	20 000.00	
3.1	其中:暂列金额		
3.2	其中:专业工程暂估	20 000.00	
3.3	其中:计日工		
3.4	其中:总承包服务费		
4	规费	31 459.77	
5	税金	37 075.97	
招标控制价合计＝1＋2＋3＋4＋5		1 103 396.63	

分部分项工程和单价措施项目清单与计价表

工程名称:某桥梁工程   第1页 共3页

序号	项目编码	项目名称	项目特征描述	计量单位	工程量	金额(元)		其中
						综合单价	合价	暂估价
			0403 桥涵工程					
1	010201009001	深层搅拌桩	1. 空桩长度、桩长:7.7 m 2. 桩截面尺寸:φ60	m	2 002.00	66.08	132 292.16	
2	040303002001	混凝土基础	1. 部位:桥台基础 2. 混凝土强度等级:C25 片石混凝土,泵送	m³	138.90	555.12	77 106.17	
3	040303005002	混凝土墩(台)身	1. 部位:台身 2. 混凝土强度等级:C25 片石混凝土,泵送	m³	267.60	620.18	165 960.17	
4	040303004001	混凝土墩(台)帽	1. 部位:桥台台帽、背墙、挡块 2. 混凝土强度等级:C30	m³	36.30	852.45	30 943.94	
5	040304003001	预制混凝土板	1. 工作内容:空心板预制、安装、钢筋、模板制安 2. 混凝土强度等级:C50 3. 封头强度等级:C25	m³	75.93	2 300.00	174 639.00	
6	040303013001	混凝土板梁(铰缝)	1. 部位:梁板铰缝 2. 混凝土强度等级:C50、M15 水泥砂浆、非泵送	m³	12.80	848.65	10 862.72	
7	040303024002	混凝土其他构件	1. 名称、部位:支座垫石 2. 混凝土强度等级:C50	m³	1.17	1 186.05	1 387.68	
8	040309004001	橡胶支座	1. 材质:普通支座 2. 规格、型号:GYZφ200×42 mm	个	60	66.73	4 003.80	
9	040309007002	桥梁伸缩装置	1. 部位:人行道 2. 材料品种:型钢伸缩缝	m	8.00	139.41	1 115.28	
10	040309007001	桥梁伸缩装置	1. 材料品种:毛勒伸缩缝 2. 规格、型号:D40 3. 混凝土强度等级:C50 4. 侧分带处 4 cm 沥青板	m	23.80	741.21	17 640.80	
11	040309009001	桥面排(泄)水管	1. 材料品种:铸铁 2. 管径:12 cm,壁厚 1 cm	套	8	303.80	2 430.40	
12	040303019001	水泥混凝土桥面铺装	1. 混凝土强度等级:C50,非泵送 2. 厚度:8 cm	m²	201.50	55.20	11 122.80	
13	040303019002	沥青混凝土桥面铺装上面层(含搭板处)	1. 沥青混凝土种类:AC-13 沥青混凝土 2. 厚度:4 cm	m²	287.50	41.88	12 040.50	
			本页小计				641 545.42	

分部分项工程和单价措施项目清单与计价表

工程名称:某桥梁工程　　　　　　　　　　　　　　　　　　　　　　　第 2 页 共 3 页

序号	项目编码	项目名称	项目特征描述	计量单位	工程量	金额(元)		
						综合单价	合价	其中 暂估价
14	040303019003	沥青混凝土桥面铺装下面层(含搭板处)	1. 沥青混凝土种类:AC-20沥青混凝土 2. 厚度:5 cm	m²	287.50	55.79	16 039.63	
15	040303019004	桥面铺装	1. 部位:桥面 2. 种类:聚氨酯PU防水层	m²	201.50	22.75	4 584.13	
16	040303020001	混凝土桥头搭板	1. 混凝土强度等级:C30 2. 厚度:32 cm 3. 玻纤格栅:施工缝处	m³	44.16	716.50	31 640.64	
17	040303024001	混凝土其他构件(缘石)	1. 名称、部位:人行道缘石 2. 混凝土强度等级:C30,非泵	m³	9.80	1 055.99	10 348.70	
18	040304005001	预制混凝土其他构件	1. 部位:人行道盖板 2. 混凝土强度等级:C30 混凝土	m³	2.89	1 322.49	3 822.00	
19	040308003001	镶贴面层	1. 部位:人行道 2. 材质:花岗岩火烧板(五莲花) 3. 厚度:3 cm 4. 砂浆:DSM10 水泥砂浆 3 cm	m²	37.70	111.34	4 197.52	
20	040305001001	垫层	1. 部位:桥台、锥坡、河底铺砌	m³	180.50	255.69	46 152.05	
21	040305003002	浆砌片石锥坡	1. 部位:锥坡 2. 材料:30 cm 浆砌片石、C25 混凝土基础+凸缝 3. 砂浆强度等级:DMM10	m³	18.10	1 025.17	18 555.58	
22	040305003003	浆砌片石河底铺砌	1. 部位:河底铺砌 2. 砂浆强度等级:DMM10	m³	140.20	489.73	68 660.15	
23	040309002001	石质栏杆	1. 材料品种、规格:花岗岩	m	41.30	1 058.15	43 701.60	
		分部小计					889 247.42	
		0409 钢筋工程						
24	040901001001	现浇构件钢筋	1. 钢筋种类:HPB300 和 HRB400 2. 部位:台帽、背墙、支座、缘石、挡块、搭板	t	10.237	4 409.09	45 135.85	
25	040901003001	钢筋网片	1. 部位:桥面铺装 2. 钢筋种类:焊接钢网	t	3.107	4 766.31	14 808.93	
26	040901009001	预埋铁件	1. 材料种类:预埋钢板	t	1.116	8 639.06	9 641.19	
		本页小计					317 287.97	

分部分项工程和单价措施项目清单与计价表

工程名称：某桥梁工程

序号	项目编码	项目名称	项目特征描述	计量单位	工程量	金额（元）		其中
						综合单价	合价	暂估价
27	040901002001	预制构件钢筋	1. 钢筋种类：HPB300 和 HRB400 2. 部位：人行道预制板	t	0.361	5 429.57	1 960.07	
			分部小计				71 546.04	
			分部分项合计				960 793.46	
1	041101001001	墙面脚手架		m²	1	1 152.61	1 152.61	
2	041106001001	大型机械设备进出场及安拆		台·次	1	11 448.23	11 448.23	
			单价措施合计				12 600.84	
			本页小计				14 560.91	
			合　计				973 394.30	

综合单价分析表*

工程名称：某桥梁工程

| 项目编码 | 010201009001 | | 项目名称 | 深层搅拌桩 | | | | 计量单位 | m | | | 工程量 | 2 002 |

清单综合单价组成明细

定额编号	定额项目名称	定额单位	数量	单价					合价				
				人工费	材料费	机械费	管理费	利润	人工费	材料费	机械费	管理费	利润
2-17+[2-18]×1	粉喷桩 粉喷桩 水泥掺量每米50 kg	10 m³	0.028 26	486	834.95	611.51	296.33	109.75	13.73	23.6	17.28	8.37	3.1
综合人工工日 0.18工日	小计								13.73	23.6	17.28	8.37	3.1
	未计价材料费												
	清单项目综合单价								66.08				

材料费明细	主要材料名称、规格、型号	单位	数量	单价（元）	合价（元）	暂估单价（元）	暂估合价（元）
	复合硅酸盐水泥 32.5级	t	0.075 737	310	23.48	—	—
	其他材料费			—	0.12	—	—
	材料费小计			—	23.6	—	—

| 项目编码 | 040303002001 | | 项目名称 | 混凝土基础 | | | | 计量单位 | m³ | | | 工程量 | 138.9 |

清单综合单价组成明细

定额编号	定额项目名称	定额单位	数量	单价					合价				
				人工费	材料费	机械费	管理费	利润	人工费	材料费	机械费	管理费	利润
3-287	C25基础 混凝土基础 混凝土（商品混凝土）（非泵送）	10 m³	0.1	581.4	4 340.2	105.55	185.48	68.7	58.14	434.02	10.56	18.55	6.87
3-288	基础 混凝土基础 模板	10 m²	0.068 683	136.35	206.04		36.81	13.64	9.36	14.15		2.53	0.94
综合人工工日 0.90工日	小计								67.5	448.17	10.56	21.08	7.81
	未计价材料费												
	清单项目综合单价								555.12				

* 因篇幅限制，此处只节选部分。

综合单价分析表

工程名称：某桥梁工程

主要材料名称、规格、型号	单位	数量	单价（元）	合价（元）	暂估单价（元）	暂估合价（元）
C25 粒径40混凝土 42.5级坍落度 35~50（商品混凝土）（非泵送）	m³	1.015	425	431.38		267.6
草袋子	只	0.53	1	0.53		
水	m³	0.376	4.53	1.7		
电	kW·h	0.468	0.88	0.41		
组合钢模板	kg	0.405 23	5	2.03		
钢管支撑	kg	0.159 345	5.2	0.83		
零星卡具	kg	0.827 63	6.8	5.63		
普通成材	m³	0.002 06	1 975	4.07		
圆钉	kg	0.016 484	7	0.12		
脱模剂	kg	0.068 683	20	1.37		
模板嵌缝料	kg	0.034 342	3.22	0.11		
其他材料费			—	-0.01	—	
材料费小计			—	448.17	—	

（左侧：材料费明细）

项目编码	04030 3005002	项目名称	混凝土墩（台）身	计量单位	m³	工程量	—

清单综合单价组成明细

定额编号	定额项目名称	定额单位	数量	单价					合价				
				人工费	材料费	机械费	管理费	利润	人工费	材料费	机械费	管理费	利润
3-298	C25 实体式桥台 混凝土	10 m³	0.1	1193.25	2 911.26	460	446.38	165.33	119.33	291.13	46	44.64	16.53
3-299	墩身、台身 实体式桥台 模板	10 m²	0.149 9	267.98	213.77	75.35	92.7	34.33	40.17	32.04	11.29	13.9	5.15
综合人工工日 2.13 工日	小计								159.5	323.17	57.29	58.54	21.68
	未计价材料费									620.18			
	清单项目综合单价												

综合单价分析表

工程名称:某桥梁工程

	主要材料名称、规格、型号	单位	数量	单价(元)	合价(元)	暂估单价(元)	暂估合价(元)
	草袋子	只	0.168	1	0.17		
	水	m³	0.54	4.53	2.45		
	电	kW·h	0.592	0.88	0.52		
	普通成材	m³	0.004 797	1 975	9.47		
	钢管支撑	kg	0.695 536	5.2	3.62		
材料费明细	零星卡具	kg	0.356 762	6.8	2.43		
	圆钉	kg	0.014 99	7	0.1		
	铁件	kg	1.187 208	7	8.31		
	组合钢模板	kg	0.884 41	5	4.42		
	尼龙帽	个	0.524 65	0.86	0.45		
	脱模剂	kg	0.149 9	20	3		
	模板嵌缝料	kg	0.074 95	3.22	0.24		
	复合硅酸盐水泥 32.5 级	kg	443.555	0.31	136.61		
	中(粗)砂	t	0.690 2	93	64.19		

综合单价分析表

工程名称：某桥梁工程

清单综合单价组成明细（一）

	单价（元）					合价（元）				
小计	1 545.75	3 201.73	80.41	439.06						162.62
未计价材料费						5 429.57				

综合人工工日　20.61工日

材料费明细（一）

主要材料名称、规格、型号	单位	数量	单价（元）	合价（元）	暂估单价（元）	暂估合价（元）
钢筋 φ10 以内	t	1.02	3 066	3 127.32		
镀锌铁丝 18#～22#	kg	9.54	7.8	74.41		
其他材料费			—		—	
材料费小计			—	3 201.73	—	

项目编码　041101001001　　项目名称　墙面脚手架　　计量单位　m²　　工程量　1

清单综合单价组成明细（二）

定额编号	定额项目名称	定额单位	数量	人工费	材料费	机械费	管理费	利润
1-652	钢管脚手架 单排 8 m 内	100 m²	1.476 2	386.4	251.43		104.33	38.64

综合人工工日　7.61工日

	单价（元）	人工费	材料费	机械费	管理费	利润	暂估合价（元）
		570.4	371.16		154.01	57.04	57.04

合价　570.4　371.16　　154.01　57.04

清单项目综合单价　1 152.61

材料费明细（二）

主要材料名称、规格、型号	单位	数量	单价（元）	合价（元）	暂估单价（元）	暂估合价（元）
脚手钢管 φ48	t	0.053 143	4 418	234.79	—	—
扣件	个	6.480 518	5.7	36.94		
底座	个	0.369 05	4.8	1.77		
竹脚手板	m²	7.543 382	9.25	69.78		
安全网	m²	2.037 156	8.07	16.44		
其他材料费			—	11.44	—	—
材料费小计			—	371.16	—	—

综合单价分析表

工程名称：某拆梁工程

项目编码	041106000101	项目名称	大型机械设备进出场及安拆	计量单位	台·次	工程量	1

清单综合单价组成明细

定额编号	定额项目名称	定额单位	数量	单价					合价				
				人工费	材料费	机械费	管理费	利润	人工费	材料费	机械费	管理费	利润
25-77	深层搅拌机 场外运输费用	次	1	410	860.13	3 015.51	924.89	342.55	410	860.13	3 015.51	924.89	342.55
25-78	深层搅拌机 组装拆卸费	次	1	2 460	3	1 840.84	1 161.23	430.08	2 460	3	1 840.84	1 161.23	430.08
综合人工工日				小计					2 870	863.13	4 856.35	2 086.12	772.63
35.00 工日				未计价材料费									
	清单项目综合单价								11 448.23				

材料费明细	主要材料名称、规格、型号	单位	数量	单价（元）	合价（元）	暂估单价（元）	暂估合价（元）
	其他材料费			—	863.13	—	
	材料费小计			—	863.13	—	—

注：考虑到篇幅问题，综合单价分析表只提取了三项，其余部分原理相同。

总价措施项目清单与计价表

工程名称:某桥梁工程

序号	项目编码	项目名称	计算基础	费率(%)	金额(元)	调整费率(%)	调整后金额(元)	备注
1	041109001001	安全文明施工费		100.000	23 848.16			
1.1		基本费	分部分项合计＋单价措施项目合计－设备费	2.100	20 441.28			
1.2		增加费	分部分项合计＋单价措施项目合计－设备费	0.350	3 406.88			
2	041109002001	夜间施工	分部分项合计＋单价措施项目合计－设备费	0.100	973.39			
3	041109003001	二次搬运	分部分项合计＋单价措施项目合计－设备费					
4	041109004001	冬雨季施工	分部分项合计＋单价措施项目合计－设备费	0.200	1 946.79			
5	041109005001	行车、行人干扰	分部分项合计＋单价措施项目合计－设备费					
6	041109006001	地上、地下设施、建筑物的临时保护设施	分部分项合计＋单价措施项目合计－设备费					
7	041109007001	已完工程及设备保护	分部分项合计＋单价措施项目合计－设备费	0.010	97.34			
8	041109008001	临时设施	分部分项合计＋单价措施项目合计－设备费	1.500	14 600.91			
9	041109009001	赶工措施	分部分项合计＋单价措施项目合计－设备费					
10	041109010001	工程按质论价	分部分项合计＋单价措施项目合计－设备费					
11	041109011001	特殊条件下施工增加费	分部分项合计＋单价措施项目合计－设备费					
合　计					41 466.59			

其他项目清单与计价汇总表

工程名称:某桥梁工程

序号	项目名称	金额(元)	结算金额(元)	备注
1	暂列金额			
2	暂估价	20 000.00		
2.1	材料暂估价			
2.2	专业工程暂估价	20 000.00		
3	计日工			
4	总承包服务费			
合　计		20 000.00		

暂列金额明细表

工程名称:某桥梁工程   第1页 共1页

序号	项目名称	计量单位	暂定金额(元)	备注
合 计				

专业工程暂估价及结算价表

工程名称:某桥梁工程   第1页 共1页

序号	工程名称	工程内容	暂估金额(元)	结算金额(元)	差额±(元)	备注
1	桥侧面装饰		20 000.00			
合 计			20 000.00			

规费、税金项目计价表

工程名称:某桥梁工程   第1页 共1页

序号	项目名称	计算基础	计算基数(元)	计算费率(%)	金额(元)
1	规费	工程排污费＋社会保险费＋住房公积金	31 459.77	100.000	31 459.77
1.1	工程排污费	分部分项工程费＋措施项目费＋其他项目费－工程设备费	1 034 860.89	0.100	1 034.86
1.2	社会保险费	分部分项工程费＋措施项目费＋其他项目费－工程设备费	1 034 860.89	2.500	25 871.52
1.3	住房公积金	分部分项工程费＋措施项目费＋其他项目费－工程设备费	1 034 860.89	0.440	4 553.39
2	税金	分部分项工程费＋措施项目费＋其他项目费＋规费－按规定不计税的工程设备金额	1 066 320.66	3.477	37 075.97
合 计					68 535.74

承包人供应主要材料一览表

工程名称:某桥梁工程   第1页 共4页

序号	材料编码	材料名称	规格、型号等要求	单位	数量	单价(元)	合价(元)	备注
1	04010603	复合硅酸盐水泥	32.5级	t	151.625 020	310.00	47 003.76	
2	02330105	草袋子		只	755.829 386	1.00	755.83	
3	31150101	水		m³	387.558 632	4.53	1 755.64	
4	31150301	电		kW·h	342.268 364	0.88	301.20	
5	32011111	组合钢模板		kg	312.683 480	5.00	1 563.42	
6	32020132	钢管支撑		kg	221.287 168	5.20	1 150.69	

承包人供应主要材料一览表

工程名称:某桥梁工程

序号	材料编码	材料名称	规格、型号等要求	单位	数量	单价(元)	合价(元)	备注
7	32020115	零星卡具		kg	228.751 376	6.80	1 555.51	
8	05030600	普通成材		m³	5.048 220	1 975.00	9 970.23	
9	03515100	圆钉		kg	20.710 236	7.00	144.97	
10	12333513	脱模剂		kg	70.434 160	20.00	1 408.68	
11	31012504	模板嵌缝料		kg	35.223 060	3.22	113.42	
12	03590700	铁件		kg	326.542 368	7.00	2 285.80	
13	02190111	尼龙帽		个	140.396 200	0.86	120.74	
14	CL0001	C50空心板		m³	75.930 000	2 300.00	174 639.00	
15	03570217	镀锌铁丝	8#～12#	kg	137.121 936	7.20	987.28	
16	YZ0001	水		t	18.249 807	4.53	82.67	
17	33020321	板式橡胶支座		cm³	79 128.000 000	0.03	2 373.84	
18	33020121～2	型钢		kg	458.848 000	3.65	1 674.80	
19	03410205	电焊条		kg	20.272 000	5.80	117.58	
20	01090100	圆钢		t	0.044 800	3 066.00	137.36	
21	33020101～1	D40毛勒伸缩缝		m	23.800 000	600.00	14 280.00	
22	03410205	电焊条	J422	kg	133.278 208	8.00	1 066.23	
23	14092503～1	铸铁管	DN120 mm,壁厚10 mm	m	13.464 000	156.43	2 106.17	
24	11550105	石油沥青		kg	73.741 800	5.20	383.46	
25	80250311	细(微)粒沥青混凝土		t	26.766 250	449.80	12 039.46	
26	80250511～2	AC-20沥青混凝土		t	34.126 250	470.00	16 039.34	
27	11573515～1	聚氨酯PU		m²	226.083 000	20.00	4 521.66	
28	33030132	玻璃纤维格栅	G200-2X	m²	77.550 000	10.00	775.50	
29	07010100～1	花岗岩火烧板(五莲花)	综合	m²	38.454 000	70.00	2 691.78	
30	04010611	复合硅酸盐水泥	32.5级	kg	119 382.641 780	0.31	36 769.85	
31	03652403	合金钢切割锯片		片	0.158 340	80.00	12.67	
32	31110301	棉纱线		kg	0.377 000	6.50	2.45	
33	04030107	中(粗)砂		t	275.640 254	93.00	25 634.54	
34	04050709	砾石	40	t	255.227 000	102.00	26 033.15	
35	04110101	块石		t	264.969 200	97.00	25 702.01	
36	CL0002	花岗岩栏杆		m	41.713 000	1 000.00	41 713.00	
37	01090158	钢筋	φ10以内	t	1.802 203	3 066.00	5 525.55	
38	03570231	镀锌铁丝	18#～22#	kg	56.443 238	7.80	440.26	

承包人供应主要材料一览表

工程名称：某桥梁工程

序号	材料编码	材料名称	规格、型号等要求	单位	数量	单价(元)	合价(元)	备注
39	01010111	钢筋	φ10 以外	t	12.630 016	3 066.00	38 723.63	
40	01290221	钢板	15 以内	kg	751.337 200	3.87	2 907.67	
41	01270101	型钢		kg	155.179 600	3.65	566.41	
42	12370305	氧气		m³	11.833 840	3.30	39.05	
43	12370335	乙炔气		kg	3.940 892	18.00	70.94	
44	32030304	脚手钢管	φ48	t	0.053 143	4 418.00	234.79	
45	32030513	扣件		个	6.480 518	5.70	36.94	
46	32030504	底座		个	0.369 050	4.80	1.77	
47	32030703	竹脚手板		m²	7.543 382	9.25	69.78	
48	32050301	安全网		m²	2.037 156	8.07	16.44	
49	04050204	碎石	5～20	t	338.615 936	70.00	23 703.12	
50	04010133	水泥	52.5 级	kg	1 878.968 000	0.38	714.01	
51	80210146～1	C25 粒径 40 混凝土 42.5 级坍落度 35-50（商品混凝土）（非泵送）		m³	140.983 500	425.00	59 917.99	
52	80210108～2	C30 粒径 16 混凝土 32.5 级坍落度 35-50（商品混凝土）（非泵送）		m³	36.844 500	435.00	16 027.36	
53	80210127～3	C50 粒径 20 混凝土 52.5 级坍落度 35-50（商品混凝土）（非泵送）		m³	27.277 110	495.00	13 502.17	
54	80010123～2	水泥砂浆 1:2[干拌（混）砂浆]		t	1.277 506	358.00	457.35	
55	80210115～1	C50 粒径 16 混凝土 52.5 级坍落度 35-50（商品混凝土）（非泵送）		m³	1.183 490	495.00	585.83	
56	80210121～1	C30 粒径 20 混凝土 32.5 级坍落度 35-50（商品混凝土）（非泵送）		m³	−1.494 080	435.00	−649.92	
57	80210122～4	C30 粒径 20 混凝土 42.5 级坍落度 35-50（商品混凝土）（非泵送）		m³	44.822 400	435.00	19 497.74	

承包人供应主要材料一览表

工程名称:某桥梁工程

序号	材料编码	材料名称	规格、型号等要求	单位	数量	单价(元)	合价(元)	备注
58	80210109~4	C30 粒径 16 混凝土 42.5 级坍落度 35-50(商品混凝土)(非泵送)		m³	12.885 425	435.00	5 605.16	
59	80210146~3	C25 粒径 40 混凝土 42.5 级坍落度 35-50(商品混凝土)(非泵送)		m³	13.601 000	425.00	5 780.43	
60	80010106~3	水泥砂浆 M10[干拌(混)砂浆]		t	10.960 455	336.00	3 682.71	
61	80010105~2	水泥砂浆 M10[干拌(混)砂浆]		t	84.898 110	336.00	28 525.76	
	合计						683 896.63	

附录二　某道路工程工程量清单计价示例

工程概况:某道路新建工程全长 200 m,路幅宽度为 12 m,土壤类别为三类土,填方要求密实度达到 95%,余土弃置 5 km。道路结构为 20 cm 二灰土底基层(12∶35∶53,拖拉机拌和),25 cm 二灰碎石基层(5∶15∶80,厂拌机铺),20 cm C30 混凝土面层,沥青砂嵌缝,道路两侧设甲型侧石(材料为混凝土预制,规格 12.5×27.5×99,C15 细石混凝土基础 0.019 4 m³/m)。二灰土底基层每边放宽至路牙外侧 40 cm,二灰碎石基层每边放宽至路牙外侧 20 cm。道路工程土方计算见如下附表,请编制本工程工程量清单及工程量清单计价表。(人、材、机价格按计价表不调整,侧石按 22 元/m 计算)

附表　道路土方工程量计算表

桩号	距离 (m)	填　土			挖　土		
		横断面积 (m²)	平均断面积 (m²)	体积 (m³)	横断面积 (m²)	平均断面积 (m²)	体积 (m³)
K0+000	27	2.45	2.03	54.81	2.14	2.18	58.86
K0+027	8	1.61	0.805	6.44	2.22	6.01	48.08
K0+035	15				9.80	8.96	134.40
K0+050	50		0.41	20.5	8.12	6.065	303.25
K0+100	50	0.82	1.345	67.25	4.01	3.40	170.00
K0+150	50	1.87	1.675	83.75	2.79	2.885	144.25
K0+200		1.48			2.98		
合　计				232.75			858.84

根据施工方案考虑,本工程采用 1 m³ 反铲挖掘机挖土、人工配合;土方平衡部分场内运输考虑用双轮斗车运土,运距在 50 m 以内;余方弃置按 8 t 自卸汽车运土考虑;混凝土路面需做真空吸水处理。

压路机可自行到施工现场,摊铺机、1 m³ 履带式挖掘机进退场一次。

根据规定,本工程取定三类工程。税金取 3.477%,社会保险费费率取 1.8%,住房公积金 0.31%,工程排污费 0.1%;安全文明施工费中基本费费率取 1.4%,增加费取 0.4%;夜间施工增加费费率取 0.1%,冬雨季施工增加费费率取 0.2%,已完工程及设备保护费费率取 0.01%,临时设施费费率取 1.5%。

解:(1) 清单工程量计算

① 挖一般土方(三类土)　858.84 m³

② 填方(密度度 95%)　232.75 m³

土方场内运输　50 m

③ 余方弃置(运距 5 km) 858.84 －232.75×1.15＝591.18(m³)

④ 整理路床 $S＝200×(12＋0.525×2)＝2\ 610(m^2)$

⑤ 20 cm 二灰土(12∶35∶53)底基层(拖拉机拌和)面积 $S＝200×(12＋0.525×2)＝2\ 610(m^2)$

⑥ 25 cm 二灰碎石基层(厂拌机铺)面积 $S＝200×(12＋0.325×2)＝2\ 530(m^2)$

⑦ 20 cm C30 混凝土面层面积 $S＝200×12＝2\ 400(m^2)$

⑧ 甲型路牙 $L＝200×2＝400(m)$

(2) 施工工程量计算

① 挖一般土方(三类土) 858.84 m³

② 填方(密度度 95％) 232.75 m³

土方场内运输 50 m

③ 余方弃置(运距 5 km) 858.84－232.75×1.15＝591.18(m³)

④ 整理路床面积 $S＝200×(12＋0.525×2)＝2\ 610(m^2)$

⑤ 20 cm 二灰土底基层面积 $S＝200×(12＋0.525×2)＝2\ 610(m^2)$

消解石灰 $G＝26.10×3.54＝92.394(t)$

⑥ 25 cm 二灰碎石基层(厂拌机铺)面积 $S＝200×(12＋0.325×2)＝2\ 530(m^2)$

顶层多合土养生 $S＝200×(12＋0.325×2)＝2\ 530(m^2)$

⑦ 20 cm C30 混凝土面层面积 $S＝200×12＝2\ 400(m^2)$

水泥混凝土路面养生(草袋)面积 2 400 m²

锯缝机锯缝(道路每 5 m 一道)

$$L＝(200÷5－1)×12＝468(m)$$

纵缝长度 $C＝200\ m$

灌缝(沥青砂)面积 $S＝(468＋200)×0.05＝33.40(m^2)$

混凝土路面真空吸水 2 400 m²

混凝土模板面积 $S＝200×0.2×4＋12×0.2×2＝164.80(m^2)$

⑧ 甲型路牙 $L＝200×2＝400(m)$

C15 细石混凝土基础 $V＝0.019\ 4×400＝7.76(m^3)$

混凝土基础模板 $S＝400×0.15＝60(m^2)$

(3) 措施项目工程量计算:

① 摊铺机、1 m³ 反铲挖掘机进退场各 1 次

② 8 t、15 t 压路机进退场各 1 次

(4) 计价:根据以上考虑,该工程计价如下:

_____某道路工程_____工程

招 标 工 程 量 清 单

招　标　人：_____某城建控股集团_____
　　　　　　　（单位盖章）

造价咨询人：_____某工程造价咨询公司_____
　　　　　　　（单位盖章）

2015 年××月××日

<u>　　　某道路工程　　　</u>工程

招 标 工 程 量 清 单

招 标 人：<u>　某城建控股集团　</u>　　　造价咨询人：<u>　某工程造价咨询公司　</u>

（单位盖章）　　　　　　　　　　　　　（单位资质专用章）

法定代表人　　　　　　　　　　　　　法定代表人

或其授权人：<u>　　　　　　　　</u>　　或其授权人：<u>　　张某某　　</u>

（签字或盖章）　　　　　　　　　　　　（签字或盖章）

编 制 人：<u>　　余某某　　</u>　　　复 核 人：<u>　　肖某某　　</u>

（造价人员签字盖专用章）　　　　　　　（造价工程师签字盖专用章）

编制时间：2015 年××月××日　　　　　复核时间：2015 年××月××日

分部分项工程和单价措施项目清单与计价表

工程名称：某道路工程　　　　　　　　　　　　　　　　　　　　　　　　第 1 页 共 1 页

序号	项目编码	项目名称	项目特征描述	计量单位	工程量	金额（元）		
						综合单价	合价	其中 暂估价
			0401 土石方工程					
1	040101001001	挖一般土方	1. 土壤类别：三类土 2. 挖土深度：2 m 内	m³	858.84			
2	040103001001	回填方	1. 密实度要求：95% 2. 填方材料品种：素土 3. 填方来源、运距：场内运输 50 m	m³	232.75			
3	040103002001	余方弃置	1. 废弃料品种：多余土方 2. 运距：5 km	m³	591.18			
			分部小计					
			0402 道路工程					
4	040202001001	路床（槽）整形	1. 部位：混合车道 2. 范围：路床	m²	2 610.00			
5	040202004001	石灰、粉煤灰、土	1. 配合比：12∶35∶53 2. 厚度：20 cm 3. 拌和方式：拖拉机	m²	2 610.00			
6	040202006001	石灰、粉煤灰、碎（砾）石	1. 配合比：5∶15∶80 2. 厚度：25 cm	m²	2 530.00			
7	040203007001	水泥混凝土	1. 混凝土强度等级：C30 2. 厚度：20 cm 3. 嵌缝材料：沥青砂	m²	2 400.00			
8	040204004001	安砌侧（平、缘）石	1. 材料品种、规格：混凝土预制，12.5×27.5×99 2. 基础、垫层：材料品种、厚度：C15 细石混凝土 3. 名称：侧石	m	400.00			
			分部小计					
			分部分项合计					
1	041106001001	大型机械设备进出场及安拆		项	1			
			单价措施合计					
			本页小计					
			合　　计					

总价措施项目清单与计价表

工程名称：某道路工程　　　　　　　　　　　　　　　　　　　　　　第 1 页 共 1 页

序号	项目编码	项目名称	计算基础	费率(%)	金额(元)	调整费率(%)	调整后金额(元)	备注
1	041109001001	安全文明施工费						
1.1		基本费	分部分项合计＋单价措施项目合计－设备费	1.400				
1.2		增加费	分部分项合计＋单价措施项目合计－设备费	0.400				
2	041109002001	夜间施工	分部分项合计＋单价措施项目合计－设备费					
3	041109003001	二次搬运	分部分项合计＋单价措施项目合计－设备费					
4	041109004001	冬雨季施工	分部分项合计＋单价措施项目合计－设备费					
5	041109005001	行车、行人干扰	分部分项合计＋单价措施项目合计－设备费					
6	041109006001	地上、地下设施、建筑物的临时保护设施	分部分项合计＋单价措施项目合计－设备费					
7	041109007001	已完工程及设备保护	分部分项合计＋单价措施项目合计－设备费					
8	041109008001	临时设施	分部分项合计＋单价措施项目合计－设备费					
9	041109009001	赶工措施	分部分项合计＋单价措施项目合计－设备费					
10	041109010001	工程按质论价	分部分项合计＋单价措施项目合计－设备费					
11	041109011001	特殊条件下施工增加费	分部分项合计＋单价措施项目合计－设备费					

其他项目清单与计价汇总表

工程名称：某道路工程　　　　　　　　　　　　　　　　　　　　　　第 1 页 共 1 页

序号	项目名称	金额(元)	结算金额(元)	备注
1	暂列金额			
2	暂估价			
2.1	材料暂估价			
2.2	专业工程暂估价			
3	计日工			
4	总承包服务费			
	合　计			

暂列金额明细表

工程名称:某道路工程　　　　　　　　　　　　　　　　　　　第1页 共1页

序号	项目名称	计量单位	暂定金额(元)	备注
合　计				

规费、税金项目计价表

工程名称:某道路工程　　　　　　　　　　　　　　　　　　　第1页 共1页

序号	项目名称	计算基础	计算基数(元)	计算费率(%)	金额(元)
1	规费	工程排污费＋社会保险费＋住房公积金		100.000	
1.1	社会保险费	分部分项工程费＋措施项目费＋其他项目费－工程设备费		1.800	
1.2	住房公积金	分部分项工程费＋措施项目费＋其他项目费－工程设备费		0.310	
1.3	工程排污费	分部分项工程费＋措施项目费＋其他项目费－工程设备费		0.100	
2	税金	分部分项工程费＋措施项目费＋其他项目费＋规费－按规定不计税的工程设备金额		3.477	
合　计					

承包人供应主要材料一览表

工程名称:某道路工程　　　　　　　　　　　　　　　　　　　第1页 共1页

序号	材料编码	材料名称	规格、型号等要求	单位	数量	单价(元)	合价(元)	备注

　　　　　　　<u>　　某道路工程　　　</u>工程

招 标 控 制 价

招 标 人：<u>　某城建控股集团　</u>
　　　　　　　（单位盖章）

造价咨询人：<u>某工程造价咨询公司</u>
　　　　　　　（单位盖章）

2015 年××月××日

　　　　　　　　<u>　　某道路工程　　　</u>　　工程

招 标 控 制 价

招标控制价(小写)：<u>　　379 021.15　　</u>
　　　　(大写)：<u>　叁拾柒万玖仟零贰拾壹圆壹角伍分　</u>

招　标　人：<u>　某城建控股集团　</u>　　造价咨询人：<u>　某工程造价咨询公司　</u>
　　　　　　　　（单位盖章）　　　　　　　　　　　（单位资质专用章）

法定代表人　　　　　　　　　　　　　法定代表人
或其授权人：<u>　　　　　　　　　</u>　　或其授权人：<u>　　张某某　　　</u>
　　　　　　　　（签字或盖章）　　　　　　　　　　（签字或盖章）

编　制　人：<u>　　余某某　　　</u>　　复　核　人：<u>　　肖某某　　　</u>
　　　　（造价人员签字盖专用章）　　　　　（造价工程师签字盖专用章）

编制时间：2015 年××月××日　　　　　　复核时间：2015 年××月××日

建设项目招标控制价表

工程名称:某道路工程

序号	单项工程名称	金额(元)	其中:(元)		
			暂估价	安全文明施工费	规费
1	某道路工程	379 021.15		6 225.83	7 919.88
	合　计	379 021.15		6 225.83	7 919.88

单项工程招标控制价表

工程名称:某道路工程

序号	单项工程名称	金额(元)	其中:(元)		
			暂估价	安全文明施工费	规费
1	某道路工程	379 021.15		6 225.83	7 919.88
	合　计	379 021.15		6 225.83	7 919.88

单位工程招标控制价表

工程名称:某道路工程　　　　　　　　　标段:

序号	汇总内容	金额(元)	其中:暂估价(元)
1	分部分项工程费	336 690.18	
1.1	人工费		
1.2	材料费	323 360.39	
1.3	施工机具使用费	10 290.24	
1.4	企业管理费	1 980.38	
1.5	利润	1 059.17	
2	措施项目费	21 675.35	
2.1	单价措施项目费	9 189.10	
2.2	总价措施项目费	12 486.25	
2.2.1	其中:安全文明施工措施费	6 225.83	
3	其他项目费		
3.1	其中:暂列金额		
3.2	其中:专业工程暂估		
3.3	其中:计日工		
3.4	其中:总承包服务费		
4	规费	7 919.88	
5	税金	12 735.74	
	招标控制价合计=1+2+3+4+5	379 021.15	

分部分项工程和单价措施项目清单与计价表

工程名称:某道路工程　　　　　　　　　　　　　　　　　　　　　第1页 共1页

序号	项目编码	项目名称	项目特征描述	计量单位	工程量	金额(元)		
						综合单价	合价	其中 暂估价
			0401 土石方工程					
1	040101001001	挖一般土方	1. 土壤类别:三类土 2. 挖土深度:2 m 内	m³	858.84	2.10	1 803.56	
2	040103001001	回填方	1. 密实度要求:95% 2. 填方材料品种:素土 3. 填方来源、运距:场内运输50 m	m³	232.75	1.78	414.30	
3	040103002001	余方弃置	1. 废弃料品种:多余土方 2. 运距:5 km	m³	591.18	5.65	3 340.17	
		分部小计					5 558.03	
			0402 道路工程					
4	040202001001	路床(槽)整形	1. 部位:混合车道 2. 范围:路床	m²	2 610.00	0.40	1 044.00	
5	040202004001	石灰、粉煤灰、土	1. 配合比:12:35:53 2. 厚度:20 cm 3. 拌和方式:拖拉机	m²	2 610.00	16.59	43 299.90	
6	040202006001	石灰、粉煤灰、碎(砾)石	1. 配合比:5:15:80 2. 厚度:25 cm	m²	2 530.00	50.87	128 701.10	
7	040203007001	水泥混凝土	1. 混凝土强度等级:C30 2. 厚度:20 cm 3. 嵌缝材料:沥青砂	m²	2 400.00	61.08	146 592.00	
8	040204004001	安砌侧(平、缘)石	1. 材料品种、规格:混凝土预制,12.5×27.5×99 2. 基础、垫层:材料品种、厚度:C15 细石混凝土 3. 名称:侧石	m	400.00	28.73	11 492.00	
		分部小计					331 129.00	
		分部分项合计					336 687.03	
1	041106001001	大型机械设备进出场及安拆		项	1	9 189.10	9 189.10	
		单价措施合计					9 189.10	
		本页小计					345 876.13	
		合　计					345 876.13	

综合单价分析表

工程名称：某道路工程

项目编码	040101001001	项目名称	挖一般土方	计量单位	m³	工程量	858.84

清单综合单价组成明细

定额编号	定额项目名称	定额单位	数量	单价					合价				
				人工费	材料费	机械费	管理费	利润	人工费	材料费	机械费	管理费	利润
1-225	反铲挖掘机（斗容量 1.0 m³）装车 三类土	1 000 m³	0.000 9			1 806.91	343.31	180.69			1.63	0.31	0.16
1-2 备注 3	人工挖土方 三类土	100 m³	0.001										
	小计										1.63	0.31	0.16
	综合人工工日 0.04 工日												
	清单项目综合单价									2.1			

材料费明细	主要材料名称、规格、型号	单位	数量	单价（元）	合价（元）	暂估单价（元）	暂估合价（元）
						—	—
	其他材料费					—	—
	材料费小计					—	—

项目编码	040103001001	项目名称	回填方	计量单位	m³	工程量	232.75

清单综合单价组成明细

定额编号	定额项目名称	定额单位	数量	单价					合价				
				人工费	材料费	机械费	管理费	利润	人工费	材料费	机械费	管理费	利润
1-375	路基填筑及处理 填土碾压 内燃压路机 15 t 以内	1 000 m³	0.001	70.5		1 328.39	252.39	132.84	0.07		1.33	0.25	0.13
1-45	人工装运土方 双轮斗车运土 运距 50 m 内	100 m³	0.01										
	小计										1.33	0.25	0.13
	综合人工工日 0.16 工日								0.07				
	清单项目综合单价									1.78			

综合单价分析表

工程名称:某道路工程

项目编码 040103002001　**项目名称** 余方弃置　**计量单位** m³　**工程量**　　暂估合价(元) 591.18

清单综合单价组成明细

定额编号	定额项目名称	定额单位	数量	单价					合价				
				人工费	材料费	机械费	管理费	利润	人工费	材料费	机械费	管理费	利润
1-280	自卸汽车运土 自卸汽车(8 t 以内)运距 5 km 以内	1 000 m³	0.001	—	56.4	4 341.63	824.91	434.16	—	0.06	4.34	0.82	0.43
综合人工工日 0.00 工日	小计								—	0.06	4.34	0.82	0.43
	清单项目综合单价							5.65					

材料费明细	主要材料名称、规格、型号	单位	数量	单价(元)	合价(元)	暂估单价(元)	暂估合价(元)
	水	m³	0.015	4.7	0.07	—	—
	其他材料费				—		—
	材料费小计				0.07		—

项目编码 040202001001　**项目名称** 路床(槽)整形　**计量单位** m²　**工程量**　　暂估合价(元) 2 610

清单综合单价组成明细

定额编号	定额项目名称	定额单位	数量	单价					合价				
				人工费	材料费	机械费	管理费	利润	人工费	材料费	机械费	管理费	利润
2-1	路床(槽)整形 路床碾压检验	100 m²	0.01	—	—	30.77	5.85	3.08	—	—	0.31	0.06	0.03
综合人工工日	小计								—	—	0.31	0.06	0.03

材料费明细	主要材料名称、规格、型号	单位	数量	单价(元)	合价(元)	暂估单价(元)	暂估合价(元)
	水	m²	0.011 328	4.7	0.05	—	—

综合单价分析表

工程名称：某道路工程

（上接前页　未计价材料费）

主要材料名称、规格、型号	单价(元)	合价(元)	暂估单价(元)	暂估合价(元)
其他材料费小计				
未计价材料费			—	
清单项目综合单价			—	2 610

| 0.00 工日 | | | | |

项目编码	040202004001	项目名称	石灰、粉煤灰、土	计量单位	m²	工程量	0.4

清单综合单价组成明细

定额编号	定额项目名称	定额单位	数量	单价					合价				
				人工费	材料费	机械费	管理费	利润	人工费	材料费	机械费	管理费	利润
2-134	拖拉机拌和（带犁耙）石灰：粉煤灰：土基层的比例 12：35：53　20 cm 厚	100 m²	0.01	—	1 543.87	66.31	12.6	6.63	—	15.44	0.66	0.13	0.07
2-411	集中消解石灰	t	0.035 4		4.96	2.34	0.44	0.23		0.18	0.08	0.02	0.01
综合人工工日	0.05 工日				小计					15.62	0.74	0.15	0.08
					未计价材料费								
					清单项目综合单价			16.59					

材料费明细

主要材料名称、规格、型号	单位	数量	单价(元)	合价(元)	暂估单价(元)	暂估合价(元)
水	m³	0.077 27	4.7	0.36		
黄土	m³	0.116 2				
粉煤灰	t	0.121 1	30	3.63		
生石灰	t	0.035 4	326	11.54		
其他材料费			—	0.09	—	
材料费小计			—	15.62	—	

综合单价分析表

工程名称：某道路工程　　　　　　　　　　　　　　　　　　第 4 页 共 7 页

项目编码	040202006001	项目名称	石灰、粉煤灰、碎(砾)石	计量单位	m²	工程量	2 530

清单综合单价组成明细

定额编号	定额项目名称	定额单位	数量	单价					合价				
				人工费	材料费	机械费	管理费	利润	人工费	材料费	机械费	管理费	利润
2-169	二灰结石混合料基层 厂拌机铺 厚 25 cm	100 m²	0.01		4 975.43	75.71	14.38	7.57		49.75	0.76	0.14	0.08
2-184	顶层多合土养生 洒水车洒水	100 m²	0.01		6.94	4.96	0.94	0.5		0.07	0.05	0.01	0.01
综合人工工日					小计					49.82	0.81	0.15	0.09
0.03 工日					未计价材料费								
				清单项目综合单价						50.87			

材料费明细	主要材料名称、规格、型号	单位	数量	单价(元)	合价(元)	暂估单价(元)	暂估合价(元)
	二灰结石	t	0.551 6	90.2	49.75	—	—
	水	m³	0.014 7	4.7	0.07		
	其他材料费			—		—	
	材料费小计			—	49.82	—	

项目编码	040203007001	项目名称	水泥混凝土	计量单位	m²	工程量	2 400

清单综合单价组成明细

定额编号	定额项目名称	定额单位	数量	单价					合价				
				人工费	材料费	机械费	管理费	利润	人工费	材料费	机械费	管理费	利润
2-327	C30水泥混凝土路面 厚度 20 cm	100 m²	0.01		5 555.01	22.44	4.26	2.24		55.55	0.22	0.04	0.02
2-346	水泥混凝土路面养生 草袋养生	100 m²	0.01		109.34	1.22	0.23	0.12		1.09			
2-341	伸缩缝 锯缝机锯缝	每10延长米	0.019 5		27.3		0.23			0.53	0.02		

综合单价分析表

工程名称：某道路工程

定额编号	名称	单位	数量	人工费	材料费	机械费	管理费	人工费合价	合价	暂估单价(元)	暂估合价(元)
2-335	伸缩缝 伸缝内灌沥青砂	每10 m²缝面	0.001 392	280.33	0.55	0.1	0.06	0.39	0.19	0.04	0.02
2-350	混凝土真空吸水 20 cm	10 m²	0.1	16	1.92	0.36	0.19	1.6	0.08	0.02	0.01
2-331	混凝土路面模板	m²	0.068 667	18.28	1.21	0.23	0.12	1.26	0.51	0.1	0.05
	综合人工工日	0.35 工日			小计			60.42	61.08		
					未计价材料费						
					清单项目综合单价			60.42			

材料费明细

	主要材料名称、规格、型号	单位	数量	单价(元)	合价(元)	暂估单价(元)	暂估合价(元)
材料费明细	普通成材	m³	0.000 069	1 600	0.11		
	零星卡具	kg	0.162 741	4.88	0.79		
	圆钉	kg	0.000 893	5.8	0.01		
	组合钢模板	kg	0.045 458	5	0.23		
	尼龙帽	个	0.137 334	0.86	0.12		
	沥青砂	t	0.001 154	335.5	0.39		
	木柴	kg	0.002 784	1.1			
	钢锯片	片	0.001 268	420	0.53		
	草袋子	只	0.43	1	0.43		
	水	m³	0.416 72	4.7	1.96		
	复合硅酸盐水泥 32.5级	kg	93.84	0.31	29.09		
	中(粗)砂	t	0.125 868	69.37	8.73		
	碎石 5~40	t	0.260 508	62	16.15		
	其他材料费			—	1.88	—	
	材料费小计			—	60.42	—	

综合单价分析表

工程名称：某道路工程　　　　　　　　　　　　　　　　　　　　　　　　　　　　　　　第 6 页　共 7 页

项目编码	040204004001	项目名称	安砌侧（平、缘）石	计量单位	m	工程量	400

清单综合单价组成明细

定额编号	定额项目名称	定额单位	数量	单价					合价				
				人工费	材料费	机械费	管理费	利润	人工费	材料费	机械费	管理费	利润
2-384	C15侧缘石垫层人工铺装混凝土垫层	m³	0.019 4		242.4					4.7			
2-390	侧缘石安砌 混凝土侧石（立缘石）长度50 cm	100 m	0.01		170.49					1.7			
综合人工日						小计				6.4	22.33		
0.11工日						未计价材料费							
						清单项目综合单价				28.73			

材料费明细	主要材料名称、规格、型号	单位	数量	单价（元）	合价（元）	暂估单价（元）	暂估合价（元）
	混凝土侧石	m	1.015	22	22.33		
	石灰砂浆1：3	m³	0.008 2	192.27	1.58		
	水泥砂浆1：3	m³	0.000 5	239.65	0.12		
	水	m³	0.007 838	4.7	0.04		
	复合硅酸盐水泥 32.5 级	kg	5.778 096	0.31	1.79		
	中（粗）砂	t	0.017 077	69.37	1.18		
	碎石 5～20	t	0.023 805	70	1.67		
	其他材料费			—	0.02	—	
	材料费小计			—	28.73	—	

综合单价分析表

工程名称：某道路工程

| 项目编码 | 04110600 1001 | | 项目名称 | | 大型机械设备进出场及安拆 | | | 计量单位 | 项 | 工程量 | | 第 7 页 共 7 页 | 1 |

清单综合单价组成明细

定额编号	定额项目名称	定额单位	数量	单价					合价				
				人工费	材料费	机械费	管理费	利润	人工费	材料费	机械费	管理费	利润
99130304	光轮压路机(内燃) 8 t	台班	1			108.48	20.61	10.85			108.48	20.61	10.85
99130306	光轮压路机(内燃) 15 t	台班	1			158.13	30.04	15.81			158.13	30.04	15.81
25-1	履带式挖掘机 1 m³ 以内 场外运输费用	次	1	984	731.15	1 189.6	412.98	217.36	984	731.15	1 189.6	412.98	217.36
25-65	沥青摊铺机 12 t 以内(或带自动找平) 场外运输费用	次	1	738	596.39	1 632.57	450.41	237.06	738	596.39	1 632.57	450.41	237.06
25-66	沥青摊铺机 12 t 以内(或带自动找平) 组装拆卸费	次	1	738		545.45	243.86	128.35	738		545.45	243.86	128.35
综合人工工日			小计						2 460	1 327.54	3 634.23	1 157.9	609.43
30.00 工日			未计价材料费										
			清单项目综合单价								9 189.1		

材料费明细	主要材料名称、规格、型号	单位	数量	单价(元)	合价(元)	暂估单价(元)	暂估合价(元)
	沥青枕木	m³	0.08	1 377.5	110.2	—	
	镀锌铁丝 8#~12#	kg	5	6	30	—	
	草袋子	只	10	1	10		
	其他材料费			—	1 177.34	—	
	材料费小计			—	1 327.54		

总价措施项目清单与计价表

工程名称:某道路工程　　　　　　　　　　　　　　　　　　　　　　　第1页 共1页

序号	项目编码	项目名称	计算基础	费率(%)	金额(元)	调整费率(%)	调整后金额(元)	备注
1	041109001001	安全文明施工费		100.000	6 225.83			
1.1		基本费	分部分项合计＋单价措施项目合计－设备费	1.400	4 842.31			
1.2		增加费	分部分项合计＋单价措施项目合计－设备费	0.400	1 383.52			
2	041109002001	夜间施工	分部分项合计＋单价措施项目合计－设备费	0.100	345.88			
3	041109003001	二次搬运	分部分项合计＋单价措施项目合计－设备费					
4	041109004001	冬雨季施工	分部分项合计＋单价措施项目合计－设备费	0.200	691.76			
5	041109005001	行车、行人干扰	分部分项合计＋单价措施项目合计－设备费					
6	041109006001	地上、地下设施、建筑物的临时保护设施	分部分项合计＋单价措施项目合计－设备费					
7	041109007001	已完工程及设备保护	分部分项合计＋单价措施项目合计－设备费	0.010	34.59			
8	041109008001	临时设施	分部分项合计＋单价措施项目合计－设备费	1.500	5 188.19			
9	041109009001	赶工措施	分部分项合计＋单价措施项目合计－设备费					
10	041109010001	工程按质论价	分部分项合计＋单价措施项目合计－设备费					
11	041109011001	特殊条件下施工增加费	分部分项合计＋单价措施项目合计－设备费					
合　计					12 486.25			

其他项目清单与计价汇总表

工程名称:某道路工程　　　　　　　　　　　　　　　　　　　　　　　第1页 共1页

序号	项目名称	金额(元)	结算金额(元)	备注
1	暂列金额			
2	暂估价			
2.1	材料暂估价			
2.2	专业工程暂估价			
3	计日工			
4	总承包服务费			
合　计				

暂列金额明细表

工程名称:某道路工程　　　　　　　　　　　　　　　　　　　　第1页 共1页

序号	项目名称	计量单位	暂定金额(元)	备注
	合　计			

总承包服务费计价表

工程名称:某道路工程　　　　　　　　　　　　　　　　　　　　第1页 共1页

序号	项目名称	项目价值(元)	服务内容	计算基础	费率(%)	金额(元)
1	发包人发包专业工程			项目价值		
2	发包人供应材料			项目价值		
	合　计					

规费、税金项目计价表

工程名称:某道路工程　　　　　　　　　　　　　　　　　　　　第1页 共1页

序号	项目名称	计算基础	计算基数(元)	计算费率(%)	金额(元)
1	规费	工程排污费＋社会保险费＋住房公积金	7 919.88	100.000	7 919.88
1.1	社会保险费	分部分项工程费＋措施项目费＋其他项目费－工程设备费	358 365.53	1.800	6 450.58
1.2	住房公积金	分部分项工程费＋措施项目费＋其他项目费－工程设备费	358 365.53	0.310	1 110.93
1.3	工程排污费	分部分项工程费＋措施项目费＋其他项目费－工程设备费	358 365.53	0.100	358.37
2	税金	分部分项工程费＋措施项目费＋其他项目费＋规费－按规定不计税的工程设备金额	366 285.41	3.477	12 735.74
	合　计				20 655.62

承包人供应主要材料一览表

工程名称：某道路工程　　　　　　　　　　　　　　　　　　　　　　　第1页 共1页

序号	材料编码	材料名称	规格、型号等要求	单位	数量	单价(元)	合价(元)	备注
1	02190111	尼龙帽		个	329.600 000	0.86	283.46	
2	02330105	草袋子		只	1 042.000 000	1.00	1 042.00	
3	03515100	圆钉		kg	2.142 400	5.80	12.43	
4	03570217	镀锌铁丝	8#~12#	kg	5.000 000	6.00	30.00	
5	03652401	钢锯片		片	3.042 000	420.00	1 277.64	
6	04010611	复合硅酸盐水泥	32.5级	kg	227 527.238 400	0.31	70 533.44	
7	04030107	中(粗)砂		t	308.914 018	69.37	21 429.37	
8	04050204	碎石	5~20	t	9.521 986	70.00	666.54	
9	04050207	碎石	5~40	t	625.219 200	62.00	38 763.59	
10	04090100	生石灰		t	92.394 000	326.00	30 120.44	
11	04090302—1	黄土		m³	303.282 000			
12	04090900	粉煤灰		t	316.071 000	30.00	9 482.13	
13	05030600	普通成材		m³	0.164 800	1 600.00	263.68	
14	05250501	木柴		kg	6.680 000	1.10	7.35	
15	31150101	水		m³	1 252.715 140	4.70	5 887.76	
16	32011111	组合钢模板		kg	109.097 600	5.00	545.49	
17	32020115	零星卡具		kg	390.576 000	4.88	1 906.01	
18	33110501	混凝土侧石		m	406.000 000	22.00	8 932.00	
19	34020931	沥青枕木		m³	0.080 000	1 377.50	110.20	
20	80010125	水泥砂浆 1:3		m³	0.200 000	239.65	47.93	
21	80030105	石灰砂浆 1:3		m³	3.280 000	192.27	630.65	
22	80090330	沥青砂		t	2.768 860	335.50	928.95	
23	80330301	二灰结石		t	1 395.548 000	90.20	125 878.43	
		合计					318 779.49	

主要参考文献

［1］中华人民共和国住房和城乡建设部. GB 50500—2013　建设工程工程量清单计价规范. 北京：中国计划出版社，2013

［2］中华人民共和国住房和城乡建设部. GB 50857—2013　市政工程工程量计算规范. 北京：中国计划出版社，2013

［3］江苏省住房和城乡建设厅. 江苏省市政工程计价定额（第一～八册）. 南京：江苏凤凰科学技术出版社，2014

［4］规范编制组编. 2013 建设工程计价计量规范辅导. 2 版. 北京：中国计划出版社，2013

［5］全国造价工程师执业资格考试培训教材编审委员会编. 建设工程技术与计量. 北京：中国计划出版社，2013

［6］江苏省建设工程造价管理总站编. 江苏省建设工程造价员考试辅导教材（市政工程技术与计价）. 南京：江苏凤凰科学技术出版社，2014

［7］建设部标准定额研究所. 市政工程定额与预算. 北京：中国计划出版社，1992

［8］刘钟莹. 工程估价. 南京：东南大学出版社，2002

［9］张允明. 工程量清单的编制与投标报价. 北京：中国建材工业出版社，2003

［10］李启明. 土木工程合同管理. 南京：东南大学出版社，2002

［11］陆惠民. 工程项目管理. 南京：东南大学出版社，2002

［12］钱昆润. 建筑工程定额与预算. 南京：东南大学出版社，2002

［13］朱嬿. 建设工程造价管理. 北京：中国建筑工业出版社，1998

［14］全国建筑企业项目经理培训教材编写委员会. 工程招投标与合同管理. 北京：中国建筑工业出版社，2002

［15］全国建筑企业项目经理培训教材编写委员会. 施工项目成本管理. 北京：中国建筑工业出版社，2002

［16］全国建筑企业项目经理培训教材编写委员会. 施工项目管理概论. 北京：中国建筑工业出版社，2002